电气控制
入门及应用

基础·电路·PLC·变频器·触摸屏

张伯龙 主编

寇冠徽 王建军 李栋梁 副主编

U0272767

 化学工业出版社

·北京·

本书从基本的电气自动化控制器件认识与控制开始，详细讲解低压电器、电动机、普通机床与数控机床电气控制电路，带领读者对电气自动化控制轻松入门；同时，书中从工业控制综合应用的角度出发，列举典型控制案例讲解PLC、变频器以及触摸屏对各类机床自动化设备和生产线的自动上料、搬运和工件分拣等综合控制，帮助读者全面认识工控领域的自动控制系统，并通过大量视频讲解（可以扫描二维码学习），学会这些控制系统的基本调试与维护、检修。

全书综合性强、知识点全面，既有基本电路识读讲解，又有电气控制与PLC原理、组装调试、编程、检修的步骤，可供电气控制技术人员、电工、电子技术人员全面学习，也可作为电气领域相关师生的教材。

图书在版编目（CIP）数据

电气控制入门及应用：基础·电路·PLC·变频器·触摸屏/
张伯龙主编. —北京：化学工业出版社，2019.9（2021.2重印）
　ISBN 978-7-122-34471-7

　Ⅰ.①电… Ⅱ.①张… Ⅲ.①电气控制 Ⅳ.① TM571.2

中国版本图书馆 CIP 数据核字（2019）第 087900 号

责任编辑：刘丽宏　　　　　　　　　　　文字编辑：陈　喆
责任校对：张雨彤　　　　　　　　　　　装帧设计：刘丽华

出版发行：化学工业出版社（北京市东城区青年湖南街13号　邮政编码100011）
印　　装：大厂聚鑫印刷有限责任公司
787mm×1092mm　1/16　印张27¼　字数675千字　2021年2月北京第1版第2次印刷

购书咨询：010-64518888　　　　　　　　售后服务：010-64518899
网　　址：http://www.cip.com.cn
凡购买本书，如有缺损质量问题，本社销售中心负责调换。

定　　价：99.00元

前　言

电气控制与PLC技术其实是工控领域各岗位技术人员的必修课，是掌握了电工、电子基础知识后，进入工作岗位必备的知识和技能延伸。尤其是随着当前工业领域自动化程度的提高以及轨道交通等的高速发展，要求技术人员必须全面学习电气控制知识，能够识别各类型典型控制电器并会调试、维修，因此我们从工业电气控制应用的角度出发编写了这本综合性强、知识点全面、实用的图书，供广大读者学习交流。同时本书附有部分内容的视频教程供读者参考。

本书特点：

● 内容全面：书中涉及常用低压电器识别；典型的电气控制；电动机控制电路；普通机床、桥式起重机电气控制系统；多种温度、灯光控制类、液控、监测报警类等电路分析；数控机床电气控制；组合机床电气控制系统；变频器原理及实用接线维护与检修；可编程控制器（PLC）技术；触摸屏应用实例；PLC、触摸屏、变频器综合控制等内容，囊括了电气自动控制与自动化控制的大部分内容。

● 进阶编排，容易理解：本书在内容安排方面，遵循了电气电路学习的规律，即先讲解电工电气元件识别与维修，再是识图及电气控制电路分析，然后是PLC及触摸屏技术。书中所涉及的电路，基本是从简单电路开始，逐步组装至复杂电路，循序渐进，使读者比较容易地理解电路原理，快速掌握原理、组装调试、编程、检修的步骤。因此可使读者循序渐进轻松入门。

● 语言通俗易懂，轻松入门：本书内容图文并茂且循序渐进，电路中有原理分析详解，无复杂的计算公式，因此读者只要有初中文化程度，就能看懂、学会书中的知识。

● 扫描二维码看视频讲解：视频教程中详细讲解了电路原理、电路分析及一些技巧，有如老师亲临指导。

全书由张伯龙主编，由寇冠徽、王建军、李栋梁副主编，参加本书编写的还有张振文、张校铭、曹振华、赵书芬、王桂英、曹祥、焦凤敏、张胤涵、孔凡桂、张校珩、孔祥涛、曹铮、王俊华、张伯虎、蔺书兰等。在此成书之际，向有关作者一并表示衷心感谢。

由于编者的水平有限，书中难免有不足之处，恳请广大读者批评指正。

编者

视频讲解二维码目录

目　录

第1章　常用低压电器识别与控制 ①

第2章　典型电气控制电路识图 ㊹

第3章　典型电气控制线路原理与接线　59

第4章　普通机床设备电气控制系统 ⓐ127

第5章 典型机电设备的控制电路与维护 (172)

视频页码
178, 181, 183, 191, 236, 238

第6章　数控机床电气控制　　195

第7章　变频器　　232

视频页码
239, 240,
242, 245,
246, 249,
250, 251,
253, 255,
258, 260,
288

第8章 PLC技术   274

第9章　触摸屏　336

第10章 PLC、触摸屏、变频器综合控制 (378)

参考文献 422

认识电路板上
的电子元器件

按钮开关的
检测

保险在路
检测1

保险在路
检测2

带开关插座
安装

倒顺开关的
检测

电磁铁的
检测

断路器的
检测1

断路器的
检测2

多挡位凸轮控
制器的检测

多联插座的
安装

接触器的
检测1

接触器的
检测2

接近开关的
检测

配电箱的
布线

热继电器的
检测

万能转换开关
的检测

中间继电器的
检测

主令开关的
检测

第 *1* 章
常用低压电器识别与控制

1.1 熔断器

保险在路检测1　　保险在路检测2

（1）熔断器的用途　　熔断器是低压电力拖动系统和电气控制系统中使用最多的安全保护电器之一，其主要用于短路保护，也可用于负载过载保护。熔断器主要由熔体和安装熔体的熔管和熔座组成，各部分的作用如表1-1所示，常见的低压熔断器外形结构如图1-1所示。

熔体在使用时应串联在需要保护的电路中，熔体是用铅、锌、铜、银、锡等金属或电阻率较高、熔点较低的合金材料制作而成的。

表1-1　熔断器各部分作用

各部分名称	材料及作用
熔体	由铅、铅锡合金或锌等低熔点材料制成的，多用于小电流电路；由银、铜等较高熔点金属制成的，多用于大电流电路
熔管	用耐热绝缘材料制成，在熔体熔断时兼有灭弧的作用
底座	用于固定熔管和外接引线

图1-1　熔断器外形结构

（2）熔断器选用原则　　在低压电气控制电路选用熔断器时，我们常常考虑的熔断器的主要参数有额定电流、额定电压和熔体的额定电流3个。

① 额定电流。在电路中熔断器能够正常工作而不损坏时所通过的最大电流，该电流由熔断器各部分在电路中长时间正常工作时的温度所决定。因此在选用熔断器的额定电流时不应小于所选用熔体的额定电流。

② 额定电压。在电路中熔断器能够正常工作而不损坏时所承受的最高电压。如果熔断器在电路中的实际工作电压大于其额定电压，那么熔体熔断时有可能会引起电弧而不能熄

灭的恶果。因此在选用熔断器的额定电压时应高于电路中实际工作电压。

③ 熔体的额定电流。在规定的工作条件下，长时间流过熔体而熔体不损坏的最大安全电流。实际使用中，额定电流等级相同的熔断器可以选用若干个等级不同的熔体电流。根据不同的低压熔断器所要保护的负载，选择熔体电流的方法也有所不同，如表1-2所示。

表1-2　低压熔断器熔体选用原则

保护对象	选用原理
电炉和照明等电阻性负载短路保护	熔体的额定电流等于或稍大于电路的工作电流
保护单台电动机	考虑到电动机所受启动电流的冲击，熔体的额定电流应大于等于电动机额定电流的1.5～2.5倍。一般，轻载启动或启动时间短时选用1.5倍，重载启动或启动时间较长选2.5倍
保护多台电动机	熔体的额定电流应为容量最大电动机额定电流的1.5～2.5倍与其余电动机额定电流之和
保护配电电路	防止熔断器越级动作而扩大断路范围后，一级熔断器的额定电流比前一级熔断器的额定电流至少要大一个等级

（3）熔断器常见故障及处理措施　用指针表电阻挡测量，若熔体的电阻值为零说明熔体是好的；若熔体的电阻值不为零说明熔体损坏，必须更换熔体。低压熔断器的常见故障及处理方法如表1-3所示。

表1-3　低压熔断器的常见故障及处理方法

故障现象	故障分析	处理措施
电路接通瞬间，熔体熔断	熔体电流等级选择过小	更换熔体
	负载侧短路或接地	排除负载故障
	熔体安装时受机械损伤	更换熔体
熔体未见熔断，但电路不通	熔体或接线座接触不良	重新连接

1.2　刀开关

（1）刀开关的用途　刀开关是一种使用最多、结构最简单的手动控制的低压电器，是低压电力拖动系统和电气控制系统中最常用的电气元件之一，普遍用于电源隔离，也可直接控制接通和断开小规模的负载如小电流供电电路、小容量电动机的启动和停止。刀开关和熔断器组合使用是电力拖动控制电路中最常见的一种结合。刀开关由操作手柄、动触点、静触点、进线端、出线端、绝缘底板和胶盖组成。常见外形见图1-2。

图1-2　刀开关实物

（2）刀开关的选用原则　在低压电气控制电路中选用刀开关时，常常只考虑刀开关的主要参数，如额定电流、额定电压。

① **额定电流**。在电路中刀开关能够正常工作而不损坏时所通过的最大电流，因此在选用刀开关的额定电流时不应小于负载的额定电流。

因负载不同，选用额定电流的大小也不同。用作隔离开关或控制照明、加热等电阻性负载时，额定电流要等于或略大于负载的额定电流；用作直接启动和停止电动机时，瓷底胶盖闸刀开关只能控制容量5.5kW以下的电动机，额定电流应大于电动机的额定电流；铁壳开关的额定电流应小于电动机额定电流的2倍；组合开关的额定电流应不小于电动机额定电流的2～3倍。

② **额定电压**。在电路中刀开关能够正常工作而不损坏时所承受的最高电压。因此在选用刀开关的额定电压时应高于电路中实际工作电压。

（3）刀开关的常见故障及处理措施 表1-4为刀开关的常见故障及处理措施。

表1-4 刀开关的常见故障及处理措施

种类	故障现象	故障分析	处理措施
开启式刀开关	合闸后，开关一相或两相开路	静触点弹性消失，开口过大，造成动、静触点接触不良	整理或更换静触点
		熔丝熔断或虚连	更换熔丝或紧固
		动、静触点氧化或有尘污	清洗触点
		开关进线或出线头接触不良	重新连接
	合闸后，熔丝熔断	外接负载短路	排除负载短路故障
		熔体规格偏小	按要求更换熔体
	触点烧坏	开关容量太小	更换开关
		拉、合闸动作过慢，造成电弧过大，烧毁触点	修整或更换触点，并改善操作方法
封闭式刀开关	操作手柄带电	外壳未接地或接地线松脱	检查后，加固接地导线
		电源进出线绝缘损坏碰壳	更换导线或恢复绝缘
	夹座（静触点）过热或烧坏	夹座表面烧毛	用细锉修整夹座
		闸刀与夹座压力不足	调整夹座压力
		负载过大	减轻负载或更换大容量开关

刀开关使用注意事项：

① 以使用方便和操作安全为原则：封闭式刀开关安装时必须垂直于地面，距地面的高度应在1.3～1.5m之间，开关外壳的接地螺钉必须可靠接地。

② 接线规则：电源进线接在静夹座一边的接线端子上，负载引线接在熔断器一边的接线端子上，且进出线必须穿过开关的进出线孔。

③ 分合闸操作规则：应站在开关的手柄侧，不准面对开关，避免因意外故障电流使开关爆炸，造成人身伤害。

④ 大容量的电动机或额定电流100A以上负载不能使用封闭式刀开关控制，避免产生飞弧灼伤手。

1.3 普通断路器

断路器的检测1　　断路器的检测2

（1）断路器的用途 低压断路器又称自动空气开关或自动空气断路器，是一种重要的控制和保护电器，主要用于交直流低压电网和电力拖动系统中，既可手动又可电动分合电路。它集控制和多种保护功能于一体，对电路或用电设备实现过载、短路和欠电压等保护，也可以用于不频繁的转换电路及启动电动机。低压短路器主要由触点、灭弧系统和各种脱扣器3部分组成。常见的低压断路器外形结构及用途见表1-5。如图1-3为断路器实物。

表1-5　低压断路外形结构及用途

名称	框架式		塑料外壳式	
结构图	电磁脱扣器　按钮　自由脱扣器　动触点　静触点　热脱扣器　接线柱		DW10系列	DW16系列
用途	适用于手动不频繁地接通和断开容量较大的低压网络和控制较大容量电动机的场合（电力网主干线路）		适用于配电线路的保护开关，以及电动机和照明线路的控制开关等（电气设备控制系统）	

图1-3　断路器实物

（2）断路器的选用原则　在低压电气控制电路中选用低压断路器时，常常只考虑低压断路器的主要参数，如额定电流、额定电压和壳架等级额定电流。

① 额定电流。低压断路器的额定电流应不小于被保护电路的计算负载电流，即用于保护电动机时，低压断路器的长延时电流整定值等于电动机额定电流；用于保护三相笼型异步电动机时，其瞬时整定电流等于电动机额定电流的8～15倍，倍数与电动机的型号、容量和启动方法有关；用于保护三相绕线式异步电动机时，其瞬间整定电流等于电动机额定电流的3～6倍。

② 额定电压。低压断路器的额定电压应不高于被保护电路的额定电压，即低压断路器欠电压脱扣器额定电压等于被保护电路的额定电压，低压断路器分励脱扣器额定电压等于

控制电源的额定电压。

③ 壳架等级额定电流。低压断路器的壳架等级额定电流应不小于被保护电路的计算负载电流。

用于保护和控制不频繁启动电动机时，还应考虑断路器的操作条件和使用寿命。

（3）断路器的常见故障及处理措施　断路器的常见故障及处理措施见表1-6。

表1-6　断路器的常见故障及处理措施

故障现象	故障分析	处理措施
不能合闸	欠压脱扣器无电压和线圈损坏	检查并施加电压和更换线圈
	储能弹簧力过大	更换储能弹簧
	反作用弹簧力过大	重新调整
	机构不能复位再扣	调整再扣接触面至规定值
电流达到整定值，断路器不动作	热脱扣器双金属片损坏	更换双金属片
	电磁脱扣器的衔铁与铁芯的距离太大或电磁线圈损坏	调整衔铁与铁芯的距离或更换断路器
	主触点熔焊	检查原因并更换主触点
启动电动机时断路器立即分断	电磁脱扣器瞬动整定值过小	调高整定值至规定值
	电磁脱扣器某些零件损坏	更换脱扣器
断路器闭合后经一定时间自行分断	热脱扣器整定值过小	调高整定值至规定值
断路器温升过高	触点压力过小	调整触点压力或更换弹簧
	触点表面过分磨损或接触不良	更换触点或整修接触面
	两个导电零件连接螺钉松动	重新拧紧

断路器使用注意事项：

① 安装时低压断路器垂直于配电板，上端接电源线，下端接负载。

② 低压断路器在电气控制系统中若作为电源总开关或电动机的控制开关，则必须在电源进线侧安装熔断器或刀开关等，这样可出现明显的保护断点。

③ 低压断路器在接入电路后，在使用前应将防锈油脂擦在脱扣器的工作表面上；设定好脱扣器的保护值后，不允许随意改动，避免影响脱扣器保护值。

④ 低压断路器在使用过程中分断短路电流后，要及时检修触点，发现电灼烧痕现象，应及时修理或更换。

⑤ 定期清扫断路器上的积尘和杂物，定期检查各脱扣器的保护值，定期给操作机构添加润滑剂。

1.4　万能式断路器

（1）万能式断路器的用途结构　万能式断路器用来分配电能和保护线路及电源设备免受过载、欠电压、短路、单相接地等故障的危害；该断路器具有智能化保护功能，选择性保护精确，能提高供电可靠性，避免不必要的停电。该断路器能广泛适用于电站、工厂、矿山和现代高层建筑，特别是智能楼宇中的配电系统。万能式断路器的结构如图1-4所示。

（2）万能式断路器的安装

① 断路器安装起吊时，应把吊索正确钩挂在断路器两侧提手上，起吊时应尽可能使其保持垂直，避免磕碰，以免造成内在的不易觉察的损伤而留下隐患。

② 检查断路器的规格是否符合要求。

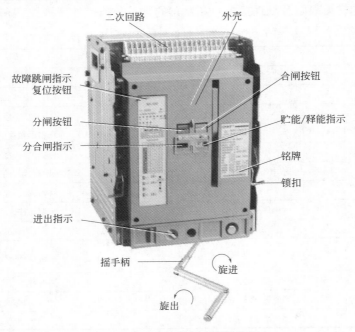

图1-4　万能式断路器结构图

③ 以500 V兆欧表检查断路器各相之间及各相对地之间的绝缘电阻，在周围介质温度为（20±5）℃和相对湿度为50%～70%时绝缘电阻值应大于20MΩ，否则应进行干燥处理。

④ 检查断路器各部分动作的可靠性，电流、电压脱扣器特性是否符合要求，闭合、断开是否可靠。断路器在闭合和断开过程中其可动部分与灭弧罩等零件应无卡、碰等现象。（注意：进行闭合操作时欠压线圈应通以额定电压或用螺钉紧固，以免造成误判。）

⑤ 安装时应严格遵守断路器的飞弧距离及安全间距（＞100mm）。

⑥ 断路器必须垂直安装于平整坚固的底架或固定架上并用螺栓紧固，以免由于安装平面不平使断路器或抽屉式支架受到附加力而引起变形。

⑦ 抽屉式断路器安装时还必须检查主回路触刀与触刀座的配合情况和二次回路对应触头的配合情况是否良好，如发现由于运输等原因而产生偏移，应及时予以修正。

⑧ 在进行电气联结前应先切断电源，确保电路中没有电压存在。联结母排或联结电缆应与断路器自然联结，若联结母排的形位尺寸不当应事先整形，不能用强制性外力使其与断路器主回路进出线勉强相接而使断路器发生变形，否则会影响其动作的可靠性。

⑨ 用户应考虑到预期短路电流对母排之间可能产生强大的电动力而影响到断路器的进出线端，故必须用强度足够的绝缘板条在近断路器处对母排予以紧固。

⑩ 用户应对断路器进行可靠的保护接地，固定式断路器的接地处标有明显的接地标记，抽屉式断路器的接地借助于抽屉支架来实现。

⑪ 按电路图联结好控制装置和信号装置，在闭合操作前必须安装好灭弧罩，插好隔弧板并清除安装过程中产生的尘埃及可能遗留下来的杂物（如金属屑、导线等）。

（3）万能式断路器的使用与维护

① 断路器使用时应将磁铁工作极面上的防锈油揩净并保持清洁。

② 各转动轴孔及摩擦部分必须定期添加润滑油。

③ 断路器在使用过程中要定期检查，以保证使用的安全性和可靠性。定期清刷灰尘，以保持断路器的绝缘水平。按期对触头系统进行检查（注意：检查时应使断路器处于隔离位置）。

a. 检查弧触头的烧损程度，如果动、静弧触头刚接触时主触头的小开距小于2mm，必须重新调整或更换弧触头。

b. 检查主触头的电磨损程度，若发现主触头上有小的金属颗粒形成则应及时铲除并修复平整；如发现主触头超程小于4mm，必须重新调整，如主触头上的银合金厚度小于1mm时，必须更换触头。

c. 检查软联结断裂情况，去掉折断的带层。若长期使用后软联结折断情况严重（接近二分之一），则应及时更换。

④ 当断路器分断短路电流后，除必须检查触头系统外还必须清除灭弧罩两壁烟痕及检查灭弧栅片烧损情况，如严重应更换灭弧罩。

1.5　接触器

接触器的检测1

接触器的检测2

（1）接触器的用途　接触器工作时利用电磁吸力的作用把触点由原来的断开状态变为闭合状态或由原来的闭合状态变为断开状态，以此来控制电流较大的交直流主电路和容量较大的控制电路。在低压控制电气控制系统中，接触器是一种应用非常普遍的低压控制电器，并具有欠电压保护的功能，可以用它对电动机进行远距离频繁接通、断开的控制，也可以用它来控制其他负载电路，如电焊机等。

接触器按工作电流不同可分为交流接触器和直流接触器两大类。交流接触器的电磁机构主要由线圈、铁芯和衔铁组成，交流接触器的触点有：三对主常开触点，用来控制主电路通断；两对辅助常开和两对辅助常闭触点，实现对控制电路的通断。直流接触器的电磁机构与交流接触器相同，直流接触器的触点有两对主常开触点。

接触器的优点：使用安全，易于操作，能实现远距离控制，通断电流能力强，动作迅速等。缺点：不能分离短路电流，所以在电路中接触器常常与熔断器配合使用。

交、直流接触器分别有CJ10、CZ0系列，03TB是引进的交流接触器，CZ18直流接触器是CZ0的换代产品，接触器的图形、文字符号如图1-5所示。交流接触器的外形结构及符号如图1-6所示。

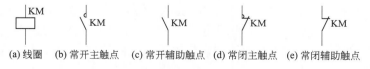

(a) 线圈　(b) 常开主触点　(c) 常开辅助触点　(d) 常闭主触点　(e) 常闭辅助触点

图1-5　接触器的图形符号及文字符号

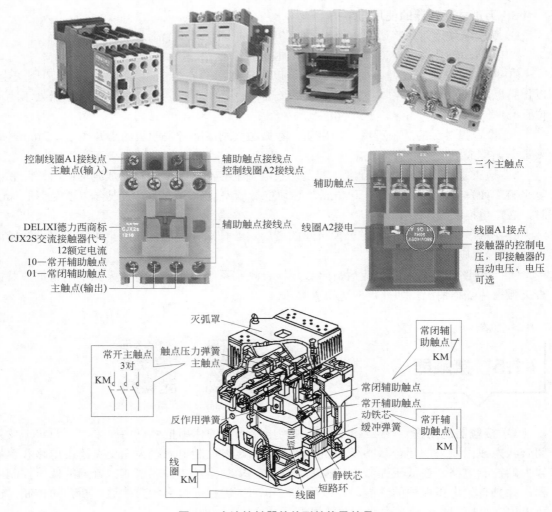

图1-6　交流接触器的外形结构及符号

（2）接触器的选用原则　在低压电气控制电路中选用接触器时，常常只考虑接触器的主要参数，如主触点额定电流、接触器额定电压、触点数量及类型。

① 主触点额定电流。接触器主触点的额定电流应不小于负载电路的工作电流，也可根据经验公式计算。

根据所控制的电动机的容量或负载电流种类来选择接触器类型，如交流负载电路应选用交流接触器来控制，而直流负载电路就应选用直流接触器来控制。

② 交流接触器的额定电压有两个：一是主触点的额定电压，由主触点的物理结构、灭弧能力决定；二是吸引线圈额定电压，由吸引线圈的电感量决定。而主触点和吸引线圈额定电压是根据不同场所的需要而设计的。例如主触点380V额定电压的交流接触器的吸引线圈的额定电压就有36V、127V、220V与380V多种规格。接触器吸引线圈电压有36V、110V、127V、220V、380V；直流线圈电压有24V、48V、110V、220V、440V。从人身安全的角度考虑，线圈电压可选择低一些，但当控制线路简单、线圈功率较小时，为了节省变压器，可选220V或380V。

③ 接触器的触点数量应满足控制支路数的要求，触点类型应满足控制线路的功能要求。

（3）接触器的常见故障及处理措施　接触器常见故障及处理措施见表1-7。

表1-7　接触器常见故障及处理措施

故障现象	故障分析	处理措施
触点过热	通过动、静触点间的电流过大	重新选择大容量触点
	动、静触点间接触电阻过大	用刮刀或细锉修整或更换触点
触点磨损	触点间电弧或电火花造成电磨损	更换触点
	触点闭合撞击造成机械磨损	更换触点
触点熔焊	触点压力弹簧损坏使触点压力过小	更换弹簧和触点
	线路过载使触点通过的电流过大	选用较大容量的接触器
铁芯噪声大	衔铁与铁芯的接触面接触不良或衔铁歪斜	拆下清洗，修整端面
	短路环损坏	焊接短路环或更换
	触点压力过大或活动部分受到卡阻	调整弹簧，消除卡阻因素
衔铁吸不上	线圈引出线的连接处脱落，线圈断线或烧毁	检查线路并及时更换线圈
	电源电压过低或活动部分卡阻	检查电源，消除卡阻因素
衔铁不释放	触点熔焊	更换触点
	机械部分卡阻	消除卡阻因素
	反作用弹簧损坏	更换弹簧

① 交流接触器在吸合时振动和噪声。

a．电压过低，其表现是噪声忽强忽弱。例如，电网电压较低，只能维持接触器的吸合。大容量电动机启动时，电路压降较大，相应的接触器噪声也大，而启动过程完毕噪声则小。

b．短路环断裂。

c．静铁芯与衔铁接触面之间有污垢和杂物，致使空气隙变大，磁阻增加。当电流过零时，虽然短路环工作正常，但因极面间的距离变大，不能克服恢复弹簧的反作用力，而产生振动。如接触器长期振动，将导致线圈烧毁。

d．触点弹簧压力太大。

e．接触器机械部分故障，一般是机械部分不灵活，铁芯极面磨损，磁铁歪斜或卡住，接触面不平或偏斜。

② 接触器不释放。电路故障、触点焊住、机构部分卡住、磁路故障等因素，均可使接触器不释放。检查时，应首先分清两个界限，是电路故障还是接触器本身的故障；是磁路的故障还是机械部分的故障。

区分电路故障和接触器故障的方法是：将电源开关断开，看接触器是否释放。如释放，说明故障在电路中，电路电源没有断开；如不释放，就是接触器本身的故障。区分机械故障和磁路故障的方法是：在断电后，用螺丝刀（螺钉旋具）木柄轻轻敲击接触器外壳。如释放，一般是磁路的故障；如不释放一般是机械部分的故障，其原因如下。

a．触点熔焊在一起。

b．机械部分卡住，转轴生锈或歪斜。

c．磁路故障，可能是被油污粘住或剩磁的原因，使衔铁不能释放。区分这两种情况的方法是：将接触器拆开，看铁芯端面上有无油污，有油污说明铁芯被粘住，无油污可能是剩磁作用。造成油污粘住的原因，多数是在更换或安装接触器时没有把铁芯端面的防锈凡士林油擦去。剩磁造成接触器不能释放的原因是在修磨铁芯时，将E形铁芯两边的端面修磨过多，使去磁气隙消失，剩磁增大，铁芯不能释放。

③ 接触器自动跳开。

a. 接触器（指CJ10系列）后底盖固定螺钉松脱，使静铁芯下沉，衔铁行程过长，触点超行程过大，如遇电网电压波动就会自行跳开。

b. 弹簧弹力过大（多数为修理时，更换弹簧不合适所致）。

c. 直流接触器弹簧调整过紧或非磁性垫片垫得过厚，都有自动释放的可能。

④ 线圈通电衔铁吸不上。

a. 线圈损坏，用欧姆表测量线圈电阻。如电阻很大或电路不通，说明线圈断路；电阻很小，可能是线圈短路或烧毁。如测量结果与正常值接近，可使线圈再一次通电，听有没有"嗡嗡"的声音，是否冒烟；冒烟说明线圈已烧毁，不冒烟而有"嗡嗡"声，可能是机械部分卡住。

b. 线圈接线端子接触不良。

c. 电源电压太低。

d. 触点弹簧压力和超程调整得过大。

⑤ 线圈过热或烧毁。

a. 线圈通电后由于接触器机械部分不灵活或铁芯端面有杂物，使铁芯吸不到位，引起线圈电流过大而烧毁。

b. 加在线圈上的电压太低或太高。

c. 更换接触器时，其线圈的额定电压、频率及通电持续率低于控制电路的要求。

d. 线圈受潮或机械损伤，造成匝间短路。

e. 接触器外壳的通气孔应上下装置，如错将其水平装置，空气不能对流，时间长了也会把线圈烧毁。

f. 操作频率过高。

g. 使用环境条件特殊，如空气潮湿，腐蚀性气体在空气中含量过高，环境温度过高。

h. 交流接触器派生直流操作的双线圈，因常闭联锁触点熔焊不能释放而使线圈过热。

⑥ 线圈通电后接触器吸合动作缓慢。

a. 静铁芯下沉，使铁芯极面间的距离变大。

b. 检修或拆装时，静铁芯底部垫片丢失或撤去的层数太多。

c. 接触器的装置方法错误，如将接触器水平装置或倾斜角超过5°以上，有的还悬空装。这些不正确的装置方法，都可能造成接触器不吸合、动作不正常等故障。

⑦ 接触器吸合后静触点与动触点间有间隙。 这种故障有两种表现形式，一是所有触点都有间隙，二是部分触点有间隙。前者是因机械部分卡住，静、动铁芯间有杂物。后者可能是由于该触点接触电阻过大、触点发热变形或触点上面的弹簧片失去弹性。

检查双断点触点终压力的方法如图1-7所示，将接触器触点接线全部拆除，打开灭弧罩，

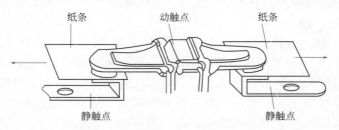

图1-7 双断点触点终压力的检查方法

把一条薄纸放在动静触点之间，然后给线圈通电，使接触器吸合，这时，可将纸条向外拉，如拉不出来，说明触点接触良好，如很容易拉出来或毫无阻力，说明动静触点有间隙。

检查辅助触点时，因小容量的接触器的辅助触点装置位置很狭窄，可用测量电阻的方法进行检查。

⑧ **静触点（相间）短路。**

a．油污及铁尘造成短路。

b．灭弧罩固定不紧，与外壳之间有间隙，接触器断开时电弧逐渐烧焦两相触点间的胶木，造成绝缘破坏而短路。

c．可逆运转的联锁机构不可靠或联锁方法使用不当，由于误操作或正反转过于频繁，致使两台接触器同时投入运行而造成相间短路。

另外由于某种原因造成接触器动作过快，一接触器已闭合，另一接触器电弧尚未熄灭，形成电弧短路。

d．灭弧罩破裂。

⑨ **触点过热。** 触点过热是接触器（包括交、直流接触器）主触点的常见故障。除分断短路电流外，主要原因是触点间接触电阻过大，触点温度很高，致使触点熔焊，这种故障可从以下几个方面进行检查。

a．检查触点压力，包括弹簧是否变形、触点压力弹簧片弹力是否消失。

b．触点表面氧化，铜材料表面的氧化物是一种不良导体，会使触点接触电阻增大。

c．触点接触面积太小、不平、有毛刺、有金属颗粒等。

d．操作频率太高，使触点长期处于大于几倍的额定电流下工作。

e．触点的超程太小。

⑩ **触点熔焊。**

a．操作频率过高或过负载使用。

b．负载侧短路。

c．触点弹簧片压力过小。

d．操作回路电压过低或机械卡住，触点停顿在刚接触的位置。

⑪ **触点过度磨损。**

a．接触器选用欠妥，在反接制动和操作频率过高时容量不足。

b．三相触点不同步。

⑫ **灭弧罩受潮。** 有的灭弧罩是石棉和水泥制成的，容易受潮，受潮后绝缘性能降低，不利于灭弧。而且当电弧燃烧时，电弧的高温使灭弧罩里的水分汽化，进而使灭弧罩上部压力增大，电弧不能进入灭弧罩。

⑬ **磁吹线圈匝间短路。** 由于使用保养不善，使线圈匝间短路，磁场减弱，磁吹力不足，电弧不能进入灭弧罩。

⑭ **灭弧罩炭化。** 在分断很大的短路电流时，灭弧罩表面烧焦，形成一种炭质导体，也会延长灭弧时间。

⑮ **灭弧罩栅片脱落** 。由于固定螺钉或铆钉松动，造成灭弧罩栅片脱落或缺片。

（4）接触器修理

① 触点的修整。

a．触点表面的修磨。铜触点因氧化、变形积垢，会造成触点的接触电阻和温升增加。

修理时可用小刀或锉刀修理触点表面，但应保持原来形状。修理时，不必把触点表面锉得过分光滑，这会使接触面减少，也不要将触点磨削过多，以免影响使用寿命。不允许用砂纸或砂布修磨，否则会使砂粒嵌在触点的表面，反而使接触电阻增大。

银和银合金触点表面的氧化物，遇热会还原为银，不影响导电。触点的积垢可用汽油或四氯化碳清洗，但不能用润滑油擦拭。

b. 触点整形。触点严重烧蚀后会出现斑痕及凹坑，或静、动触点熔焊在一起。修理时，将触点凹凸不平的部分和飞溅的金属熔渣细心地锉平整，但要尽量保持原来的几何形状。

c. 触点的更换。镀银触点被磨损而露出铜质或触点磨损超过原高度的1/2时，应更换新触点。更换后要重新调整压力、行程，保证新触点与其他各相（极）未更换的触点动作一致。

d. 触点压力的调整。有些电器触点上装有可调整的弹簧，借助弹簧可调整触点的初压力、终压力和超行程。触点的这三种压力定义是这样的：触点开始接触时的压力叫初压力，初压力来自触点弹簧的预先压缩，可使触点减少振动，避免触点的熔焊及减轻烧蚀程度；触点的终压力指动、静触点完全闭合后的压力，应使触点在工作时接触电阻减小；超行程指衔铁吸合后，弹簧在被压缩位置上还应有的压缩余量。

② 电磁系统的修理。

a. 铁芯的修理：先确定磁极端面的接触情况，在极面间放一软纸板，使线圈通电，衔铁吸合后在软纸板上印上痕迹，由此可判断极面的平整程度。如接触面积在80%以上，可继续使用；否则要进行修理。修理时，可将砂布铺在平板上，来回研磨铁芯端面（研磨时要压平，用力要均匀）便可得到较平的端面。对于E形铁芯，其中柱的间隙不得小于规定间隙。

b. 短路环的修理：如短路环断裂，应重新焊住或用铜材料按原尺寸制作一个新的换上，要固定牢固且不能高出极面。

③ 灭弧装置的修理。

a. 磁吹线圈的修理：如是并联型磁吹线圈断路，可以重新绕制，其匝数和线圈绕向要与原来一致，否则不起灭弧作用。串联型磁吹线圈短路时，可拨开短路处，涂点绝缘漆烘干定型后方可使用。

b. 灭弧罩的修理：灭弧罩受潮，可将其烘干；灭弧罩炭化，可以刮除；灭弧罩破裂，可以粘合或更新；栅片脱落或烧毁，可用铁片按原尺寸重做。

（5）接触器使用注意事项

① 安装前检查接触器铭牌与线圈的技术参数（额定电压、电流、操作频率等）是否符合实际使用要求；检查接触器外观，应无机械损伤，用手推动接触器可动部分时，接触器应动作灵活，灭弧罩应完整无损，固定牢固；测量接触器的线圈电阻和绝缘电阻正常。

② 接触器一般应安装在垂直面上，倾斜度不得超过5°；安装和接线时，注意不要将零件失落或掉入接触器内部，安装孔的螺钉应装有弹簧垫圈和平垫圈，并拧紧螺钉以防振动松脱；安装完毕，检查接线正确无误后，在主触点不带电的情况下操作几次，然后测量产品的动作值和释放值，所测得数值应符合产品的规定要求。

③ 使用时应对接触器做定期检查，观察螺钉有无松动，可动部分是否灵活等；接触器的触点应定期清扫，保持清洁，但不允许涂油，当触点表面因电灼作用形成金属小颗粒时，应及时清除。拆装时注意不要损坏灭弧罩，带灭弧罩的交流接触器绝不允许不带灭弧罩或带破损的灭弧罩运行。

1.6　中间继电器

（1）中间继电器外形及结构　交直流中间继电器，常见的有 JZ7，其结构如图 1-8、图 1-9 所示。它是整体结构，采用螺管直动式磁系统及双断点桥式触点。基本结构交直通用，交流铁芯为平顶形；直流铁芯与衔铁为圆锥形接触面，以获得较平坦的吸力特性。触点采用直列式布置，对数可达 8 对，可按 6 开 2 闭、4 开 4 闭或 2 开 6 闭任意组合。变换反力弹簧的反作用力，可获得动作特性的最佳配合。图 1-10 为中间继电器实物。

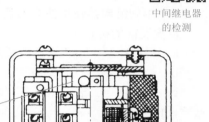

中间继电器
的检测

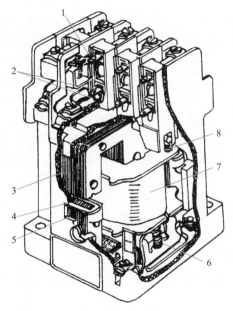

图1-8　JZ系列中间继电器

1—常闭触点；2—常开触点；3—动铁芯；4—短路环；
5—静铁芯；6—反作用弹簧；7—线圈；8—复位弹簧

图1-9　电磁式中间继电器结构

1—衔铁；2—触点系统；3—支架；
4—罩壳；5—电压线圈

图1-10　中间继电器实物

（2）中间继电器选用原则

① 种类、型号与使用类别：选用继电器的种类，主要看被控制和保护对象的工作

特性；而型号主要依据控制系统提出的灵敏度或精度要求进行选择；使用类别决定了继电器所控制的负载性质及通断条件，应与控制电路的实际要求相比较，视其能否满足需要。

② 使用环境：根据使用环境选择继电器，主要考虑继电器的防护和使用区域。如对于含尘埃及腐蚀性气体、易燃、易爆的环境，应选用带罩壳的全封闭式继电器。对于高原及湿热带等特殊区域，应选用适合其使用条件的产品。

③ 额定数据和工作制：继电器的额定数据在选用时主要注意线圈额定电压、触点额定电压和触点额定电流。线圈额定电压必须与所控电路相符，触点额定电压可为继电器的最高额定电压（即继电器的额定绝缘电压）。继电器的最高工作电流一般小于该继电器的额定发热电流。

④ 继电器一般适用于8h工作制（间断长期工作制）、反复短时工作制和短时工作制。在选用反复短时工作制时，由于吸合时有较大的启动电流，因此使用频率应低于额定操作频率。

（3）中间继电器使用注意事项

① 安装前的检查：

a. 根据控制电路和设备的要求，检查继电器铭牌数据和整定值是否与要求相符。

b. 检查继电器的活动部分是否灵活、可靠，外罩及壳体是否有损坏或短缺件等情况。

c. 清洁继电器表面的污垢，去除部件表面的防护油脂及灰尘，如中间继电器双E形铁芯表面的防锈油，以保证运行可靠。

② 安装与调整：安装接线时，应检查接线是否正确，接线螺钉是否拧紧；对于导线线芯很细的应折一次，以增加线芯截面积，以免造成虚连。

对电磁式控制继电器，应在触点不带电的情况下，使吸引线圈带电操作几次，看继电器动作是否可靠。

对电流继电器的整定值做最后的校验和整定，以免造成其控制及保护失灵而出现严重事故。

③ 运行与维护：定期检查继电器各零部件有无松动、卡住、锈蚀、损坏等现象，一经发现及时修理。

经常保持触点清洁与完好，在触点磨损至1/3厚度时应考虑更换。触点烧损应及时修理。

如在选择时估计不足，使用时控制电流超过继电器的额定电流，或为了使工作更加可靠，可将触点并联使用。如需要提高分断能力时（一定范围内）也可用触点并联的方法。

（4）中间继电器常见故障与处理措施　中间继电器的结构和接触器十分接近，其故障的检修可参照接触器进行。下面只对不同之处做简单介绍。

长期使用中，油污、粉尘、短路等现象造成触点虚连，有时会产生重大事故。这种故障一般检查时很难发现，除非进行接触可靠性试验。为此，对于继电器用于特别重要的电气控制回路时应注意下列情况：

① 尽量避免用12V及以下的低电压作为控制电压。在这种低压控制回路中，因虚连引起的事故较常见。

② 控制回路采用24V作为额定控制电压时，应将其触点并联使用，以提高工作可靠性。

③ 控制回路必须用低电压控制时，以采用48V较优。

1.7　热继电器

热继电器的检测

（1）**热继电器外形及结构**　热继电器是利用电流的热效应来推动机械使触点闭合或断开的保护电器，主要用于电动机的过载保护、断相保护、电流的不平衡运行保护及其他电气设备发热状态的控制。常见的双金属片式热继电器的外形、结构符号如图1-11所示。图1-12为热继电器实物。

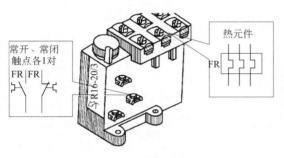

图1-11　热继电器的外形、结构符号

图1-12　热继电器实物

（2）**热继电器的选用原则**　热继电器的技术参数主要有额定电压、额定电流、整定电流和热元件规格，选用时，一般只考虑其额定电流和整定电流两个参数，其他参数只有在特殊要求时才考虑。

① 额定电压是指热继电器触点长期正常工作所能承受的最大电压。

② 额定电流是指热继电器允许装入热元件的最大额定电流，根据电动机的额定电流选择热继电器的规格，一般应使热继电器的额定电流略大于电动机的额定电流。

③ 整定电流是指长期通过热元件而热继电器不动作的最大电流。一般情况下，热元件的整定电流为电动机额定电流的0.95 ～ 1.05倍；若电动机拖动的是冲击性负载或启动时间较长及拖动设备不允许停电的场合，热继电器的整定电流值可取电动机额定电流的1.1 ～ 1.5倍；若电动机的过载能力较差，热继电器的整定电流可取电动机额定电流的0.6 ～ 0.8倍。

④ 当热继电器所保护的电动机绕组是丫形接法时，可选用两相结构或三相结构的热继电器；当电动机绕组是△形接法时，必须采用三相结构带端相保护的热继电器。

（3）**常见故障与处理措施**　热继电器的常见故障及处理措施见表1-8。

表1-8　热继电器的常见故障及处理措施

故障现象	故障分析	处理措施
热元件烧断	负载侧短路，电流过大	排除故障，更换热继电器
	操作频率过高	更换合适参数的热继电器
热继电器不动作	热继电器的额定电流值选用不合适	按保护容量合理选用
	整定值偏大	合理调整整定值
	动作触点接触不良	消除触点接触不良因素
	热元件烧断或脱焊	更换热继电器
	动作机构卡阻	消除卡阻因素
	导板脱出	重新放入并调试

故障现象	故障分析	处理措施
热继电器动作不稳定，时快时慢	热继电器内部机构某些部件松动	将这些部件加以紧固
	在检查中弯折了双金属片	用两倍电流预试几次或将双金属片拆下来热处理，以除去内应力
	通电，电流波动太大，或接线螺钉松动	检查电源电压或拧紧接线螺钉
热继电器动作太快	整定值偏小	合理调整整定值
	电动机启动时间过长	按启动时间要求，选择具有合适的可返回时间的热继电器
	连接导线太细	选用标准导线
	操作频率过高	更换合适的型号
	使用场合有强烈冲击和振动	采取防振动措施
	可逆转频繁	改用其他保护方式
	安装热继电器与电动机环境温差太大	按两低温差情况配置适当的热继电器
主电路不通	热元件烧断	更换热元件或热继电器
	接线螺钉松动或脱落	紧固接线螺钉
控制电路不通	触点烧坏或动触点片弹性消失	更换触点或弹簧
	可调整式旋钮在不合适的位置	调整旋钮或螺钉
	热继电器动作后未复位	按动复位按钮

热继电器使用注意事项：

① 必须按照产品说明书中规定的方式安装，安装处的环境温度应与所处环境温度基本相同。当与其他电器安装在一起时，应注意将热继电器安装在其他电器的下方，以免其动作特性受到其他电器发热的影响。

② 热继电器安装时，应清除触点表面尘污，以免因接触电阻过大或电路不通而影响热继电器的动作性能。

③ 热继电器出线端的连接导线应符合标准。导线过细，轴向导热性差，热继电器可能提前动作；反之，导线过粗，轴向导热快，继电器可能滞后动作。

④ 使用中的热继电器应定期通电校验。

⑤ 热继电器在使用中应定期用布擦净尘埃和污垢，若发现双金属片上有锈斑，应用清洁棉布蘸汽油轻轻擦除，切忌用砂纸打磨。

⑥ 热继电器在出厂时均调整为手动复位方式，如果需要自动复位，只要将复位螺钉顺时针方向旋转3～4圈，并稍微拧紧即可。

1.8 时间继电器

（1）时间继电器外形及结构　时间继电器是一种按时间原则进行控制的继电器，从得到输入信号（线圈的通电或断电）起，需经过一段时间的延时后才输出信号（触点的闭合或分断）。它广泛用于需要按时间顺序控制的电器控制线路中。时间继电器有电磁式、电动式、空气阻尼式、晶体管式等，目前电力拖动线路中应用较多的是空气阻尼式时间继电器和晶体管式时间继电器，它们的外形结构及特点见表1-9。

表1-9　常见时间继电器外形结构及特点

名称	空气阻尼式时间继电器	晶体管式时间继电器
结构图		
特点	延时范围较大，不受电压和频率波动的影响，可以做成通电和断电两种延时形式，结构简单，寿命长，价格低；但延时误差较大，难以精确地整定延时值，且延时值易受周围环境温度、尘埃等影响，主要用于延时精度要求不高的场合	机械结构简单，延时范围广，精度高，消耗功率小，调整方便及寿命长；适用于延时精度较高，控制回路相互协调需要无触点输出的场合

　　空气阻尼式时间继电器是交流电路中应用较广泛的一种时间继电器，主要由电磁系统、触点系统、空气室、传动机械、基座组成，其外形结构及符号如图1-13所示。

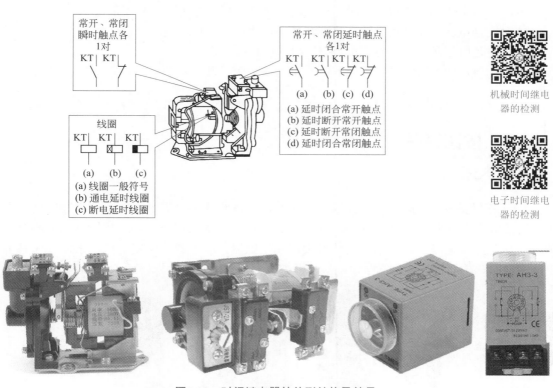

图1-13　时间继电器的外形结构及符号

　　（2）时间继电器的选用原则　时间继电器选用时，需考虑的因素主要如下。
　　① 根据系统的延时范围和精度选择时间继电器的类型和系列。在延时精度要求不高的场合，一般可选用价格较低的空气阻尼式时间继电器（JS7-A系列）；反之，对精度要求较高的场合，可选用晶体管式时间继电器。
　　② 根据控制线路的要求选择时间继电器的延时方式（通电延时和断电延时）；同时，还必须考虑线路对瞬间动作触点的要求。

③根据控制线路电压选择时间继电器吸引线圈的电压。

（3）时间继电器（JS7-A系列）常见故障及处理措施　表1-10为时间继电器（JS7-A系列）常见故障及处理措施。

表1-10　时间继电器（JS7-A系列）常见故障及处理措施

故障现象	故障分析	处理措施
延时触点不动作	电磁线圈断线	更换线圈
	电源电压过低	调高电源电压
	传动机构卡住或损坏	排除卡住故障或更换部件
延时时间缩短	气室装配不严，漏气	修理或更换气室
	橡胶膜损坏	更换橡胶膜
延时时间变长	气室内有灰尘，使气道阻塞	消除气室内灰尘，使气道畅通

（4）时间继电器使用注意事项

①时间继电器应按说明书规定的方向安装。

②时间继电器的整定值，应预先在不通电时整定好，并在试车时校正。

③时间继电器金属地板上的接地螺钉必须与接地线可靠连接。

④通电延时型和断电延时型可在整定时间内自行调换。

⑤使用时，应经常清除灰尘及油污，否则延时误差将更大。

1.9　按钮开关

（1）按钮的用途　按钮是一种用来短时间接通或断开小电流电路的手动主令电器。由于按钮的触点允许通过的电流较小，一般不超过5A，一般情况下，不直接控制主电路的通断，而是在控制电路中发出指令或信号去控制接触器、继电器等电器，再由它们去控制主电路的通断、功能转换或电气联锁，其外形如图1-14所示。

按钮开关的
检测

图1-14　按钮实物

（2）按钮的分类　按钮由按钮帽、复位弹簧、桥梁式触点和外壳等组成，通常被做成复合触点，即具有动触点和静触点。根据使用要求、安装形式、操作方式不同，按钮的种类很多。根据触点结构不同，按钮可分为停止按钮（常闭按钮）、启动按钮（常开按钮）及复合按钮（常闭、常开组合为一组按钮），它们的结构与符号见表1-11。

表1-11 按钮的结构与符号

名称	常闭按钮（停止按钮）	常开按钮（启动按钮）	复合按钮
结构			按钮帽 复位弹簧 支柱连杆 常闭静触点 桥式动触点 常开静触点 外壳
符号	E-\ SB	E-\ SB	E-\ SB

（3）按钮的常见故障及处理措施 表1-12为按钮的常见故障及处理措施。

表1-12 按钮的常见故障及处理措施

故障现象	故障分析	处理措施
触点接触不良	触点烧损	修正触点和更换产品
	触点表面有尘垢	清洁触点表面
	触点弹簧失效	重绕弹簧和更换产品
触点间短路	塑料受热变形，导线接线螺钉相碰短路	更换产品，并查明发热原因，如灯泡发热所致，可降低电压
	杂物和油污在触点间形成通路	清洁按钮内部

（4）按钮选用原则

① 选用按钮时，主要考虑：

a．根据使用场合选择控制按钮的种类。

b．根据用途选择合适的形式。

c．根据控制回路的需要确定按钮数。

d．按工作状态指示和工作情况要求选择按钮和指示灯的颜色。

② 按钮使用注意事项：

a．按钮安装在面板上时，应布置整齐，排列合理，如根据电动机启动的先后顺序，从上到下或从左到右排列。

b．同一机床运动部件有几种不同的工作状态时（如上、下，前、后，松、紧等），应使每一对相反状态的按钮安装成一组。

c．按钮的安装应牢固，安装按钮的金属板或金属按钮盒必须可靠接地。

d．由于按钮的触点间距较小，如有油污等极易发生短路故障，因此应注意保持触点间的清洁。

1.10 行程开关

行程开关的
检测

（1）行程开关用途 行程开关也称位置开关或限位开关。它的作用与按钮相同，特点是触点的动作不靠手，而是利用机械运动部件的碰撞使触点动作来实现接通或断开控制电路。它是将机械位移转变为电信号来控制机械运动的，主要用于控制机械的运动方向、行程大小和位置保护。

行程开关主要由操作机构、触点系统和外壳3部分构成。行程开关种类很多，一般按其机构分为直动式、转动式或微动式。常见的行程开关的外形、结构与符号见表1-13。图1-15为行程开关实物。

表1-13 常见的行程开关的外形、结构与符号

	直动式	单轮旋转式	双轮旋转式
外形	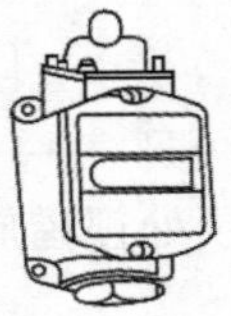	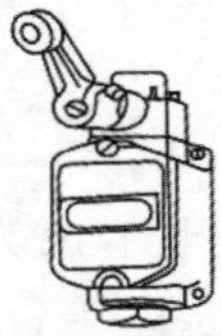	
结构	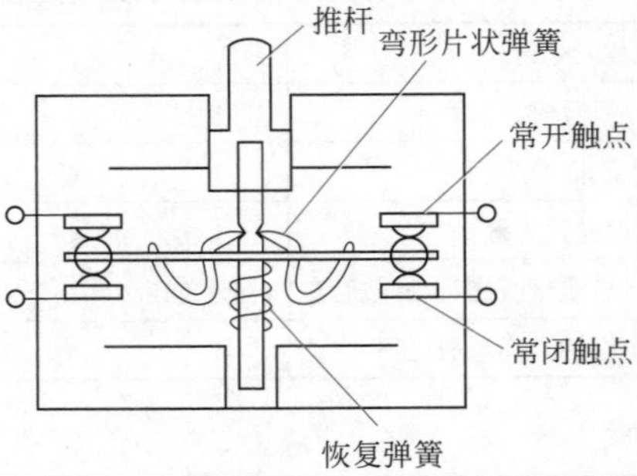 推杆 弯形片状弹簧 常开触点 常闭触点 恢复弹簧		
	常开触点	常闭触点	复合触点
符号	 SQ	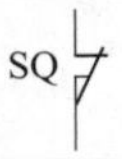 SQ	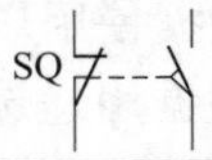 SQ

（2）行程开关选用原则　行程开关选用时，主要考虑动作要求、安装位置及触点数量，具体如下。

① 根据使用场合及控制对象选择种类。

② 根据安装环境选择防护形式。

③ 根据控制回路的额定电压和额定电流选择系列。

④ 根据行程开关的传力与位移关系选择合理的操作形式。

（3）行程开关的常见故障及处理措施　行程开关的常见故障及处理措施见表1-14。

表1-14 行程开关的常见故障及处理措施

故障现象	故障分析	处理措施
挡铁碰撞位置开关后，触点不动作	安装位置不准确	调整安装位置
	触点接触不良或接线松脱	清理触点或紧固接线
	触点弹簧失效	更换弹簧
杠杆已经偏转或无外界机械力作用，但触点不复位	复位弹簧失效	更换弹簧
	内部撞块卡阻	清扫内部杂物
	调节螺钉太长，顶住开关按钮	检查调节螺钉

行程开关使用注意事项：

① 行程开关安装时，安装位置要准确，安装要牢固；滚轮的方向不能装反，挡铁与其碰撞的位置应符合控制线路的要求，并确保能可靠地与挡铁碰撞。

图1-15　行程开关实物

② 行程开关在使用中，要定期检查和保养，除去油垢及粉尘，清理触点，经常检查其动作是否灵活、可靠，及时排除故障。防止因行程开关触点接触不良或接线松脱产生误动作而导致设备和人身安全事故。

1.11　凸轮控制器

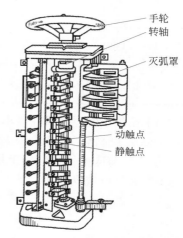

（1）凸轮控制器用途　凸轮控制器是一种利用凸轮来操作动触点动作的控制电器，主要用于容量小于30kW的中小型绕线转子异步电动机线路中，控制电动机的启动、停止、调速、反转和制动，也广泛地应用于桥式起重等设备。常见的 KTJ1 系列凸轮控制器主要由手柄（手轮）、触点系统、转轴、灭弧罩凸轮和外壳等部分组成，其外形与结构如图1-16所示。

图1-16　凸轮控制器的外形与结构

凸轮控制器分合情况，通常使用触点分合表来表示。KTJ1-51型凸轮控制器的触点分合表如图 1-17 所示，如图 1-18 所示凸轮控制器实物。

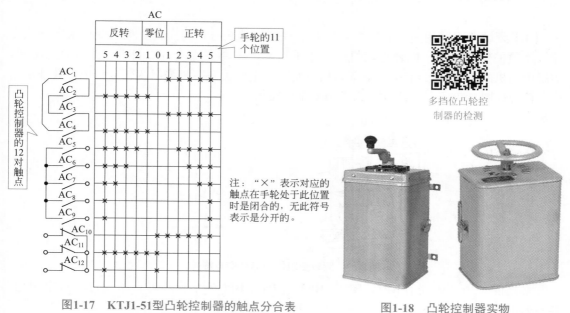

多挡位凸轮控制器的检测

注："×"表示对应的触点在手轮处于此位置时是闭合的，无此符号表示是分开的。

图1-17　KTJ1-51型凸轮控制器的触点分合表

图1-18　凸轮控制器实物

（2）凸轮控制器选用原则　凸轮控制器在选用时主要根据所控制电动机的容量、额定电压、额定电流、工作制和控制位置数目等，可查阅相关技术手册进行选择。

（3）凸轮控制器常见故障及处理措施　凸轮控制器常见故障及处理措施见表1-15。

表1-15　凸轮控制器常见故障及处理措施

故障现象	故障分析	处理措施
主电路中常开主触点间短路	灭弧罩破损	调换灭弧罩
	触点间绝缘损坏	调换凸轮控制器
	手轮转动过快	降低手轮转动速度
触点过热使触点支持件烧焦	触点接触不良	修整触点
	触点压力变小	调整或更换触点压力弹簧
	触点上连接螺钉松动	旋紧螺钉
	触点容量过小	调换控制器
触点熔焊	触点弹簧脱落或断裂	调换触点弹簧
	触点脱落或磨光	更换触点
操作时有卡轧现象及噪声	滚动轴承损坏	调换轴承
	异物嵌入凸轮鼓或触点	清除异物

（4）凸轮控制器使用注意事项

① 凸轮控制器在安装前应检查外壳及零件有无损坏，并清除内部灰尘。

② 安装前应操作控制器手柄不少于5次，检查有无卡轧现象。凸轮控制器必须牢固可靠地安装在墙壁或支架上，其金属外壳上的接地螺钉必须与接地线可靠连接。

1.12　频敏变阻器

（1）频敏变阻器用途　频敏变阻器是一种利用铁磁材料的损耗随频率变化来自动改变等效阻值的低压电器，能使电动机达到平滑启动，主要在绕线转子回路中作为启动电阻，实现电动机的平稳无极启动。BP系列频敏变阻器主要由铁芯和绕组两部分组成，其外形结构与符号如图1-19所示。图1-20为频敏变阻器实物。

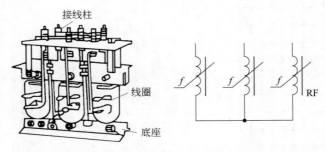

图1-19　频敏变阻器外形结构与符号

常见的频敏变阻器有BP1、BP2、BP3、BP4和BP6等系列，每一系列有其特定用途，各系列用途详见表1-16。

表1-16　各系列频敏变阻器选用场合

频繁程度	轻载	重载
偶尔	BP1、BP2、BP4	BP4、BP6
频繁	BP3、BP1、BP2	

图1-20　频敏变阻器实物

（2）频敏变阻器常见故障及处理措施　频敏变阻器常见的故障主要有线圈绝缘电阻降低或绝缘损坏、线圈断路或短路及线圈烧毁等情况，发生故障应及时进行更换。

① 频敏变阻器应牢固地固定在基座上，当基座为铁磁物质时应在中间垫入10mm以上的非磁性垫片，以防影响频敏变阻器的特性，同时变阻器还应可靠接地。

② 连接线应按电动机转子额定电流选用相应截面的电缆线。

③ 试车前，应先测量对地绝缘电阻，如阻值小于1MΩ，则须先进行烘干处理后方可使用。

④ 试车时，如发现启动转矩或启动电流过大或过小，应对频敏变阻器进行调整。

⑤ 使用过程中应定期清除尘垢，并检查线圈的绝缘电阻。

1.13　速度继电器

速度继电器的作用是将速度大小作为信号与接触器配合，实现对电动机的反接制动。故速度继电器又称反接制动继电器。速度继电器的结构如图1-21所示，实物图如图1-22所示。

速度继电器的轴与电动机的轴连接在一起，轴上有圆柱形永久磁铁，永久磁铁的外边有嵌着鼠笼式绕组可以转动一定角度的外环。

当速度继电器由电动机带动时，它的永久磁铁的磁通切割外环的鼠笼式绕组，在其中感应电势与电流。此电流又与永久磁铁的磁通相互作用产生作用于鼠笼式绕组的力而使外环转动。

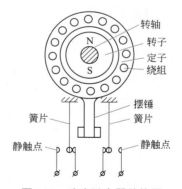

图1-21　速度继电器结构图

和外环固定在一起的支架上的顶块使动合触点闭合，动断触点断开。速度继电器外环的旋转方向由电动机确定，因此，顶块可向左拨动触点，也可向右拨动触点使其动作，当速度继电器轴的速度低于某一转速时，顶块便恢复原位，处于中间位置。图1-23为速度继电器的电路符号。

图1-22　速度继电器实物图

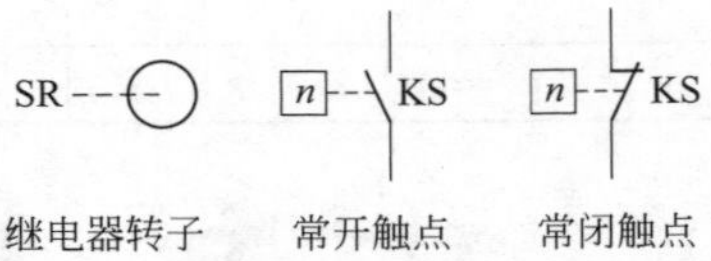

SR - - - ○　　　n - KS　　　n - KS

继电器转子　　常开触点　　常闭触点

图1-23　速度继电器的电路符号

1.14　温度开关与温度传感器

1.14.1　机械式温度开关

机械式温度开关又称旋钮温控器，其实物图如图1-24所示。其有一个由波纹管、感温包（测试管）、偏心轮、微动开关等组成的密封感应系统和一个传送信号动力的系统。图1-25为其工作原理。

图1-24　旋钮温控器实物图

将温度控制器的感温元件——感温管末端紧压在需要测试温度的表面上，由表面温度的变化来控制开关的开、停时间。当固定触点1与活动触点2接触时（组成闭合回路），电源被接通，温度下降，使感温腔的膜片向后移动，便导致温控器的活动触点2离开触点1，电源被断开。要想得到不同的温度，只要旋动温度控制旋钮（即温度调节凸轮）即可；改变平衡弹簧对感温管的压力实现温度的自动控制。

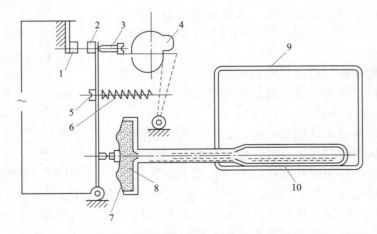

图1-25　旋钮温控器的工作原理图

1—固定触点；2—快跳活动触点；3—温度调节螺钉；4—温度调节凸轮；
5—温度范围调节螺钉；6—主弹簧；7—传动膜片；8—感温腔；9—蒸发器；10—感温管

1.14.2　电子式温控器

电子式温控器感温元件为热敏电阻，所以又称为热敏电阻式温度控制器，其控温原理是将热敏电阻直接放在冰箱内适当的位置，当热敏电阻受到冰箱内温度变化的影响时，其阻值就发生相应的变化。通过平衡电桥来改变通往半导体三极管的电流，再经放大来控制压缩机运转继电器的开启，实现对温度控制的作用。控制部分的原理示意图如图1-26所示。

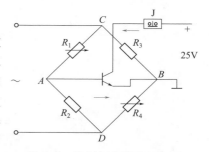

图1-26　控制部分原理示意图

图中R_1为热敏电阻，R_4为电位器，J为控制继电器。当电位器R_4不变时，如果温度升高，R_1的电阻值就会变小，A点的电位升高。R_1的阻值越小，其电流越大，当集电极电流的值大于继电器J的吸合电流时，继电器吸合，J触点接通电源。温度下降，热敏电阻则变大，其基极电流变小，集电极电流也随着变小。当集电极电流值小于继电器J的吸合电流时，继电器J的触点断开，如此循环，温度控制在一定范围内。实际电路原理图如图1-27所示。

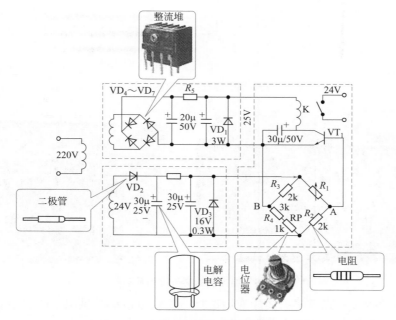

图1-27　电子式温控器实际电路原理图

1.14.3　温度控制仪器

温度控制仪的接线图如图1-28所示。

电路工作原理：电路中为了使用大功率加热器，使用交流接触器进行控制。根据使用的电源确定交流接触器线圈电压，一般为220V/380V，图中加热管为220V，如果使用380V供电，可以将电热管接成星形接法，如果是380V加热管，可以接成三角形接法。

受温度器控制，当温度到达高限值或低限值时，温控器会控制交流接触器接通或断开，从而控制加热器工作，达到温控目的。

温控仪的端子排列及功能见图1-29，温控仪各种方式的接线如图1-30所示。

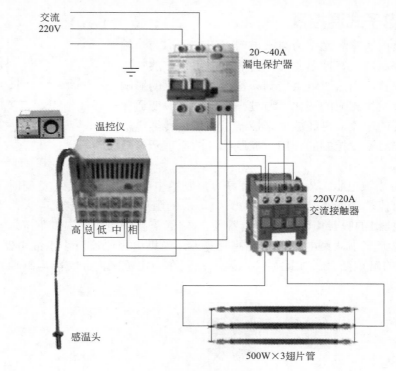

图1-28　温度控制仪接线图

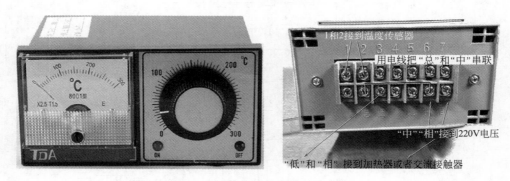

图1-29　温控仪的端子排列及功能

　　图中的各种接线方式可根据实际应用选择三相供电或单相供电，或选用继电器或可控硅接线方式。只要正确接线即可正常工作。

1.14.4　热电偶温度传感器

　　在许多测温方法中，热电偶测温应用最广。因为它的测量范围广，一般在-180～2800℃之间，准确度和灵敏度较高，且便于远距离测量，尤其是在高温范围内有较高的精度，所以国际实用温标规定在630.74～1064.43℃范围内用热电偶作为复现热力学温标的基准仪器，热电偶温度传感器外形见图1-31。

　　（1）热电偶的基本工作原理　两种不同的导体A与B在一端熔焊在一起（称为热端或测温端），另一端接一个灵敏的电压表，接电压表的这一端称冷端（或称参考端）。当热端与冷端的温度不同时，回路中将产生电势，见图1-32。该电势的方向和大小取决于两导体

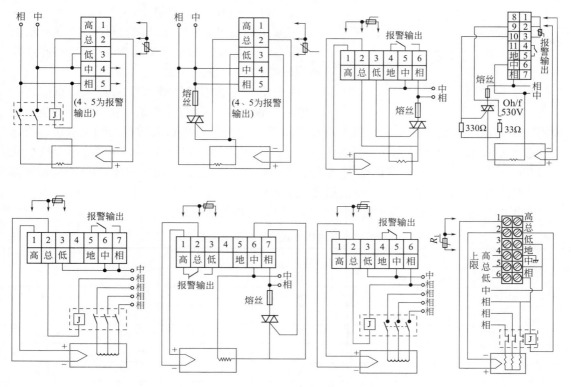

图1-30 温控仪各种方式的接线

的材料种类及热端与冷端的温度差（T与T_o的差值），而与两导体的粗细、长短无关。这种现象称为物体的热电效应。为了正确地测量热端的温度，必须确定冷端的温度。目前统一规定冷端的温度$T_o = 0℃$。但实际测试时要求冷端保持在0℃的条件是不方便的，希望在室温的条件下测量，这就需要加冷端补偿。热电偶测温时产生的热电势很小，一般需要用放大器放大。

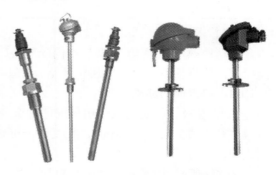

图1-31 热电偶温度传感器外形

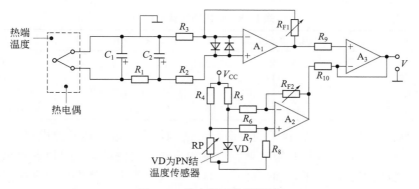

图1-32 热电偶工作原理图

27

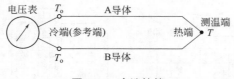

图1-33 冷端补偿

T—热端温度；T₀—冷端温度

在实际测量中，冷端温度不是0℃，会产生误差，可采用冷端补偿的方法自动补偿。冷端补偿的方法很多，这里仅介绍一种采用PN结温度传感器作冷端补偿的方法，见图1-33。

热电偶产生的电势经放大器A_1放大后有一定的灵敏度（mV/℃），采用PN结温度传感器与测量电桥检测冷端的温度，电桥的输出经放大器A_2放大后，有与热电偶放大后相同的灵敏度。将这两个放大后的信号电压再输入增益为1的差动放大器电路，则可以自动补偿冷端温度变化所引起的误差。在0℃时，调RP，使A_2输出为0V，调R_{F2}，使A_2输出的灵敏度与A_1相同即可。一般在$0\sim50$℃范围内，其补偿精度优于0.5℃。

常用的热电偶有7种，其热电偶的材料及测温范围见表1-17。

表1-17 常用热电偶的材料及测温范围

热电偶名称	分度号		测温范围/℃
	新	旧	
镍铬-康铜		E	0～800
铜-康铜	CK	T	-270～400
铁-康铜		J	0～600
镍铬-镍硅	EU-2	K	0～1300
铂铑-铂	LB-3	S	0～1600
铂铑30-铂10	LL-2	B	0～1800
镍铬-考铜	EA-2		0～600

注：镍铬-考铜为过渡产品，现已不用。

在这些热电偶中，CK型热电偶应用最广。这是因为热电势率较高，特性近似线性，性能稳定，价格便宜（无贵金属铂及铑），测温范围适合大部分工业温度范围。

（2）热电偶的结构

① 热电极。就是构成热电偶的两种金属丝。根据所用金属种类和作用条件的不同，热电极直径一般为$0.3\sim3.2$mm，长度为350mm～2m。应该指出，热电极也有用非金属材料制成的。

② 绝缘管。用于防止两根热电极短路。绝缘管可以做成单孔、双孔和四孔的形式，其材料见表1-18，也可以作成填充的形式（如缆式热电偶）。

表1-18 常用绝缘管材料

绝缘管材料名称	使用温度范围/℃	绝缘管材料名称	使用温度范围/℃
橡胶、塑料	60～80	石英管	0～1300
丝、干漆	0～130	瓷管	1400
氟塑料	0～250	再结晶氧化铝管	1500
玻璃丝、玻璃管	500～600	纯氧化铝管	1600～1700

③ 保护管。为使热电偶有较长的寿命，保证测量准确度，通常热电极（连同绝缘管）装入保护管内，可以减少各种有害气体和有害物质的直接侵蚀，还可以避免火焰和气流的直接冲击。一般根据测温范围、加热区长度、环境气氛等来选择保护。常用保护管材料分金属和非金属两大类，见表1-19。

表 1-19　常用保护管的材料

材料名称	长期使用温度/℃	短期使用温度/℃	使用备注
铜或铜合金	400		防止氧化表面
无缝钢管	600		镀铬或镍
不锈钢管	900～1000	1250	镀铬或镍
28Cr铁（高铬铸铁）	800		
石英管	1300	1600	
瓷管	1400	1600	
再结晶氧化铝管	1500	1700	
高纯氧化铝管	1600	1800	
硼化锆	1800	2100	

④ 接线盒。供连接热电偶和补偿导线用，接线盒多采用铝金制成。为防止有害气体进入热电偶，接线盒出孔和盖应尽可能密封（一般用橡胶、石棉垫圈、垫片以及耐火泥等材料来封装），接线盒内热电极与补偿导线用螺钉紧固在接线板上，保证接触良好。接线处有正负标记，以便检查和接线。

（3）测量　检测热电偶时，可直接用万用表电阻挡测量，如不通则热电偶有断路性故障，此方法只是估测。

（4）热电偶使用中的注意事项

① 热电偶和仪表分度号必须一致。

② 热电偶和电子电位差计不允许用铜质导线连接，而应选用与热电偶配套的补偿导线。安装时热电偶和补偿导线正负极必须相对应，补偿导线接入仪表中的输入端正负极也必须相对应，不可接错。

③ 热电偶的补偿导线安装位置尽量避开大功率的电源线，并应远离强磁场、强电场，否则易给仪表引入干扰。

④ 热电偶的安装：

a. 热电偶不应装在太靠近炉门和加热源处。

b. 热电偶插入炉内深度可以按实际情况而定。其工作端应尽量靠近被测物体，以保证测量准确。另一方面，为了装卸工作方便而不至于损坏热电偶，又要求工作端与被测物体有适当距离，一般不少于100mm。热电偶的接线盒不应靠到炉壁上。

c. 热电偶应尽可能垂直安装，以免保护管在高温下变形，若需要水平安装时，应用耐火泥和耐热合金制成的支架支撑。

d. 热电偶保护管和炉壁之间的空隙，用绝热物质（耐火泥或石棉绳）堵塞，以免冷热空气对流而影响测温准确性。

e. 用热电偶测量管道中的介质温度时，应注意热电偶工作端有足够的插入深度，如管道直径较小，可采取倾斜或在管道弯曲处安装的方法。

f. 在安装瓷和铝这一类保护管的热电偶时，其所选择的位置应适当，不致因加热工件的移动而损坏保护管。在插入或取出热电偶时，应避免急冷急热，以免保护管破裂。

g. 为保证测试准确度，热电偶应定期进行校验。

（5）热电偶的故障检修　热电偶在使用中可能发生的故障及排除方法见表 1-20。

表1-20　热电偶的故障检修

序号	故障现象	可能的原因	修复方法
1	热电势比实际应有的小（仪表指示值偏低）	① 热电偶内部电极漏电 ② 热电偶内部潮湿 ③ 热电偶接线盒内接线柱短路 ④ 补偿线短路 ⑤ 热电偶电极变质或工作端霉坏 ⑥ 补偿导线和热电偶不一致 ⑦ 补偿导线与热电极的极性接反 ⑧ 热电偶安装位置不当 ⑨ 热电偶与仪表分度不一致	① 将热电极取出，检查漏电原因。若是因潮湿引起，应将电极烘干，若是绝缘不良引起，则应予以更换 ② 将热电极取出，把热电极和保护管分别烘干，并检查保护管是否有渗漏现象，质量不合格则应予以更换 ③ 打开接线盒，清洁接线板，消除造成短路的原因 ④ 将短路处重新绝缘或更换补偿线 ⑤ 把变质部分剪去，重新焊接工作端或更换新电极 ⑥ 换成与热电偶配套的补偿导线 ⑦ 重新改接 ⑧ 选取适当的安装位置 ⑨ 换成与仪表分度一致的热电偶
2	热电势比实际应有的大（仪表指示值偏高）	① 热电偶与仪表分度不一致 ② 补偿导线和热电偶不一致 ③ 热电偶安装位置不当	① 更换热电偶，使其与仪表一致 ② 换成与热电偶配套的补偿导线 ③ 选取正确的安装位置
3	仪表指示值不准	① 接线盒内热电极和补偿导线接触不良 ② 热电极有断续短路和断续接地现象 ③ 热电极似断非断 ④ 热电偶安装不牢而发生摆动 ⑤ 补偿导线有接地、断续短路或断路现象	① 打开接线盒重新接好并紧固 ② 取出热电极，找出断续短路和接地的部位，并加以排除 ③ 取出热电极，重新焊好电极，经鉴定合格后使用，否则应更换新的 ④ 将热电偶牢固安装 ⑤ 找出接地和断续的部位，加以修复或更换补偿导线

1.15　电磁铁

（1）电磁铁用途及分类　电磁铁是一种把电磁能转换为机械能的电气元件，被用来远距离控制和操作各种机械装置及液压、气压阀门等，另外它可以作为电器的一个部件，如接触器、继电器的电磁系统。

电磁铁是利用电磁吸力来吸持钢铁零件，操纵、牵引机械装置以完成预期动作的。电磁铁主要由铁芯、衔铁、线圈和工作机械组成，类型有牵引电磁铁、制动电磁铁、起重电磁铁、阀用电磁铁等。常见的制动电磁铁与TJ2型闸瓦制动器配合使用，共同组成电磁抱闸制动器，电磁铁的各种符号如图1-34所示。

YA	YB	YV
电磁铁一般符号	电磁制动器符号	电磁阀符号

图1-34　电磁铁的各种符号

电磁铁的分类如下：

电磁铁的检测

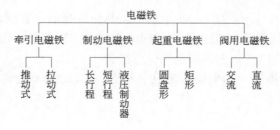

图1-35为电磁铁实物。

（2）电磁铁的选用原则

电磁铁在选用时应遵循以下原则：

· 根据机械负载的要求选择电磁铁的种类和结构形式。

· 根据控制系统电压选择电磁铁线圈电压。

· 电磁铁的功率应不小于制动或牵引功率。

图1-35　电磁铁实物

（3）电磁铁的常见故障及处理措施　电磁铁的常见故障及处理措施如表1-21所示。

表1-21　电磁铁的常见故障及处理措施

故障现象	故障分析	处理措施
电磁铁通电后不动作	电磁铁线圈开路或短路	测试线圈阻值，修理线圈
	电磁铁线圈电源电压过低	调高电源电压
	主弹簧张力过大	调整主弹簧张力
	杂物卡阻	清除杂物
电磁铁线圈发热	电磁铁线圈短路或接头接触不良	修理或调换线圈
	动、静铁芯未完全吸合	修理或调换电磁铁铁芯
	电磁铁的工作制或容量规格选择不当	调换工作制或容量规格适当的电磁铁
	操作频率太高	降低操作频率
电磁铁工作时有噪声	铁芯上短路环损坏	修理短路环或调换铁芯
	动、静铁芯极面不平或有油污	修整铁芯极面或清除油污
	动、静铁芯歪斜	调整对齐
线圈断电后衔铁不释放	机械部分被卡住	修理机械部分
	剩磁过大	增加非磁性垫片

（4）电磁铁使用注意事项

① 安装前应清除灰尘和杂物，并检查衔铁有无机械卡阻。

② 电磁铁要牢固地固定在底座上，并在紧固螺钉下放弹簧垫圈锁紧。

③ 电磁铁应按接线图接线，并接通电源，操作数次，检查衔铁动作是否正常以及有无噪声。

④ 定期检查衔铁行程的大小，该行程在运行过程中由于制动面的磨损而增大。当衔铁行程达到正常值时，即进行调整，以恢复制动面和转盘间的最小空隙。不让行程增加到正常值以上，因为这样可能引起吸力显著降低。

⑤ 检查连接螺钉的旋紧程度，注意可动部分的机械磨损。

1.16　电磁阀与四通阀

（1）**直通式电磁阀**　工作原理：通电时，电磁线圈产生电磁力，直接吸合阀芯，阀芯变位。断电时，电磁力消失，阀芯靠弹簧复位。

直动式电磁阀工作原理如图1-36所示：

实物图如图1-37所示。

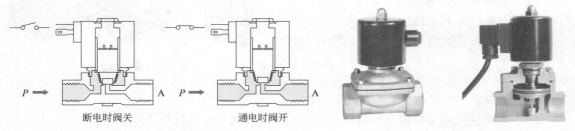

图1-36　直动式电磁阀工作原理图　　　　图1-37　直动式电磁阀实物图

（2）四通电磁换向阀　四通电磁换向阀多用于冷热两用空调器，在人为的操作和指令下，改变制冷剂的流动方向，从而达到冷热转换的目的。图1-38所示为四通电磁换向阀的实物及接口图。

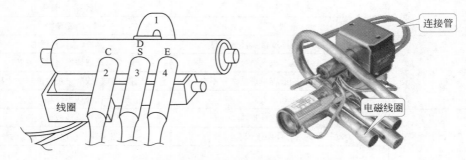

图1-38　四通电磁换向阀的实物及接口图

① 四通阀的作用　若冷凝器在室外、蒸发器在室内，空调就处于制冷状态。若冷凝器在室内、蒸发器在室外，空调就处于制热状态。室内和室外的机组及管道都是安装好的，不能因为制冷或制热状态变换而交换位置。根据制冷循环框图1-39可知，让制冷剂反向循环，就可以实现蒸发器和冷凝器的功能转换。但压缩机不能使制冷剂倒着循环，于是我们就利用四通阀来进行制冷剂的换向，控制空调的制冷和制热状态的转换。

② 工作原理　图1-39所示是四通电磁换向阀的工作原理。其中（a）图为制冷循环过程，（b）图为制热循环。从图中可以看出，四通电磁换向阀是由电磁阀和换向阀两部分组成的。

a．制冷。在图1-39（a）中当冷热泵开关拨向制冷位置时，即电磁导向阀的电磁线圈的电源被切断，电磁导向阀保持在左移后的位置，则右阀门被关闭，左阀门被打开，与中间孔相通，其工况状态如下：C、D与四通换向阀二端盖连接，属于高压区，其压力为冷凝压力pK。毛细管E与四通换向阀2号管连接，而2号管与压缩机吸气管连接，属于低压区，其压力为蒸气压力p_0。四通换向阀的1号管与蒸发器连接，3号管与冷凝器连接，4号管接在压缩机的排气管上。由于毛细管D被阀芯关闭，活塞1的小孔向其外侧充气压力升高，而毛细管C、E相通，活塞2外侧的高压气体（原由小孔排入），经毛细管C与E向2号管排泄。因为活塞的上孔孔径远远小于毛细管内径，来不及补充气体，使这一区域为低压区，右侧活塞1的外侧压力高于左侧活塞2的外侧压力，其压力相当大。右外侧压力推动活塞1与滑块等向左移动，移动到左活塞2的底端盖为止，阀芯将端盖阀孔闭塞，这时，滑块盖住1号管和2号管的阀孔，使1号、2号管相通，3号管与4号管排气管连通。

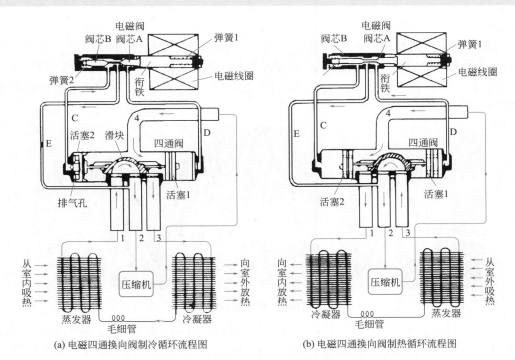

图1-39　四通电磁换向阀的结构及工作原理图

　　此时压缩机排出的高压气体制冷剂通过四通阀3、4号管到室外侧的热交换器（即冷凝器）放出热量，经毛细管降压节流，通过液管进入室内侧热交换器（蒸发器），由于低压低温蒸发，吸收室内热量（制冷）变为低压低温气态制冷剂，经过气管回流到室外，再经四通阀1、2管回到压缩机，再被压缩机吸入完成制冷循环。

　　b．制热。在图1-39（b）中，当冷热泵开关拨向制热位置时，即电磁导向阀的电磁线圈接通电源而产生磁场，衔铁瞬间被吸向右边，两个联动的阀芯A、B同时向右移动，阀芯B关闭左阀孔，阀芯A打开右阀孔，毛细管C、D相通，四通换向阀右侧活塞1外侧的高压气体被释放为低压气体（排入吸气管），而毛细管C通道被切断，活塞2小孔向活塞外侧充高压气体，其压力升高。当两侧的活塞1、2外侧的压力差达到某一值时，气体推动活塞1和活塞2（联动）向右移动至活塞1到达顶端，其阀芯关闭盖孔，换向动作结束。此时，四通换向阀的滑块右移后使2号、3号管相通，成为低压通道。1号管的阀孔和筒体相通成为高压通道。这时，原蒸发器转变为冷凝器，原冷凝器转变为蒸发器。

　　压缩机排出的高压高温制冷剂，经四通阀4、1管道到室内冷凝器冷凝，放出热量（制热），变为高压常温液态制冷剂，经液管回流到室外，再经毛细管降压节流，进入室外蒸发器内低压低温蒸发，变为低温低压气态制冷剂，再经四通阀2、3管回压缩机，完成制热循环。

　　（3）电磁阀的检测及注意事项

　　① 检测。检测电磁阀时，应首先用万用表检测电磁线圈的好坏，用万用表的欧姆挡，测电磁线圈的阻值，如果表针不摆动，说明线圈开路，如果阻值很小或为零则说明线圈短路。当确认线圈正常时，可以给线圈接入额定电压，检查阀体故障，如果能够听到嗒嗒声，并检测通断情况良好，说明电磁阀是好的，如图1-40所示。

　　② 更换注意事项。在更换四通阀时，应先放出制冷系统中的制冷剂，然后卸下固定四通阀的固定螺钉，取出电磁线圈。再将四通阀连同配管一起取下，注意将配管的方向、角

度做好记号。

把要安装的新四通阀核对一下型号与规格，再将原四通阀上的配管取下一根后，随即在新四通阀上焊一根，注意保持配管原来的方向和角度，而且应保持四通阀的水平状态。配管焊完后，将四通阀与配管一起焊回原来位置即可。四通阀及配管焊接好后，最后装入电磁线圈及连接线。

图1-40　电磁阀检测

由于四通阀内部装有塑料封件，在焊接时要防止电磁四通阀过热，烧坏封件。为此，在焊接时一定要用湿毛巾将四通阀包裹好，最好能边浇水边焊接。焊接时最好往系统中充注氮气，目的是进行无氧焊接，以防止管内产生氧化膜进入四通阀，而影响四通阀内滑动阀块的运动。

需要注意的是：更换电磁阀时，不管是水阀还是气阀，首先要注意额定电压和形状，安装时还要注意密封良好，不应有漏水或漏气现象。其连接线应用扎线固定，不应松动。

1.17　电接点压力表

（1）电接点压力表的结构　电接点压力表由测量系统、指示系统、接点装置、外壳、调整装置和接线盒等组成。电接点压力表是在普通压力表的基础上加装电气装置，在设备达到设定压力时，现场指示工作压力并输出开关量信号的仪表。如图1-41所示。

图1-41　电接点压力表

（2）工作原理　电接点压力表的指针和设定针上分别装有触点，使用时首先将上限和下限设定针调节至要求的压力点。当压力变化时，指示压力指针达到上限或者下限设定针时，指针上的触点与上限或者下限设定针上的触点相接触，通过电气线路发出开关量信号给其他工控设备，实现自动控制或者报警的目的。

1.18 多种传感器

1.18.1 接近开关

接近开关分为有源型（有电源供电）和无源型（无电源供电）两种。对于无源型的接近开关（如干簧管式接近开关），当有磁性物体接近它的感应部位时，内部触点发生动作，常见的是常开触点闭合。对于有源型的接近开关（如电感型、电容型、霍尔型），当有物体接近它的感应部位时，内部参数（电感、电容等）发生变化，从而电路发生动作，使输出端输出高电平或低电平，也有的有源型接近开关产生低电阻或高电阻状态，外界控制器根据此信号的变化，判别是否有物体靠近。接近开关的外形如图1-42所示。

常见型号：JM、G18、CLB、E2E等。

图1-42 接近开关

1.18.2 光电开关

光电开关分为反射型和透射型。反射型光电开关的探测头内有一个发光管和一个光敏管，当有物体靠近探测头时，发光管发出的光被物体反射回来，光敏管接收到足够强的反射光后就使光电开关的内部电路输出高电平或低电平（高阻或低阻状态）信号。透射型光电开关其发光管和光敏管分别被放置到相对的位置，当有物体通过发

图1-43 光电开关

光管和光敏管之间的空间时，发光管的光线被阻挡，光敏管接收不到发光管射来的光线，光电开关的内部电路输出高电平或低电平（高阻或低阻状态）信号。光电开关常被用来检测物体有、无通过以及是否有标记等。光电开关的外形如图1-43所示。

常见型号：SD、E3E等。

1.18.3 直线传感器

直线传感器用于检测直线方向的位移，它有电阻型、差动变压器型、光栅型和感应同

步尺型等，其中电阻型最简单，它类似于一个精密的直滑电位器，拉开发生移位，它的电阻就发生变化，它的缺点是具有相互接触的摩擦点，不过新型的塑料电位器已经很耐用，寿命长达几千万至几亿次。光栅型的直线传感器，位移产生电脉冲信号，光电脉冲的个数与直线位移量相对应，光栅型直线传感器没有电阻型直线传感器那样的摩擦点，寿命更长，且精度也更高。差动变压器型直线传感器由滑杆、激励绕组和检测线圈组成，内部金属滑杆直线移动时，检测线圈上的电压就进行相应改变，通过测量这种变化可以检测直线位移量。感应同步尺由定尺和滑尺组成，滑尺上有激励信号，随着滑尺和定尺的位置变化，在定尺上产生对应的周期性相位变化，通过检测相位变化的数值来测定直线位移量。光栅尺由定尺和滑尺组成，定尺上有很多光刻或腐蚀出的细线，滑尺上有光电传感器，光栅尺多数为A、B两相输出再加一个零相Z输出，或是A、B两相输出。还有一种直线传感器是拉绳式的，同编码器差不多，直线传感器的主要参数为线性度、精度和长度。常见直线传感器的外形如图1-44所示。

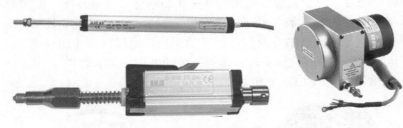

图1-44 直线传感器

常见型号：NS、WDL等。

1.18.4 角度传感器

角度传感器用于检测转角的变化情况，与直线传感器类似，它也有电阻型、旋转变压器型和光电编码器型等。其中电阻型类似旋转电位器，转轴角度变化时，中间抽头与任一固定端的电阻值发生相应变化，该电阻值与转角一一对应，只要测量电阻的变化就可得出转角的变化。传统的电位器寿命较短，目前塑料型的电阻角度传感器已经很耐用，寿命长达几千万至几亿次。光电编码器有绝对型和增量型之分，绝对型编码器的转角位置同输出的转角位置一一对应，而增量型编码器是每增加一定角度就发出一个脉冲，通过计量脉冲个数来对应角度值，增量型编码器多数为A、B两相输出再加一个零相Z输出，或是A、B两相输出。绝对型编码器由于要细分不同的位置，故其输出线因精度不同而不同，但是总体来说线的数量比增量型编码器要多。旋转变压器型是通过检测激励信号和感应线圈侧信号的相位角变化及周期数量值来确定角度的。角度传感器的主要参数为分辨率、精度和线性度等，编码器的主要参数为每转脉冲数、输出相数和信号类型等。角度传感器的外形如图1-45所示。常见型号：JJX、E40S等。

1.18.5 力传感器

力传感器用于测量力的大小，有电阻应变片型、变压器型和半导体型等。电阻应变片型张力传感器把应变片电阻粘贴在测量体内，测量体受外部作用力而变形，导致其上的应变片电阻发生变化，通过测量电阻的变化来间接测量力的大小。变压器型的力传感器，其铁芯与测量体相连接，激励线圈和测量线圈通过铁芯相耦合，当外力施加到测量体上时，测量体变形导致铁芯移动，从而改变激励线圈对测量线圈的作用量，测量线圈电信号的变化反映了作用力的大小。半导体型的力传感器利用半导体在受压变形时产生的电特性变化对力进行测量。力传感器外形如图1-46所示。

图1-45　角度传感器　　　　　　　　　图1-46　力传感器

1.18.6　液位传感器

　　液位传感器按信号的不同分为开关型和连续测量型两种。开关型液位传感器也叫液位开关，当液体达到一定位置时液位开关发生动作，触点闭合或断开，一般液位开关有一个常开触点或一个常闭触点，或一个常开触点加一个常闭触点。液位开关根据内部原理又分浮球型和感应型，浮球型的液位传感器是利用液体到达时对浮球的浮力使浮球翻转而使触点动作的。连续测量的液位传感器有应变片式、半导体式、超声波式、电容式等。应变片式的测量原理同力传感器相似，处于液体中的液位传感器探头会由于液位高度产生的压强而使测量腔受力变形，根据测量腔的变形来测量出液体的深度。为了清除大气压力对液位测量的影响，液体中放置的传感器探头有一根导气管从电缆中引出，安装时一定要注意千万不要堵塞或折断该导气管。液位传感器的主要参数为测量范围、输出信号类型等。当液位传感器的输出为标准的$0 \sim 10\text{mA}$、$4 \sim 20\text{mA}$、$0 \sim 5\text{V}$、$1 \sim 5\text{V}$信号时，也称为液位变送器。如果变送器只利用两根导线同时完成电源提供和测量信号返回，则该变送器称为两线制变送器，如果电源线和信号线是分开的，则称为四线制变送器。液位传感器外形如图1-47所示。常见型号：JYB、SL等。

图1-47　液位传感器

1.18.7　压力传感器

　　压力传感器用于对管道和容器中的压力进行测量。压力传感器的测量原理与液位传感器的测量原理基本类似，有只输出开关信号的压力开关和能输出连续压力信号的压力传感器。压力开关的压力动作值可以根据需要设定，当压力值达到动作压力时，触点开关动作。还有一类带触点的压力表叫电接点压力表，它的原理是压力大于高设定值时一个触点动作，压力小于低设定值时另一个触点动作。对于连续测量的压力传感器，最简单的是输出电阻变化信号的远传压力表，它类似一个电位器，管道或容器的压力发生变化时，压力传感器的中间抽头和固定端之间的电阻会随之变化。其他压力传感器有应变电阻式和半导体式等，与上述的液位传感器相同。当压力传感器输出标准的$0 \sim 10\text{mA}$、$4 \sim 20\text{mA}$、$0 \sim 5\text{V}$、

图1-48　压力传感器

1～5V信号时，称为压力变送器；专门用于测量两点压力差的压力传感器叫差压变送器。压力变送器也有二线制和四线制两种接线方式。压力传感器的主要参数是测量范围、输出信号类型、防爆等级、防护等级等。其外形如图1-48所示。常见型号：Y、YXC等。

1.18.8　流量传感器

流量传感器主要用于测量管道或明渠中液体或气体的流量，常见的流量传感器有涡轮式、涡街式、电磁式、超声波式、转子式等。最简单的流量传感器为流量开关，流量开关的作用是当流量大于某一设定值时，触点开关发生动作。涡轮式流量传感器利用了管道中的液体对涡轮的冲击作用，流量越大转速越快，通过测量涡轮的转速及已知的管道直径来计算流量，家中常见的水表基本上都是涡轮式的。涡街式流量传感器中的流体流过测量棒时在测量棒的后方会形成旋涡，流量大则形成的旋涡就多，通过测量旋涡的多少及已知的管道直径即可测出流量。电磁式流量传感器利用液体流过带有感应线圈的管道时，因液体流速不同而使电磁参数发生不同的变化而测出液体的流量。超声波式流量传感器由发射探头和接收探头组成，管道内液体的流动对管道内超声波的声速产生影响，通过测量超声波接收探头测出的声速变化来测量液体流速，同时根据已知的管道直径从而得出管道中液体的流量值。转子式流量传感器类似于在玻璃管中放入浮子（转子），流量大时浮子就升高，转子式流量传感器一般用于直接观测。流量传感器的主要参数是测量范围、流体最低流速、输出信号类型、防护等级、防爆要求等，对于工程技术人员尤其要注意最低流速的要求。流量传感器的外形如图1-49所示。常见型号：LWQ、LU、LDG等。

图1-49　流量传感器

1.18.9　气体传感器

气体传感器是一种将气体的成分、浓度等信息转换成可以被人员、仪器仪表、计算机等利用的信息的装置。

气体传感器广泛应用在矿山、石油、机械、化工等领域，实现火灾、爆炸、空气污染等事故的检测、报警控制。气体传感器最常见的是应用在抽油烟机内实现厨房油烟的自动检测。气体传感器包括半导体气体传感器、电化学气体传感器、催化燃烧式气体传感器、热导式气体传感器、红外线气体传感器等。常见的气体传感器的实物外形如图1-50所示。

气敏探头

图1-50　气体传感器

1.18.10　磁性传感器

凡是利用磁性质、磁通量变化来制作的传感器叫磁性传感器。

压磁传感器的基本原理是压磁效应。某些铁磁材料受到机械力（如压力、拉力、弯力、扭力）作用后，在其内部产生了机械应力，由此引起铁磁材料的磁导率发生变化。这种由于机械力作用而引起磁材料的磁性质变化的物理效应称为压磁效应。利用压磁效应制成的传感器叫作压磁传感器（有时也叫作磁弹性传感器或磁滞伸缩传感器）。

压磁传感器由外壳和压磁元件组成，外壳的主要作用是防止灰尘、氧化铁皮、水蒸气和油等介质侵入传感器内部，如图 1-51 所示。

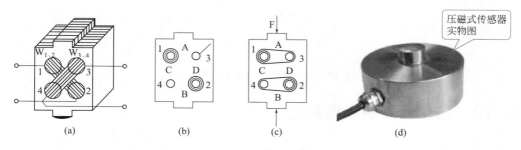

图1-51　压磁传感器原理

压磁元件是由数十片至数百片铁磁材料的串片（或多联片）叠起来粘合在一起的，并用螺栓连接。

1.18.11　磁电式传感器

磁电式传感器多用于测量速度、加速度、位移、振动、扭矩等参数。

将被测的参数变换为感应电势的变换器称为磁电式传感器或感应传感器。磁电式传感器是以导线在磁场中运动产生感应电动势为基础的。根据电磁感应定律，具有 W 匝的线圈的感应电势 e 与穿过该线圈的磁通 Φ 的变化速度成正比，即 $e=-W(\mathrm{d}\Phi/\mathrm{d}t)$。

若机械量直接控制传感器线圈所交链的磁通的变化，则这种传感器可以不经中间转换元件，而将机械运动的速度直接转换为与其成比例的电信号。

图 1-52 为磁电式传感器的原理图与外形图，其中图（b）是当线圈在磁场中做直线运动时产生感应电动势的情形。而图（c）是线圈在磁场中做旋转运动而产生感应电动势的传感器。它相当于一个发电机，线圈 1 经轴 2 与被测参数连接在一起在磁场内运动。有的传感器线圈静止，而磁铁运动。

当传感器的结构已定时，磁感强度及线圈总长 L 都为常数，因此感应电势与线圈对磁场的相对运动速度成正比。所以，磁电传感器只可用来测定线速度或角速度，但是由于速度与位移（或加速度）仅差一积分（或微分）关系，因此若在感应电势测量电路中接一积分电路，那么输出电势就与位移量成正比关系；如果在测量电路中接一微分电路，则输出电势就与运动的加速度成正比关系。这样磁电式传感器除可测量速度外，还可用来测量运动的位移和加速度。磁电式传感器的输出量，除了电势的幅值大小外，还可以是输出电势的频率值，如磁电式转速表即为一个例子，见图 1-52（d）。

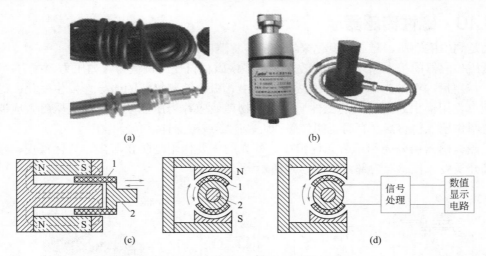

图1-52 磁电式传感器原理图及外形图

1.18.12 霍尔元件磁电传感器

霍尔传感器是将霍尔元件、放大器、温度补偿电路及稳压电源等做在一个芯片上的传感器。霍尔传感器利用了根据霍尔效应与集成技术制成的半导体磁敏器件，具有灵敏度高、可靠性好、无触点、功耗低、寿命长等优点。国产有SLN系列、CSUGN系列、DN系列产品等。

有些霍尔传感器的外形与P1D封装的集成电路外形相似，故也称为霍尔集成电路。霍尔传感器按输出端功能分，可分为线性型及开关型两种，见图1-53。按输出级的输出方式分有单端输出和双端输出两种。

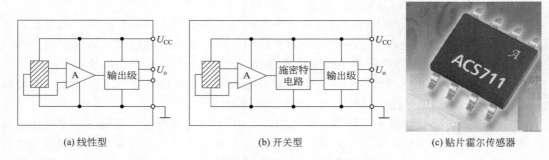

(a) 线性型　　　　　　　　　(b) 开关型　　　　　　　　(c) 贴片霍尔传感器

图1-53 霍尔传感器的电原理结构图

（1）线性型霍尔传感器　线性型霍尔传感器输出的霍尔电势与外磁场强度呈线性关系。常用的UGN-3501是一种单端输出的线性霍尔传感器。

（2）开关型霍尔传感器　开关型霍尔传感器由霍尔元件、放大器、旋密特电路和输出级等部分组成，通常又称为霍尔开关，电路原理框图如图1-53（b）所示。

由图1-53可看出，工作特性有一定磁带，可使开关动作更为可靠。B_{op}为工作点"开"的磁场强度，B_{RP}为释放点"关"的磁场强度。

1.18.13 超声波与超声波传感器

超声波传感器是近年来常用的敏感元器件之一，用它组装成的车辆倒车防撞电路及其他检测电路应用广泛。超声波传感器分为发射器和接收器，发射器将电磁振荡转换为超声波向空间发射，接收器将接收到的超声波转换为电脉冲信号。它的具体工作原理如下：当40kHz（由于超声波传感的声压能级、灵敏度在40kHz时最大，所以电路一般选用40kHz作为传感器的使用频率）的脉冲电信号由两引线输入后，由压电陶瓷激励器和谐振片转换成为机械振动，经锥形辐射器将超声振动向外发射出去，发射出去的超声波向空中四面八方直线传播。遇有障碍物后它可以发生反射。接收器在收到由发射器传来的超声波后，使内部的谐振片谐振，通过声电转换作用，将声能转换为电脉冲信号，然后输入到信号放大器，驱动执行机构动作。

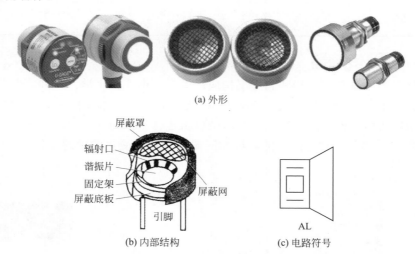

(a) 外形

(b) 内部结构　　(c) 电路符号

图1-54　超声波传感器外形及内部结构示意图

常用的超声波传感器有T40-××、R40-××系列、UCM-40T、UCM-40R和MA40XXS、MA40XXR系列等。其中型号的第一个（或最后一个）字母T（S）代表发射传感器，R代表接收传感器，它们都是成对使用的。

图1-54（a）、图1-54（b）为超声波传感器外形及内部结构示意图；图1-54（c）为它的电路图形符号，其文字符号用AL表示。

表1-22是T/R40-××系列超声波传感器的电性能参数表。表1-23是UCM型超声波传感器的技术性能表。

表1-22　T/R40-×× 系列超声波传感器的电性能参数

型号		T/R40-12	T/R40-16	T/R40-18A	T/R40-24A
中心频率/kHz		40±3			
发射声压最小电平/dB		82（40kHz）	85（40kHz）		
接收最小灵敏度/dB		-67（40kHz）	-64（40kHz）		
最小带宽	发射头	5kHz/100dB	6kHz/103dB	6kHz/100dB	6kHz/103dB
	接收头	5kHz/-75dB	6kHz/-71dB		
电容/nF		2500±25%	2400±25%		

表1-23　UCM 型超声波传感器的技术性能表

型号	UCM-40-R	UCM-40-T
用途	接收	发射
中心频率/kHz	40	

型号	UCM-40-R	UCM-40-T
灵敏度（40kHz）	−65dB	80dB
带宽（36～40kHz）	−73dB	96dB
电容/nF	1700	
绝缘电阻/MΩ	>100	
最大输出电压/V	20	
测试要求	发射头接40kHz方波发生器，接收头接测试示波器，当方波发生器输出V_{pp}=15V，发射头和接收头正对距离30cm时，示波器接收的方波电压U>500mV	

1.18.14　湿敏传感器

湿敏元件一般由基体、电极和感湿层构成，可用于钢铁、化学、纤维、半导体、食品、造纸、钟表、电子元件和设备、光学机械等各种工业过程中的湿度控制。

（1）湿敏电阻传感器　图1-55所示为湿敏电阻传感器。

湿敏电阻传感器是一种电阻值随环境相对湿度变化而变化的敏感元件。最常用的是氯化锂湿敏电阻器。

图1-55　湿敏电阻传感器　　　　　　　　　图1-56　高分子薄膜电容湿敏传感器结构

（2）湿敏电容传感器　湿敏电容传感器是一种采用吸湿性很强的绝缘材料作为电容器的介质，使其电容量随环境相对湿度变化而变化的敏感元件。湿敏电容传感器通常采用多孔性氧化铝（Al_2O_3）或者高分子吸湿膜作为吸湿性介质，制成多孔性氧化铝电容湿敏传感器和高分子薄膜电容湿敏传感器。图1-56为高分子薄膜电容湿敏传感器结构示意图。

两个梳状金质电极分别通过高分子薄膜作为介质，与多孔性金质电极形成电容器C_1和C_2，其等效电容器C由C_1、C_2电容器串联而成。湿敏电容传感器测试需要通交变电流，根据其容抗变化反映出环境相对湿度的变化。测试电源频率在1.5MHz时，高分子薄膜电容湿敏传感器在环境相对湿度由10%增加至90%时，其电容量增加到1.6倍，输出线性良好。高分子薄膜湿敏电容传感器受温度影响很小，响应时间短，稳定性好，得到广泛应用。

1.18.15　热释电人体红外传感器

采用热释电人体红外传感器制造的被动红外探测器，用于控制自动门、自动灯及高级光电玩具等。

（1）热释电人体红外传感器结构　热释电人体红外传感器的结构如图1-57所示。

热释电人体红外传感器一般都采用差动平衡结构，由敏感元件、场效应管、高值电阻等组成，见图1-57。其中图1-57（b）为内部结构图，图1-57（c）为内部电气连接图。

（2）菲涅尔透镜　热释电人体红外传感器只有配合菲涅尔透镜使用才能发挥最大作用。

不加菲涅尔透镜时，该传感器的探测半径可能不足 2m，配上菲涅尔透镜则可达 10m，甚至更远。菲涅尔透镜不仅可以形成可见区和盲区，而且还有聚焦作用。其焦距一般为 5cm 左右，应用时不同传感器所配的透镜也不同。一般把透镜固定在传感器正前方 1 ～ 5cm 处。菲涅尔透镜形成圆弧状，透镜的焦距正好对准传感器敏感元件的中心，见图 1-58。

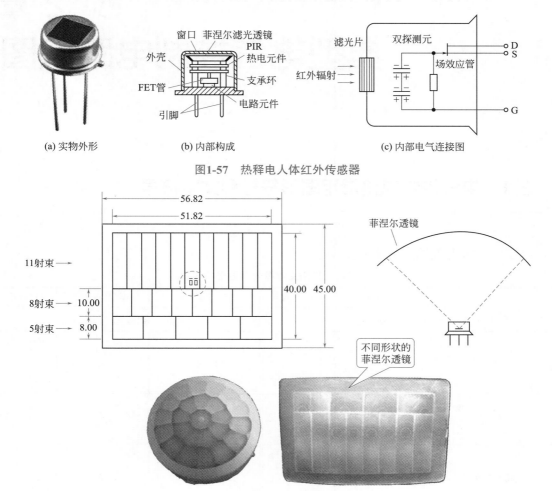

图1-57　热释电人体红外传感器

图1-58　菲涅尔透镜示意图

目前国内市场上常见的热释电红外传感器有 SD02、PH5324 和 Lhi954、Lhi958 等，其中 SD02 适合防盗报警电路。

第 *2* 章
典型电气控制电路识图

2.1　电气控制电路常用图形符号和文字符号

常用文字符号及图形符号见表2-1。

表 2-1　常用文字符号及图形符号

名称	图形符号	文字符号	名称	图形符号	文字符号
直流	—— 或 ▬▬		限位开关		
交流	∼		动合触点		SQ
交直流	≈		动断触点		
导线的连接	⊥ 或 ⊥•		双向机械操作		
导线的多线连接	或		按钮		
			带动合触点的按钮	E--	SB
导线的不连接	╪		带动断触点的按钮	E---	
接地的一般符号	⏚		带动合和动断触点的按钮	E--	

续表

名称	图形符号	文字符号	名称	图形符号	文字符号
电阻的一般符号	优选型 其他型	R	接触器		
			线圈		KM
电容器的一般符号	优选型　其他型	C	动合（常开）触点		
极性电容器	优选型　其他型		动断（常闭）触点		
半导体二极管		V	继电器		
熔断器		FU	动合（常开）触点		符号同操作元件
换向绕组	B₁　　B₂		动断（常闭）触点		
补偿绕组	C₁　　C₂		延时闭合的动合触点	或	
串励绕组	D₁　　D₂		延时断开的动合触点	或	
并励或他励绕组	E₁ 并励 E₂ F₁ 他励 F₂				
电枢绕组			延时闭合的动断触点	或	
发电机	Ⓖ	G			
直流发电机	Ⓖ	GD	延时断开的动断触点	或	KT
交流发电机	Ⓖ	GA			
电动机	Ⓜ	M	延时闭合和延时断开的动合触点		
直流电动机	Ⓜ	MD			
交流电动机	Ⓜ	MA			
三相笼型异步电动机	Ⓜ 3∼	M	延时闭合和延时断开的动断触点		

名称	图形符号	文字符号	名称	图形符号	文字符号
三相绕线型异步电动机		M	时间继电器线圈（一般符号）		KT
串励直流电动机			中间继电器线圈	或	KA
他励直流电动机		MD	欠电压继电器线圈	U<	KV
并励直流电动机			过电流继电器的线圈	I>	KI
复励直流电动机			热继电器热元件		FR
单相变压器		T	热继电器的常闭触点		
控制电路电源用变压器	或	TC	电磁铁		YA
照明变压器		T	电磁吸盘		YH
整流变压器			接插器件		X
三相自耦变压器		T	照明灯		EL
单极开关	或		信号灯		HL
三极开关			电抗器	或	L
刀开关		QS	限定符号		
组合开关			⌐ 接触器功能 ─ 隔离开关功能 ∇ 位置开关功能 ⌐ 负荷开关功能		
手动三极开关一般符号			操作元件和操作方法		
三极隔离开关			├--- ─一般情况下的手动操作 ├--- ─旋转操作 ├--- ─推动操作		

2.2　电气图的基本表示方法

2.2.1　电气元件表示方法

（1）电气元件的表示方法　同一个电气设备及元件在不同的电气图中往往采用不同的图形符号来表示。比如，对概略图、位置图，往往用方框符号或简单的一般符号来表示；对电路图和部分接线图，常采用一般图形符号来表示，对于驱动和被驱动部分间具有机械连接关系的电气元件，如继电器、接触器的线圈和触点，以及同一个设备的多个电气元件，可采用集中布置法、半集中布置法、分开布置法来表示。

集中布置法是把电气元件、设备或成套装置中一个项目各组成部分的图形符号在电气图上集中绘制在一起的方法，各组成部分用机械连接线（虚线）连接，连接线必须是一条直线。

一般为了使电路布局清晰，便于识别，通常将一个项目的某些部分的图形符号分开布置，并用机械连接符号表示它们之间的关系，这种方法称为半集中布置法。

有时为了使设备和装置的电路布局更清晰，便于识别，把一个项目图形符号的各部分分开布置，并采用项目代号表示它们之间的关系，这种方法称为分开布置法。

图2-1所示是这三种布置方法的示例，其中接触器KM的线圈和触点分别集中布置，如图2-1（a）所示，半集中布置如图2-1（b）所示，分开布置如图2-1（c）所示。采用分开布置法的图与采用集中或半集中布置法的图给出的内容要相符，这是最基本原则。

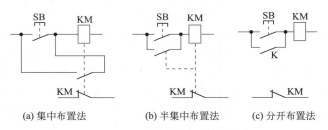

(a) 集中布置法　　　　(b) 半集中布置法　　　　(c) 分开布置法

图2-1　设备和元件的布置

因为采用分开布置法的电气图省去了项目各组成部分的机械连接线，所以查找某个元件的相关部分比较困难。这样为识别元件各组成部分或寻找它们在图中的位置，除了要重复标注项目代号外，还需要采用引入插图或表格等方法来表示电气元件各部分的位置。

（2）电气元件工作状态的表示方法　在电气图中我们均需按自然状态表示。所谓自然状态，是指电气元件或设备的可动部分处于未得电、未受外力或不工作的状态或位置。如：

① 接触器和电磁铁的线圈未得电时，铁芯未被吸合，因而其触点处于尚未动作的位置。

② 断路器和隔离开关处在断开位置。

③ 零位操作的手动控制开关在零位状态，不带零位的手动控制开关在电气图中规定的位置。

④ 机械操作开关、按钮处在非工作状态或不受力状态时的位置。

⑤ 保护用电器处在设备正常工作状态时的位置，如热继电器处在双金属片未受热而未脱扣时的位置。

（3）电气元件触点位置的表示方法

① 对于继电器、接触器、开关、按钮等元件的触点，其触点符号通常规定为"左开右闭、下开上闭"，即当触点符号垂直布置时，动触点在静触点左侧为动合（常开）触点，而在右侧为动断（常闭）触点；当触点符号水平布置时，动触点在静触点下侧为动合（常开）触点，而在上侧为动断（常闭）触点。

② 万能转换开关、控制器等人工操作的触点符号一般用图形、操作符号以及触点闭合表来表示。

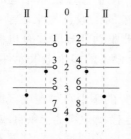

图2-2　多位置控制器或操作开关的表示方法

例如，5个位置的控制器或操作开关可用图2-2所示的图形表示，以"0"代表操作手柄在中间位置，两侧的罗马数字表示操作位置数，在该数字上方可标注文字符号来表示向前、向后、自动、手动等操作，短画表示手柄操作触点开闭位置线，有黑点"·"者表示手柄转向此位置时触点接通，无黑点者表示触点不接通。复杂开关需另用触点闭合表来表示。多于一个以上的触点分别接于各电路中，可以在触点符号上加注触点的线路号或触点号。一个开关的各触点允许不画在一起。可用表2-2所示的触点闭合表来表示。

表2-2　触点闭合表

触点	向后位置		中间位置	向前位置	
	2	1	0	1	2
1-2	-	-	+	-	-
3-4	-	+	-	+	-
5-6	+	-	-	-	+
7-8	-	-	+	-	-

（4）电气元件技术数据及标志的表示方法

① 电气元件技术数据的表示方法：电气元件的技术数据一般标在其图形符号附近。当连接线为水平布置时，尽可能标注在图形符号的下方，如图2-3（a）所示；垂直布置时，标注在项目代号右方，如图2-3（b）所示。技术数据也可以标注在电机、仪表、集成电路等的方框符号或简化外形符号内，如图2-3（c）所示。

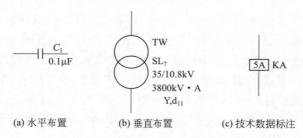

(a) 水平布置　　　(b) 垂直布置　　　(c) 技术数据标注

图2-3　电器元件技术数据的表示方法

② 标志的表示方法：当电气元件的某些内容不便于用图示形式表达清楚时，可采用标志方法放在需要说明的对象旁边。

2.2.2　连接线的一般表示方法

电气图上各种图形符号之间的相互连线，我们称为连接线。

（1）导线的一般表示方法

① 导线的一般表示符号如图2-4（a）所示，可用于表示单根导线、导线组，也可以根据情况通过图线粗细、图形符号及文字、数字来区分各种不同的导线，如图2-4（b）所示的母线及图2-4（c）所示的电缆等。

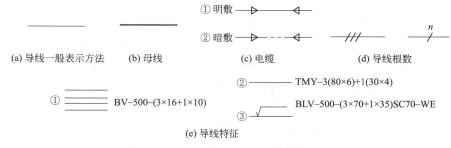

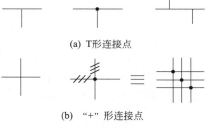

图2-4　导线的一般表示方法及示例

② 导线的根数表示方法。如图2-4（d）所示，根数较少时，用斜线（45°）数量代表导线根数；根数较多时，用一根小短斜线旁加注数表示。

③ 导线特征的标注方法。如图2-4（e）所示，导线特征通常采用字母、数字符号标注。

（2）图线和粗细　主电路图、主接线图等采用粗实线；辅助电路图、二次接线图等则采用细实线，而母线通常要比粗实线宽2～3倍。

（3）导线连接点的表示　T形连接点可加实心圆点"●"，也可不加实心圆点，如图2-5（a）所示。对"+"形连接点，则必须加实心圆点，如图2-5（b）所示。

（4）连接线的连续表示法和中断表示法

① 连接线的连续表示法：是将表示导线的连接线用同一根图线首尾连通的方法。连续线一般用多线表示。当图线太多时，为便于识图，对于多条去向相同的连接线用单线法表示。

图2-5　导线连接点的表示方法

当多条线的连接顺序不必明确表示时，可采用图2-6（a）所示的单线表示法，但单线的两端仍用多线表示；导线组的两端位置不同时，应标注相对应的文字符号，如图2-6（b）所示。

当导线汇入用单线表示的一组平行连接线时，汇接处用斜线表示，其方向应易于识别连接线进入或离开汇总线的方向，如图2-6（c）所示；当需要表示导线的根数时，可按图2-6（d）所示来表示。

② 连接线的中断表示法：去向相同的导线组，在中断处的两端标以相应的文字符号或数字编号，如图2-7（a）所示。

两设备或电气元件之间的连接线，如图2-7（b）所示，用文字符号及数字编号表示中断。

连接线穿越图线较多的区域时，将连接线中断，在中断处加相应的标记，如图2-7（c）所示。

（5）连接线的多线、单线和混合表示法　按照电路图中图线的表达根数不同，连接线可分为多线、单线和混合表示法。

每根连接线各用一条图线表示的方法，叫作多线表示法，其中大多数是三线；两根或两根以上（大多数是表示三相系统的三根线）连接线用一条图线表示的方法，叫作单线表示法；在同一图中，单线和多线同时使用的方法，叫作混合表示法。

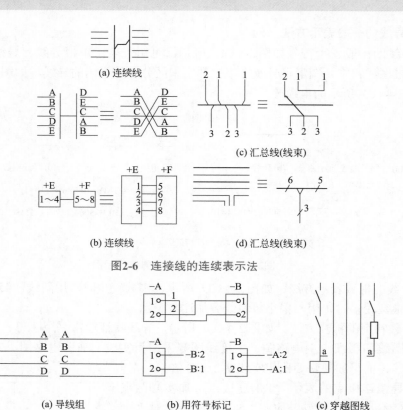

图2-6 连接线的连续表示法

图2-7 连接线的中断表示法

(a) 导线组　　　　　(b) 用符号标记　　　　　(c) 穿越图线

图2-8所示为三相笼型感应电动机丫-△降压启动电路的多线、单线、混合线表示法的电气控制电路图。图2-8（a）所示为多线表示法，描述电路工作原理比较清楚，但图线太多

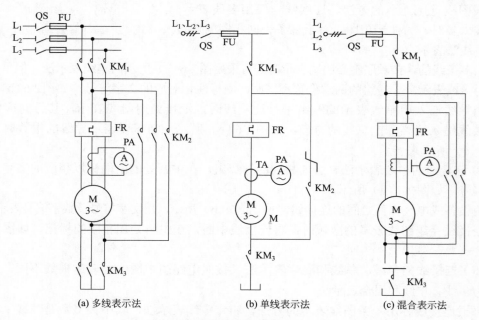

(a) 多线表示法　　　　　(b) 单线表示法　　　　　(c) 混合表示法

图2-8 在电路中连接线的表示方法

QS—刀开关；FU—熔断器；KM₁，KM₂，KM₃—接触器；FR—热继电器；TA—电流互感器；PA—电流表；M—电动机

显得乱些；图2-8（b）所示为单线表示法，图面简单，缺点是对某些部分（如△连接）描述不够详细；图2-8（c）所示为混合表示法，兼有二者的优点，在复杂图形情况下被采用。

2.3　看图的一般步骤

2.3.1　看图纸说明

拿到图纸后，首先要仔细阅读图纸的主标题栏和有关说明，如技术说明、电气元件明细表、施工说明书等，结合自己的电工知识，对该电气图便有一个明确的认识，从而整体上理解图纸的内容。

2.3.2　看概略图和框图

由于概略图和框图只概略表示系统的基本组成及其主要特征，因此概略图和框图多采用单线图。

2.3.3　看电路图是看图的重点和难点

电路图是电气图的核心，是最重要的部分。

看电路图首先要看有哪些图形符号和文字符号，了解电路图各组成部分的作用，分清主电路和辅助电路；按照先看主电路，再看辅助电路的顺序进行。

看主电路时，通常要从下往上看，即先从用电设备开始，经控制电气元件，依次往电源端看；看辅助电路时，则自上而下、从左至右看，即先看主电源，再顺次看各条支路，分析各条支路电气元件的工作情况及其对主电路的控制关系，注意电气与机械机构的连接关系。

通过看主电路，搞清负载是如何取得电源的，电源线经过哪些元件到达负载和为什么要通过这些元件；通过看辅助电路，应搞清辅助电路的构成，各电气元件之间的相互联系和控制关系及其动作情况等。同时，要了解辅助电路和主电路之间的相互关系，进而搞清楚整个电路的工作原理。

2.3.4　电路图与接线图对照起来看

接线图和电路图互相对照，方便搞清楚接线图。读接线图时，要根据端子标志和回路标号从电源端顺次查下去，搞清楚线路走向和电路的连接方法，及各电气元件如何连接。

配电盘内、外电路相互连接必须通过接线端子板。因此，看接线图时，必须搞清楚端子板的接线情况。

2.4　原理图转换成实际布线图的方法

一个复杂的电气控制线路要想转换成实际接线，对于初学者来说有时会感觉遥不可及，但是只要掌握了方法和技巧，就会迎刃而解，轻松学会原理图到接线图的转换。

对于电路图转换为原理图，一般要经过以下步骤，就可以完成接线：

绘制接线 ——→ 原理图 ——→ 平面图 ——→ 整理 ——→ 固定器件 ——→ 安装完毕
平面布置图　　　　上编号　　　上填号　　　号码　　　号码连接　　　检查实验

下面以电动机正反转控制电路为例，介绍电动机控制电路原理图转换为实际接线图的方法技巧。

2.4.1　根据电气原理图绘制接线平面图

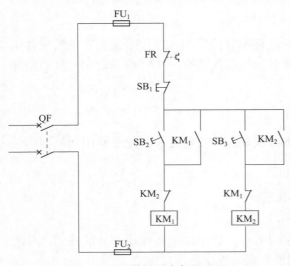

图2-9　正反转控制电气原理图

当拿到一张电气原理图，准备接线前应对电气控制箱内元器件进行布局，绘制出电气控制柜或配电箱电气平面图，如图2-9所示。

根据图2-10绘制出元件的原理图布局平面图，并画出原理图电气部件的符号，绘制过程中可以按照器件的结构一次绘制，也可以按照原理图进行绘制（绘制图时元器件可用方框带接点代替）。

布局原理图中的器件符号应根据原理图进行标注，不能标错。引线位置应以实物标注上下或左右，总之尽可能与实际电路中元件保持一致。熟练后，可以不绘制平面图，直接绘制成图2-11所示的平面图。

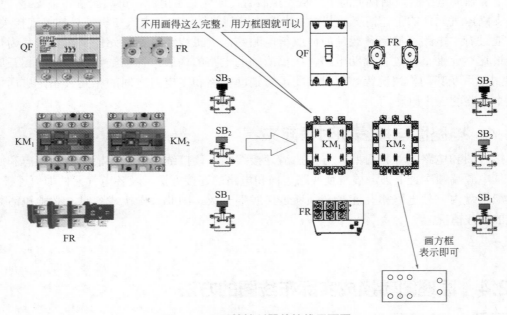

图2-10　正反转控制器件接线平面图

2.4.2　在电气原理图与电气原理平面图上进行标号

首先对原理图上的接线点进行编号，每个编号必须是唯一的，每个元件两端各有一个编号，不能重复。在编号时，可以从上到下，每编完一列再由上到下编下一列，这样可保证不会有漏编的元件，如图2-12所示。

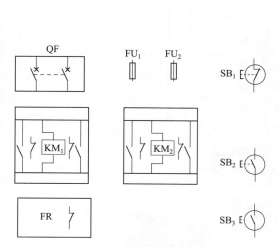

图2-11　直接绘制成平面图

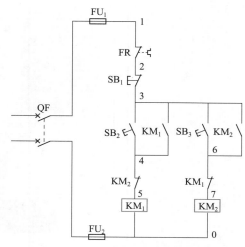

图2-12　电气原理图与电气原理平面图

2.4.3　在布局平面原理图上编号

根据原理图上的编号，对布局平面原理图进行编号，如图2-13所示就是将图2-11的编号填入平面图中，注意不能填写错误。如KM_1的常开触点是3、4号，KM_1/KM_2两个线圈的一端都是0号等。填写号时要注意区分常开常闭触点（动断触点）不能编错，填号时可不分上下左右，填对即可。

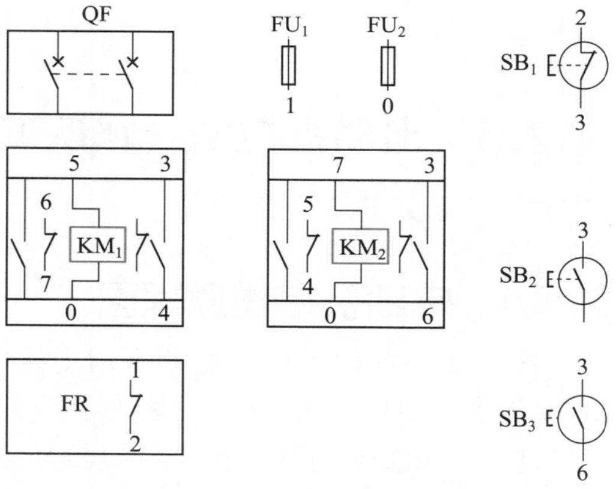

2.4.4　整理编号号码

对于复杂的电路，要对号码进行校对整理，一是防止错误，二是将元器件接线尽可能集中布线（使同号码元件尽可能同侧，或尽可能相邻）。布置规则一是元件两端号码对调（如图中KM_1的6、7对调），注意电路不能变，二是同一个器件上功能相同的元件（接点），左右两边可以互换正对（如KM_2中的3、6与4、5互换），电路不能变。

图2-13　原理图2-11的编号填入平面图

2.4.5　接线

平面图上的编号整理好后，在实际的电气柜（配电箱）中将元件摆放好并固定，就可以根据编号进行接线了（也就是将对应的编号用导线连起来），如图2-14所示。需要注意的是，对于复杂的电路最好用不同的颜色线进行接线，如主电路用粗红/绿/蓝（红/黄/蓝）色线，零线用黑色线，其他路用细的不同颜色的线等，一是防止接错，二是便于后续维修查线。

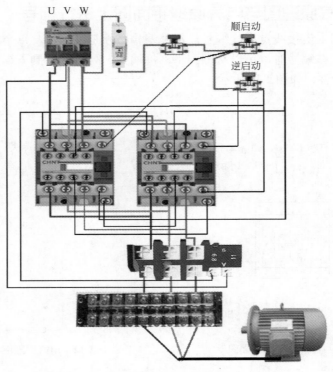

图2-14　接线图

2.5　电动机控制线路识读

2.5.1　电动机接线原理图

图2-15为各种工厂中驱动不同用途的泵、风机、压缩机等生产机动设备的三相交流380V异步电动机电气原理基本接线图，这种图也可称之为原理接线展开图。

主回路和控制回路中的电气设备是按现场实际需要选型安装的，如主回路中的继电保护、控制器件，一般安装在低压配电盘上，操作器件、信号监视器件安装在机前或生产装置操作室（集中控制室）的控制操作屏（台）上。

图2-15所示电路中的主电路控制电路，三相刀闸QS、空气断路器QF、交流接触器KM、热继电器EH、接线电器EH、接线端子XT安装在低压配电盘上，主回路设备之间的线采用铜或铝母线。

电气设备安装地址与接线示意如图2-16所示。电动机安装在泵与电动机的基座上，控制按钮SB_1、SB_2安装在机前、方便操作的位置，信号灯安装在操作室的操作屏（台）上。

低压配电盘上的控制线路与配电盘以外的设备，如控制按钮的连接要经过接线端子排XT，实际接（配）线时，要敷设两条控制电缆和一条电力电缆。

① 从低压配电盘到机前控制按钮敷设一条控制电缆（ZRKVV-0.5kV-4×2.5mm²-100m）。

② 从低压配电盘到生产装置控制屏敷设一条控制电缆（ZRKVV-0.5kV-4×1.5mm²-60m）。

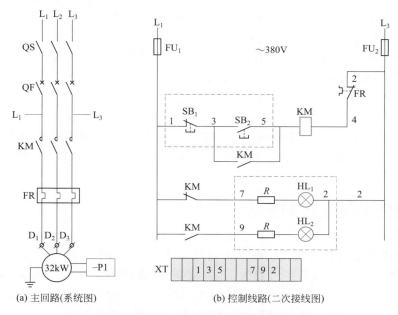

图2-15　三相交流380V异步电动机电气原理基本接线图

③ 从低压配电盘到电动机前敷设一条电力电缆（ZRKVV-0.5kV-3×35mm²-100m）。

电缆敷设后需认真校线，然后按电路图的标号接线。将安装在三处的电气设备按图2-16所示的电路图连接成完整的控制线路。

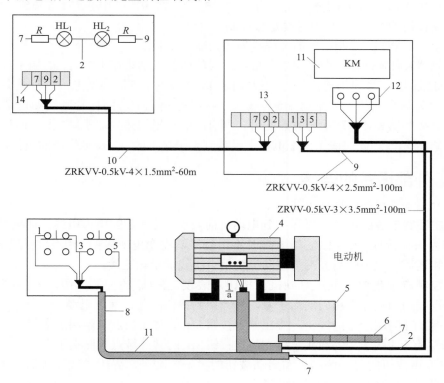

图2-16　电气设备安装地址与接线示意图

1—动力电缆芯线；2—动力电缆；3—动力电缆保护管；4—电动机；5—基础；6—红砖；
7—砂子；8—控制电缆保护管；9—控制电缆；10—控制电缆；11—回填土；12—热继电器；13，14—端子排

55

图中线条表示的就导线。要弄清哪些线是低压配电盘内设备器件之间的接线，哪些线需要经过端子排后再与盘外设备相连接。

将盘内设备器件之间的线连接好后，凡是要与盘外设备进行连接的线，都要先引至端子排 XT 上，然后通过电缆再与盘外设备连接。

接线图的分析方法：

① 看图上的说明与技术要求。

② 在电路中找到用虚线框起来的图形符号，这些符号表示出的设备是配电盘外设备，如图 2-16 中的控制按钮 SB$_1$、SB$_2$，在端子排图形中给出的标号（如标号 1、3、5）就是与外部设备进行连接的线号。

2.5.2　看图分线配线与连接

下面介绍看图分线配线与连接的方法。

（1）盘内设备器件相互连接的线　盘内设备器件相互连接的线有 1 ～ 7 号线。控制熔断器 FU$_2$ 下侧引出的一根线与继电器的常闭触点一侧端子相连接（2 号线），从这个常闭触点的另一侧端子引出的一根线与接触器 KM 线圈的两个线头中的任意一个端子连接，这根线是 4 号线，从线圈的另一个接头端子引出的一根线就是 5 号线。

（2）引至端子排的线　图 2-15 电路图中，有哪些导线需要先引到端子排上后，再与外部器件相连接，有经验的师傅，当看到原理接线图时一眼就能看出盘上设备需要与外部设备相连接的线有 1、3、5、7、9 号线。

图 2-15 中虚线框内的部分，线号为 1、3、5、2、7、9，其中 1、3、5 号线，是去电动机前的控制按钮的线。2、7、9 号线是去控制信号灯的线。

从盘上熔断器 FU$_1$ 下侧引出的一根线先接到端子排 1 上。

从接触器 KM 辅助常开触点引出两根线，线的两头分别先穿上写有 5 的端子号。一根与接触器 KM 线圈的 5 号线相连接，另一根线接到端子排写有 5 的端子上，这时就会看到动合触点端子上为两个线头，如果这个 5 与线头压在线圈端子上，同样看到线圈这个端子上有两个线头。接触器 KM 辅助动合触点的另一侧引出的一根线接到端子排 3 上（两边分别穿上写有 3 的端子号），到此完成了由配电盘上设备到端子排上的 1、3、5 号线的连接。

2.5.3　外部设备的连接

下面介绍外部设备的连接方法。

（1）主回路电缆的连接　低压盘到电动机前敷设一条 3 芯的电力电缆。如果是 4 芯电缆其中一芯为保护接地，选用 3 芯线电缆时不用校线，将变电所内的一头分别与热继电器负载侧端子相连后，电缆的另一端与电动机绕组引出线端子相连接。

（2）控制电缆走向　低压盘到机前按钮，敷设 2 条 4 芯的控制电缆，先将电缆芯线校出，同一根线的两端穿上相同的端子号，打开控制按钮的盖，穿进电缆。

① 将穿有 1 的端子号的线头，接在停上按钮 SB$_1$ 的常闭触点一侧端子上。

② 将穿有 5 的端子号的线头，接在停止按钮 SB$_2$ 的常开触点一侧端子上。

③ 将停止按钮的另一侧端子和启动按钮的另一侧端子，先用导线连接后，把穿有 3 与端子号的线头，接到其中任意一个端子上即可。

④ 信号灯的连接：先将电缆的芯线校出穿好线号，从熔断器 FU$_1$ 下侧再引出一根线（1 号线）到接触器 KM 的辅助触点上，首先确定将接触器上的一对动合、动断触点作为信号

触点使用，将两个触点的一侧用线并联。

　　动合触点的另一侧端子引出的线，接到端子排 9 上，动断触点的另一侧引出的 7 号线接到端子排 。熔断器 FU₂ 下侧再引出一根线（2 号线），与端子排上的灯连接。

　　在端子排 2 上引出的一根线，通过电缆接到操作室控制屏上的端子排 2 上，把操作室控制屏上的两个信号灯的一侧用线并联（平时这种接法称之为跨接），然后用线与端子排 2 连接好，再与电缆芯线 2 连接。

　　由端子排 7 和 9 引出的（两根）线，分别与电缆芯线中的 7 号线和 9 号线连接，电缆芯线 7 号线和 9 号线分别接到操作室控制屏端子排 7 号端子和 9 号端子上，从操作室控制屏端子排 7 号端子引出的一根线接到绿色信号灯 HL₁ 的电阻 R 上，从操作室控制屏端子排 9 号端子引出的一根线接到红色信号灯 HL₂ 的电阻 R 上，到目前为止这台电动机的接线全部完成。

2.5.4　接线图不同的表达形式

　　电路原理展开图也可画成另一种实际接线的形式，这就是平常所说的实际接线图，如图 2-17 所示。这种图用于简单的电路中是明显直观的，能够看清线路的走向，方便接线，虽然具有直观的优点，但对于回路设备较多、构成复杂的线路会显得图面上都是线条，重复交叉，零乱，容易看花也难看懂。

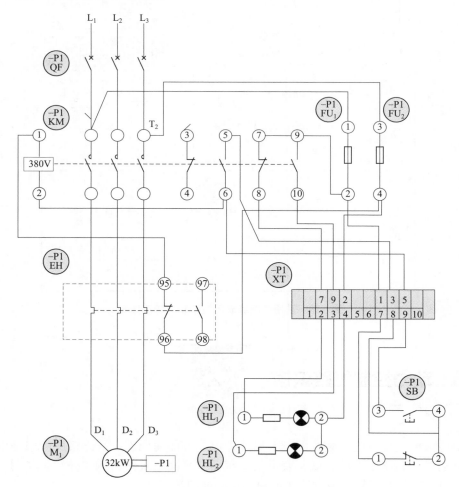

图2-17　实际接线图

图2-17可以画成另一种接线图，如图2-18所示，即采用中断线表示的接线图，这种接线图也称配线图，使用相对编号法，不具体画出各电气元件之间的连线而是采用中断线和文字、数字符号表示导线的来龙去脉。只要能认识元件名称、触点的性质、排列编号，不用理解其电路工作原理就可进行接线（配线）。

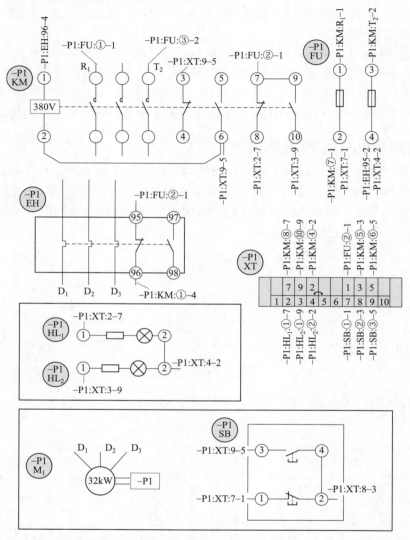

图2-18　采用中断线表示线路走向的接线图

2.6　动力控制线路识读

动力控制线路
识读

电工进入电气设备的安装、配线、母线、电缆方面的施工，首先接触的就是电气工程图纸，以某工厂高压变电站、低压变电站系统图及平面布置图为例，介绍系统图、平面布置图、电缆施工作业表的看图方法。可扫二维码详细学习。

第 **3** 章
典型电气控制线路原理与接线

3.1 电动机启动运行控制电路

3.1.1 三相电动机点动启动控制电路

（1）电路工作原理

点动控制电路是电动机控制电路中最常用的电路，由按钮开关和交流接触器构成。

三相电动机点动启动控制电路如图3-1所示。

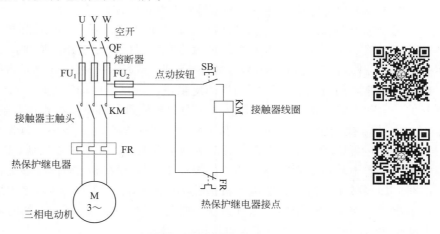

图3-1 三相电动机点动启动控制电路

当合上空开时，电动机不会启动运转，因为KM线圈未通电，只有按下按钮SB$_1$使线圈KM通电，主电路中的KM主触点闭合，电动机M才可启动。这种只有按下启动按钮电动机才会运转，松开按钮电动机即停转的线路，称为点动控制线路。

在接线时，一般是先把主电路用导线连接起来，然后连接控制电路，配电盘配接好后，接好电动机即可完成全部配线，如图3-2所示。

（2）调试维修方法

检查接线无误后，接通交流电源，"合"开关QF，此时电动机不转。按下按钮SB$_1$，电动机即可启动，松开按钮电动机即停转。若发现电动机不能点动控制或熔断器熔断等故障，则应"分"断电源，分析排除故障后使之正常工作。

① 电路接好后，按动按钮开关没有任何反应，怀疑熔断器坏。

② 电路连接好，合上空开，电动机一直旋转，怀疑控制电路故障，如图3-3所示。

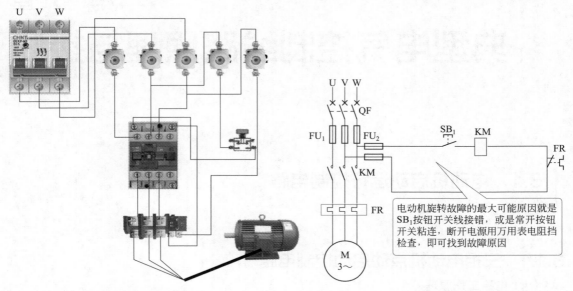

图3-2 电路实际配线图   图3-3 控制电路故障检修

（3）故障检修

对于点动启动电路来讲，调试、维修有两种方法。

① 按照电路原理图进行调试，首先检测QF下端是否有电压，如果没有电压说明是上端的故障，然后用万用表检查熔断器是否熔断，根据控制电路的原理，用万用表检查热接点是否毁坏，检查交流接触器KM线圈是否熔断，检查SB_1按钮开关是否能够接通。若上述元件全部正常，用万用表检查电动机的电阻值，当元器件均完好时，接通QF，按动SB_1按钮开关，电动机就应该能够正常运转。用万用表检查到哪个点不正常，就更换相应的元器件。

② 直观检查法，也就是说直接去观察这些元器件是否毁坏。首先把熔断器座拧开，检查熔断器是否熔断，然后检查交流接触器是否毁坏，此时可以接通QF，用螺丝刀按压交流接触器，看电动机是否能够旋转，如果按压交流接触器电动机能够旋转，说明故障在控制电路；如果按压交流接触器电动机仍然不能够旋转，说明热继电器出现故障，应直接更换热继电器。在实际应用中，这种方法很常见，只有在维修复杂电路时，不能够直接用这种方法排除故障时，才应用万用表直接进行检修。

3.1.2 自锁式直接启动控制电路

（1）电路工作原理

电路原理图如图3-4所示。

工作过程：当按下启动按钮SB_2时，线圈KM通电，主触点闭合，电动机M启动运转，当松开按钮，电动机M不会停转，因为这时，接触器线圈KM可以通过并联SB_2两端已闭合的辅助触点使KM继续维持通电，电动机M不会失电，也不会停转。

这种松开按钮而能自行保持线圈通电的控制线路叫作具有自锁的接触器控制线路，简称自锁控制线路。

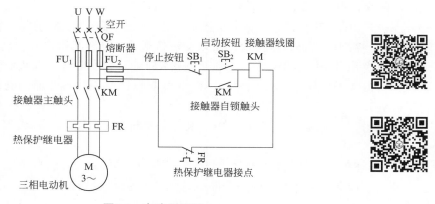

图3-4　电路原理图

（2）调试与检修

用直观检查法进行调试与维修，把所有配线全部配好以后，只要配线无误，按动启动按钮开关，电动机应当能够进行旋转，然后按动停止按钮开关，电动机应能够自动停止。如果按动启动按钮开关以后，电动机不能够进行旋转，可直接按压交流接触器看电动机是否旋转，如不能旋转，应检查交流接触器是否毁坏、热继电器是否毁坏。如果按压交流接触器触点能够直接启动，应检查控制电路，启动按钮开关、停止按钮开关的接点是否毁坏。

用直观检查法查不到故障时，可用万用表测量空开下端的电压，熔断器的输入、输出电压，交流接触器的输入、输出电压，热继电器接点的输入、输出电压，电动机的输入电压，如到电动机有输入电压，说明电动机毁坏，直接维修或更换电动机。

3.1.3　带保护电路的直接启动自锁运行控制电路

（1）电路工作原理

带保护电路的直接启动自锁运行电路原理图如图3-5所示。电气实际布线图如图3-6所示。

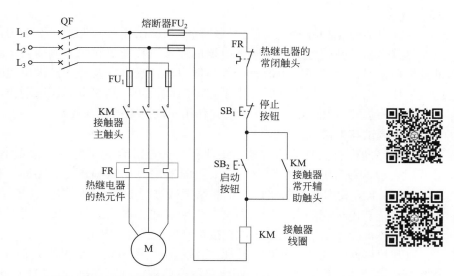

图3-5　带保护电路的直接启动自锁运行电路

① 启动　合上空开 QF，按动启动按钮 SB₂，KM 线圈得电后常开辅助触头闭合，同时主触头闭合，电动机 M 启动连续运转。

当松开 SB₂，其常开触头恢复分断后，因为交流接触器 KM 的常开辅助触头闭合时已将 SB₂ 短接，控制电路仍保持接通，所以交流接触器 KM 继续得电，电动机 M 实现连续运转。像这种当松开启动按钮 SB₂ 后，交流接触器 KM 通过自身常开辅助头而使线圈保持得电的作用叫作自锁（或自保）。与启动按钮 SB₂ 并联起自锁作用的常开辅助触头叫做自锁触头（或自保触头）。

② 停止　按动停止按钮开关 SB₁，KM 线圈断电，自锁辅助触头和主触头分断，电动机停止转动。

当松开 SB₁，其常闭触头恢复闭合后，因交流接触器 KM 的自锁触头在切断控制电路时已分断，解除了自锁，SB₂ 也是分断的，所以交流接触器 KM 不能得电，电动机 M 也不会转动。

③ 线路的保护设置

a. 短路保护　由熔断器 FU₁、FU₂ 分别实现主电路与控制电路的短路保护。

b. 过载保护　电动机在运行过程中，长期负载过大、启动操作频繁或者缺相运行等原因，都可能使电动机定子绕组的电流增大，超过其额定值。在这种情况下，熔断器往往并不熔断，从而引起定子绕组过热使温度升高，若温度超过允许温升就会使绝缘损坏，缩短电动机的使用寿命，严重时甚至会使电动机的定子绕组烧毁。因此，采用热继电器对电动机进行过载保护。过载保护是指电动机出现过载时能自动切断电动机电源、使电动机停转的一种保护。

在照明、电加热等一般电路里，熔断器 FU 既可以用作短路保护，也可以用作过载保护。但对三相异步电动机控制线路来说，熔断器只能用作短路保护。这是因为三相异步电动机的启动电流很大（全压启动时的启动电流能达到额定电流的 4～7 倍），若用熔断器作过载保护，则选择熔断器的额定电流就应等于或略大于电动机的额定电流，这样电动机在启动时，由于启动电流大大超过了熔断器的额定电流，熔断器在很短的时间内爆断，造成电动机无法启动，所以熔断器只能用作短路保护，其额定电流应取电动机额定电流的 1.5～3 倍。

热继电器在三相异步电动机控制线路中只能用作过载保护，不能用作短路保护。这是因为热继电器的热惯性大，即热继电器的双金属片受热膨胀弯曲需要一定的时间。当电动机发生短路时，由于短路电流很大，热继电器还没来得及动作，供电线路和电源设备可能已经损坏；而在电动机启动时，由于启动时间很短，热继电器还未动作，电动机已启动完毕。总之，热继电器与熔断器两者所起作用不同，不能相互代替。

（2）调试与检修

此电路同样有两种检修方法，或将两种方法结合起来应用。根据电路原理图检修时，用万用表检测 QF 的下端是否有电压；熔断器用万用表测量是否熔断；控制回路元件 FR、SB₁、SB₂、KM 线圈是否断路，如果断路直接进行更换；KM 的接点是否毁坏，KM 接点毁坏（粘连、被电火花烧着）应进行更换；热继电器是否毁坏，毁坏进行更换；若上述元件均没有毁坏，应该是电动机毁坏，直接维修或更换电动机。

直观检查法，就是接通 QF，按压交流接触器看电动机是否能够旋转，如果按压交流接触器电动机能够旋转，说明主控制电路没有问题，故障在副控制电路，应该去检查启动按钮和停止按钮是否毁坏。对于直观检查法，每次在检查时第一步应该检查熔断器是否熔断，熔断器熔断时直接进行更换。

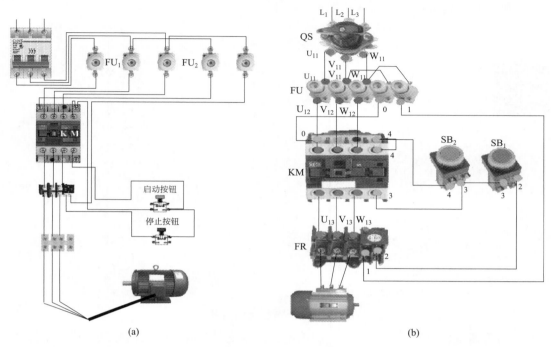

图3-6 电气实际布线图

3.1.4 晶闸管控制软启动（软启动器）控制电路

3.1.4.1 电路工作原理

（1）电动机直接启动的危害

电气方面：

① 启动时可达5～7倍的额定电流，造成电动机绕组过热，从而加速绝缘老化。

② 供电网络电压波动大，当电压≤$0.85U_N$时，影响其他设备的正常使用。

机械方面：

① 过大的启动转矩产生机械冲击，对被带动的设备造成大的冲击力，缩短使用寿命，影响精确度。如使联轴器损坏、皮带撕裂等。

② 造成机械传动部件的非正常磨损及冲击，加速老化，缩短寿命。

（2）软启动的分类和基本工作原理

在电动机定子回路，通过串入有限流作用的电力器件实现的软启动，叫作降压或限流软启动。它是软启动中的一个重要类别。以限流器件划分，软启动可分为：以电解液限流的液阻软启动，以晶闸管为限流器件的晶闸管软启动，以磁饱和电抗器为限流器件的磁控软启动。

变频调速装置也是一种软启动装置，它是比较理想的一种，可以在限流同时保持高的启动转矩，但较高的价格制约了其作为软启动装置的发展。传统的软启动均是有级的，如星/三角变换软启动、自耦变压器软启动、电抗器软启动等。具体电路在后面进行介绍。

日常软启动应用中最具有性价比的是晶闸管软启动，其原理是通过控制单元发出PWM波来控制晶闸管触发脉冲，以控制晶闸管的导通，从而实现对电动机启动的控制。

晶闸管软启动器内部结构和主电路图如图3-7所示。

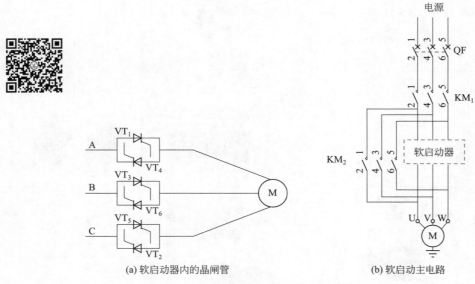

图3-7　晶闸管软启动器结构图

晶闸管调压软启动主电路图中，调压电路由六支晶闸管两两反向并联组成，串接在电动机的三相供电线路中。在启动过程中，晶闸管的触发角由软件控制，当启动器的微机控制系统接到启动指令后，便进行有关的计算，输出触发晶闸管的信号，通过控制晶闸管的导通角 θ，使启动器按照所设计的模式调节输出电压，使加在交流电动机三相定子绕组上的电压由零逐渐平滑地升至全电压。同时，电流检测装置检测三相定子电流并送给微处理器进行运算和判断，当启动电流超过设定值时，软件控制升压停止，直到启动电流下降到低于设定值之后，再使电动机继续升压启动。若三相启动电流不平衡并超过规定的范围，则停止启动。当启动过程完成后，软启动器将旁路接触器吸合，短路掉所有的晶闸管，使电动机直接投入电网运行，以避免不必要的电能损耗。

软启动器采用三相反并联晶闸管作为调压器，将其接入电源和电动机定子之间。这种电路如三相全控桥式整流电路，使用软启动器启动电动机时，晶闸管的输出电压逐渐增加，电动机逐渐加速，直到晶闸管全导通，电动机工作在额定电压的机械特性上，实现平滑启动，降低启动电流，避免启动过流跳闸。待电动机达到额定转速时，启动过程结束，软启动器自动用旁路接触器取代已完成任务的晶闸管，为电动机正常运转提供额定电压，以降低晶闸管的热损耗，延长软启动器的使用寿命，提高其工作效率，使电网避免谐波污染。

（3）实际应用的CMC-L软启动器电路

① 实际电路图如图3-8所示。软启动器端子 $1L_1$、$3L_2$、$5L_3$ 接三相电源，$2T_1$、$4T_2$、$6T_3$ 接电动机。当采用旁路交流接触器时，可采用内置信号继电器通过端子的6脚和7脚控制旁路交流接触器接通，达到电动机的软启动。

② CMC-L软启动器端子说明：CMC-L软启动器有12个外引控制端子，为实现外部信号控制、远程控制及系统控制提供方便，端子说明如表3-1所示。

表3-1　CMC-L软启动器端子说明

端子号		端子名称	说明
主回路	1L1、3L2、5L3	交流电源输入端子	接三相交流电源
	2T1、4T2、6T3	软启动输出端子	接三相异步电动机
控制回路	X1/1	电流检测输入端子	接电流互感器
	X1/2		
	X1/3	COM	逻辑输入公共端
	X1/4	外控启动端子（RUN）	X1/3与X1/4短接则启动
	X1/5	外控停止端子（STOP）	X1/3与X1/5断开则停止
	X1/6	旁路输出继电器	输出有效时K21—K22闭合，接点容量AC250V/5A，DC30V/5A
	X1/7		
	X1/8	故障输出继电器	输出有效时K11—K12闭合，接点容量AC250V/5A，DC30V/5A
	X1/9		
	X1/10	PE	功能接地
	X1/11	控制电源输入端子	AC110V～AC220V（+15%）50/60Hz
	X1/12		

③ CMC-L软启动器显示及操作说明：CMC-L软启动器面板示意图如图3-9所示。

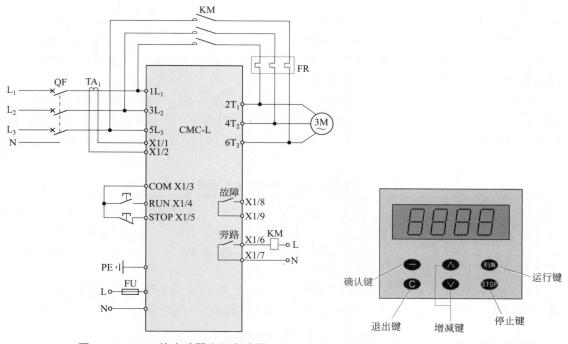

图3-8　CMC-L软启动器实际电路图　　　　图3-9　CMC-L软启动器面板示意图

CMC-L软启动器按键功能如表3-2所示。

表3-2　CMC-L软启动器按键功能

符号	名称	功能说明
—	确认键	进入菜单项，确认需要修改数据的参数项

符号	名称	功能说明
∧	递增键	参数项或数据的递增操作
∨	递减键	参数项或数据的递减操作
C	退出键	确认修改的参数数据、退出参数项，退出参数菜单
RUN	运行键	键操作有效时，用于运行操作，并且端子排X1的3、5端子短接
STOP	停止键	键操作有效时，用于停止操作，故障状态下按下STOP键4s以上可复位当前故障

CMC-L软启动器显示状态说明如表3-3所示。

表3-3　CMC-L软启动器显示状态说明

序号	显示符号	状态说明	备注
1	STOP	停止状态	设备处于停止状态
2	PO20	编程状态	此时可阅览和设定参数
3	AUA˥	运行状态1	设备处于软启动过程状态
4	AUA⁻	运行状态2	设备处于全压工作状态
5	AUA˩	运行状态3	设备处于软停车状态
6	Err	故障状态	设备处于故障状态

④ CMC-L软启动器的控制模式。CMC-L软启动器有多种启动方式：限流启动、斜坡限流启动、电压斜坡启动；多种停车方式：软停车、自由停车方式。在使用时可根据负载及具体使用条件选择不同的启动方式和停车方式。

• 限流启动。使用限流软启动模式时，启动时间设置为零，软启动器得到启动指令后，其输出电压迅速增加，直至输出电流达到设定电流限幅值I_m，输出电流不再增大，电动机运转加速持续一段时间后电流开始下降，输出电压迅速增加，直至全压输出，启动过程完成，如表3-4所示。

表3-4　限流启动使用限辩驳软启动模式参数表

参数项	名称	范围	设定值	出厂值
P1	启动时间	0～60s	0	10
P3	限流倍数	(1.5～5)I_e 8级可调	—	3

注："—"表示用户自己根据需要进行设定（下同）。

• 斜坡限流启动。输出电压以设定的启动时间按照线性特性上升，同时输出电流以一定的速率增加，当启动电流增至限幅值I_m时，电流保持恒定，直至启动完成，如表3-5所示。

表3-5　斜坡限流启动模式参数表

参数项	名称	范围	设定值	出厂值
P0	起始电压	(10%～70%)U_e	—	30%
P1	启动时间	0～60s	—	10
P3	限流倍数	(1.5～5)I_e 8级可调	—	3

- 电压斜坡启动。这种启动方式适用于大惯性负载，而对启动平稳性要求比较高的场合，可大大降低启动冲击及机械应力，如表 3-6 所示。

表 3-6　电压斜坡启动模式参数表

参数项	名称	范围	设定值	出厂值
P0	起始电压	（10%～70%）U_e	—	30%
P1	启动时间	0～60s	—	10

- 自由停车。当停车时间为零时为自由停车模式，软启动器接到停机指令后，首先封锁旁路交流接触器的控制继电器并随即封锁主回路晶闸管的输出，电动机依负载惯性自由停机，如表 3-7 所示。

表 3-7　自由停车模式参数表

参数项	名称	范围	设定值	出厂值
P2	停车时间	0～60s	0	0

- 软停车。当停车时间设定不为零时，在全压状态下停车则为软停车，在该方式下停机，软启动器首先断开旁路交流接触器，软启动器的输出电压在设定的停车时间降为零。

⑤ CMC-L 软启动器参数项及其说明如表 3-8 所示。

表 3-8　CMC-L 软启动器参数项及其说明

参数项	名称	范围	出厂值
P0	起始电压	（10%～70%）U_e　设为99%时为全压启动	30%
P1	启动时间	0～60s　选择0为限流软启动	10
P2	停车时间	0～60s　选择0为自由停车	0
P3	限流倍数	（1.5～5）I_e　8级可调	3
P4	运行过流保护	（1.5～5）I_e　8级可调	1.5
P5	未定义参数	0——接线端子控制 1——操作键盘控制	
P6	控制选择	2——键盘、端子同时控制	2
P7	SCR保护选择	0——允许SCR保护 1——禁止SCR保护	0
P8	双斜坡启动	0——双斜坡启动无效 非0——双斜坡启动有效 设定值为第一次启动时间（范围：0～60s）	0

3.1.4.2　调试与检修

电路接线如图 3-10 所示。当软启动器保护功能动作时，软启动器立即停机，显示屏显示当前故障。用户可根据故障内容进行故障分析。

说明

不同的软启动器故障代码不完全相同，因此实际故障代码应参看使用说明书，如表 3-9 所示。

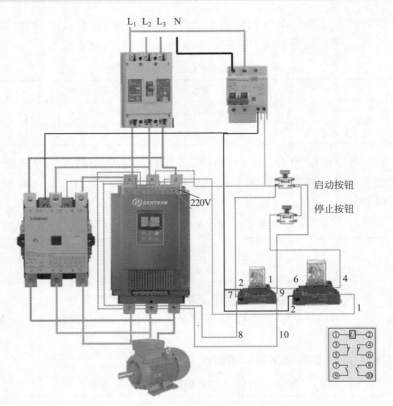

图3-10　连接控制线

表3-9　实际故障代码使用说明

显示	状态说明	处理方法
SrOP	给出启动信号 电动机无反应	① 检查端子3、4、5、是否接通 ② 检查控制电路连接是否正确，控制开关是否正常 ③ 检查控制电源是否过低 ④ C200参数设置不对
无显示	—	① 检查端子X3的8和9是否接通 ② 检查控制电源是否正常
Err1	电动机启动时缺相	检查三相电源各相电压，判断是否缺相并予以排除
Err2	可控硅过热	① 检查软启动器安装环境是否通风良好且垂直安装 ② 检查散热器是否过热或过热保护开关是否被断开 ③ 启动频次过高，降低启动频次 ④ 控制电源过低，启动过程电源跌落过大
Err3	启动失败故障	① 逐一检查各项工作参数设定值，核实设置的参数值与电动机实际参数是否匹配 ② 启动失败（C105设定时间内未完成），检查限流倍数是否设定过小或核对互感器变比正确性
	软启动器输入与 输出端短路	① 检查旁路接触器是否卡在闭合位置上 ② 检查可控硅是否击穿或损坏
Err4	电动机连接线开路 （C104设置为0）	① 检查软启动器输出端与电动机是否正确且可靠连接 ② 判断电动机内部是否开路 ③ 检查可控硅是否击穿或损坏 ④ 检查进线是否缺相

续表

显示	状态说明	处理方法
ErrS	限流功能失效	① 检查电流互感器是否接到端子X2的1、2、3、4上，且接线方向是否正确 ② 查看限流保护设置是否正确 ③ 电流互感器变比是否正确
	电动机运行过流	① 检查软启动器输出端连接是否有短路 ② 负载突然加重 ③ 负载波动太大 ④ 电流互感器变化是否与电动机相匹配
Err6	电动机漏电故障	电动机与地绝缘阻抗过小
Err7	电子热过载	是否超载运行
Err8	相序错误	调整相序或设置为不检测相序
Err9	参数丢失	此故障发现时，暂停软启动器的使用，速与供货商联系

3.1.5　绕线转子异步电动机启动控制电路

（1）电路工作原理

绕线转子异步电动机的启动控制电路如图3-11所示。三相绕线转子异步电动机较直流电动机结构简单、维护方便，调速和启动性能比笼型异步电动机优越。有些生产机械要求电动机有较大的启动转矩和较小的启动电流，而对调速要求不高。但笼型异步电动机不能满足上述启动性能的要求，此种情况下可采用绕线转子异步电动机拖动，通过滑环可以在转子绕组中串接外加电阻或频敏变阻器，从而达到限制启动电流、增大启动转矩及调速的目的。

启动时，启动电阻全部接入；启动过程中，启动电阻逐段被短接。本线路在启动过程中，通过时间继电器的控制，将转子电路中的电阻分段切除，达到限制启动电流的目的。

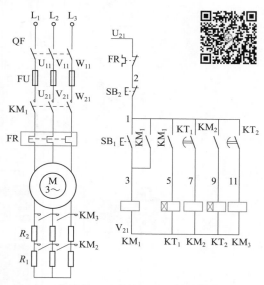

图3-11　绕线转子异步电动机的启动控制电路

按下启动按钮SB_1，KM_1线圈得电，常开触点闭合自锁，同时另一副常开触点闭合，KT_1线圈得电，KT_1的延时闭合触点闭合。KM_2线圈获电，KM_2的主触点闭合，切除电阻R_1，KM_2的常开辅助触点闭合，使KT_2线圈得电，KT_2的延时闭合触点闭合，KM_3线圈得电，KM_3主触点闭合，电阻R_2切除。

三相绕线转子异步电动机优点是：可通过滑环在转子绕组串接外加电阻达到减小启动电流的目的，启动转矩大，而且可调速，在电力拖动中经常使用。

（2）调试与检修

电路接线如图3-12所示，电阻降压式启动电路实际是在启动时串入电阻器，使转子绕组中的电压由低向高变化，直到全压运行，在电路中是由交流接触器来控制电阻的接通和断开的。在检修过程当中，用直观检查法先观察交流接触器是否有毁坏现象，比如接点粘连、接点变形。检查熔断器是否毁坏，按钮开关是否毁坏，直接看电阻是否有烧毁现象（采用大功率的线绕电阻），如有毁坏，可以直观看出。若通过直观检查法，上述元件没有问题，利用电压跟踪法去检测故障位置，比如接通电源后，测量交流接触器的下口没有电压，而上口有电压，说明是交流接触器毁坏，如果交流接触器的下口有电压，熔断器的上口有电压，熔断器下口没有电压，说明是熔断器熔断。熔断器下口有电压，到各个交流接触器的上口有电压，如主交流接触器下口没有电压，说明是主交流接触器毁坏，或主交流接触器的控制电路毁坏，用万用表检查按钮开关是否接通，交流接触器的线圈是否毁坏，如有毁坏进行更换。查主交流接触器的下口有电压，查热继电器的输入端是否有电压，如有电压查输出端是否有电压，如输入端有电压，输出端没有电压，说明热继电器毁坏。如果输出端有电压，电动机仍不能正常运转，应检查电动机是否毁坏。主控制电路有电压，电动机不能运行，说明在转子控制电路，应去检查启动控制的两个交流接触器、启动电阻、时间继电器是否毁坏，检查到哪个元器件出现故障，可以直接将其更换。

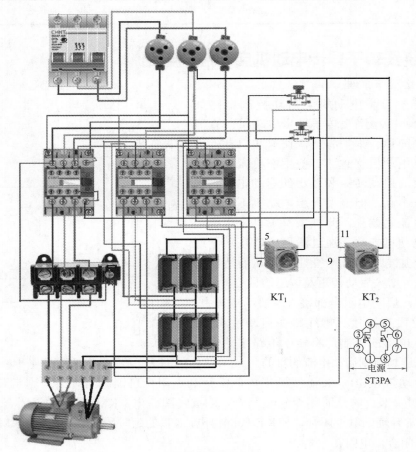

图3-12 电路接线图

 注意

时间继电器更换时应按原型号进行选购，因为有延时断开和延时接通之分，不能接错。

3.1.6　单相电容运行控制电路

（1）电路工作原理

电路如图3-13所示。电容运行式异步电动机新型号代号为DO_2。副绕组串接一个电容器后与主绕组并接于电源，副绕组和电容器不仅参与启动还长期参与运行，如图3-14为单相电容运行式异步电动机接线原理图。单相电容运行式异步电动机的电容器长期接入电源工作，因此不能采用电解电容器，通常一般采用纸介或油浸纸介电容器。电容器的容量主要是根据电动机运行性能来选取，一般比电容启动式的电动机要小一些。

（2）调试与检修

在电路接线中，把电容器串联在副绕组中，如图3-14所示。当接通空开以后，电动机不能正常运转，首先检查空开、熔断器是否毁坏，用万用表的电阻挡去测量电容器是否有充放电现象，如有充放电现象，说明电容器是完好的；如果没有充放电现象，说明电容器毁坏了。如不会用万用表测量电容器好坏，可以采用原型号电容器直接代换法更换电容器，若更换以后电动机仍不能正常运转，说明电动机毁坏，应维修或更换电动机。

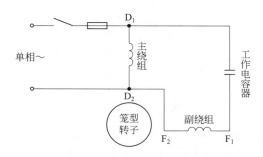

图3-13　单相电容运行式异步电动机接线原理图

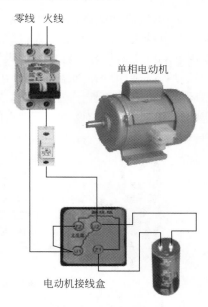

图3-14　电容器串联在副绕组

3.1.7　单相PTC或电流继电器、离心开关启动运行电路

PTC或电流继电器或离心开关启动运行电路都是在启动瞬间接通启动绕组，在电动机进入正常运行后切断运行绕组，同时都可以配合运行或启动电容器一起工作。因此，将三个电路合在一起进行讲解。

（1）电路工作原理

① **PTC启动器控制电路原理**　PTC启动器及启动控制电路如图3-15所示。最新式的启动元件是"PTC"，它是一种能"通"或"断"的热敏电阻。PTC热敏电阻是一种新型的半导体元件，可用作延时型启动开关。使用时，将PTC元件与电容启动或电阻启动电动机的副绕组串联。在启动初期，因PTC热敏电阻尚未发热，阻值很低，副绕组处于通路状态，电动机开始启动。随着时间的推移，电动机的转速不断增加，PTC元件的温度因本身的焦

耳热而上升，当超过居里点 T_c（即电阻急剧增加的温度点），电阻剧增，副绕组电路相当于断开，但还有一个很小的维持电流，并有 $2 \sim 3W$ 的损耗，使PTC元件的温度维持在居里点 T_c 值以上。当电动机停止运行后，PTC元件温度不断下降，约 $2 \sim 3min$ 其电阻值降到 T_c 点以下，这时又可以重新启动。

(a) 外形　　　　　　　　　　　　　(b) 控制电路原理图

图3-15　PTC启动器外形与控制电路

1—半导体启动器；2—热保护继电器；3—运行绕组；4—启动绕组

② **电流启动继电器控制电路**　启动器外形、结构与接线如图3-16所示。有些电动机，如气泵电动机，由于它与压缩机组装在一起，并放在密封的罐子里，不便于安装离心开关，就用启动继电器代替。继电器的吸铁线圈串联在主绕组回路中，启动时，主绕组电流很大，衔铁动作，使串联在副绕组回路中的动合触点闭合。于是副绕组接通，电动机处于两相绕组运行状态。随着转子转速上升，主绕组电流不断下降，吸引线圈的吸力下降。当到达一定的转速，电磁铁的吸力小于触点的反作用弹簧的拉力，触点被打开，副绕组就脱离电源。

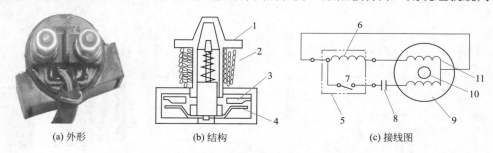

(a) 外形　　　　　　(b) 结构　　　　　　(c) 接线图

图3-16　电流启动器外形、结构与接线

1—绝缘壳体；2—励磁线圈；3—静触点；4—动触点；5—启动器；
6—线圈；7—接点；8—启动电容器；9—启动绕组；10—转子；11—运转绕组

③ **离心开关启动控制电路**　对于离心开关启动控制电路，定子线槽主绕组、副绕组分布与电阻启动式电动机相同，但副绕组线径较粗，电阻大，主副绕组为并联电路。副绕组和一个容量较大的启动电容串联，再串联离心开关。副绕组只参与启动而不参与运行。当电动机启动后达到75% ～ 80%的转速时通过离心开关将副绕组和启动电容器切离电源，由主绕组单独工作（图3-17）。

（2）接线组装

① **PTC启动器控制电路接线**　把启动器串联在副绕组上，保护继电器起到过流发热、断开电路供电作用，所以把它接到零线回路。PTC启动器控制电路接线如图3-18所示。

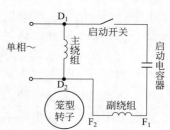

图3-17　单相电容启动异步电动机接线原理图

② 电流启动控制电路接线　在电路接线过程中采用不同的元件达到控制目的，电流启动控制电路接线就是另外一种采用不同元件的接线方法，如图3-19所示。

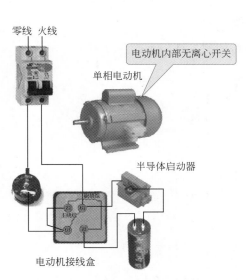

图3-18　PTC启动器控制电路接线图

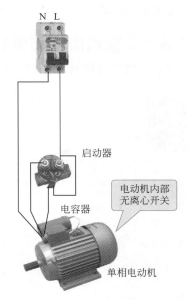

图3-19　电流启动控制电路接线图

③ 离心开关启动控制电路接线　把离心开关串联在启动绕组即可，在实际电路中离心开关在电动机内部，外界看不到，接线时要注意，如图3-20所示。

（3）调试与检修

电动机内部设有离心开关，离心开关在电动机内部，随电动机的高速运转就可以把电容器断开，对于这种电路，接通空开，如果电容器没有毁坏，电动机能够正常运转，能听到开关断开的声音。如果接通电源，电动机不能够正常运转，应检测空开下端电压，电动机的接线柱的电压是否正常，如果接通空开后电动机有"嗡嗡"声，但是不能启动，说明是电容器毁坏，更换电容器就可

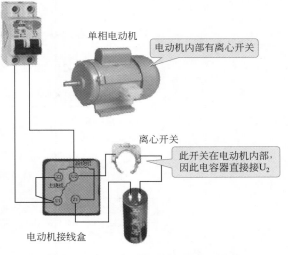

图3-20　离心开关启动控制电路接线图

以了。如果接通空开，电动机能够运转，"嗡嗡"声比较大，能够直观看到电动机的轴转速比较慢，或是听不能瞬间开关断开声音，说明是内部离心开关毁坏，可以打开电动机修理或直接更换离心开关。

一般半导体用PTC正温度系数热敏电阻，接通空开后，电路当中没有毁坏的元件，电动机应该能够正常运行。如果接通电源开关以后，电动机不能够正常运行，首先检查过流继电器是否毁坏。检测过流继电器是否毁坏可直接加热，如里边有响声，用万用表测量两端的阻值，常温情况下应该是相通的，启动瞬间电流过大加热以后应该是断开的。半导体启动器常温时阻值是 9 ～ 19Ω，一般为5Ω，半导体启动器加热后的阻值是无穷大，说明半

导体启动器是好的。电容器主要是用万用表检测是否有充放电现象，有充放电现象是好的，没有充放电现象是坏的。用万用表检测上述元件均完好，接通空开，电动机仍不能正常运行，说明是电动机毁坏，可维修或更换电动机。

3.1.8 串励直流电动机启动控制电路

（1）电路工作原理 串励直流电动机启动电路如图3-21所示。

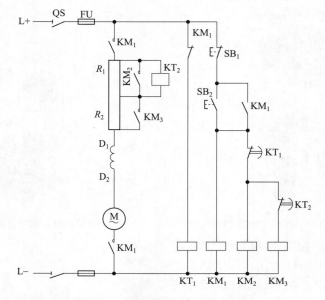

图3-21 串励直流电动机启动电路

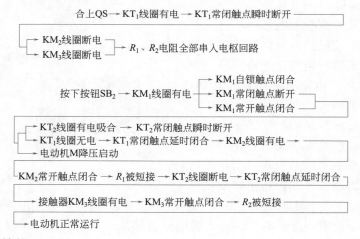

（2）调试与检修

串励直流电动机启动电路运行电路图如图3-22所示。当接通电源后，电动机不能够正常启动，主要去查找空开的下端是否有直流电压，熔断器是否熔断，按钮开关是否毁坏，直接观察和万用表测量交流接触器的触点、线圈是否毁坏，时间继电器是否毁坏，启动电阻是否有断线的现象，如上述元件均无故障，电动机仍不能正常运行，说明是直流电动机出现故障，可以维修或更换直流电动机。

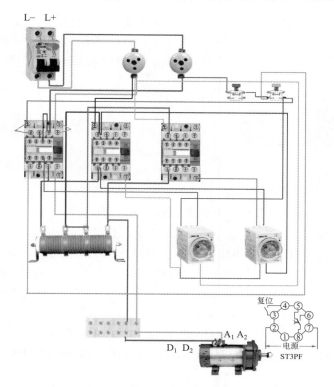

图3-22　串励直流电动机启动电路运行电路图

3.1.9　并励直流电动机启动控制电路

（1）电路工作原理

并励直流电动机的启动电路如图3-23所示。图中，KA_1 是过电流继电器，用作直流电动机的短路和过载保护。KA_2 是欠电流继电器，用作励磁绕组的失磁保护。

启动时先合上电源开关QS，励磁绕组获电励磁，欠电流继电器 KA_2 线圈获电，KA_2 常开触点闭合，控制电路通电；此时时间继电器KT线圈获电，KT常闭触点瞬时断开。然后按下启动按钮 SB_2，接触器 KM_1 线圈获电，KM_1 主触点闭合，电动机串电阻器R启动；KM_1 的常闭触点断开，KT线圈断电，KT常闭触点延时闭合，接触器 KM_2 线圈获电，KM_2 主触点闭合将电阻器R短接，电动机在全压下运行。

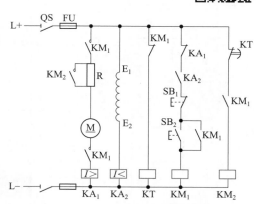

图3-23　并励直流电动机启动电路

过电流和欠电流继电器工作原理：只要在线圈两端加上一定的电压，线圈中就会流过一定的电流，从而产生电磁效应，衔铁就会在电磁力吸引的作用下克服返回弹簧的拉力吸向铁芯，从而带动衔铁的动触点与静触点（常开触点）吸合。当线圈断电后，电磁的吸力也随之消失，衔铁就会在弹簧的反作用力返回原来的位置，使动触点与原来的静触点（常闭触点、动断触点）吸合。这样吸合、释放，从而达到了在电路中的导通、切断的目的。对于继电器的常开、常闭触点，可以这样来区分：继电器线圈未通电时处于断开状态的静触点称为常开触点；处于接通状态的静触点称为常闭触点（动断触点）。

在设备中使用的直流继电器如图3-24（a）所示，共有2组常开和常闭触点（动断触点），接线方法如图3-24（b）所示。在接线时应注意继电器底座和继电器插针的对应关系。

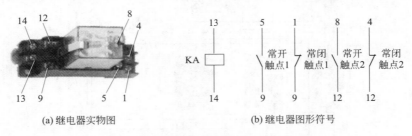

(a) 继电器实物图　　　　　　　(b) 继电器图形符号

图3-24　直流继电器实物图和图形符号

（2）调试与检修

电路接线和整体电路运行效果图如图3-25所示。当正常接线后，接通空开，电动机应该能够正常运行。如果不能运行，首先检查熔断器是否熔断，交流接触器的触点是否有毁坏现象，电阻是否有断线的现象，时间继电器是否毁坏，万用表测量交流接触器的线圈断开，没有问题的接通电源，用电压挡测量交流接触器下口是否有电压，熔断器是否有输出电压，交流接触器的上口、下口是否有电压，继电器是否有电压，某一点没有电压说明相对应的控制电路故障，如果有正常电压不能工作，说明是本身器件的故障，应更换元器件，

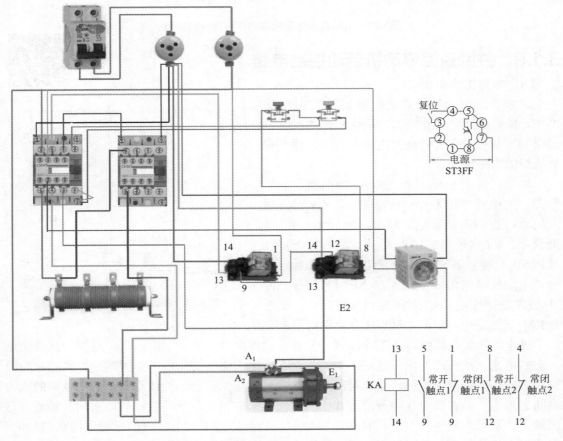

图3-25　并励直流电动机启动电路运行电路图

如果元器件均完好，说明是直流电动机的故障，应维修或更换直流电动机。

3.1.10　他励直流电动机启动控制电路

（1）电路工作原理

他励直流电动机的启动控制电路如图3-26所示。

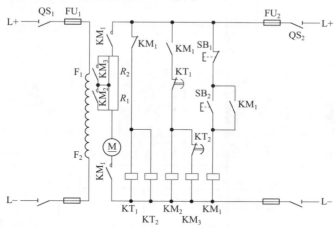

图3-26　他励直流电动机的启动控制电路

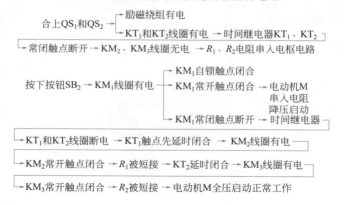

（2）调试与检修

他励直流电动机的启动电路运行电路图如图3-27所示。当接线无误时电动机应该能正常运转。如果不能正常运转，首先用直观法检查交流接触器、按钮开关、时间继电器、启动电阻是否明显毁坏，熔断器是否熔断，若上述元件用直观法判断均正常，就用万用表测量交流接触器、空开的下口电压，熔断器的输出电压，交流接触器的上端电压，交流接触器的输出端电压，时间继电器控制电压，电阻的输入电压，电动机的输入电压，如果利用电压跟踪法，测到电动机的输入端电压都正常，电动机仍然不能正常运转，属于电动机毁坏，应维修或更换电动机。假如测量交流接触器的上口有电压，按压按钮开关或按压交流接触器触点时下端没有电压，说明交流接触器毁坏，应进行更换。

　说明

时间继电器如毁坏，应用原型号代换，因为不同型号的延时和断开是不同的。

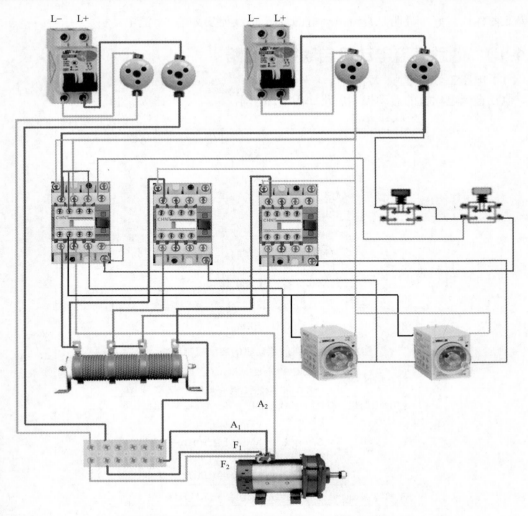

图3-27　他励直流电动机的启动电路运行电路图

3.2　电动机降压启动控制电路

3.2.1　自耦变压器降压启动控制电路

（1）自耦变压器降压启动原理

自耦变压器高压侧接电网，低压侧接电动机。启动时，利用自耦变压器分接头来降低电动机的电压，待转速升到一定值时，自耦变压器自动切除，电动机与电源相接，在全压下正常运行。

自耦变压器是利用其自身来降低加在电动机定子绕组上的电压，达到限制启动电流的目的的。电动机启动时，定子绕组加上自耦变压器的二次电压。启动结束后，甩开自耦变压器，定子绕组上加额定电压，电动机全压运行。自耦变压器降压启动分为手动控制和自动控制两种。

① **手动控制电路原理**　自耦变压器降压启动控制电路如图3-28所示。对正常运行时为星形接线及要求启动容量较大的电动机，不能采用星-三角（Y-△）启动法，常采用自耦变压器启动方法，自耦变压器启动法是利用自耦变压器来实现降压启动的。用来降压启动的三相自耦变压器又称为启动补偿器，其原理和外形如图3-28（b）所示。

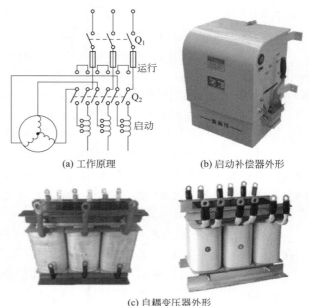

(a) 工作原理　　　　(b) 启动补偿器外形

(c) 自耦变压器外形

图3-28　自耦变压器启动

用自耦变压器降压启动时，先合上电源开关Q_1，再把转速开关Q_2的操作手柄推向"启动"位置，这时电源电压接在三相自耦变压器的全部绕组上（高压侧），而电动机在较低电压下启动，当电动机转速上升到接近于额定转速时，将转换开关Q_2的操作手柄迅速从"启动"位置投向"运行"位置，这时自耦变压器从电网中切除。

② **自动控制电路原理**　图3-29是交流电动机自耦降压启动自动切换控制电路，自动切换靠时间继电器完成，用时间继电器切换能可靠地完成由启动到运行的转换过程，不会造成启动时间的长短不一的情况，也不会因启动时间长造成烧毁自耦变压器事故。

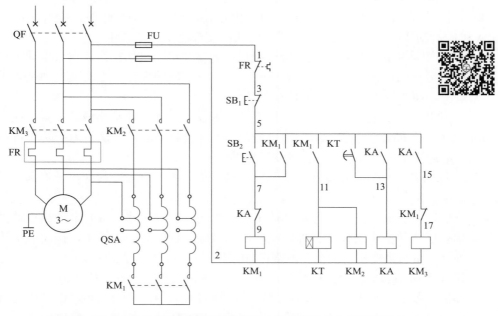

图3-29　交流电动机自耦变压器降压启动（自动控制）电路原理图

控制过程如下：

a. 合上空气开关QF，接通三相电源。

b. 按启动按钮SB_2，交流接触器KM_1线圈通电吸合并自锁，其主触头闭合，将自耦变压器线圈接成星形，与此同时KM_1辅助常开触点闭合，使得接触器KM_2线圈通电吸合，KM_2的主触头闭合，由自耦变压器的低压抽头（如65%）将三相电压的65%接入电动机。

c. KM_1辅助常开触点闭合，使时间继电器KT线圈通电，并按已整定好的时间开始计时，当时间到达后，KT的延时常开触点闭合，使中间继电器KA线圈通电吸合并自锁。

d. 由于KA线圈通电，其常闭触点断开使KM_1线圈断电，KM_1常开触点全部释放，主触头断开，使自耦变压器线圈封星端打开；同时，KM_2线圈断电，其主触头断开，切断自耦变压器电源。KA的常闭触点闭合，通过KM_1已经复位的常闭触点，使KM_3线圈得电吸合，KM_3主触头接通，电动机在全压下运行。

e. KM_1的常开触点断开也使时间继电器KT线圈断电，其延时闭合触点释放，也保证了在电动机启动任务完成后，使时间继电器KT可处于断电状态。

f. 欲停车时，可按SB_1，则控制回路全部断电，电动机切除电源而停转。

g. 电动机的过载保护由热继电器FR完成。

（2）调试与检修

自耦变压器降压启动自动控制电路运行电路图如图3-30所示。

① 电动机自耦降压电路适用于任何接法的三相笼式异步电动机。

② 自耦变压器的功率应与电动机的功率一致，如果小于电动机的功率，自耦变压器会因启动电流大发热损坏而绝缘烧毁绕组。

③ 对照原理图核对接线，要逐相检查核对线号，防止接错线和漏接线。

④ 由于启动电流很大，应认真检查主回路端子接线的压接是否牢固，确保无虚接现象。

⑤ 空载试验：拆下热继电器FR与电动机端子的连接线，接通电源，按动SB_2，KM_1与KM_2动作吸合，KM_3与KA不动作。时间继电器的整定时间到达时，KM_1和KM_2释放以及KA和KM_3动作吸合切换正常，反复试验几次检查线路的可靠性。

⑥ 带电动机试验：经空载试验无误后，恢复与电动机的接线。在带电动机试验中应注意启动与运行的接换过程，注意电动机的声音及电流的变化，电动机启动是否困难，有无异常情况，如有异常情况应立即停车处理。

⑦ 再次启动：自耦降压启动电路不能频繁操作，如果启动不成功，第二次启动应间隔4min以上，在60s连续两次启动后，应停电4h再次启动运行，这是为了防止自耦变压器绕组内启动电流太大而发热损坏自耦变压器的绝缘。

⑧ 带负荷启动时，电动机声音异常，转速低不能接近额定转速，转换到运行时有很大的冲击电流。

分析现象：电动机声音异常，转速低不能接近额定转速，说明电动机启动困难，怀疑是自耦变压器的抽头选择不合理，电动机绕组电压低，启动力矩小，拖动的负载大所造成的。处理：将自耦变压器的抽头改接在80%位置后，再试车故障排除。

⑨ 电动机由启动转换到运行时，仍有很大的冲击电流，甚至掉闸。

分析现象：这是电动机启动和运行的接换时间太短，时间太短，电动机的启动电流还未下降至转速接近额定转速就切换到全压运行状态所致。处理：调整时间继电器的整定时间，延长启动时间，现象排除。

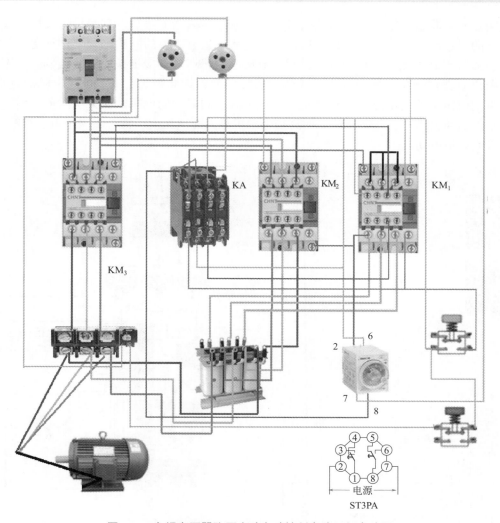

图3-30　自耦变压器降压启动自动控制电路运行电路图

3.2.2　电动机定子串电阻降压启动控制电路

（1）电路工作原理

电动机定子串电阻降压启动电路如图3-31所示。电动机启动时在三相定子电路中串接电阻，使电动机定子绕组电压降低，启动后再将电阻短路，电动机仍然在正常电压下运行。这种启动方式由于不受电动机接线形式的限制，设备简单，因而在中小型机床中也有应用。机床中也常用这种串接电阻的方法限制点动调整时的启动电流。

按动$SB_2 \rightarrow KM_1$得电（电动机串电阻启动），按$SB_2 \rightarrow KT$得电，延时一段时间KM_2得电（短接电阻，电动机正常运行）。

只要KM2得电就能使电动机正常运行。

接触器KM_2得电后，其动断触点将KM_1及KT断电，KM_2自锁。这样，在电动机启动后，只要KM_2得电，电动机便能正常运行。

（2）调试与检修

电路接线如图3-32所示。若接通电源后电动机不能够正常运转，首先用直观法检查交流接触器、熔断器、空开、时间继电器、启动电阻、热继电器是否有明显的毁坏现象，如有明显的毁坏现象，应直接进行更换。比如启动电阻有明显的断路必须要进行更换，如交流接触器有明显的烧痕或有烟味，说明交流接触器毁坏，直接更换交流接触器。当不能直观判断出有毁坏现象，应用万用表检测交流接触器、熔断器、空开、电阻、时间继电器、热接点的电阻值，用电阻挡进行测量，接通电源，测量它的电压，如果电阻值正常，电压值正常，电动机仍不能正常旋转，而测量电动机输入端电压值正常，即属于电动机的故障，应维修或更换电动机。

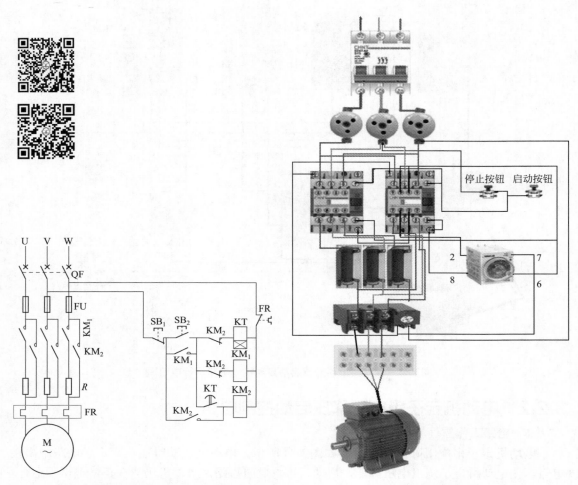

图3-31　电动机定子串电阻降压启动电路原理图　　　　图3-32　电路接线

3.2.3　三个交流接触器控制Y-△降压启动控制电路

（1）电路工作原理

三个接触器控制Y-△降压启动电路如图3-33所示。从主回路可知，如果控制线路能使电动机接成星形（即KM₁主触点闭合），并且经过一段延时后再接成三角形（即KM₁主触点打开，KM₂主触点闭合），电动机就能实现降压启动，而后再自动转换到正常速度运行。

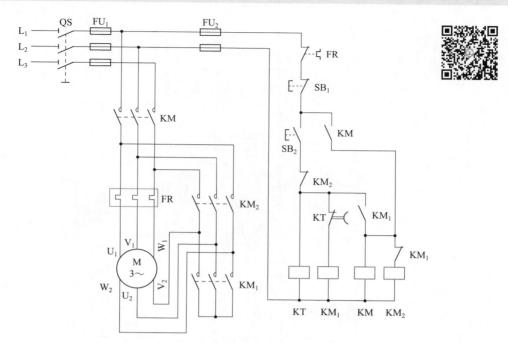

图3-33　三个交流接触器控制Y-△降压启动电路

控制线路的工作过程如下：

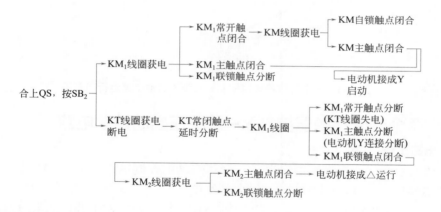

（2）调试与检修

　　三个交流接触器控制Y-△降压启动电路运行电路图如图3-34所示。这是用三个交流接触器来控制的Y-△启动电路，是在小功率电路当中应用最多的控制电路。接通电源后，若电动机不能够正常旋转，首先检查熔断器是否熔断，断开空开，用万用表电阻挡测量熔断器是否是通的，如果不通，说明熔断器毁坏，应进行更换。然后用万用表电阻挡直接检查三个交流接触器的线圈是否毁坏，如有毁坏应进行更换。检查时间继电器是否毁坏，时间继电器可以应用代换法进行检修。检查热继电器是否毁坏，按钮开关的接点是否毁坏，若上述元件均无故障，属于电动机的故障，可以维修或更换电动机。在检修交流接触器Y-△启动电路的时候，判断出交流接触器毁坏，在更换交流接触器时应注意用原型号的交流接触器进行代换，同时它的接线不要接错。

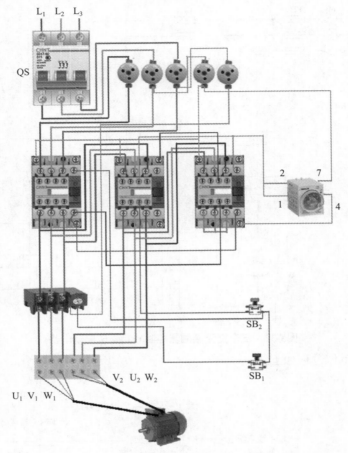

图3-34　三个交流接触器控制Y-△降压启动电路运行电路图

3.2.4　两个交流接触器控制Y-△降压启动控制电路

（1）电路工作原理

图3-35所示是用两个接触器实现Y-△降压启动的控制电路。图中KM$_1$为线路接触器，KM$_2$为Y-△转换接触器，KT为降压启动时间继电器。

启动时，合上电源开关Q，按下启动按钮SB$_2$，使接触器KM$_1$和时间继电器KT线圈同时得电吸合并自锁，KM$_1$主触点闭合，接入三相交流电源，由于KM$_1$的常闭辅助触点（8-9）断开，使KM$_2$处于断电状态，电动机接成星形连接进行降压启动并升速。

当电动机转速接近额定转速时，时间继电器KT动作，其通电延时断开触点KT（4-7）断开，通电延时闭合触点（4-8）闭合。前者使KM$_1$线圈断电释放，其主触点断开，切断电动机三相电源。而触点KM$_1$（8-9）闭合与后者KT（4-8）一起，使KM$_2$线圈得电吸合并自锁，其主触点闭合，电动机定子绕组接成三角形连接，KM$_2$的辅助常开触点断开，使电动机定子绕组尾端脱离短接状态，另一触点KM$_2$（4-5）断开，使KT线圈断电释放。由于KT（4-7）复原闭合，使KM$_1$线圈重新得电吸合，于是电动机在三角形连接下正常运转。所以KT时间继电器延时动作的时间就是电动机连成星形降压启动的时间。

本电路与其他Y-△换接控制电路相比，节省一个接触器，但由于电动机主电路中采用KM$_2$辅助常闭触点来短接电动机三相绕组尾端，容量有限，故该电路适用于13kW以下电动机的启动控制。

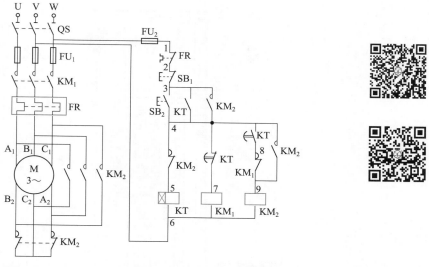

图3-35　两个交流接触器控制Y-△降压启动电路运行图

> **注意**
>
> 　　在这个电路图中KM$_1$选择CJX2 3210交流接触器，KM$_2$选择3201交流接触器，其最后一位（最右边）触点状态一个是常开触点，另一个是常闭触点，接线时注意区别。

（2）调试与检修

　　两个交流接触器控制的Y-△降压启动电路运行图如图3-36所示。一般两个交流接触器控制的Y-△电路所控制电动机的功率相对比较小（十几千瓦）。电路中接线正常，按动启动按钮开关，电动机正常旋转。如果按动启动按钮开关电动机不能正常旋转，首先用直观法检查空开是否毁坏，熔断器是否熔断，交流接触器是否有烧毁现象，时间继电器是否有故障；若直观法不能检测出元件毁坏，可以用电阻挡检测交流接触器的线圈是否熔断，时间继电器线圈是否熔断，熔断器是否熔断，热继电器的接点是否断；若用电阻挡检测元件均完好，可以闭合空开，利用电压跟踪法检查空开下端电压，熔断器的输出电压，交流接触器的输入、输出电压是否都正常，如果均正常，电动机应能够正常旋转。不能旋转是电动机的故障，维修或更换电动机即可。如果接通电源，电动机能够启动，但不能够正常运行，应检查Y-△转换的交流接触器是否触点接触不良，或直接更换Y-△转换交流接触器。同时，检查时间继电器是否能够按照正常的时间接通或断开，两种都可用代换法来更换，时间继电器采用插拔型的，可以直接更换。先代换时间继电器，再代换Y-△转换交流接触器。

3.2.5　中间继电器控制Y-△降压启动控制电路

（1）电路工作原理

　　图3-37所示为电动机Y-△降压启动电路原理图。这种电路在设计上增加了一个中间继电器和时间继电器，可以防止大容量电动机在Y-△转换过程中，由于转换时间短，电弧不能完全熄灭而造成相间短路。它适用于55kW以上三角形连接的电动机。

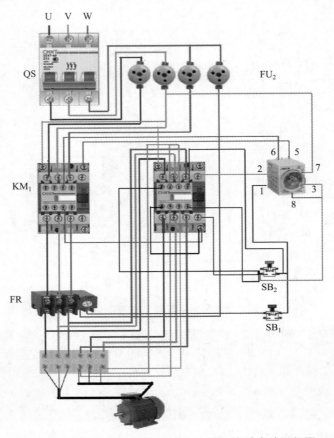

图3-36　两个交流接触器控制的Y-△降压启动电路运行图

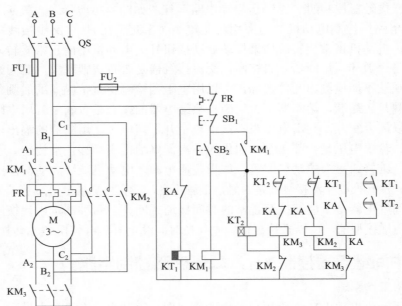

图3-37　中间继电器控制Y-△降压启动电路原理图

当合上开关QS，时间继电器KT_1得电动作，为启动做好准备。按下启动按钮SB_2，接触器KM_1、时间继电器KT_2、接触器KM_3同时得电并吸合，KM_1的常开触点闭合并自锁，电动机作Y形启动。当KT$_2$延时到规定时间，电动机转速也接近稳定时，时间继电器KT$_2$的延时断开常闭触点断开，KM$_3$断电并释放，同时KT$_2$的延时闭合常开触点闭合，使中间继电器KA得电动作，其常闭触点断开使KT$_1$断电释放，同时KA的常开触点闭合。当KT$_1$断电，到达延时时间（0.5～1s）后，其延时闭合常闭触点闭合，KM$_2$才得电动作，电动机转换为三角形连接运转。时间继电器的动作时间可根据电动机的容量及启动负载大小来进行调整。

注意

KT$_1$和KT$_2$时间继电器型号选择不同，KT$_1$选择ST3 PG，KT$_2$选择ST3 PA。

（2）调试与检修

中间继电器控制的Y-△降压启动运行电路如图3-38所示。一般情况下，用中间继电器控制的Y-△启动电路可以控制一些大功率电动机的Y-△启动。接通电源后，按动启动按钮开关，电动机能够正常运行。如果不能正常运行，首先用直观法检查空开、熔断器、交流接触器、中间继电器、时间继电器、热继电器、按钮开关是否有明显的毁坏现象，如果没有明显毁坏现象，可以用万用表电阻挡测量各接点是否毁坏，熔断器是否熔断，交流接触器、时间继电器、热继电器、中间继电器的线圈是否有短路和开路现象；若用电阻挡检测元件均完好，可以利用电压跟踪法从空开的下端、熔断器、各交流接触器的上端到下端再到电动机的电压按顺序检测，检测哪个位置电压不正常，再检查相应的元器件或直接进行更换。在实际应用中，如果用电阻挡检测元器件各接点都正常，接通电源以后，电动机应

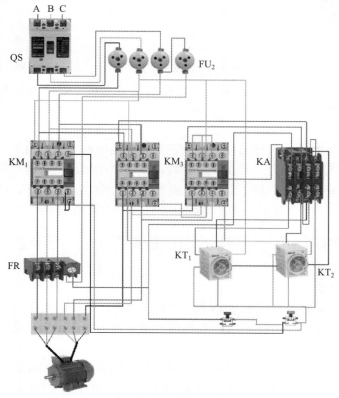

图3-38　中间继电器控制的Y-△降压启动运行电路

能够正常工作。由此得出检测电路故障的一般步骤：首先用电阻挡进行检测，然后利用电压跟踪法进行检测，最后用代换法更换元器件。

3.3 电动机正反转控制电路

3.3.1 用倒顺开关实现三相正反转控制电路

（1）电路工作原理

三相电动机实现正反转方法如图3-39所示。电路原理图如图3-40所示。

改变通入电动机定子绕组的电源相序

正转：L_1—U　　反转：L_1—W
　　　 L_2—V　　　　　　L_2—V
　　　 L_3—W　　　　　　L_3—U

倒顺开关图形符号

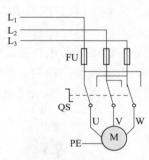

图3-39　倒顺开关实物图、符号及其实现正反转方法　　　　图3-40　电路原理图

手柄向左扳至"顺"位置时，QS闭合，电动机M正转；手柄向右扳至逆位置时，QS闭合，电动机M反转。

（2）调试与检修

电路接线如图3-41所示。这是电动机的正反转控制电路，只是用了倒顺开关进行控制电动机的正反转，实际倒顺开关只是倒了相线，就可以控制电动机的正转和反转。当出现故障时，直接检查空开、熔断器、倒顺开关是否毁坏，如果没有毁坏，接通电源电动机能够正常旋转，如果有正转无倒转，说明倒顺开关有故障，更换倒顺开关就可以了。

3.3.2 交流接触器联锁控制三相正反转启动运行电路

（1）电路工作原理

电动机正反转电路如图3-42所示。

按下SB_2，正向接触器KM_1得电动作，主触点闭合，使电动机正转。按停止按钮SB_1，电动机停止。按下SB_3，反向接触器KM_2得电动作，其主触点闭合，使电动机定子绕组与正转时的相序相反，则电动机反转。

接触器的动断辅助触点互相串联在对方的控制回路中进行联锁控制。这样当KM_1得电时，由于KM_1的动作触点打开，使KM_2不能通电。此时即使按下SB_3按钮，也不能造成短路。反之也是一样。接触器辅助触点的这种互相制约关系称为"联锁"或"互锁"。

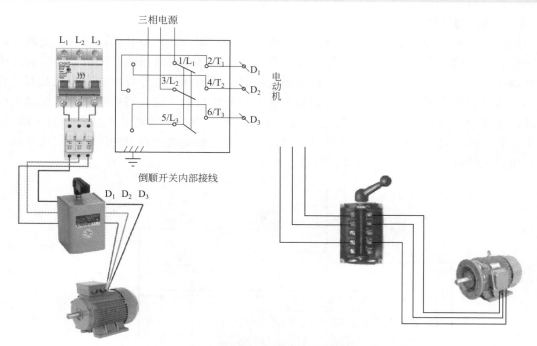

图3-41 倒顺开关正反转接线图

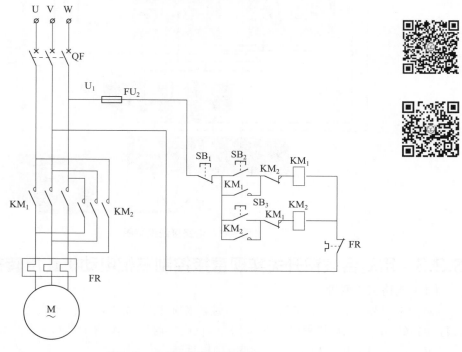

图3-42 电动机正反转电路图

 注意

对于此种电路,如果电动机正在正转,想要反转,必须先按停止按钮 SB₁ 后,再按反向按钮 SB₃ 才能实现。

（2）调试与检修

如图3-43所示为电路接线组装图。接通电源，按动顺启动按钮开关，顺启动交流接触器应吸合，电动机能够旋转。按动停止按钮开关，再按动逆启动按钮开关时，逆启动交流接触器应工作，电动机应能够旋转。如果不能够正常顺启动，检查顺启动交流接触器是否毁坏，如果毁坏则进行更换；同样，如果不能够进行逆启动，检查逆启动交流接触器是否毁坏，如果没有毁坏，看按钮开关是否毁坏，如果没有毁坏，说明是电动机出现了故障，无论是顺启动还是逆启动，电动机能够启动运行，都说明电动机没有故障，是交流接触器和它相对应的按钮开关出现了故障，应进行更换。

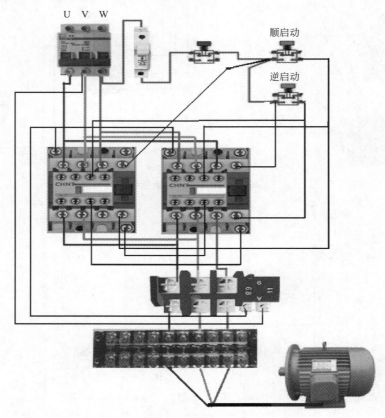

图3-43　电路接线组装图

3.3.3　用复合按钮开关实现直接控制三相电动机正反转控制电路

（1）电路工作原理

如图3-44所示，按下SB_2，正向接触器KM_1得电动作，主触点闭合，使电动机正转。按停止按钮SB_1，电动机停。按下SB_3，反向接触器KM_2得电动作，其主触点闭合，使电动机定子绕组与正转时相序相反，则电动机反转。

接触器的动断辅助触点互相串联在对方的控制回路中进行联锁控制。这样当KM_1得电时，由于KM_1的动作触点打开，使KM_2不能通电。此时即使按下SB_3按钮，也不能造成短路。反之也是一样。接触器辅助触点这种互相制约关系称为"联锁"或"互锁"。

按下SB_2时，只有KM_1可得电动作，同时KM_2回路被切断。同理按下SB_3时，只有KM_2得电，同时KM_1回路被切断。采用复合按钮，还可以起到联锁作用。

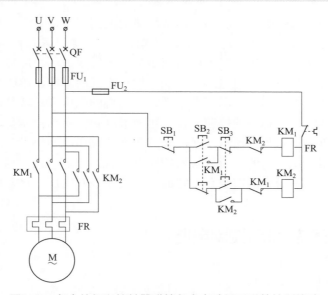

图3-44　复合按钮和接触器联锁复合电动机正反转控制线路

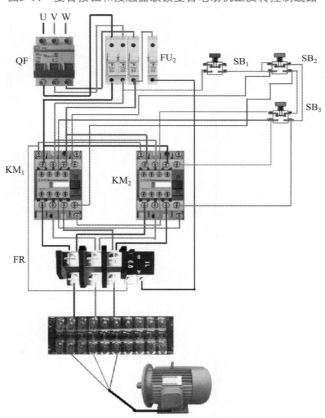

图3-45　用复合按钮开关实现直接控制三相电动机正反转运行电路图

（2）调试与检修

　　用复合按钮开关实现直接控制三相电动机正反转运行电路图如图3-45所示。利用复合按钮开关进行控制的顺启动和逆启动控制电路，在顺启动和逆启动时不需要按动停止按钮开关，就可以进行顺启动和逆启动。实际在检修时，当接通电源不能够启动时，应该首先用万用表的电阻挡去检查熔断器是否熔断，接触器的线圈、接点是否毁坏，按钮开关的接点是否毁坏。由于使用的是复合按钮开关，应该把它的常开触点和常闭触点全部测量一遍，再检查热接点是否毁坏，若上述元件用电阻挡测量均未发现毁坏，应检查电动机的阻值是否异常，若未发现故障，可以应用电压测量法，检测空开的下端、熔断器、交流接触器的上端和下端电压、热继电器的上端和下端电压、电动机的电压，这就是电压跟踪法。检测到哪一级没有电压，就检查相应的控制元件，比如检测到逆启动控制交流接触器的上端有电压，下端没有电压，首先判定逆启动交流接触器是否接通，如果没有接通，应检查逆启动按钮开关是否正常，逆启动的交流接触器的线圈是否毁坏，当元件均没有毁坏，按压逆启动按钮开关，交流接触器应能够吸合，它的下端就应该有电压。这是电压跟踪法的检修步骤。

3.3.4　三相正反转点动控制电路

（1）电路工作原理（图3-46）

① 合上开关QF接通三相电源。

② 按动正向启动按钮开关SB_2，SB_2的常开触点接通KM_1线圈线路，交流接触器KM_1线圈通电吸合，KM_1主触头闭合接通电动机电源，电动机正向运行。

③ 按动反向启动按钮开关SB_3，SB_3的常开触点接通KM_2线圈线路，交流接触器KM_2线圈通电吸合，KM_2主触头闭合接通电动机电源，电动机反向运行。

④ 在运行的过程中，只要松开按钮开关，控制电路立即无电，交流接触器断电主触头释放，电动机停止运行。

⑤ 电动机的过载保护由热继电器FR完成。

⑥ 电路利用KM_1和KM_2常闭辅助触头互锁，避免线路短路。

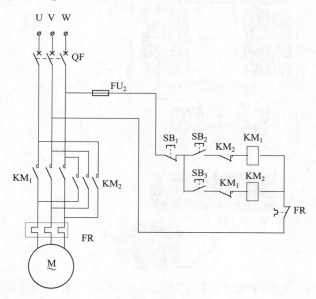

图3-46　电路原理图

（2）调试与检修

三相电动机正反转控制运行电路图如图3-47所示。接通电源以后，按动顺启动按钮、逆启动按钮电动机均正常旋转。如果不能正常旋转，应该检查交流接触器、热保护器是否毁坏，按钮开关是否毁坏，如果毁坏则直接进行更换，电路比较简单，维修也比较方便。如果只能顺启动，不能逆启动，只要检查相应的启动按钮开关和交流接触器就可以了，说明是它对应的电路出现了问题。

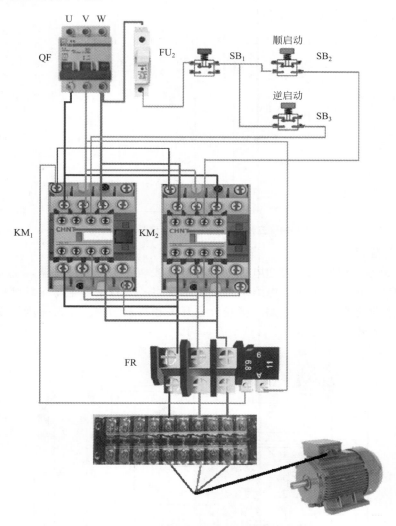

图3-47　三相电动机正反转控制运行电路图

3.3.5　三相电动机正反转自动循环电路

（1）电路工作原理

如图3-48所示，按动正向启动按钮开关SB_2，交流接触器KM_1得电动作并自锁，电动机正转使工作台前进。当运动到ST_2限定的位置时，挡块碰撞ST_2的触头，ST_2的动断触点使KM_1断电，于是KM_1的动断触点复位闭合，关闭了对KM_2线圈的互锁。ST_2的动合触点使KM_2得电自锁，且KM_2的动断触点断开将KM_1线圈所在支路断开（互锁）。这样电动机开始反转使工作台后退。当工作台后退到ST_1限定的极限位置时，挡块碰撞ST_1的触头，KM_2断电，KM_1又得电动作，电动机又转为正转，如此往复。SB_1为整个循环运动的停止按钮开关，按动SB_1自动循环停止。

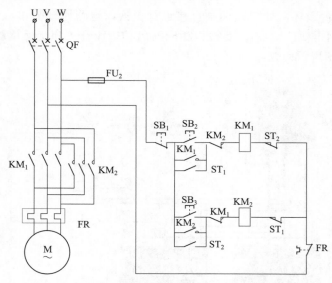

图3-48　三相电动机正反转自动循环电路图

（2）调试与检修

电路接线如图3-49所示。接通电源以后，直接按动任意交流接触器，电动机应可以转动，如不能转动，说明故障在主电路，可直接用观察法或万用表电压跟踪法检修；若电动机可以转动，说明故障在控制电路，检查行程开关和按钮开关，用万用表测量接点应能正常接通和断开，若不能则为坏，维修或更换即可。

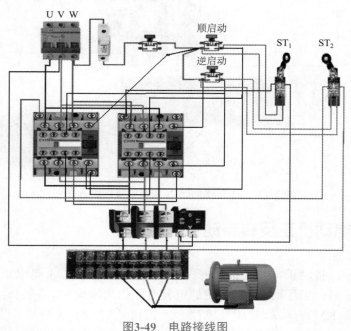

图3-49　电路接线图

3.3.6　行程开关自动循环控制电路

（1）电路工作原理

电路如图3-50所示，它是用行程开关来自动实现电动机正反转的。组合机床、龙门刨床、铣床的工作台常用这种线路实现往返循环。

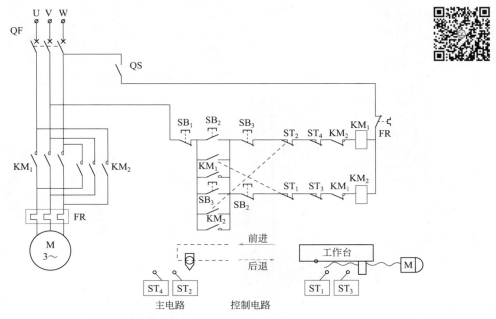

图3-50　正反转自动循环电路

（2）电路工作原理

ST$_1$、ST$_2$、ST$_3$、ST$_4$为行程开关，按要求安装在固定的位置上，当撞块压下行程开关时，其动合触点闭合，动断触点打开。其实这是按一定的行程用撞块压行程开关，代替了人按按钮。

按下正向启动按钮SB$_2$，接触器KM$_1$得电动作并自锁，电动机正转使工作台前进。当运行到ST$_2$位置时，撞块压下ST$_2$，ST$_2$动断触点使KM$_1$断电，但ST$_2$的动合触点使KM$_2$得电动作自锁，电动机反转使工作台后退。当撞块又压下ST$_1$时，使KM$_2$断电，KM$_1$又得电动作，电动机又正转使工作台前进，这样可一直循环下去。

SB$_1$为停止按钮。SB$_2$与SB$_3$为不同方向的复合启动按钮。之所以用复合按钮，是为了满足改变工作台方向时，不按停止按钮可直接操作。限位开关ST$_2$与ST$_4$安装在极限位置，当由于某种故障，工作台到达ST$_1$（或ST$_2$）位置，未能切断KM$_2$（或KM$_3$）时，工作台将继续移动到极限位置，压下ST$_3$（或ST$_4$），此时最终把控制回路断开，使ST$_3$、ST$_4$起限位保护作用。

上述这种用行程开关按照机床运动部件的位置或机件的位置变化所进行的控制，称作按行程原则的自动控制，或称行程控制。行程控制是机床和生产自动线应用较为广泛的控制方式。

（3）调试与检修

电路接线组装图如图3-51所示。接通电源以后，直接按动任意交流接触器，电动机应可以转动，如不能转动，说明故障在主电路，可直接用观察法或万用表电压跟踪法检修；若电动机可以转动，说明故障在控制电路，用万用表检查四只行程开关和按钮开关，测量接点能否正常接通和断开，若不能则为坏，维修或更换即可。

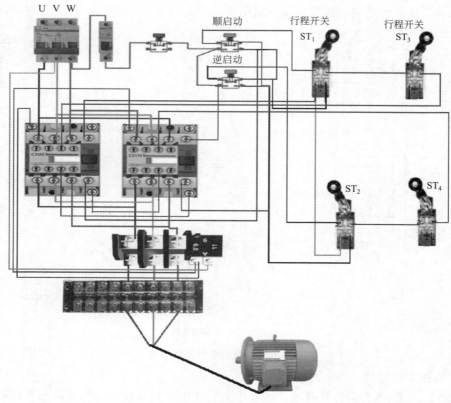

图3-51 电路接线组装图

3.3.7 正反转到位返回控制电路

（1）电路工作原理

如图3-52所示，接通电源，按压启动开关JT，此时电源通过QS、FR、XM₁常闭触点

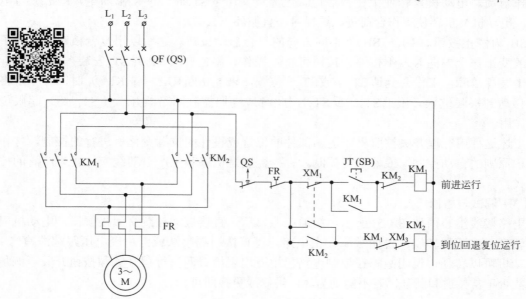

图3-52 电路原理图

（动断触点）、JT、KM₂常闭触点（动断触点）使KM₁得电吸合，KM₁主触点吸合，设电动机启动正向运行，与JT并联KM₁辅助触点闭合自锁，与KM₂线圈相连的触点断开，实现互锁，防止KM₂误动作。

当电动机运行到位置时，触动行程开关XM₁，则其常闭触点（动断触点）断开，KM₁断电，常开触点接通、KM₁常闭触点（动断触点）接通，KM₂得电吸合，主触点控制电动机反转，与XM₁相连的辅助触点自锁。当电动机回退到位时，触动XM₃，其常开触点（动合触点）断开，KM₂线圈失电断开，电动机停止运行。

（2）调试与检修

图3-53为电路接线组装图。接通电源以后，直接按动任意交流接触器，电动机应可以转动，如不能转动，说明故障在主电路，可直接用观察法或万用表电压跟踪法检修；若电动机可以转动，说明故障在控制电路，用万用表检查两只行程开关，测量接点能否正常接通和断开，若不能则为坏，维修或更换即可。

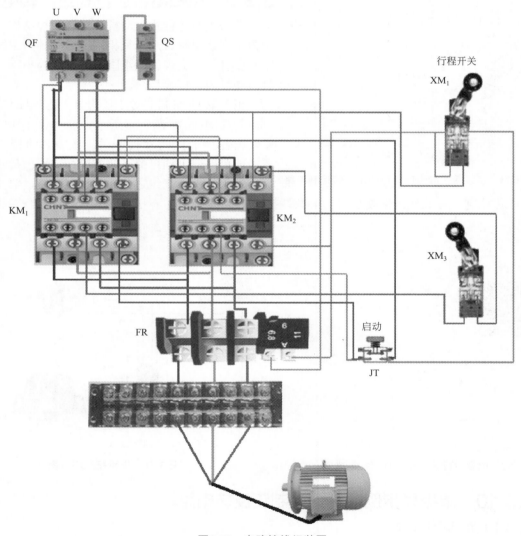

图3-53　电路接线组装图

3.3.8 绕线转子异步电动机的正反转控制电路

绕线转子异步电动机的正反转控制电路如图3-54所示。图中凸轮控制器共有九对常开触点，其中四对触点用来控制电动机的正反转，另外五对触点与转子电路中所串的电阻相接，控制电动机的转速，凸轮控制的手轮除"0"位置外，其左右各有五个位置，当手轮处在各个位置时，各对触点接通。

手轮由"0"位置向右转到"1"位置时，由图可知，电动机M通入U、V、W的相序开始正转，启动电阻全部接入转子回路，如手轮反转，即由"0"位置向左转到"1"位置时，从图中可看出电源改变相序，电动机反转。

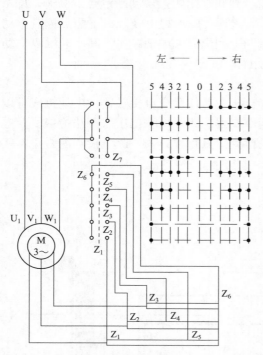

图3-54 绕线转子异步电动机的正反转控制电路

3.3.9 单相电容运行式正反转电路

普通电容运行式电动机绕组有两种结构。一种为主副绕组匝数及线径相同；另一种为主绕组匝数少且线径大，副绕组匝数多且线径小。这两种电动机内的接线相同。

正反转的控制：对于不分主副绕组的电动机，控制电路如图3-55所示。C_1为运行电容，K可选各种形式的双投开关。改变K的接点位置，即可改变电动机的运转方向，实现正反转控制。对于有主副绕组之分的单相电动机，要实现正反转控制，可改变内部副绕组与公共端接线，也可改变定子方向。图3-56为电路接线组装图。

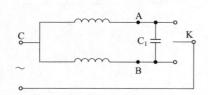

图3-55 电容运行式电机正反转控制电路

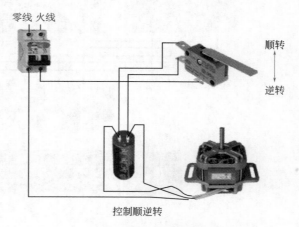

图3-56 电路接线组装图

3.3.10 单相异步倒顺开关控制正反转电路

（1）电路工作原理

图3-57表示电容启动式或电容启动/电容运转式单相电动机的内部主绕组、副绕组、离

心开关和外部电容在接线柱上的接法。其中主绕组的两端记为U_1、U_2，副绕组的两端记为W_1、W_2，离心开关K的两端记为V_1、V_2。注意：电动机厂家不同，标注不同。

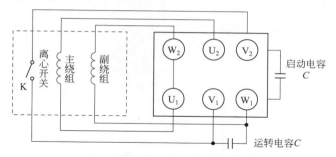

图3-57　绕组与接线柱上的接线接法

这种电动机的铭牌上标有正转和反转的接法，如图3-58所示。

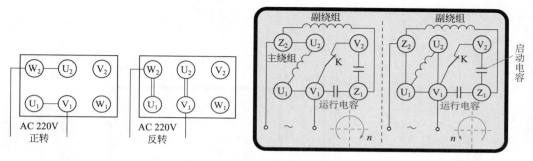

图3-58　标有正转和反转的接法

单相电动机正反转控制实际上只是改变主绕组或副绕组的接法：正转接法时，副绕组的W_1端通过启动电容和离心开关连到主绕组的U_1端（图3-59）；反转接法时，副绕组的W_2端改接到主绕组的U_1端（图3-60）。也可以改变主绕组U_1、U_2进线方向端改接到主绕组的U_1端。

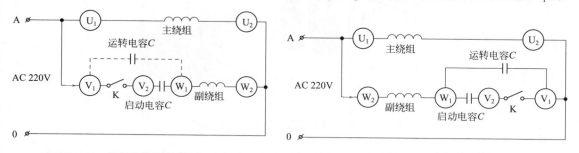

图3-59　正转接法　　　　　　　　　　　　　图3-60　反转接法

现以六柱倒顺开关说明。六柱倒顺开关有两种转换形式（图3-61）。打开盒盖就能看到厂家标注的代号：第一种，左边一排三个接线柱标L_1、L_2、L_3，右边三柱标D_1、D_2、D_3；第二种，左边一排标L_1、L_2、D_3，右边标D_1、D_2、L_3。以第一种六柱倒顺开关为例，当手柄在中间位置时，六个接线柱全不通，称为"空挡"。当手柄拨向左侧时，L_1和D_1、L_2和D_2、L_3和D_3两两相通。当手柄拨向右侧时，L_3仍与D_3接通，但L_2改为连通D_1，L_1改为连通D_2。

（2）电路接线组装

倒顺开关控制电动机正反转接线如图3-62所示。

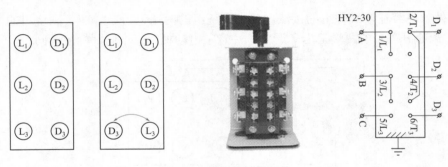

图3-61　常用的倒顺开关

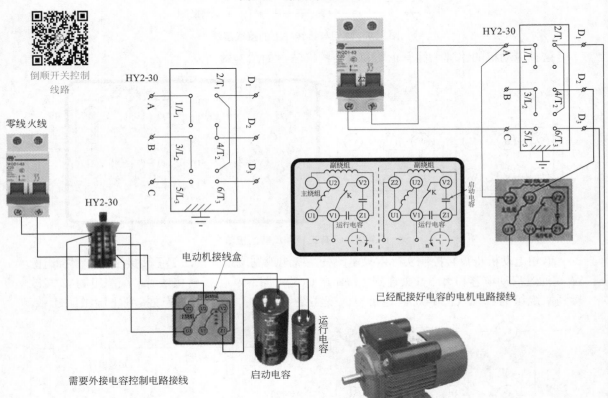

图3-62　倒顺开关控制电动机正反转接线图

3.3.11　船型开关或摇头开关控制的单相异步电动机正反转电路

无论是船型开关还是摇头开关的倒顺开关，手柄处于中间位置即停止位置时Z_3与D_3/L_3均不通，切断电源，单相电动机不转。当手柄拨向左侧时，L_3/Z_3、L_2/Z_2、L_1/Z_1通，最后形成的电路为反转接法；当手柄拨向右侧时，D_3/Z_3、D_2/Z_2、D_1/Z_1通，最后形成的电路为正转接法（图3-63）。

在没有9头开关或者没有带停止的多头开关时，为了实现正反转启停控制，可以用两个开关，其中一个作为电源开关，另一个作为正反转开关。电路如图3-64所示。工作原理与上述相同。

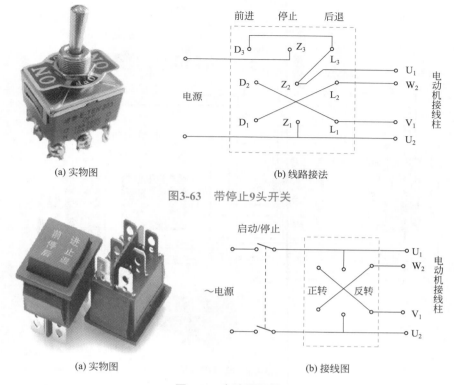

(a) 实物图　　　　　　　　　　(b) 线路接法

图3-63　带停止9头开关

(a) 实物图　　　　　　　　　　(b) 接线图

图3-64　电路原理图

3.3.12　交流接触器控制的单相电动机正反转控制电路

当电动机功率比较大时，可以用交流接触器控制电动机的正反转，电路原理图如图3-65所示。

电路接线图如图3-66所示。

对一些远程控制不能直接使用倒顺开关进行控制的电动机或大型电动机来讲，都可以使用交流接触器控制的正反转控制电路。如果接通电源以后，按动顺启动或逆启动按钮开关，电动机不能正常工作，应该首先用万用表检查交流接触器线圈是

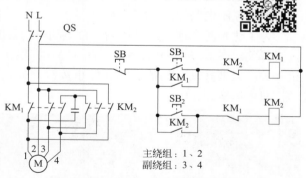

图3-65　电路原理图

否毁坏，交流接触器接点是否毁坏，如果这些元件没有毁坏，按动顺启动或逆启动按钮开关，电动机应当能够正常旋转，如果不能旋转，应该是电容器出现了故障，应当更换电容器。如果只能顺启动而不能逆启动（或只能逆启动而不能顺启动），检查逆启动按钮开关、逆启动交流接触器（或顺启动按钮开关、顺启动交流接触器）是否出现故障，一般只要单一的方向运行，而不能实现另一方向运行，都属于另一方向的交流接触器出现故障，和它的主电路、电流通路的电容器，以及电动机和空开是没有关系的，所以直接查它的控制元件就可以了。

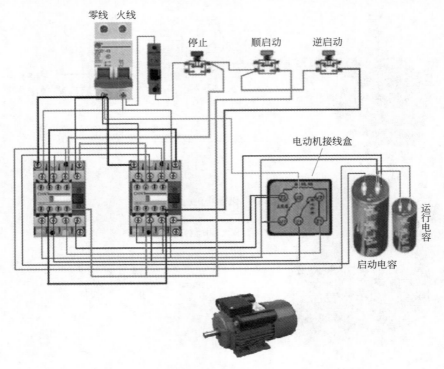

图3-66 电路接线图

3.3.13 多地控制单相电动机运转电路

（1）电路工作原理

多地控制电路如图3-67所示。

为了达到两个地点同时控制一台电动机的目的，必须在另一个地点再装一组启动/停止按钮开关。图3-67中SB_{11}、SB_{12}为甲地启动/停止按钮开关，SB_{21}、SB_{22}为乙地启动/停止按钮开关。只要按动各地的启动和停止按钮开关，交流接触器线圈即可得电，触点吸合，电动机即可运转。

 知识拓展

在电工电路中，对于停止按钮开关或者接点来说，只要是联动的均为串联关系，这样，有一组开关断开则可以控制电动机停转；而启动按钮开关或接点则可以并联使用，如图3-68所示。

（2）调试与检修

电路接线见图3-69。实际多地控制启动和停止电路与单地控制启动和停止电路的工作原理是一样的，只不过是把引线加长，把按钮开关实现串联和并联。需要说明的是，在电动机有多个按钮开关进行控制的时候，停止开关都是串联关系，这必须要注意。当不能实现控制的时候，主要用万用表检测交流接触器是否毁坏，按钮开关是否毁坏，如果这些元件没有毁坏，说明控制电路和主控电路没有问题，故障一般是在电动机，进行维修或更换就可以了。

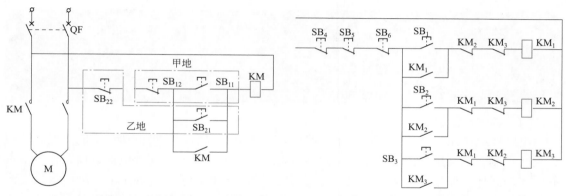

图3-67　单相异步电动机多地控制原理图　　　　　图3-68　启动/停止按钮开关的串并联

3.3.14　电枢反接法直流电动机正反转电路

（1）电路工作原理

并励直流电动机的正反转控制电路如图3-70所示。

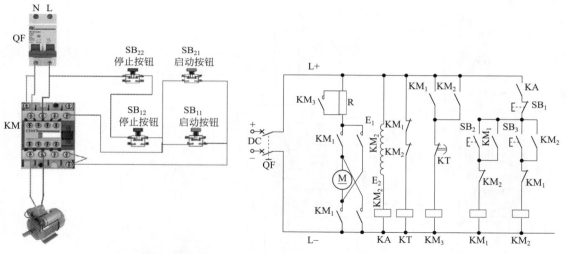

图3-69　电路接线组装图　　　　　图3-70　并励直流电动机正反转控制电路

当合上电源总开关QF时，断电延时时间继电器KT通电闭合，欠电流继电器KA通电闭合。按下直流电动机正转启动按钮SB$_2$，接触器KM$_1$通电闭合，断电延时时间继电器KT断电开始计时，直流电动机M串电阻R启动运转。经过一定时间，时间继电器KT通电瞬时断开，断电延时闭合常闭触点闭合，接通接触器KM$_3$线圈电源，接触器KM$_3$通电闭合，切除串电阻R，直流电动机M全压全速正转运行。

同理，按下直流电动机M反转启动按钮SB$_3$，接触器KM$_2$通电闭合，断电延时时间继电器KT断电开始计时，直流电动机M串电阻R启动运转。经过一定时间，时间继电器KT通电瞬时断开，断电延时闭合常闭触点闭合，接通接触器KM$_3$线圈电源，接触器KM$_3$通电闭合，切除串电阻R，直流电动机M全压全速反转运行。

直流电动机M在运行中，如果励磁线圈中的励磁电流不够，欠电流继电器KA将欠电流释放，常开触点断开，直流电动机M停止运行。

注意

若要反转，则需先按动SB$_1$，使KM$_1$断电，KM$_1$联锁常闭触头闭合，这时再按动反转按钮开关SB$_3$；同理，要正转时也要先按动SB$_1$。

（2）调试与检修

电路接线如图3-71所示，在这个电路中，接通电源以后，如果电动机不能实现启动和正反转控制，应当用万用表检测各交流接触器、时间继电器、中间继电器、按钮开关是否有明显的毁坏，如果没有明显的毁坏，应用电压测量法检测从空开的下端启动电阻到交流接触器的电压是否正常，如果不正常，去检查相对应的元件，比如启动电阻是否毁坏。如果上端电压都正常，应当检查时间继电器是否毁坏，如果时间继电器没有毁坏，按动启动按钮开关，交流接触器对应的下端电压应该有输出，如果没有输出应该是交流接触器毁坏，应进行更换。如果交流接触器下端有输出电压，电动机仍然不能够实现运行，则电动机出现了故障，直接更换就可以了。

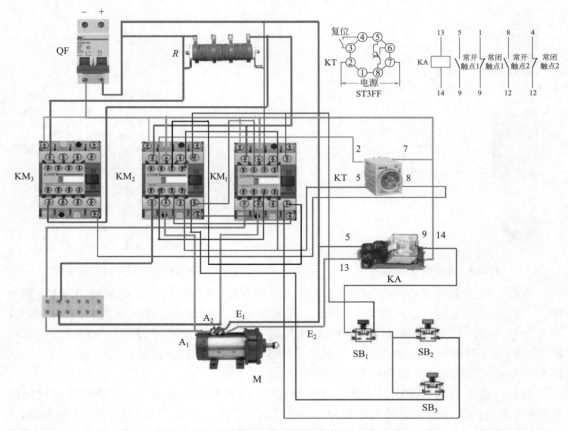

图3-71　电路接线组装图

3.3.15　磁场反接法直流电动机正反转电路

（1）电路工作原理

电路如图3-72所示。当合上电源总开关QF时，断电延时时间继电器KT通电闭合，欠电流继电器 KA 通电闭合。按下直流电动机正转启动按钮，SB$_2$ 接触器 KM1 通电闭合，断电延时时间继电器 KT 断电开始计时，直流电动机 M 串电阻 R 启动运转。经过一定时间，时间继电器 KT 通电瞬时断开，断电延时闭合常闭触点闭合，接通接触器 KM$_3$ 线圈电源，接触器 KM$_3$ 通电闭合，切除串电阻 R，直流电动机 M 全压全速正转运行。

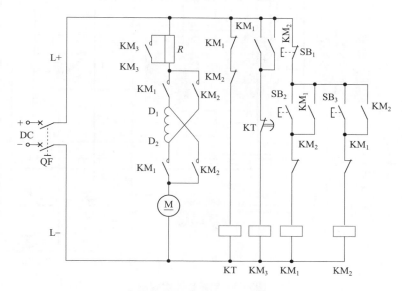

图3-72　磁场反接法直流电动机正反转电路

同理，按下直流电动机 M 反转启动按钮 SB$_3$，接触器 KM$_2$ 通电闭合，断电延时时间继电器 KT 断电开始计时，直流电动机 M 串电阻 R 启动运转。经过一定时间，时间继电器 KT 通电瞬时断开，断电延时闭合常闭触点闭合，接通接触器 KM$_3$ 线圈电源，接触器 KM$_3$ 通电闭合，切除串电阻 R，直流电动机 M 全压全速反转运行。

 注意

　　若要反转，则需先按动 SB$_1$，使 KM$_1$ 断电，KM$_1$ 联锁常闭触点闭合，这时再按动反转按钮开关 SB$_3$；同理，要正转时也要先按动 SB$_1$。

（2）调试与检修

　　电路接线如图3-73所示。接通电源以后，若电动机不能正常工作，应用万用表去检查它的交流接触器是否毁坏，时间继电器、启动电阻、按钮开关是否毁坏。如果上述元件用电阻挡检测基本完好，可以采用电压跟踪法，从空开的下端开始到电阻，再到交流接触器的上端和下端，一直到电动机的输入端去检测电压，检测到某一点没有电压，去查它相应的控制电路，比如当检测到交流接触器的上端有电压，而下端没有电压，应检测交流接触器控制线圈回路。电压跟踪法检测到任何一点没有电压，就检查它自身的元件和控制电路。

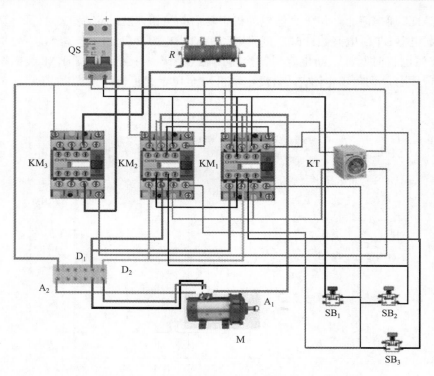

图3-73　电路接线组装图

3.4　电动机制动控制电路

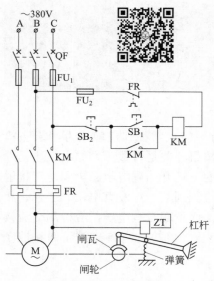

图3-74　电磁抱闸制动控制线路

3.4.1　电磁抱闸制动控制电路

（1）电路工作原理

电磁抱闸制动控制线路如图3-74所示。

按下按钮SB₁，接触器KM线圈获电动作，给电动机通电。电磁抱闸的线圈ZT也通电，铁芯吸引衔铁而闭合，同时衔铁克服弹簧拉力，使制动杠杆向上移动，让制动器的闸瓦与闸轮松开，电动机正常工作。按下停止按钮SB₂之后，接触器KM线圈断电释放，电动机的电源被切断，电磁抱闸的线圈也断电，衔铁释放，在弹簧拉力的作用下使闸瓦紧紧抱住闸轮，电动机就迅速被制动停转。

这种制动在起重机械上应用很广。当重物吊到一定高处，线路突然发生故障断电时，电动机断电，电磁抱闸线圈也断电，闸瓦立即抱住闸轮，使电动机迅速制动停转，从而可防止重物掉下。另外，也可利用这一点使重物停留在空中某个位置上。

（2）调试与检修

电动机电磁抱闸制动控制线路运行电路如图3-75所示。组装完成后，首先检查连接线是否正确，当确认连接线无误后，闭合总开关QS，按动启动按钮开关SB$_1$，此时电动机应能启动，若不能启动，先检查供电是否正常，熔断器是否正常，如都正常则应检查KM线圈回路所串联的各接点开关是否正常，不正常应查找原因，若有损坏应更换。

正常运行后，按停止按钮开关SB$_2$，此时电动机应能即刻停止，说明电路制动正常，如不能停止，应看制动电磁铁是否损坏。

3.4.2　短接制动电路

（1）电路工作原理

短接制动是电磁制动的一种。在定子绕组供电电源断开的同时，将定子绕组短接，由于转子存在剩磁，形成了转子旋转磁场，此磁场切割定子绕组，在定子绕组中感应电动势。因定子绕组已被KM常闭触点（动断触点）短接，所以在定子绕组回路中有感应电流，该电流又与旋转磁场相互作用产生制动转矩，从而迫使电动机迅速制动停转。其控制线路如图3-76所示。

启动时，合上电源开关QF，按动启动按钮开关SB$_2$，此时交流接触器KM得电吸合并自锁，其两常闭辅助触点断开，对电路无影响，主触点闭合，电动机启动运行。

需要停机时，按动停止按钮开关SB$_1$，交流接触器KM断电，其主触点断开，电动机M的电源被切断，KM的两副常闭触点将电动机定子绕组短接，此时转子在惯性作用下仍然转动。由于转子存在剩磁，因而形成转子旋转磁场，在切割定子绕组后，在定子绕组里产生感应电动势，因定子绕组已被KM短接，所以定子绕组回路中就有感应电流，该电流产生旋转磁场，与转子旋转磁场相互作用，产生制动转矩迫使转子迅速停止。

（2）调试与检修

如图3-77所示，接通电源以后，如果电动机不能够进行运转，主要检查接收器KM线圈

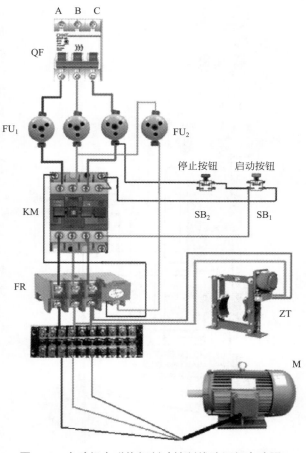

图3-75　电动机电磁抱闸制动控制线路运行电路图

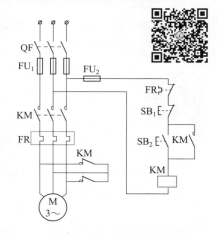

图3-76　异步电动机短接制动控制线路

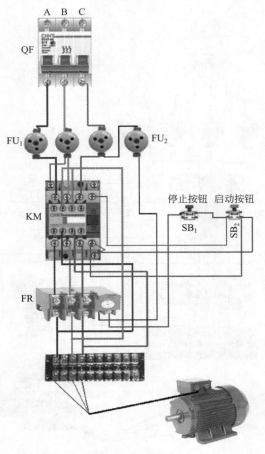

图3-77　短接制动电路运行电路图

是否接通，SB₂的触点是否按通，按钮SB₁是否接通，当这些元件没有毁坏的时候，按动SB₂，接收器KM应该吸合，电动机能够通电，当断电的时候，如果不能够实现反接制动，检查接收器KM的两个常闭触点是否处于接通状态，如果没有处于接通状态，应该检修KM触点，或更换接收器KM。

3.4.3　自动控制能耗制动电路

（1）电路工作原理

自动控制能耗制动电路如图3-78所示。在三相异步电动机要停车时切除三相电源的同时，把定子绕组接通直流电源，在转速为零时切除直流电源。比控制线路就是为了实现上述的过程而设计的，这种制动方法，实质上是把转子原来储存的机械能转变成电能，又消耗在转子的制动上，所以称能耗制动。

图3-78所示为复合按钮与时间继电器实现能耗制动的控制线路。图中整流装置由变压器和整流元件组成。KM₂为制动用交流接触器。要停车时按动SB₁按钮开关，到制动结束放开按钮开关。控制线路启动/停止的工作过程如下：

主回路：合上QF→主电路和控制线路接通电源→变压器需经KM₂的主触头接入电源（初级）和定子线圈（次级）。

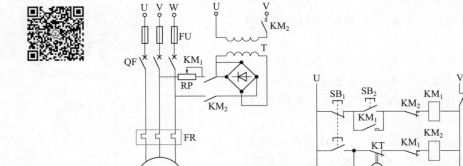

图3-78　自动控制能耗制动电路

控制回路：

① 启动：按动SB₂，KM₁得电，电动机正常运行。

② 能耗制动：按动 SB_1，KM_1 失电，电动机脱离三相电源。KM_1 常闭触点复原，KM_2 得电并自锁（通电延时），时间继电器 KT 得电，KT 瞬动常开触点闭合。

KM_2 主触头闭合，电动机进入能耗制动状态，电动机转速下降，KT 整定时间到，KT 延时断开常闭触点（动断触点）断开，KM_2 线圈失电，能耗制动结束。

注意

　　KT 瞬动常开触点的作用在于，KT 线圈存在断线或机械卡住故障时，在按动 SB_1 后电动机能迅速制动，两相的定子绕组不致长期接入能耗制动的直流电流。

（2）调试与检修

　　自动控制能耗制动电路运行电路图如图3-79所示。组装完成后，首先检查连接线是否正确，当确认连接线无误后，闭合总开关 QF，按动启动按钮开关 SB_2，此时电动机应能启动。若不能启动，首先检查 KM_1 的线圈是否毁坏，按钮开关 SB_2、SB_1 是否能正常工作，时间继电器是否毁坏，KM_2 的触点是否没有接通。当 KM_1 的线圈通路是良好的，接通电源以后按动 SB_2，电动机应该能够运转。当断电时不能制动，主要检查 KM_2 和时间继电器的

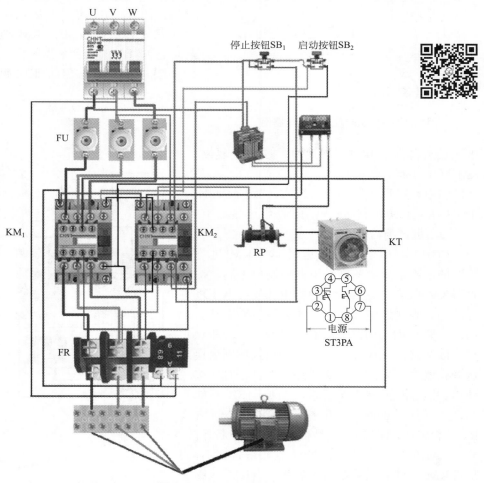

图3-79　自动控制能耗制动电路运行电路图

触点及线圈是否毁坏。当KM₂和时间继电器的线圈没有毁坏的时候，检查变压器是否能正常工作，用万用表检测变压器的初级线圈和变压器的次级线圈是否有断路现象。如果变压器初级、次级和电压正常，应该检查整个电路是否正常工作，如果整个电路中的整流元件没有毁坏，检查制动电阻RP是否毁坏，若制动电阻RP毁坏，应该更换制动电阻RP。整流二极管如果毁坏，应该用同型号的、同电压值的二极管进行更换，注意极性不能接反。

3.4.4 单向运转反接制动电路

（1）电路工作原理

单向运转反接制动电路如图3-80所示。反接制动实质上是改变异步电动机定子绕组中的三相电源相序，产生与转子转动方向相反的转矩，因而起制动作用。

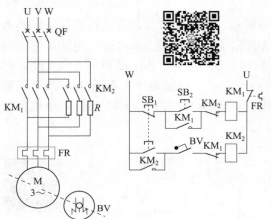

图3-80 单向运转反接制动电路图

反接制动过程：当想要停车时，首先将三相电源切换，然后当电动机转速接近零时，再将三相电源切除。此控制线路就是要实现这一过程。

此控制线路是用速度继电器来"判断"电动机的停与转的。电动机与速度继电器的转子是同轴连接在一起的，电动机转动时速度继电器的动合触点闭合，电动机停止时该动合触点打开。

正常工作时，按SB₂，KM₁通电（电动机正转运行），BV的动合触点闭合。

需要停止时，按SB₁，KM₁断电，KM₂通电（开始制动），电动机转速为零时，BV复位，KM₂断电（制动结束）。

因电动机反接制动电流很大，故在主回路中串接R，可防止制动时电动机绕组过热。

（2）调试与检修

如图3-81所示，正向运转是由KM₁进行控制的，断电后由速度继电器控制反接制动接收器KM₂吸合，然后给电动机中加反向电压进行制动。当接通电源以后，如果不能够正常启动，主要查KM₁通路、KM₂常闭触点（动断触点）以及SB₂、SB₁是否毁坏，如果毁坏则更换这些元器件，当KM₁线圈通路元件良好时，按动SB₂电动机应该能够运转，当按动SB₂不能实现反接制动的时候，应检查BV的接点，看BV是否毁坏，BV的接点是否正常接通或断开，检查KM₁的常闭触点（动断触点）是否损坏，检查KM₂的线圈是否断路或短路。当KM₂线圈

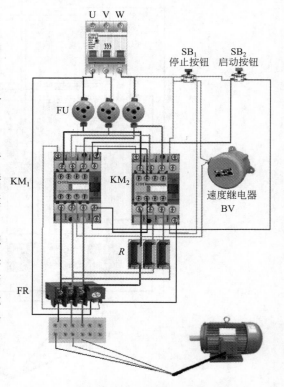

图3-81 单向运转反接制动电路运行电路图

回路中的元器件没有毁坏的时候，断开电源SB_1，应该能够正常进行反接制动，KM_2能够吸合，通过给电动机加入反向电压，加入反向磁场从而实现制动。当制动电阻毁坏的时候，也不能反接制动，在检测时候，当KM_2通路线圈良好的时候检查电阻是否毁坏，如毁坏应该用同功率、同阻值的电阻更换。

3.4.5　双向运转反接制动电路

（1）电路工作原理

如图3-82所示，电动机需正向旋转时，合上电源开关QS，按动正向启动按钮开关SB_2，KM_1线圈得电吸合并自锁，电动机定子串入电阻，接入正相序三相交流电源进行降压启动，当速度继电器转速超过120r/min时，速度继电器KS动作，其正转触点KS-1闭合，使KM_3线圈得电短接定子电阻，电动机在全压下启动并进入正常运行状态。

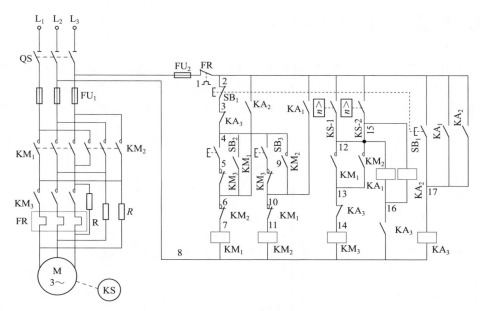

图3-82　双向运转反接制动电路

当需要停车时，按动停止按钮开关SB_1，KM_1、KM_3线圈相继断电释放，电动机定子串入电阻并断开正相序三相交流电源，电动机依靠惯性高速旋转。但当停止按钮开关按到底时，SB_1常开触点闭合，KA_3线圈得电吸合，其常闭触点（动断触点）再次断开KM_3线圈电路，确保KM_3处于断电状态，保证反接制动电阻R的接入；而其常开触点KA_3闭合，由于此时电动机转速仍然很高，速度继电器转速仍大于释放值，故KS-1仍处于闭合状态，从而使KA_1线圈经触点KS-1得电吸合，而触点KA_1的闭合，又保证了停止按钮开关SB_1松开后KA_3线圈仍保持吸合，而KA_1的另一常开触点的闭合，使KM_2线圈得电吸合。于是SB_1按到底后，电动机定子串入反接制动电阻，接入反相序三相交流电源进行反接制动，使电动机转速迅速下降。当速度继电器转速低于120r/min时，速度继电器动作，其正转触点KS-1断开，KA_1、KM_2、KM_3线圈相继断电释放，反接制动结束，电动机自然停车。

电动机反向运转、停止时的反接制动控制电路工作情况与上述相似，不同的是速度继电器起作用的是反向触点KS-2，中间继电器KA$_2$替代了KA$_1$，其余情况相同。

（2）调试与检修

组装完成后，首先检查连接线是否正确，当确认连接线无误后，合上电源开关QS，按动正向启动按钮开关SB$_2$，电动机启动并进入正常运行状态，若不能启动，先检查供电是否正常，熔断器是否正常，如都正常则应检查KM$_1$线圈回路所串联的各接点开关是否正常，不正常应查找原因，若有损坏应更换。

按动反向启动按钮开关SB$_3$，电动机启动并进入正常运行状态，若不能启动，先检查供电是否正常，熔断器是否正常，如都正常则应检查KM$_2$线圈回路所串联的各接点开关是否正常，不正常应查找原因，若有损坏应更换。

若按动SB$_1$后不能实现制动，则应检查速度继电器KA$_1$、KA$_2$、KM$_2$、KM$_3$线圈和相对应的接点开关，不正常应查找原因，若有损坏应更换。

3.4.6 直流电动机能耗制动电路

（1）电路工作原理

并励直流电动机的能耗制动控制线路如图3-83所示。启动时合上电源开关QS，励磁绕组被励磁，欠流继电器KA$_1$线圈得电吸合，KA$_1$常开触点闭合；同时时间继电器KT$_1$和KT$_2$线圈得电吸合，KT$_1$和KT$_2$常闭触点瞬时断开，这样保证启动电阻R_1和R_2串入电枢回路中启动。

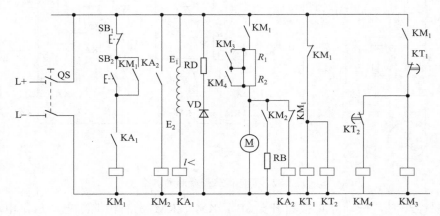

图3-83　并励直流电动机能耗制动控制线路

当按动启动按钮开关SB$_2$，交流接触器KM$_1$线圈获电吸合，KM$_1$常开触点闭合，电动机M串电阻R_1和R_2启动，KM$_1$两副常闭触点分别断开KT$_1$、KT$_2$和中间继电器KA$_2$线圈电路；经过一定的时间延时，KT$_1$和KT$_2$的常闭触点先后闭合，交流接触器KM$_3$和KM$_4$线圈先后获电吸合后，电阻器R_1和R_2先后被短接，电动机正常运行。

当需要停止进行能耗制动时，按动停止按钮开关SB$_1$，交流接触器KM$_1$线圈断电，KM$_1$常开触点断开，使电枢回路断电，而KM$_1$常闭触点闭合，由于惯性运转的电枢切割磁力线（励磁绕组仍接至电源上），在电枢绕组中产生感应电动势，使并励在电枢两端的中间继电器KA$_2$线圈获电吸合，KA$_2$常开触点闭合，交流接触器KM$_2$线圈获电吸合，KM$_2$常开触点闭合，接通制动电阻器RB回路；使电枢的感应电流方向与原来方向相反，电枢产生的电磁转矩与原来反向而成为制动转矩，使电枢迅速停转。

（2）调试与检修

如果电路接通电源后，不能正常工作，首先检查欠电继电器是否正常，检查启动按钮开关SB_2、KM_1的回路，还有SB_1的零部件是否正常，如有异常应更换新的元器件。如果不能实现降压启动，应该检查KM_4、KM_3及时间接电器KT的线圈及接点是否毁坏，如有毁坏需更换，如这些元器件良好，检查降压电阻R_1、R_2是否毁坏，如毁坏应该用同规格的电阻代替。当按动SB_1按钮开关时，电动机应停转，若不能够立即停止，应检查KA_2电路，然后检查RB是否毁坏，如毁坏则更换器件。

3.4.7　直流电动机反接制动电路

并励直流电动机的正反转启动和反接制动电路如图3-84所示。启动时合上断路器QS，励磁绕组得电励磁；同时欠流继电器KA_1线圈得电吸合，时间继电器KT_1和KT_2线圈也获电，它们的常闭触点瞬时断开，使交流接触器KM_4和KM_5线圈处于断电状态，可使电动机在串入电阻下启动。按动正转启动按钮开关SB_2，交流接触器KMF线圈获电吸合，KMF主触点闭合，电动机串入电阻R_1和R_2启动，KMF常闭触点断开，KT_1和KT_2线圈断电释放，经过一定的时间延迟，KT_1和KT_2常闭触点先后闭合，使交流接触器KM_4和KM_5线圈先后获电吸合，它们的常开触点先后切除R_1和R_2，直流电动机正常启动。

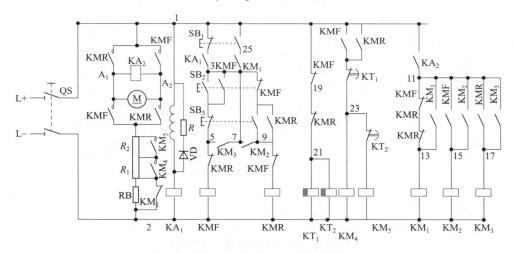

图3-84　并励直流电动机正反转启动和反接制动电路

当电动机转速升高，反电动势E_a达到一定值后，电压继电器KA_2获电吸合，KA_2常开触点闭合，使交流接触器KM_2线圈获电吸合，KM_2的常开触点（7-9）闭合为反接制动作准备。

需停转而制动时，按动停止按钮开关SB_1，交流接触器KMF线圈断电释放，电动机惯性运转，反电动势E_a还很高，电压继电器KA_2仍吸合，交流接触器KM_1线圈获电吸合，KM_1常闭触点断开，使制动电阻器RB接入电枢回路，KM_1的常开触点（25）闭合，使交流接触器KMR线圈获电吸合，电枢通入反向电流，产生制动转矩，电动机进行反接制动而迅速停转。待转速接近零时，电压继电器KA_2线圈断电释放，KM_1线圈断电释放，接着KM_2和KMR线圈也先后断电释放，反接制动结束。

反向的启动及反接制动的工作原理与上述相似。

3.5 电动机调速电路

3.5.1 双速电动机高低速控制电路

（1）电路工作原理

小功率双速电动机高低速控制电路如图3-85所示。双速电动机是由改变定子绕组的磁极对数来改变其转速的。如图3-85所示，将出线端D_1、D_2、D_3接电源，D_4、D_5、D_6端悬空，则绕组为三角形接法，每相绕组中两个线圈串联，成四个极，电动机为低速，当出线端D_1、D_2、D_3短接，而D_4、D_5、D_6接电源，则绕组为双星形，每相绕组中两个线圈并联，成两个极，电动机为高速。

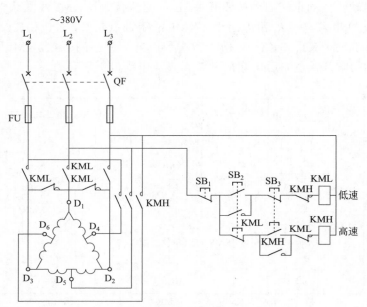

图3-85 双速电动机高低速控制电路

图3-85中，交流接触器KML动作为低速，KMH动作为高速。用复合按钮开关SB_2和SB_3来实现高低速控制。采用复合按钮开关联锁，可使高低速直接转换，而不必经过停止按钮开关。

（2）调试与检修

双速电动机高低速控制电路运行电路如图3-86所示。按动SB_2按钮开关，此时SB_2联动按钮开关会断开高速接收器，低速接收器会运行，按动SB_3，这时KMH接通，然后实现高速运行，KMH、KML的触点是互锁的。当电路出现问题以后，接通电源按动SB_2，电动机不能够启动，主要查找KML的供电通路，包括KMH的接点、SB_3的接点、SB_2的接点和SB_1的接点，当这些接点出现故障的时候，应直接进行更换。如果只有低速运转，没有高速运转，应主要查找KMH线圈的通路，包括KML、KMH还有SB_3的接点，若对应元器件毁坏应直接更换。

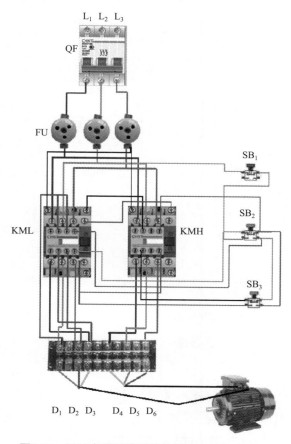

图3-86　双速电动机高低速控制电路运行电路图

3.5.2　多速电动机调速电路

（1）电路工作原理

改变极对数的多速电动机调速电路如图3-87所示。接通电源，合上电源开关QF，按动低速启动按钮开关SB$_1$，交流接触器KM$_1$线圈获电，联锁触头断开，自锁触头闭合，KM$_1$主触头闭合，电动机定子绕组作△联结，电动机低速运转。

高速运转时，按动高速启动按钮开关SB$_2$，交流接触器KM$_1$线圈断电释放，主触头断开，联锁触头闭合，同时交流接触器KM$_2$和KM$_3$线圈获电动作，主触头闭合，KM$_2$和KM$_3$自锁，使电动机定子绕组接成双Y并联，电动机高速运转，因为电动机高速运转时，是由KM$_2$、KM$_3$两个交流接触器来控制的，所以把它们的常开触头串联起来作为自锁，只有两个触头都闭合，才允许工作。

（2）调试与检修

多速电动机调速电路运行电路如图3-88所示。接通电源以后，按动按钮开关SB$_1$，若电动机不能够进入低速状态，主要查找KM$_1$的线圈通电回路，KM$_3$、KM$_2$的触点，按钮开关SB$_1$、SB$_2$、SB$_3$是否毁坏，如有毁坏应进行更换。当电动机不能从低速转换成高速的时候，应检查交流接触器KM$_2$、KM$_3$线圈的通路，其中包括KM$_1$的接点，按钮开关SB$_2$、KM$_2$、KM$_3$的自锁接点，还有SB$_1$的停止接点，如毁坏或某接点接触不良，应维修或更换整个接收器。

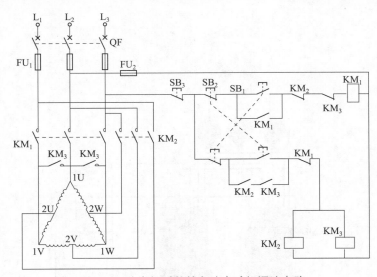

图3-87　改变极对数的多速电动机调速电路

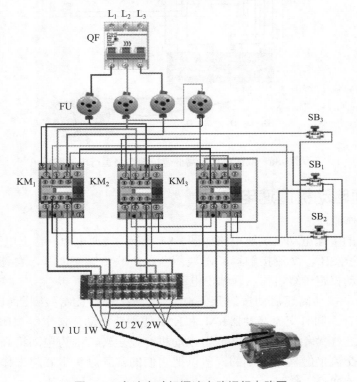

图3-88　多速电动机调速电路运行电路图

3.5.3　时间继电器自动控制双速电动机的控制电路

（1）电路工作原理

时间继电器自动控制双速电动机的控制电路如图3-89所示。

停机状态：当开关S扳到中间位置时，电动机处于停止状态。

低转速状态：把S扳到"低速"的位置时，交流接触器KM₁线圈获电动作，电动机定子绕组的3个出线端1U、1V、1W与电源联结，电动机定子绕组接成△，以低速运转。

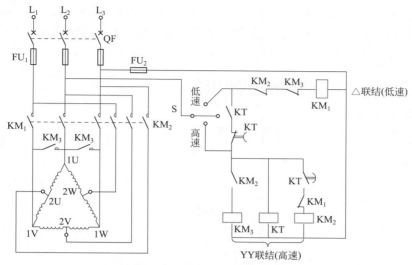

图3-89 时间继电器自动控制双速电动机的电路

高速运转状态：把S扳到"高速"的位置时，时间继电器KT线圈首先获电动作，使电动机定子绕组接成△，首先以低速启动。经过一定的整定时间，时间继电器KT的常闭触头延时断开，交流接触器KM₁线圈获电动作，紧接着KM₃交流接触器线圈也获电动作，使电动机定子绕组被交流接触器KM₂、KM₃的主触头换接成双Y以高速运转。

（2）调试与检修

如图3-90所示，这个电路中，如果接通电源后不能实现低速度运转，主要检查KM₁线

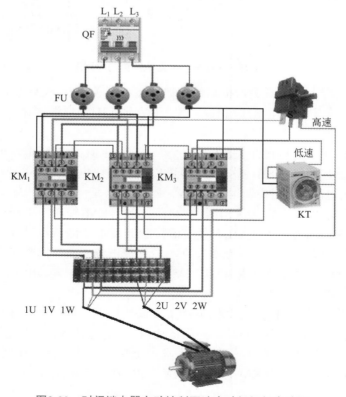

图3-90 时间继电器自动控制双速电动机运行电路图

圈的通电回路和FU、KM₃、KM₂的接点，接点如毁坏，应当进行更换，如果不能从低速转入高速，主要检查KM₃、KM₂线圈的通路元件，包括KM₃、KM₂接点和KT，还有高低速转换开关，如元件或接点毁坏，应进行维修或更换。

3.5.4 三速异步电动机的控制电路

（1）电路工作原理

三速异步电动机的控制电路如图3-91所示。

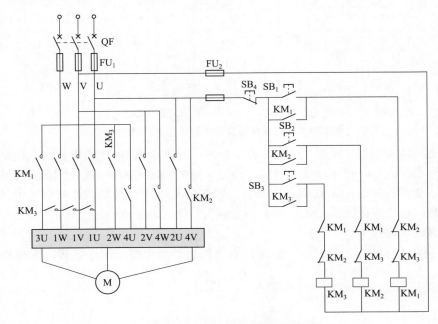

图3-91 三速异步电动机的控制电路图

低速运行：先合上电源开关，按动低速启动按钮开关SB₁，交流接触器KM₁线圈获电动作，电动机第一套定子绕组出线端1U、1V、1W连同3U与电源接通，电动机进入低速运转状态。

中速运转：按动停止按钮开关SB₄，使交流接触器KM₁线圈断电，电动机定子绕组断电，然后按动中速按钮开关SB₂使交流接触器KM₂线圈获电动作，电动机第二套绕组4U、4V、4W与电源接通，电动机中速运转状态。

高速运转：按动停止按钮开关SB₄，使交流接触器KM₂线圈断电释放，电动机定子绕组断电，再按高速启动按钮开关SB₃，使交流接触器KM₃线圈获电动作，电动机第一套定子绕组成为双Y接线方式，其出线端2U、2V、2W与电源相通，同时交流接触器KM₃的另外三副常开触点将这套绕组的出线端1U、1V、1W和3U接通，电动机高速运转状态。

（2）调试与检修

当接通电源后，按动SB₁，电动机不能实现低速启动，应检查KM₁线圈及KM₃、KM₂的触点，如有元件毁坏，更换元器件。如果按动SB₂，电动机不能从低速转换到中速，应检查KM₂线圈及KM₁、KM₃的接点，如元件毁坏，更换元器件。在中速度按动SB₃，KM₃不能够自锁，应检查KM₃线圈及KM₁、KM₂接点，如毁坏，更换元器件。

3.5.5　绕线转子电动机调速电路

（1）电路工作原理

如图3-92所示，绕线转子电动机调速电路实际是应用串联电阻降压控制的调速电路，当手轮处在左边"1"位置或右边"1"位置，使电动机转动时，其电阻全部串入转子电路，这时转速最低，只要手轮继续向左或向右转到"2""3""4""5"位置，触点Z_1—Z_6、Z_2—Z_6、Z_3—Z_6、Z_4—Z_6、Z_5—Z_6依次闭合，随着触点的闭合，逐步切除电路中的电阻，每切除一部分电阻电动机的转速就相应升高一点，那么只要控制手轮的位置，就可控制电动机的转速。

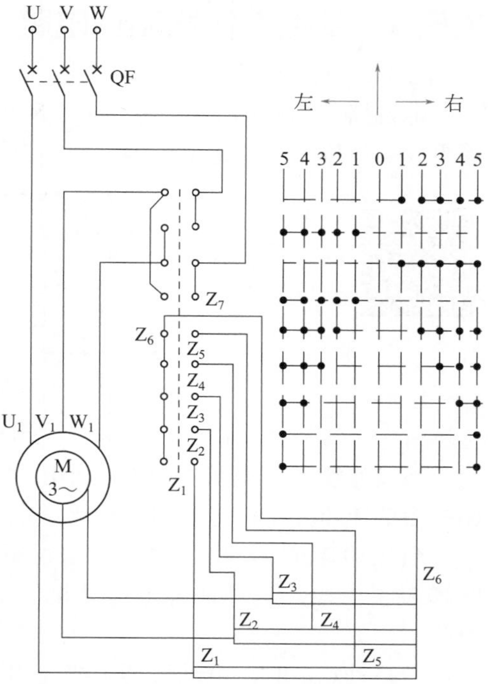

（2）调试与检修

该电路由于元器件比较少，按照凸轮控制器和电阻箱电路接线就可以了。这里只画出其主电路（三相线绕电动机定子接线）和控制电路（三相线绕电动机转子接线）。控制电路接线和绕线转子电动机调速电路运行电路如图3-93所示。

对于旋转开关控制的线绕转子式电动机启动电路，无论手轮转向左端还是右端，都可以控制电阻的阻值大小，控制电动机的启动。当它出现故障以后，由于电路比较简单，只有一个旋转开关，可以直接用万用表检测各位置的时候旋转开关的接通点是否能接通，如能接通，则是好的，不能接通，说明此时的旋转开关的触点已经毁坏，直接更换旋转开关。另外，对于转子绕组串联的大功率限压电阻，可直接用万用表进行检测，如果检测阻值不正确或处于开路状态，应直接进行更换。

图3-92　绕线转子电动机调速电路

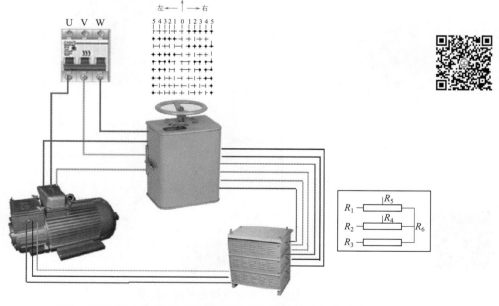

图3-93　控制电路接线和绕线转子电动机调速电路运行电路图

3.5.6 单相电抗器调速电路

（1）电路工作原理

电抗器调速电路如图3-94（a）所示。电路由电抗器、互锁琴键开关、电容器、电动机等组成。电抗器与普通变压器类似，也由铁芯和绕组组成，如图3-94（b）所示。

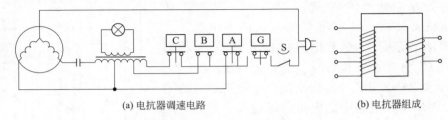

(a) 电抗器调速电路　　　　　　　　　　(b) 电抗器组成

图3-94　电抗器调速电路与组成

按动A键时，电抗器只有一小段串入电动机副绕组，主绕组加的是全电源电压。这时副绕组的电压几乎与电源电压相等，电动机转速最高。

当按动B键时，电抗器有一段线圈串入主绕组，与副绕组串的电抗线圈也比按动A键时增多了一段。这种情况下电动机的主绕组和副绕组电压都有所下降，电动机转速稍有下降。

当按动C键时，电动机的主绕组和副绕组与电抗器线圈串得最多，两绕组的电压最低，电动机转速也最低。

当电流通过电抗器时，指示灯线圈中也感应有电压，从而点燃指示灯。在各挡速度时由于通过电抗器的电流不同，因而指示灯的亮度也不同。

（2）调试与检修

如图3-95所示，对于电抗器调速电路，只要改变了电抗器的接线点，就可以改变电动

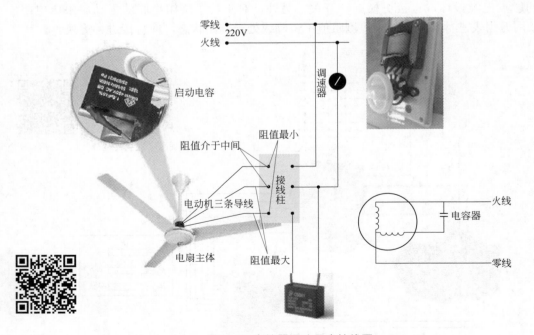

图3-95　电抗器调速吊扇接线图

机的输入电压，从而改变速度。当接通电源后，电动机不能够进行旋转，首先检测控制开关。控制开关一般都是联锁开关，当按动相应的按钮开关以后，其他按钮开关会弹起，在检修时，应该看它是否能够弹起，然后用万用表测量它的接点是否能够接通。当按键开关没问题，用万用表检测电抗器各抽头之间的阻值，如果对应的抽头之间没有阻值，或阻值很小，或无穷大（开路状态），应进行更换。若电抗器良好，属于启动电容或电动机的问题，电容可以用代换法进行实验，电动机可以万用表测量它的主副绕组的阻值，当主副绕组阻值非常小的时候，或阻值变得无穷大（开路）的时候，为电动机毁坏，应进行更换。

3.5.7　单相绕组抽头调速电路

（1）电路工作原理

如图3-96所示。这是在电动机的定子铁芯槽内适当嵌入调速绕组的方法。这些调速绕组可以与主绕组同槽，也可和副绕组同槽。无论是与主绕组同槽，还是与副绕组同槽，调速绕组总是在槽的上层。

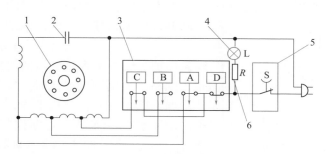

图3-96　绕组调速型接法

1—电动机；2—运行电容；3—键开关；4—指示灯；5—定时器；6—限压电阻

利用调速绕组调速，实质上是通过改变定子磁场的强弱以及定子磁场椭圆度，达到电动机转速改变的。

绕组调速型接法调速时，调速绕组与主绕组同槽，嵌在主绕组的上层。调速绕组与主绕组串接于电源。

当按动A键时，串入的调速绕组最多，这时主绕组和副绕组的合成磁场（即定子磁场）最高，电动机转速最高。当按动B键时，调速绕组有一部分与主绕组串联，另一部分则与副绕组串联。这时主绕组和副绕组的合成磁场强度下降，电动机转速也下降了。依此类推，当按动C键时，电动机转速最低。

（2）调试与检修

落地风扇单相电抗器调速电路运行如图3-97所示。抽头调速的电路同样是由琴键开关控制抽头绕组的。当按动相对应的按钮开关时，就会改变绕组抽头，改变内部线圈匝数，从而达到调速的目的。若接通电源以后电动机不能够旋转，首先要检测它的开关S是否毁坏，检测琴键开关

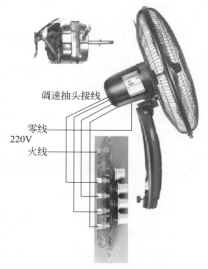

图3-97　落地风扇单相电抗器
调速电路运行图

是否毁坏，如果开关S和琴键开关都是良好的，应查找运行电容是否毁坏，可以直接用代换法进行实验，也可以用万用表检测它的容量。然后检测电动机绕组，当某个抽头或某个绕组不通的时候，说明绕组断路，应当更换电动机。

3.6 电动机保护电路

3.6.1 热继电器过载保护与欠压保护

（1）电路工作原理

热继电器过载保护与欠压保护电路如图3-98所示。该线路同时具有欠电压与失压保护作用。当电动机运转，电源电压降低到一定值（一般降低到额定电压的85%）时，由于交流接触器线圈磁通减弱，电磁吸力克服不了反作用弹簧压力，动铁芯释放，从而使主触点断开，自动切断主电路，电动机停转，达到欠压保护。

过载保护：线路中将热继电器的发热元件串在电动机的定子回路，当电动机过载时，发热元件过热，使双金属片弯曲到能推动脱扣机构动作，从而使串接在控制回路中的动断触点FR断开，切断控制电路，使线圈KM断电释放，交流接触器主触点KM断开，电动机失电停转。

（2）调试与检修

热继电器过载保护与欠压保护电路运行电路如图3-99所示。当按动SB₁以后，KM自锁，KM线圈得电吸合，触点吸合，电动机即可旋转。当电动机过流的时候，热保护器动作，其接点断开，断开接收器线圈的供电，交流接触器断开电动机，电动机停止运行。检修时可以直接用万用表检测按键开关SB₁的好坏、线圈的通断，当线圈的阻值很小或是不通时为线圈毁坏，交流接触器的触点可以经过面板测量是否接通，如果这些元件有不正常的，应该进行更换。

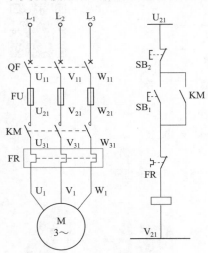

图3-98 热继电器过载保护与欠压保护电路

3.6.2 开关联锁过载保护电路

（1）电路工作原理

开关联锁过载保护电路如图3-100所示。

联锁保护过程：通过正向交流接触器KM₁控制电动机运转，欠压继电器KV起零压保护作用，在该线路中，当电源电压过低或消失时，欠压继电器KV就要释放，交流接触器KM₁马上释放；当过流时，在该线路中，过流继电器KA就要释放，交流接触器KM₁马上释放。

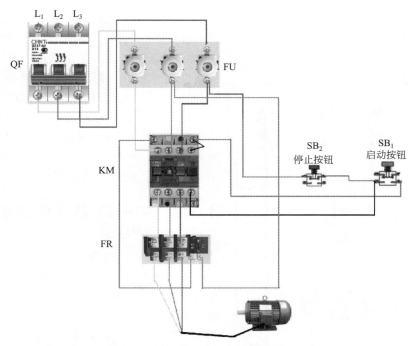

图3-99　热继电器过载保护与欠压保护电路运行电路图

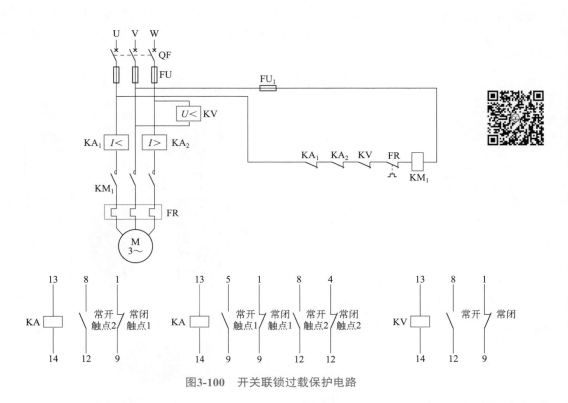

图3-100　开关联锁过载保护电路

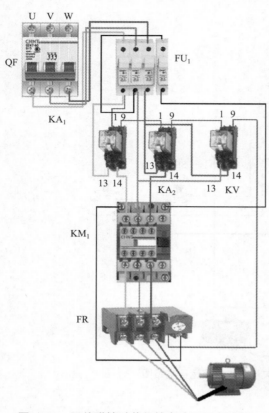

（2）调试与检修

开关联锁过载保护电路运行电路图如图3-101所示。在这个电路中，有热保护、欠压保护、过流保护，保护电路所有开关都是串联的，任何一个开关断开以后，继电器线圈都会断掉电源，从而断开KM交流接触器触点，使电动机停止工作。在检修时，主要检查熔断器是否熔断，各继电器的触点是否良好，交流接触器线圈是否良好，当发现回路当中的任何一个元件毁坏的时候，应进行更换。

3.6.3 中间继电器控制的缺相保护电路

（1）电路工作原理

图3-102所示是由一只中间继电器构成的缺相保护电路。当合上三相空气开关QF以后，三相交流电源中的L_2、L_3两相电压加到中间继电器KA线圈两端使其得电吸合，其KA常开触点闭合。如果L_1相因故障缺相，则KM交流接触器线圈失电，其KM_1、KM_2触点均断开；若L_2相或L_3相缺相，则中间继电器KA和交流接触器KM线圈同时失电，它们的触点会同时断开，

图3-101 开关联锁过载保护电路运行电路图

从而起到了保护作用。

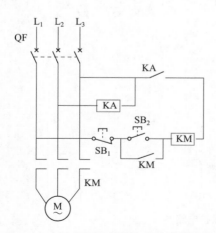

图3-102 由一只中间继电器构成的缺相保护电路

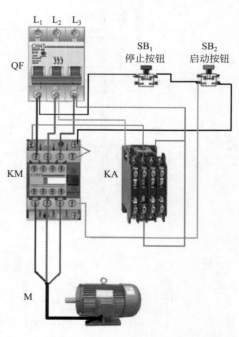

图3-103 控制线路及电路运行图

（2）调试与检修

　　控制线路及电路运行图如图3-103所示。检修时，接通电源以后，按动SB_2，KM不能吸合，检查中间继电器是否良好，它的接点是否良好，按钮开关SB_2、SB_1是否良好，发现任何一个元件有不良或毁坏现象，都应该进行更换。

3.6.4　电容断相保护电路

（1）电路工作原理

　　电容断相保护电路原理图如图3-104所示。由三只电容器接成一个人为中性点，当电动机正常运行时，人为中性点的电压为零，电容器C_4两端无电压输出，继电器KA不动作。在电动机电源某一相断相时，人为中性点的电压就会明显上升，电压达到12V时，继电器KA便吸合，其动断触点将接触器KM的控制回路断开，KM失电释放，电动机停止运行，从而达到保护电动机的目的。

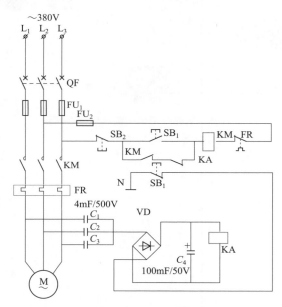

图3-104　电容断相保护电路原理图

　　此电路中，由于电动机属于感性元件，三只电容器可以补偿相位，提高电动机功率因数，减小无功功率。

（2）调试与检修

　　电容断相保护电路运行电路图如图3-105所示。当接通电源以后，如果这个电路不能正常工作，应首先检测KM_1线圈回路是否有毁坏的元件，如有则进行更换，比如SB_2、SB_1、KM的接点，热保护器的接点等是否毁坏。如果电动机供电有缺相不能保护的时候，应该检查星形联结电容是否毁坏、整流电路是否毁坏、继电器KA是否毁坏，如果发现某一个元件毁坏，应及时更换。在电路当中，电容的容量尽可能要大一些，这样对电路既可以补偿，又可以保护电容不被高压毁坏，整流二极管在使用的时候其过流值也应该选择大一点的，可防止二极管毁坏。

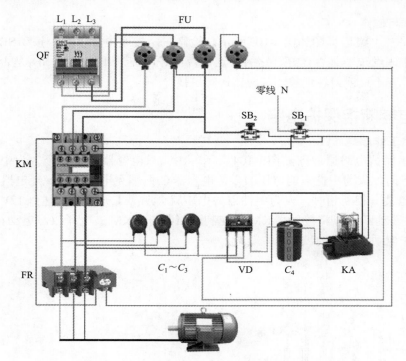

图3-105　电容断相保护电路运行电路图

第 *4* 章
普通机床设备电气控制系统

4.1 普通车床的电气控制

  C616卧式车床的电气控制线路完整电路如图4-1所示。属于小型车床，床身最大工件回转半径为160mm，工件的最大长度为500mm。

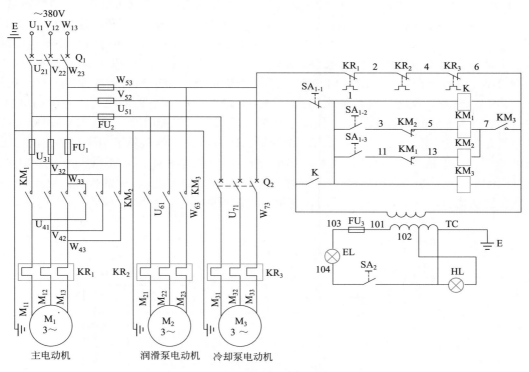

图4-1 C616卧式车床电气原理图

4.1.1 C616卧式车床主电路

  如图4-2所示，该机床有三台电动机，M_1为主电动机，M_2为润滑泵电动机，M_3为冷却

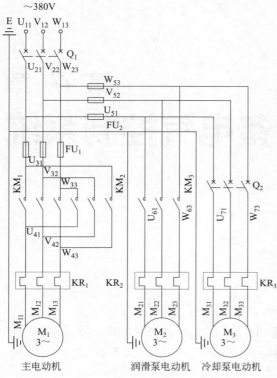

图4-2　C616卧式车床主电路

泵电动机。

三相交流电源能通过组合开关Q_1将电源引入，FU_1、KR_1分别起主电动机的短路保护和过载保护作用。KM_1、KM_2为主电动机M_1的正转接触器和反转接触器。KM_4为M_1和M_2电动机的启动、停止用接触器。组合开关Q_2做M_2电动机的接通和断开用，KR_2、KR_3为M_2和M_3电动机的过载保护用热继电器。

4.1.2　C616卧式车床控制电路

如图4-3所示，该控制电路没有控制变压器，控制电路直接由交流380V供电。

合上组合开关Q_1后三相交流电源被引入。当操纵手柄处于零位时，接触器KM_2通电吸合，润滑泵电动机M_2启动，KM_3的动合触点（6、7）闭合，为主电动机启动做好准备。

操纵手柄控制的开关SA_1可以控制主电动机的正转与反转。开关SA_1有一对动断触点和两对动合触点。当开关SA_1在零位时，SA_{1-1}触点接通，SA_{1-2}、SA_{1-3}断开，这时中间继电器K通电吸合，K的触点闭合将K线圈自锁。当操纵手柄扳到向下位置时，SA_{1-1}接通，SA_{1-1}、SA_{1-2}断开，正转接触器KM_1通过V_{52}-K-3-5-7-6-4-2-W_{53}通电吸合，主电动机M_1正转启动。当将操纵手柄扳到向上位置时，SA_{1-3}接通，SA_{1-1}、SA_{1-2}断开，反转接触器KM_2通过V_{52}-K-11-13-7-6-4-2-W_{53}通电吸合，主电动机M_1反转启动。开关SA_1的触点在机械上保证了两个接触器同时只能吸合一个。KM_1和KM_2的动断触点在电气上也保证了同时只能有一个接触器吸合，这样就避免了两个接触器同时吸合的可能性。当手柄扳回零位时，SA_{1-2}、SA_{1-3}断开，接触器KM_1或KM_2线圈断电，M_1电动机自由停车。有经验的操作工人在停车时，将手柄瞬时扳向相反转向的位置，M_1电动机进入反接制动状态，待主轴接近停止时，将手柄迅速扳回零位，可以大大缩短停车时间。

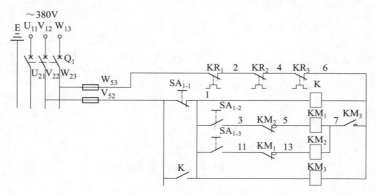

图4-3　卧式车床控制电路

中间继电器K起零压保护作用。在电路中，当电源电压降低或消失时，中间继电器K释放，K的动断触点断开，接触器KM₂释放，KM₃动合触点（7、6）断开，KM₁或KM₂也断电释放。电网电压恢复后，因为这时SA₁开关不在零位，KM₃接触器不会得电吸合，所以KM₁或KM₂接触器也不会得电吸合。即使这时手柄在启动位置，SR_{1-2}、SA_{1-2}触点仍断开，KM₁或KM₂不会得电，电动机不会自启动，这就是中间继电器的零压保护作用。

大多数机床工作时的启动或工作结束时的停止都不采用开关操纵，而用按钮控制。通过按钮的自动复位和接触器的自锁作用来实现零压保护作用。

4.1.3　C616卧式车床照明和显示电路

照明电路的电源由照明变压器二次36V电压供电，SA₂为照明灯接通或断开的按钮开关。HL为电源指示灯，由二次侧输出6.3V供电。

4.2　大型立式车床的电气控制

大型立式车床中比较有代表性的为C5225立式车床，C5225型立式车床电气控制线路完整电路原理如图4-4～图4-6所示。

4.2.1　C5225型立式车床电源总开关与保护电路

电源总开关与保护位处1区，380V交流电源经总开关QF₁后接通机床三相电源。断路器QF₁不仅为机床电源总开关，而且担负着主轴电动机M₁的短路保护及过载保护作用。

4.2.2　机床工作照明和工作信号电路

机床工作照明和工作信号电路位处101～108区，其中102区、103区中的EL₁和EL₂为机床工作照明灯。105区中的HL₁为机床润滑油正常指示灯，当润滑泵电动机M₂启动运行时，润滑油在润滑泵的压力下，对机床进行正常的润滑，在105区中压力继电器KP的动合触点吸合，润滑油指示灯HL₁亮。106区中HL₂为工作台变速指示灯，当工作台进行变速时，28区中中间继电器KA₂吸合，其在106区中的动合触点吸合，变速指示灯HL₂亮。107区中HL₃为右立刀架进给指示灯。108区中的HL₄为左立刀架进给指示灯，当接触器KM₈闭合，左立刀架进给电动机M₇启动运行时，左立刀架进给指示灯HL₄亮。

4.2.3　C5225型立式车床主轴电动机M₁主电路

主轴电动机M₁主电路位处1～3区，它是一个正、反转Y-△降压启动控制主电路。其中接触器KM₁的主触点为主轴电动机M₁正转电源的接通与断开触点，接触器KM₂的主触点为主轴电动机M₁反转电源的接通与断开触点，接触器KM_Y主触点为主轴电动机M₁绕组接成星形连接启动时的接通与断开触点，接触器KM_△主触点为主轴电动机M₁绕组接成三角形连接全压运行时的接通与断开触点。当主轴电动机M₁停止时，接触器KM₃的主触点闭合，将96～100区直流电源装置产生的直流电源引入主轴电动机M₁绕组中，对主轴电动机M₁进行能耗制动。与主轴电动机M₁同轴相连的速度继电器KS，用以在主轴电动机M₁制动停止时对主轴电动机M₁的速度进行监控。

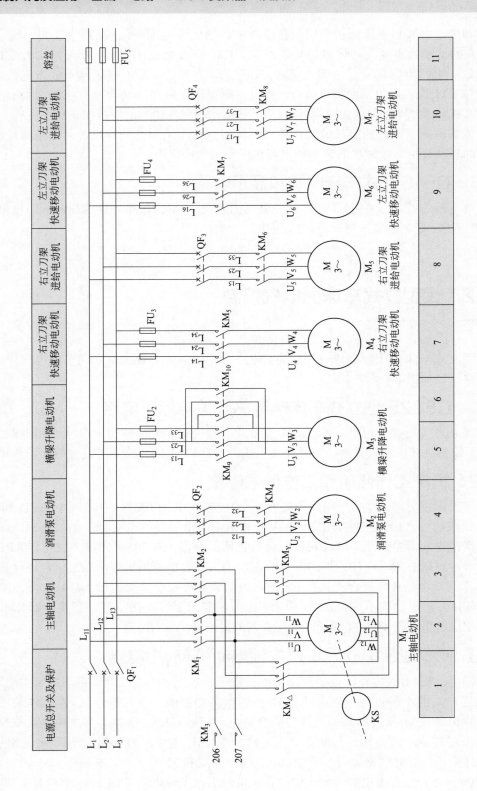

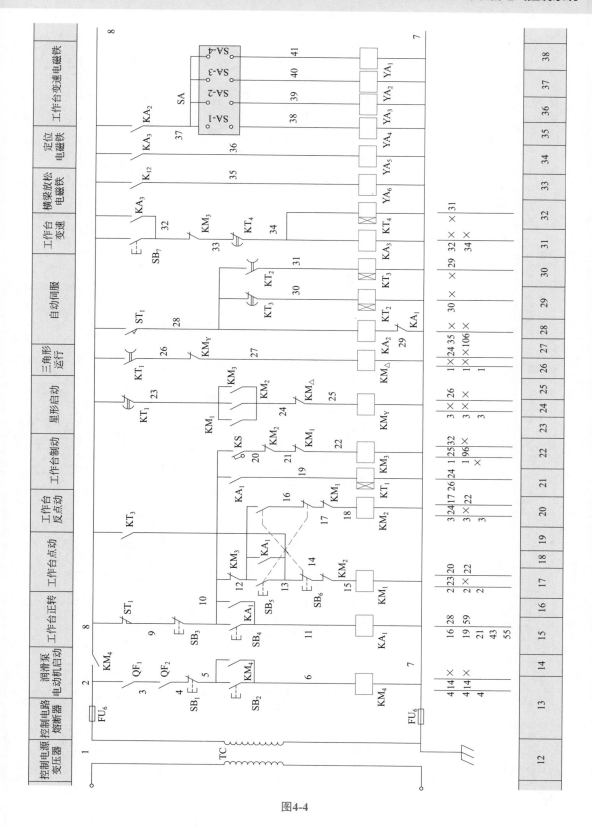

图4-4

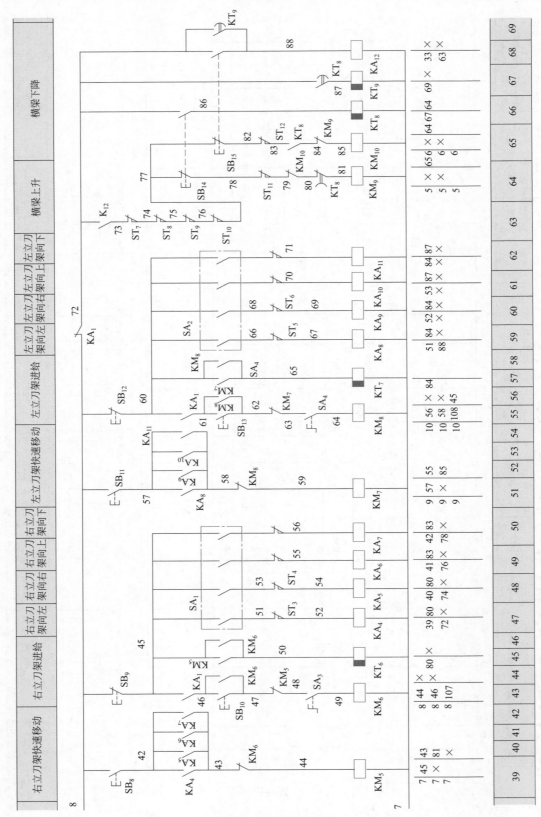

图4-4 立式车床主电路

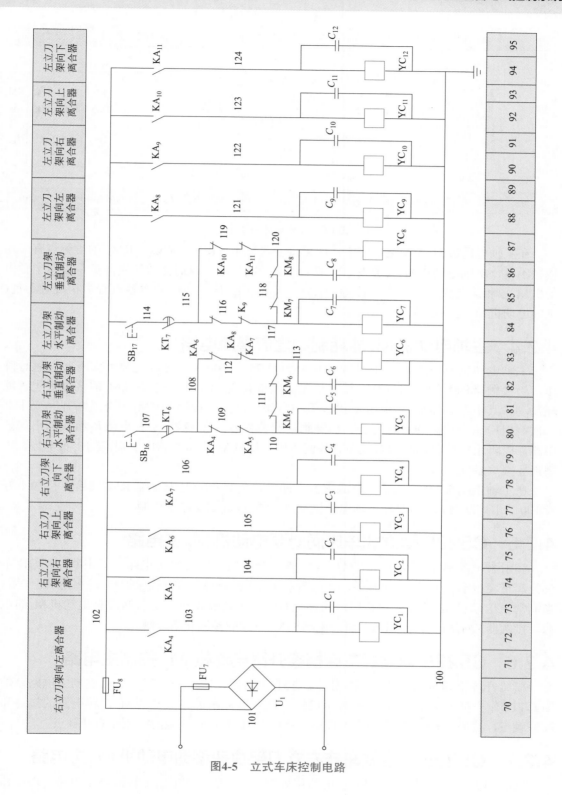

图4-5 立式车床控制电路

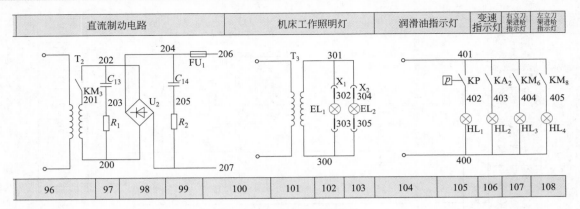

直流制动电路				机床工作照明灯			润滑油指示灯	变速指示灯	右立刀架进给指示灯	左立刀架进给指示灯
96	97	98	99	100	101	102	103	104	105	106	107	108

图4-6　立式车床照明电路

在主轴电动机M_1控制主电路中，如果接触器KM_1、KM_2、KM_Y、$KM_\triangle$的主触点有一相接触不良，主轴电动机M_1就会发出沉闷的"嗡、嗡"声，这时必须特别注意，以防主轴电动机M_1单相运转而烧毁。如果接触器KM_1、KM_2、KM_Y、$KM_\triangle$的主触点有多相接触不良，主轴电动机M_1则不启动。

4.2.4　主轴电动机M_1能耗制动直流整流电路

主轴电动机M_1能耗制动直流整流电路位处95～100区。交流电源由变压器T_2进行降压，当接触器KM_3触点闭合时，经过整流器U_2整流输出至主轴电动机M_1的绕组中进行能耗制动。其中电容器C_{13}和电阻R_1组成保护电路，以防止接触器KM_3闭合或断开时变压器二次绕组中感应很高的自感电势，击穿损坏整流器U_2；电容器C_{14}和电阻R_2组成输出保护电路，以防止接触器KM_3闭合或断开瞬间主轴电动机M_1绕组中感应出很高的自感电势，击穿损坏整流器U_2。

在主轴电动机M_1能耗制动直流整流电路中，如果96区中接触器KM_3闭合时接触不好及100区中熔断器FU_1断路，主轴电动机M_1将不能进行制动停车控制。

4.2.5　C5225型立式车床润滑泵电动机M_2主电路

润滑泵电动机M_2主电路位处4区，它是一个单向正转控制主电路。其中断路器QF_2不仅为润滑泵电动机M_2的电源开关，还起着润滑泵电动机M_2的过载保护和短路保护的作用。当润滑泵电动机M_2过载或短路时，断路器QF_2自动跳闸断开，切断润滑泵电动机M_2的电源。接触器KM_4的主触点则为润滑泵电动机M_2电源的接通和断开触点。

4.2.6　C5225型立式车床横梁升降电动机M_3控制主电路

横梁升降电动机M_3的控制主电路位处5区和6区，它是一个正、反转控制主电路。熔断器FU_2作横梁升降电动机M_3的短路保护，接触器KM_9的主触点为M_3正转电源的接通和断开触点，接触器KM_{10}的主触点为横梁升降电动机M_3反转电源的接通和断开触点。

4.2.7　C5225型立式车床右立刀架快速移动电动机M_4主电路

右立刀架快速移动电动机M_4主电路位处7区，它是一个单向正转控制主电路。熔断器FU_3是右立刀架快速移动电动机M_4的短路保护元件，接触器KM_5的主触点为右立刀架快速移动电动机M_4电源的接通和断开触点。

4.2.8　右立刀架进给电动机 M_5 主电路

右立刀架进给电动机 M_5 主电路位处 8 区，它也是一个单向正转控制主电路。断路器 QF_3 既是右立刀架进给电动机 M_5 的电源开关，又是它的过载保护和短路保护元件，接触器 KM_6 主触点为它的电源接通与断开触点。

4.2.9　左立刀架快速移动电动机 M_6 控制主电路

左立刀架快速移动电动机 M_6 控制主电路位处 9 区，它也是一个单向正转控制主电路。熔断器 FU_4 为左立刀架快速移动电动机 M_6 的短路保护元件，接触器 KM_7 的主触点为左立刀架快速移动电动机 M_6 电源的接通与断开触点。

4.2.10　左立刀架进给电动机 M_7 控制主电路

左立刀架进给电动机 M_7 控制主电路位处 10 区，它也是一个单向正转控制主电路。断路器 QF_4 既是左立刀架进给电动机 M_7 的电源开关，又是它的过载保护和短路保护元件，接触器 KM_8 为它电源的接通和断开触点。

4.2.11　C5225 型立式车床润滑泵电动机控制电路

润滑泵电动机 M_2 由接触器 KM_4 主触点控制其电源的通断，故它的控制电路由 13 区中和接触器 KM_4 线圈相串联并和电源相连接的元件组成，如图 4-7 所示。

在 13 区中，按钮 SB_2 为润滑泵电动机 M_2 的启动按钮，SB_1 为润滑泵电动机 M_2 的停止按钮。从 13 区中可以看到，在接触器 KM_4 的线圈回路中串联了 QF_1 和润滑泵电动机 M_2 主电路的电源开关 QF_2 的常开辅助触点。只有当电源总开关 QF_1 和润滑泵电动机 M_2 主电路的电源开关 QF_2 闭合后，润滑泵电动机 M_2 才能启动运转。

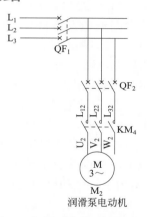

图 4-7　润滑泵电动机控制电路

当需要机床启动时，按下润滑泵电动机 M_2 的启动按钮 SB_2，接触器 KM_4 线圈通电闭合，其在 14 区中的两个动合触点闭合，其中与熔断器 FU_6 横向连接（2 号线与 8 号线间）的动合触点闭合接通其他电动机控制电路的电源，此时其他电动机可以启动运行。接触器 KM_4 及与按钮 SB_2 动合触点相并联的动合触点（5 号线与 6 号线间）闭合自锁。当需要润滑泵电动机 M_2 停止时，按下润滑泵电动机 M_2 的停止按钮 SB_1，接触器 KM_4 线圈断电，润滑泵电动机 M_2 停转。

在润滑泵电动机 M_2 的控制电路中，常见故障有：13 区中熔断器 FU_6 有断路故障；断路器 QF_1 串联在 2 号线与 3 号线间的动合触点及断路器 QF_2 串接在 3 号线与 4 号线间的动合触点闭合接触不良；按钮 SB_1 在 4 号线与 5 号线间的动断触点闭合接触不良。此时润滑泵电动机 M_2 不能启动。

4.2.12　主轴电动机 M_1 控制电路

如图 4-8 所示，从主轴电动机 M_1 控制主电路中知道，控制主轴电动机 M_1 的关键元器件有接触器 KM_1、KM_2 和 $KM_\triangle$、KM_Y 及速度继电器 KS、接触器 KM_3，还有相关的时间继电器和中间继电器等。主轴电动机M_1不仅可作正、反转Y-△降压启动连续运行和正、反转点动及能耗制动停止外，还可由变速转换开关SA控制，转变出工作台16种不同的转速。

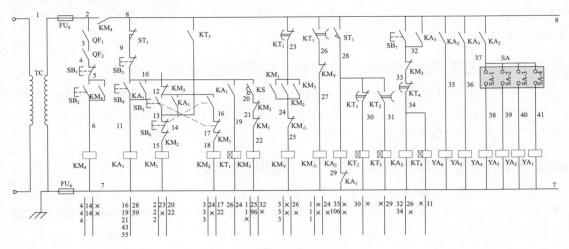

图4-8　主轴电动机M_1控制电路

15～22区所构成电路的元件与接触器KM_1、KM_2、KM_3线圈有联系，所以15区中的中间继电器线圈KA_1和21区中的时间继电器KT_1线圈也为主轴电动机M_1的控制元件；23～27区所有构成电路的元件与接触器KM_Y、$KM_△$线圈有联系，故它也为主轴电动机M_1的控制电路。所以15～27区电路构成主轴电动机M_1的正、反转Y-△降压启动控制电路和能耗制动停止控制电路。而28～32区及34～38区电路构成工作台的变速控制电路。

① 主轴电动机M_1正向旋转Y-△降压启动运行控制：从1～3区主轴电动机M_1的控制主电路来看，主轴M_1可以作正、反转Y-△降压启动运行，但是在实际的工件加工过程中，只需要主轴电动机M_1作正向旋转Y-△降压启动运行即可，所以在主轴电动机M_1的控制电路中，只设置了主轴电动机M_1的正向旋转Y-△降压启动运行控制电路。在15区中，按钮SB_4为主轴电动机M_1的正向旋转启动按钮，按下SB_3时，M_1停止。

当需要主轴电动机M_1正向Y-△降压启动运行时，按下主轴电动机M_1的正向旋转启动按钮SB_4，15区中间继电器KA_1线圈通电闭合。中间继电器KA_1在16区的动合触点闭合自锁；中间继电器KA_1在18区的动合触点吸合，接通接触器KM_1线圈的电源，接触器KM_1吸合；中间继电器KA_1在21区的动合触点闭合，接通通电延时时间继电器KT_1线圈的电源，时间继电器KT_1闭合，开始通电计时；中间继电器KA_1在28区的动断触点断开，使主轴电动机M_1在进行正向启动运行时，中间继电器KA_2不能得电吸合，工作台不能进行变速操作。而接触器KM_1闭合，其在20区的动断触点断开，使得接触器KM_1闭合时，接触器KM_2不能得电吸合；而在23区接触器KM_1的动合触点吸合，接通接触器KM_Y线圈电源，接触器KM_Y吸合。由于接触器KM_1、KM_Y先后闭合，接触器KM_1、KM_Y的主触点将主轴电动机M_1的定子绕组接成星形连接降压启动。经过一定时间，时间继电器KT_1在24区的通电延时断开触点首先断开，切断接触器KM_Y线圈的电源，接触器KM_Y失电释放，然后时间继电器KT_1在26区的通电延时闭合触点闭合，接通接触器$KM_△$线圈的电源，接触器$KM_△$通电闭合，此时接触器KM_1和接触器$KM_△$的主触点将主轴电动机M_1的定子绕接成三角形连接全压运行。

在24区和26区中，接触器KM_Y和接触器$KM_△$各在对方的线圈回路中串接了对方的动断触点，使得主轴电动机M_1在定子绕组接成星形连接降压启动时，接触器$KM_\triangle$不能得电闭合；而当主轴电动机M_1定子绕组接成三角形连接全压运行时，接触器KM_Y不能得电闭合。

如果主轴电动机M_1不能启动，则应考虑15区中8号线与9号线间行程开关KT_1动断触点是否闭合接触不良，按钮SB_3在9号线与10号线间的动断触点是否接触良好，17区中接触器KM_3在10号线与12号线间的动断触点是否接触良好，按钮SB_6在13号线与14号线间的动断触点与接触器KM_2在14号线与15号线间的动断触点接触是否不良（此时主轴电动机M_1不能正转点动），24区中时间继电器KT_1在8号线与23号线间的通电延时断开触点闭合是否良好及接触器$KM_\triangle$在24号线及25号线间的动断触点接触是否良好，23区中接触器KM_1在23号线与24号线间的动合触点闭合时是否接触良好。如果主轴电动机M_1只能星形连接启动才能切换到三角形连接全压启动，则应考虑21区中中间继电器KA_1在10号线与19号线间的动合触点闭合是否良好，26区中时间继电器KT_1在8号线与26号线间的通电延时闭合触点闭合时是否接触良好，接触器KM_Y在26号线与27号线间的动断触点接触是否良好。如果主轴电动机M_1只能点动，则应考虑16区中间继电器KA_1在10号线与11号线间的动合触点和18区中中间继电器KA_1在12号线与13号线间的动合触点闭合时是否接触良好。

② 主轴电动机M_1的正、反转点动控制：主轴电动机M_1的正、反转点动控制主要用于机床加工过程中方便地调整加工工件的位置。在主轴电动机M_1的控制电路中，17区中按钮SB_5为主轴电动机M_1的正转点动按钮，20区中按钮SB_6为主轴电动机M_1的反转点动按钮。

当需要主轴电动机M_1正向点动运转时，按下17区中主轴电动机M_1的正转点动按钮SB_5，接触器KM_1线圈得电闭合。接触器KM_1在20区、22区的动合触点断开，切断接触器KM_2、KM_3线圈的电源，使接触器KM_1闭合时，接触器KM_2、KM_3不能通电闭合。接触器KM_1在23区的动合触点闭合，接通接触器KM_Y线圈的电源，接触器KM_Y通电闭合。此时接触器KM_1、KM_Y的主触点将主轴电动机M_1的绕组接成星形连接点动正转。由于主轴电动机M_1的绕组被接成星形连接运转，故转速较慢，便于点动调整加工工件的位置。松开主轴电动机M_1的正转点动按钮SB_5，接触器KM_1失电释放，动断触点复位，接触器KM_Y失电断开，主轴电动机M_1停转，完成正转点动控制过程。

主轴电动机M_1反向点动运转的控制过程，与主轴电动机M_1正向点动控制过程相同。

在主轴电动机M_1的正、反点动控制电路中，常见的故障有主轴电动机M_1不能正转点动和主轴电动机M_1不能反转点动。如果主轴电动机M_1不能正转运行，则应考虑17区SB_5在12号线与13号线间的动合触点压合时是否接触不良。如果主轴电动机M_1不能反转运行，则应考虑20区中按钮SB_6在12号线与16号线间的动合触点压合时是否接触不良，按钮SB_5在16号线与17号线间的动断触点及接触器KM_1在17号线与18号线间的动断触点接触是否不良。

③ 主轴电动机M_1的能耗制动停止控制：主轴电动机M_1的制动控制不是单独设立的，而是与主轴电动机M_1的停止合为一体的。当主轴电动机M_1停止时，能耗制动就贯穿于停止的过程中。当主轴电动机M_1处于全压正向运行时（即机床处于工件的加工过程中），中间继电器KA_1、接触器KM_1、$KM_\triangle$闭合，在22区中，速度继电器KS的动合触点闭合，接触器KM_1动断触点断开，接触器KM_2动断触点吸合，主轴电动机M_1运转速度大于120r/min。当需要主轴电动机M_1停止时，按下15区中主轴电动机M_1的停止按钮SB_3，按钮SB_3的动断触点断开，切断中间继电器KA_1线圈电源，中间继电器KA_1的常开、动断触点复位，切断接触器KM_1线圈的电源；接触器KM_1、$KM_\triangle$的主触点断开，切断主轴电动机M_1的电源。

主轴电动机M_1失电，但由于惯性继续正向旋转，其速度大于100r/min。当松开15区按钮SB_3时，由于接触器KM_1在22区的动断触点复位闭合，速度继电器KS的动合触点此时也是闭合的，接触器KM_3线圈通过以下方式通电：变压器TC—1号线—熔断器FU_5—2号线—接触器KM_4动合触点—8号线—行程开关ST_1动断触点—9号线—按钮SB_3动断触点—10号线—速度继电器KS动合触点—20号线—接触器KM_2的动断触点—21号线—接触器KM_1的动断触点—22号线—接触器KM_3的线圈—7号线—熔断器FU_6—0号线—回到变压器TC。接触器KM_3闭合，其在25区的动合触点吸合，接通接触器KM_Y线圈的电源。接触器KM_3在1区的主轴电动机M_1的绕组中，主轴电动机M_1产生一个制动力矩，使其转速迅速下降。当主轴电动机M_1的转速下降至10r/min时，速度继电器KS在22区的动合触点断开，切断接触器KM_3线圈的电源，接触器KM_3断电释放，其在25区的动合触点复位断开，切断接触器KM_Y线圈的电源，接触器KM_Y断电释放。结束主轴电动机M_1的制动过程。

在主轴电动机M_1的能耗制动停止过程中，如果主轴电动机M_1不能进行能耗制动，则应考虑22区中速度继电器KS在10号线与20号线间的动合触点闭合时是否接触不良，接触器KM_1在21号线与22号线间及接触器KM_2在20号线与21号线间的动断触点是否接触不良，1区中接触器KM_3主触点闭合时是否接触不良，96区中接触器KM_3在201号线与202号线间的动合触点闭合时是否接触不良，98区中整流器U_2是否损坏及99区熔断器FU_1是否断路等。

④ 工作台的变速控制：主轴电动机M_1拖动的工作台变速控制电路位处27～32区及33～38区。在工作台变速控制电路中，31区中按钮SB_7为工作台各变速齿轮啮合启动按钮；时间继电器KT_2、KT_3为工作台变速齿轮反复啮合时间继电器；33～38区中，SA为工作台变速转换开关，通过扳动变速转换开关SA，可得到工作台16种不同的转速，表4-1列出了工作台变速转换开关SA各触点接通与闭合时工作台相应的转速；YA_5为锁杆油路电磁阀；YA_1～YA_4为变速液压缸电磁阀，如果YA_1～YA_4线圈通电，则液压油进入相应的液压缸，使相应的拉杆和拨叉推动相应的变速轮进行变速。

表4-1　C5225型立式车床QS通断情况及转速表

电磁铁	SA变速开关触点	花盘各级转速电磁铁及SA通电情况														
		2	5.5	3.4	4	6	6.3	8	10	15.5	16	20	25	31.5	40	50	63
YA_1	SA-1	−	+	+	−	+	−	+	−	+	−	+	−	+	−	+	−
YA_2	SA-2	+	+	−	−	+	+	−	−	+	+	−	−	+	+	−	−
YA_3	SA-3	+	+	+	+	−	−	−	−	+	+	+	+	−	−	−	−
YA_4	SA-4	+	+	+	+	+	+	+	+	−	−	−	−	−	−	−	−

具体控制如下：当需要工作台变速时，将工作台变速开关SA扳至所需转速的位置，按下31区中工作台变速启动按钮SB_7，中间继电器KA_3线圈得电闭合，其32区动合触点闭合自锁，34区动合触点闭合，接通锁杆油路电磁阀YA_5线圈的电源，锁杆油路电磁阀YA_5动作，液压油进入锁杆液压缸，将锁杆抬起并接通变速油路。而将锁杆抬起的同时，28区中的行程开关ST_1在8号线与28号线间的动合触点闭合，接通28区中间继电器KA_2及29区时间继电器KT_2线圈的电源，中间继电器KA_2及时间继电器KT_2通电吸合。35区中间继电器KA_2在8号线与37号线间的动合触点吸合，SA的触点接通变速时相应的变速电磁阀，液压油进入相应的液压缸，使拉杆和拨叉推动变速齿轮进行变速。但在变速过程中，有时变速齿轮间不一定啮合得很好，需要变速齿轮间有一定相对的运动才能啮合好，此时由于时间

继电器KT₂的通电，经过一定的时间后，时间继电器KT₂在30区中28号线与31号线间的通电延时闭合触点吸合，接通时间继电器KT₃线圈的电源，时间继电器KT₃通电吸合，其在8号线与13号线间的瞬时动合触点闭合，接通接触器KM₁线圈的电源，接触器KM₁吸合，其在23区的动合触点接通接触器KM_Y线圈的电源，KM_Y吸合。接触器KM₁、KM_Y的主触点将主轴电动机M₁接成星形连接启动运转。经过很短的约定时间，时间继电器KT₃在29区28号线与30号线间的通电延时断开触点断开，切断KT₂线圈电源，时间继电器KT₂失电释放，其在30区28号线与31号线间的通电延时闭合触点断开，切断时间继电器KT₃线圈的电源，时间继电器KT₃失电断开，所有触点复位，时间继电器KT₃在8号线与13号线间的瞬时动合触点复位断开，切断接触器KM₁线圈的电源，接触器KM₁断电，其在23区的动合触点复位断开，切断接触器KM_Y线圈的电源，接触器KM_Y失电释放，主轴电动机M₁做瞬时启动运转后停止旋转，完成一次齿轮冲动啮合过程。如果此时工作台的变速齿轮间仍然没有啮合好，那么当时间继电器KT₃失电复位时，其在29区中28号线与30号线间的通电延时断开触点复位闭合，又接通了时间继电器KT₂线圈电源，经过一定的延时，其在30区28号线与31号线间的通电延时闭合触点又要吸合，又准备做第二次齿轮冲动啮合，直至变速齿轮间啮合好为止。当变速齿轮间啮合好后，机械锁杆复位，使得行程开关ST₁在8号线与28号线间的动合触点复位断开，切断中间继电器KA₂、时间继电器KT₂、KT₃线圈的电源，中间继电器KA₂、时间继电器KT₂、KT₃各触点复位，完成工作台的变速控制。

在工作台的变速控制电路中，如果工作台不能变速，则应考虑28区中行程开关ST₁吸合时吸合是否良好，35区中中间继电器KA₂在8号线与36号线间的动合触点闭合时是否闭合良好。主轴电动机M₁不能冲动啮合变速齿轮时，则应考虑19区时间继电器KT₃瞬时闭合动合触点在吸合时是否接触良好，29区时间继电器KT₃在28号线与30号线间的通电延时断开触点接触是否不良，30区时间继电器KT₂在28号线与31号线间的通电延时闭合触点在吸合时是否接触不良等。

4.2.13　横梁升降电动机控制电路

（1）确定横梁升降电动机M₃控制电路　如图4-9所示，横梁是由夹紧机构将其夹紧在立柱上的，所以横梁在升降前必须要放松夹紧装置。在C5225型立式车床电气控制原理图中，33区电路为横梁放松控制电路，从62～69区为横梁上升及下降控制电路。

（2）横梁升降电动机M₃控制电路　在33区中，YA₆为横梁放松电磁铁线圈；68区中按钮SB₁₅在72号线与88号线间的动合触点为横梁电动机M₃的正转（横梁上升）启动触点；66区中按钮SB₁₄在72号线与86号线间的动合触点为横梁升降电动机M₃的反转（横梁下降）启动触点，64区和65区中的行程开关ST₁₁和ST₁₂分别为横梁的上升

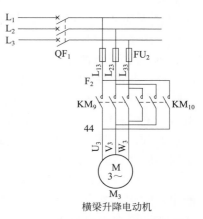

图4-9　横梁升降电动机M₃控制电路

上限位和下降下限位行程开关；63区中的行程开关ST₇、ST₈、ST₉、ST₁₀为横梁放松行程开关，行程开关ST₇、ST₈、ST₉、ST₁₀的动断触点在横梁夹紧时是被压下断开的。

① 横梁上升（横梁升降电动机M₃正转）控制：当需要横梁上升时，按下68区横梁升降电动机M₃的正转启动按钮SB₁₅，中间继电器KA₁₂通电闭合，其33区、63区中动合触点

吸合。中间继电器KA$_{12}$在33区中的动合触点吸合，接通了横梁放松电磁铁YA$_6$线圈的电源，横梁放松电磁铁YA$_6$动作，接通放松机构油路，使横梁放松。在横梁放松过程中，63区中的行程开关ST$_7$、ST$_8$、ST$_9$、ST$_{10}$的动断触点依次复位吸合，接通KM$_9$线圈的电源，接触器KM$_9$通电吸合，其5区的主触点接通横梁升降电动机M$_3$的正转电源，横梁升降电动机M$_3$正向启动运转，带动横梁上升。当横梁上升到要求高度时，松开横梁升降电动机M$_3$的正转启动按钮SB$_{15}$，68区中间继电器KA$_{12}$失电释放，其在33区和63区的动合触点复位断开，接触器KM$_9$线圈、横梁放松电磁铁YA$_6$线圈断电，横梁升降电动机M$_3$断开停止，横梁停止上升。横梁放松电磁铁YA$_6$线圈失电释放，接通夹紧机构油路，将横梁夹紧在立柱上，完成横梁上升控制过程。

在横梁上升控制电路中，行程开关ST$_{11}$为横梁上限位行程开关，当横梁上升至该行程开关位置时，撞击行程开关ST$_{11}$，ST$_{11}$在78号线与79号线间的动断触点断开，切断接触器KM$_9$线圈的电源，横梁停止上升。

在横梁上升控制过程中，如果横梁不能上升，则应重点考虑33区、63区中中间继电器KA$_{12}$的动合触点闭合时是否接触良好及63区中行程开关ST$_7$、ST$_8$、ST$_9$、ST$_{10}$复位时各触点闭合是否良好（此时横梁亦不能下降）；68区按钮SB$_{15}$在72号线间的动断触点吸合时是否接触良好；64区中按钮SB$_{14}$在77号线与78号线间的动断触点、行程开关ST$_{11}$在78号线与79号线间的动断触点、断电延时时间继电器KT$_8$在80号线与81号线间的通电瞬时断开断电延时吸合触点吸合时接触是否良好。

② 横梁下降（横梁下降电动机M$_3$反转）控制：当需要横梁下降时，按下66区横梁升降电动机M$_3$的反向启动按钮SB$_{14}$，断电延时时间继电器KT$_8$线圈通电吸合，其在64区80号线与81号线间的通电瞬时断开断电延时吸合触点断开，在67区86号线与87号线间的通电瞬时闭合断电延时断开触点及在65区83号线与84号线间的瞬时动合触点吸合，接通断电延时时间继电器KT$_9$线圈的电源，使得断电延时时间继电器KT$_9$在69区72号线与88号线间的通电瞬时闭合断电延时断开触点吸合，接通68区中间继电器KA$_{12}$线圈的电源，中间继电器KA$_{12}$通电吸合，使中间继电器KA$_{12}$在33区和63区的动合触点闭合。中间继电器KA$_{12}$在33区中的动合触点吸合，接通了横梁放松电磁铁YA$_6$线圈的电源，横梁放松电磁铁YA$_6$动作，接通放松机构油路，使横梁放松。在横梁放松过程中，63区中的行程开关ST$_7$、ST$_8$、ST$_9$、ST$_{10}$的动断触点依次复位闭合，接通65区中接触器KM$_{10}$线圈的电源，接触器KM$_{10}$通电吸合，其6区的主触点接通横梁升降电动机M$_3$的反转电源，横梁升降电动机M$_3$反向启动运转，带动横梁下降。当横梁下降到要求高度时，松开横梁升降电动机M$_3$的反转启动按钮SB$_{14}$，66区断电延时时间继电器KT$_8$线圈断电，其在65区83号线与84号线间瞬时动合触点复位断开，切断接触器KM$_{10}$线圈的电源，接触器KM$_{10}$失电释放，横梁升降电动机M$_3$停止反向运转，横梁停止下降。

经过一定时间后，断电延时时间继电器KT$_8$在64区80号线与81号线间的通电瞬时断开断电延时闭合触点吸合，接通接触器KM$_9$线圈电源，接触器KM$_9$通电吸合，其主触点又接通横梁升降电动机M$_3$的正转电源，横梁做短暂回升。这是因为横梁下降时，机床横梁本身大的重量加上加工工件很大的重量，对横梁上升下降蜗轮蜗杆造成很大的压力，时间长了则会对机床造成影响，为了消除这种压力，可调整蜗轮蜗杆的啮合间隙，故需要横梁做短暂的回升。

而断电延时时间继电器KT$_8$在67区86号线与87号线间的通电瞬时闭合断电延时断开触

点断开，切断断电延时时间继电器 KT_9 线圈的电源，断电延时时间继电器失电释放。经过一定时间，KT_9 在 69 区的通电瞬时闭合断电延时断开触点断开，切断中间继电器 KA_{12} 线圈的电源，中间继电器 KA_{12} 断电，其在 33 区及 63 区的动合触点复位断开，接触器 KM_9 线圈、横梁放松电磁铁 YA_6 线圈断电，横梁升降电动机 M_3 断电停转，横梁停止回升。横梁放松电磁铁 YA_6 线圈断电释放，接通夹紧机构油路，将横梁夹紧在立柱上，完成横梁下降控制过程。在横梁下降控制电路中，65 区中行程开关 ST_{12} 为横梁下限位行程开关，当横梁下降至该行程开关位置时，撞击行程开关 ST_{12}，ST_{12} 在 82 号线与 83 号线间的动断触点断开，切断接触器 KM_{10} 线圈的电源，横梁停止下降。

在横梁上升控制过程中，如果横梁不能下降，则应考虑 33 区、63 区中中间继电器 KA_{12} 的动合触点吸合时是否接触良好及 63 区中行程开关 ST_7、ST_8、ST_9、ST_{10} 复位时各触点闭合是否良好（此时横梁亦不能上升）；66 区按钮 SB_{14} 在 72 号线与 86 号线间的动合触点压合时是否接触良好；65 区中按钮 SB_{15} 在 77 号线与 82 号线间的动断触点、行程开关 SB_{12} 在 82 号线与 83 号线间的动断触点、断电延时时间继电器 KT_8 在 65 区中的 83 号线与 84 号线间的瞬时动合触点吸合时接触是否良好等。

4.2.14　右立刀架快速移动电动机控制电路

如图 4-10 所示。右立刀架快速移动电动机 M_4 由接触器 KM_5 的主触点接通和断开它的电源，故控制电路中 38 ～ 42 区为右立刀架快速移动电动机 M_4 的控制电路；从 38 ～ 42 区中可以看到，接触器 KM_5 线圈受控于中间继电器 KA_3 ～ KA_7 的动合触点，所以 46 ～ 50 区也为右立刀架快速移动电动机 M_4 的控制电路部分；而中间继电器 KA_3 ～ KA_7 的动合触点又控制着电磁离合器 YC_1、YC_2、YC_3、YC_4 线圈的电源，故 70 ～ 79 区亦为右立刀架快速移动电动机 M_4 的控制电路。

在右立刀架快速移动电动机 M_4 的控制电路 38 ～ 42 区中，按钮 SB_8 为右立刀架快速移动电动机 M_4 的快速移动启动按钮；在 46 ～ 50 区中，十字选择转换开关 SA_1 为右立刀架快速移动电动机 M_4 的左、右、上、下快速移动选择开关；在 70 ～ 79 区中，电磁离合器 YC_1 为右立刀架向左快速移动离合器，YC_2 为右立刀架向右快速移动离合器；YC_3 为右立刀架向上快速移动离合器，YC_4 为右立刀架向下快速移动离合器；47 区、48 区中行程开关 ST_3、ST_4 分别为右立刀架快速移动左、右限位开关。

具体控制如下：当需要右立刀架向左快速移动时，46 ～ 50 区中十字选择转换开关 SA_1 扳向左位置，使 47 区中的动合触点吸合，接通中间继电器 KA_4 线圈的电源，中间继电器 KA_4 通电吸合，其在 39 区中的动合触点及 72 区中的动合触点吸合。39 区的动合触点吸合，为右立刀架快速移动电动机 M_4 启动做好了准备，72 区中的动合触点吸合，接通了右立刀架向左快速移动离合器 YC_1 线圈的电源，快速移动离合器 YC_1 动作，使右立刀架向左快速移动离合器齿轮啮合，为右立刀架快速移动做好了准备。按下 39 区右立刀架快速移动电动机 M_4 的启动按钮 SB_8，KM_5 线圈通电吸合，其主触点接通右立刀架快速移动电动机 M_4 的电源，右立刀架快速移动电动机 M_4 启动运转，带动右立刀架快速向左移动。当移动至需要位置时，松开按钮 SB_8，接触器 KM_5 断电，右立刀架快速移动电动机 M_4 停转，右立刀架停止向左快速移动。

在右立刀架向左快速移动控制电路中，容易造成右立刀架不能快速向左移动的原因有：39 区接触器 KM_6 在 43 号线与 44 号线间的动断触点接触不良；43 区按钮 SB_9 在 8 号线与 45 号线间的动断触点接触不良；47 区行程开关 ST_3 在 51 号线与 52 号线间的动断触点接触不良；72区中间继电器在102号线与103号线间的动合触点闭合时接触不良等。

同理，扳动十字选择转换开关SA₁到向右、向上、向下位置，可分别使右立刀架向右、向上、向下快速移动。具体识图与右立刀架的向左快速移动相同。

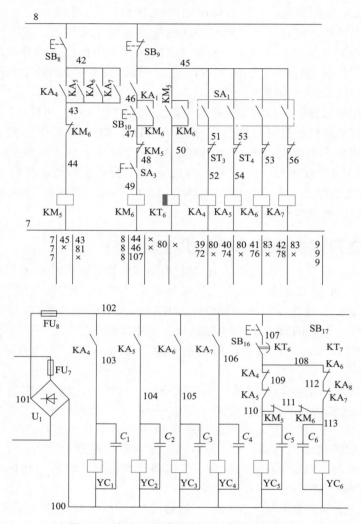

图4-10　右立刀架快速移动电动机控制电路

4.2.15　右立刀架进给电动机控制电路

右立刀架进给电动机M₅是由接触器KM₆控制电源通断的，故它的控制电路是在43区和44区中与接触器KM₆线圈有关的电路。

在43区和44区中，按钮SB₁₀为右立刀架进给电动机M₅的启动按钮；按钮SB₉为右立刀架进给电动机M₅的停止按钮；单极开关SA₃为右立刀架进给电动机M₅的进给接通开关；主轴电动机M₁启动运转后，中间继电器K₁在45号线与46号线间的动合触点吸合。

当需要右立刀架进给电动机M₅工作时，扳动十字选择开关SA₁选择好进给方向，合上单极开关SA₃，按下右立刀架进给电动机M₅的启动按钮SB₁₀，接触器KM₆通电闭合并自锁，其主触点接通右立刀架进给电动机M₅的电源，右立刀架进给电动机M₅带动右立刀架按所需方向工作进给。按下停止按钮SB₉，右立刀架进给电动机M₅停止运行，停止工作进给。

在右立刀架进给电动机M₅的控制电路中，如果按钮SB₉在8号线与45号线间的动断触点接触不良、接触器KM₅在47号线与48号线间的动断触点接触不良则右立刀架进给电动机M₅不能启动运转。

4.2.16　左立刀架快速移动电动机M₆控制电路

如图4-11所示，同右立刀架快速移动电动机M₄的控制电路相对应，左立刀架快速移动电动机M₆由接触器KM₇的主触点接通和断开它的电源，故控制电路中51～54区为左立刀架快速移动电动机M₆的控制电路；从51～54区中可以看到，接触器KM₇的线圈也受控于中间继电器KA₇～KA₁₁的动合触点，所以58～62区也为左立刀架快速移动电动机M₆的控制电路部分；而中间继电器KA₇～KA₁₁的动合触点控制着电磁离合器YC₉、YC₁₀、YC₁₁、YC₁₂线圈的电源，故87～95区亦为左立刀架快速移动电动机M₆的控制电路。

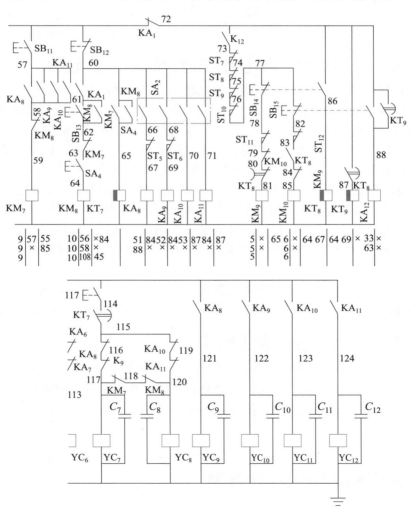

图4-11　左立刀架快速移动电动机M₆的控制电路

在左立刀架快速移动电动机M₆的控制电路51～54区中，按钮SB₁₁为左立刀架快速移动电动机M₆的快速移动启动按钮；在58～62区中，十字选择转换开关SA₂为左立刀架快速移动电动机M_6的左、右、上、下快速移动选择开关；在87～95区中，电磁离合器YC_9为左立刀架向左快速移动离合器，YC_{10}为左立刀架向右快速移动离合器；YC_1为左立刀架向上快速移动离合器；YC_{12}为左立刀架向下快速移动离合器，59区、60区中行程开关ST_5、ST_6分别为左立刀架快速移动左、右限位开关。

左立刀架快速移动电动机M_6的控制电路与右立刀架快速移动电动机M_4控制电路的工作原理相同。

4.2.17　左立刀架进给电动机M_7控制电路

左立刀架进给电动机M_7的接触器KM_8控制其电源的通断，故它的控制电路是在55区和56区中与接触器KM_8线圈有关的电路。

在55区和56区中，按钮SB_{13}为左立刀架进给电动机M_7的启动按钮；按钮SB_{12}为左立刀架进给电动机M_7的停止按钮；单极开关SA_{44}为左立刀架进给电动机M_7的进给转换开关，主轴电动机M_1启动运转后，中间继电器KA_1在60号线与61号线间的动合触点闭合。

左立刀架进给电动机M_7的控制电路与右立刀架进给电动机M_5控制电路的识图相同。

4.2.18　左、右立刀架快速移动和进给制动控制电路

（1）右立刀架快速移动和进给制动控制电路　右立刀架快速移动和进给制动控制电路位处45区、46区及80～83区。在45区、46区电路中，无论按下右立刀架快速移动电动机M_4启动按钮SB_8，使接触器KM_5吸合还是按下右立刀架进给电动机M_5的启动按钮SB_{10}，使接触器KM_6吸合，都将接通断电延时继电器KT_6线圈的电源。断电延时继电器KT_6在70区的通电闭合断电延时断开触点吸合，接通了80区中107号线和108号线，为右立刀架快速移动和进给制动做好了准备。当右立刀架快速移动电动机M_4或右立刀架进给电动机M_5要停止时，由于惯性的作用，右立刀架快速移动电动机M_4或右立刀架进给电动机M_5不能立即停止下来，故需要进行制动。此时，只需要按下80区中按钮SB_{16}即可接通右立刀架水平制动离合器电磁铁YC_5线圈和右立刀架垂直制动离合器电磁铁YC_6线圈的电源，对右立刀架快速移动或进给进行制动。

（2）左立刀架快速移动和进给制动控制电路　左立刀架快速移动和进给制动控制电路位处57区、58区和83～87区。其电路与右立刀架快速移动和进给制动电路相同。

4.2.19　刀架离合器直流整流电路

刀架离合器直流整流电路位处70区、71区，由整流器U_1和熔断器FU_7、FU_8组成，作用是提供给刀架离合器线圈的直流电源。当整流器U_1出现故障或熔断器FU_7或FU_8断路时，所有刀架离合器线圈不能得电，因此各种刀架快速运动及制动都不能进行。

4.3　大型刨床电气控制线路

B2012A型龙门刨床电气控制线路原理图如图4-12所示。其中图4-12（a）所示为B2012A型龙门刨床主拖动系统及抬刀电路原理图；图4-12（b）为交流机组电路原理图；图4-12（c）

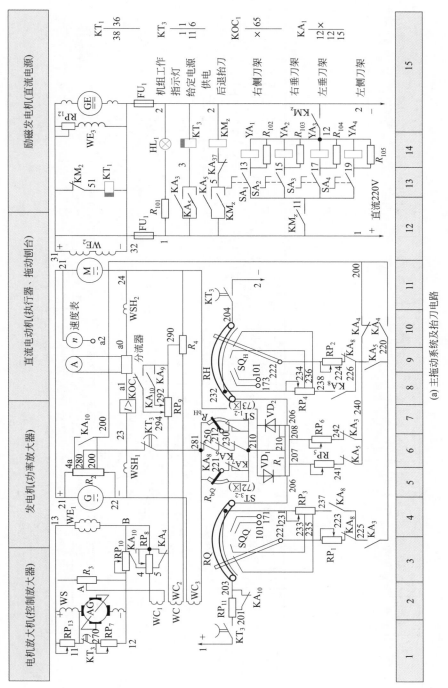

(a) 主拖动系统及抬刀电路

图4-12

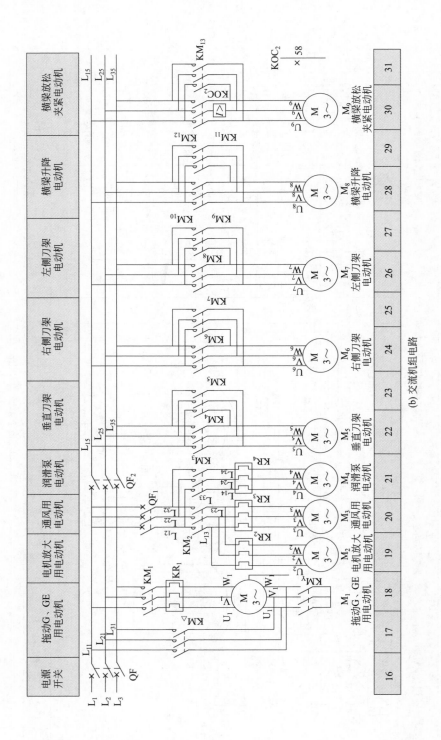

(b) 交流机组电路

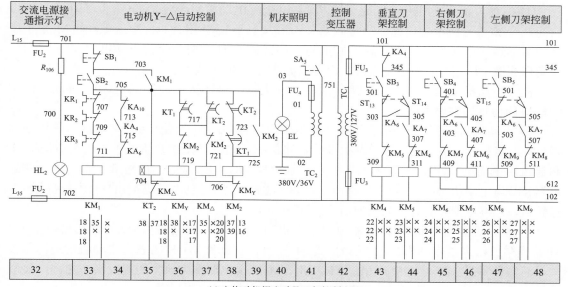

(c) 主拖动机组启动及刀架控制电路

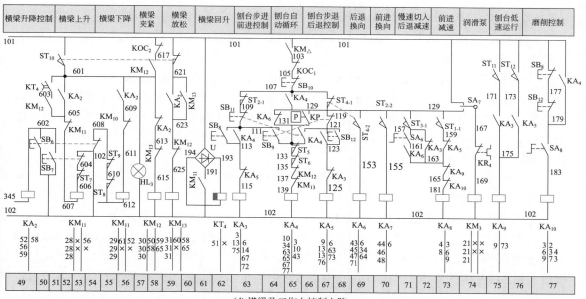

(d) 横梁及工作台控制电路

图4-12 B2012A型龙门刨床电气控制线路原理图

为主拖动机组启动及刀架控制电路原理图；图4-12（d）为A2012A型龙门刨床横梁及工作台控制电路原理图。

B2012A型龙门刨床电气控制线路可分为交流机组拖动系统主电路和直流主拖动系统主电路。由于电路比较复杂，下面以分区识图法分别予以识图。

4.3.1 交流机组拖动系统主电路

B2012A型龙门刨床交流机组拖动系统主电路原理图如图4-12（b）所示。由图4-12（b）可见，B2012A型龙门刨床交流机组共由9台电动机组成。

① 拖动直流发电机G、励磁发电机GE用交流电动机M_1控制主电路位处16～18区，它为一个Y-△降压型主电路。当接触器KM_1和接触器KM_Y闭合时，交流电动机M_1定子绕组作星形连接降压启动；当接触器KM_1与接触器$KM_△$闭合时，交流电动机M_1定子绕组作三角形连接全压运行。热继电器KR_1为交流电动机M_1的过载保护。

交流电动机M_1主要用于拖动4区的直流发电机G和15区中的励磁机GE，并为直流电动机M的运行提供动力。

② 电动机M_2、通风用电动机M_3、润滑泵电动机M_4主电路位处14～22区。其中断路器QF_1为这三台电动机的电源总开关及总短路保护，接触器KM_2负责电机放大用电动机M_2和通风用电动机M_3电源的接通与断开，热继电器KR_2为电动机M_2的过载保护元件，热继电器KR_3为电动机M_3的过载保护元件；接触器KM_3为润滑泵电动机M_4的电源接通或断开接触器，热继电器KR_4为电动机M_4的过载保护元件。

③ 垂直刀架电动机M_5、右侧刀架电动机M_6、左侧刀架电动机M_7、横梁升降电动机M_8、横梁放松夹紧电动机M_9主电路位处24～31区，断路器QF_2为各台电动机的电源总开关及总短路保护。电动机M_5、M_6、M_7、M_8、M_9的主电路都为典型的正反转主电路，接触器KM_4至接触器KM_{13}控制着电动机M_4～M_9的正反转电源的通断。

4.3.2　主拖动系统及抬刀电路

直流发电拖动系统主电路如图4-12（a）所示。它包括电机放大机AG、直流发电机G、直流电动机M和励磁发电机GE。

① 电机放大机AG由交流电动机M_2拖动，电机放大机AG主电路位处1区和2区。其中绕组WS为电机放大机的电枢串励绕组；WC为电机放大机的控制绕组。WC绕组又可分为绕组WC_1、绕组WC_2、绕组WC_3。绕组WC_1为电机放大机的桥形稳定控制绕组；绕组WC_2为电机放大机的电流正反馈绕组；绕组WC_3为电机放大机的给定电压、电压负反馈和电流截止负反馈的综合控制绕组。

电机放大机AG的主要作用是根据机床刨台各种运动的需要，通过控制绕组WC的各个控制量调节其向直流发电机G励磁绕组供电的输出电压，从而调节直流发电机发出电压的高低。

② 直流发电机G和励磁机GE由交流电动机M_2拖动。直流发电机G主电路位处4区和5区。其中4区中绕组WE_1为直流发电机G的励磁绕组。励磁绕组WE_1由电机放大机AG发出的直流电压励磁。从图中可以看出，直流发电机G励磁绕组WE_1两端的励磁电压不仅与电机放大机AG发出的电压大小有关，而且与3区中电位器RP_{10}的当前调整值有关，调节电位器阻值的大小，也可改变直流发电机励磁绕组两端直流电压的大小，从而改变直流发电机G所发出电压的大小。

直流发电机的主要作用是：发出直流电动机M所需的直流电压，满足直流电动机M拖动刨台运动的需要。

励磁机GE主电路位处15区，其中WE为其励磁绕组。励磁发电机的主要作用是由交流电动机M1拖动，发出直流电压向直流电动机M的励磁绕组供给励磁电源。

③ 直流电动机M的主电路位处11区和12区。其中WS_3为直流电动机M励磁绕组。直流电动机M的主要作用是拖动工作台往返交替做直线运动，对工件进行切削加工。

4.3.3　主拖动机组控制电路

由交流电动机M_1拖动直流发电机G和励磁机GE组成主拖动机组。

主拖动机组控制电路位处 32～39 区。其中 33 区中按钮 SB_2 为交流电动机 M_1 的启动按钮；按钮 SB_1 为交流电动机 M_1 的停止按钮。

当需要主拖动电动机 M_1 拖动直流发电机 G 和励磁机 GE 工作时，合上 16 区中的电源总开关 QF 和 20 区中的电源开关 QF_1，按下 33 区中主拖动交流电动机 M_1 的启动按钮 SB_2，33 区中接触器 KM_1 线圈、35 区中时间继电器 KT_2 线圈、36 区中接触器 KM_Y 线圈通电吸合。接触器 KM_1 在 35 区中的动合触点闭合自锁，接触器 KM_1 和接触器 KM_Y 在 18 区中的主触点闭合，将主拖动交流电动机 M_1 的定子绕组接成星形连接降压启动，被拖动的直流励磁机 GE 利用剩磁开始发电。

当交流电动机 M_1 转速上升到接近额定转速时，15 区中的励磁机 GE 发出的电压亦升高接近至额定值。此时，13 区中的断电延时时间继电器 KT_1 吸合使得时间继电器 KT_1 在 36 区中的动断触点断开，而在 38 区中的动合触点闭合，为切断接触器 KM_Y 线圈电源和接通 KM_2 及 $KM_\triangle$ 线圈电源做好准备。

由于 35 区中的时间继电器 KT_2 为通电延时时间继电器，所以当 33 区中按钮 SB_2 的动合触点闭合时，KT_2 线圈通电并经过一定时间后时间继电器 KT_2 动作，在 37 区中的延时断开动断触点断开，切断了接触器 KM_Y 线圈的电源，接触器 KM_Y 失电释放；而 KT_2 在 38 区中的延时闭合动合触点闭合，接通了接触器 KM_2 线圈的电源。KM_2 通电闭合使 39 区中的动合触点闭合自锁，其在 20 区中的主触点闭合，接通交流电动机 M_2、M_3 的电源，交流电动机 M_2、M_3 分别拖动电机放大机 AG 和通风机工作，同时 KM_2 在 36 区中的动合触点闭合，接通接触器 $KM_\triangle$ 线圈的电源，接触器 $KM_\triangle$ 通电闭合，其在 17 区中的主触点闭合。此时接触器 KM_1 和接触器 $KM_\triangle$ 的主触点将交流电动机 M_1 的定子绕组接成三角形连接全压运行，交流电动机 M_1 拖动直流发电机 G 和励磁机 GE 全速运行，完成主拖动机组的启动控制过程。

4.3.4　横梁上升控制电路

当需要横梁上升时，按下 50 区中横梁上升启动按钮 SB_6，此时，由于 43 区中 101 号线与 345 号线间中间继电器 KA_4 动断触点是闭合的，故 49 区的中间继电器 KA_2 线圈通电闭合。中间继电器 KA_2 在 52 区中及 56 区中的动合触点闭合，为接通横梁上升或下降控制接触器 KM_{10} 或 KM_{11} 线圈的电源做好了准备。中间继电器 KA_2 在 59 区中 621 号线与 623 号线间的动合触点闭合，接触器 KM_{13} 在 31 区中的主触点闭合，接通横梁放松夹紧电动机 M_9 的反转电源，交流电动机 M_9 通电反转，使横梁放松。

当横梁放松后，行程开关 ST_{10} 在 59 区中 101 号线与 621 号线间的动断触点断开，切断接触器 KM_{13} 线圈的电源，接触器 KM_{13} 失电释放，横梁放松夹紧电动机 M_9 停止反转。而行程开关 ST_{10} 在 52 区中 101 号线与 601 号线间的动合触点闭合，接通接触器 KM_{10} 线圈的电源，接触器 KM_{10} 通电闭合，此时由于按钮 SB_6 在 54 区中 608 号线与 102 号线间的动断触点是被压下断开的，故接触器 KM_{11} 不会通电闭合。接触器 KM_{10} 在 28 区中的主触点闭合，接通横梁升降电动机 M_8 的正转电源，交流电动机 M_8 正向运转，带动横梁上升。同时接触器 KM_{10} 在 56 区中 608 号线与 611 号线间动断触点断开，切断接触器 KM_{11} 线圈的电源通路。当横梁上升到要求高度时，松开横梁上升启动按钮 SB_6，中间继电器 KA_2 线圈失电释放，其 52 区、56 区、59 区中的动合触点复位断开，接触器 KM_{10} 线圈失电释放，横梁停止上升。中间继电器 KA_2 在 58 区的动断触点复位闭合，此时由于 52 区中行程开关 ST_{10} 动合触点是闭合的，所以接触器 KM_{12} 闭合，其在 58 区中 617 号线与 601 号线间的动合触点闭合自锁，接触器KM₁₂在30区中的主触点接通横梁放松夹紧电动机M₉的正转电源，交流电动机M₉启动运转，使横梁夹紧。当横梁夹紧至一定程度时，52区中行程开关ST₁₀的动合触点复位断开，59区中行程开关ST₁₀动断触点复位闭合，为下一次横梁升降控制做准备。但由于58区的KM₁₂在617号线与601号线间常开触点闭合，接触器KM₁₂继续通电闭合，电动机M₉继续正转，但随着横梁进一步的夹紧，流过电动机M₉的电流增大。当电流值达到30区中过电流继电器KOC₂线圈的吸合电流时，过电流继电器KOC₂吸合动作，其58区中101号线与617号线间的动断触点断开，切断接触器KM₁₂线圈的电源，接触器KM₁₂失电释放，横梁放松夹紧电动机M₉停止正转，完成横梁上升控制过程。

4.3.5　横梁下降控制电路

　　当需要横梁下降时，按下51区中横梁下降启动按钮SB₇，同理，中间继电器KA₂线圈通电闭合。中间继电器KA₂在52区及56区中的动合触点闭合，为接通横梁上升或下降接触器线圈的电源做好准备。中间继电器KA₂在59区中621号线与623号线间的动合触点闭合，接通接触器KM₁₃线圈的电源，接触器KM₁₃通电闭合使60区动合触点闭合自锁。接触器KM₁₃在31区中的主触点闭合，接通横梁放松夹紧电动机M₉的反转电源，交流电动机M₉通电反转，使横梁放松。当横梁放松后，行程开关ST₁₀在59区中101线与621号线间的常闭触点断开，切断接触器KM₁₃线圈的电源，接触器KM₁₃失电释放，横梁放松夹紧电动机M₉停止反转。同时，行程开关ST₁₀在52区中101号线与601号线间的动合触点闭合，接通接触器KM₁₁线圈的电源，接触器KM₁₁通电闭合，此时由于按钮SB₇在53区中604号线与102号线间的常闭触点是断开的，故接触器KM₁₀不会通电闭合。接触器KM₁₁在29区中的主触点闭合，接通横梁升降电动机M₈的反转电源，交流电动机M₈反向运转，带动横梁下降。同时接触器KM₁₁在52区中605号线与607号线间的动断触点断开，切断接触器KM₁₀线圈的电源通路，接触器KM₁₁在61区中的常开触点闭合，接通断电延时时间继电器KT₄线圈的电源，时间继电器KT₄通电闭合，其51区中的断电延时断开动合触点闭合，为横梁下降到位后的瞬时回升做好准备。当横梁下降到要求高度时，松开横梁下降启动按钮SB₇，中间继电器KA₂线圈失电释放，其52区、56区、59区中的动合触点复位断开，接触器KM₁₁线圈失电释放，横梁停止下降。中间继电器KA₂在58区的动断触点复位闭合，此时由于52区中行程开关ST₁₀动合触点闭合自锁，接触器KM₁₂在30区中的主触点接通横梁放松夹紧电动机M₉的正转电源，交流电动机M₉正向启动运转，使横梁夹紧。同时接接触器KM₁₂在51区中603号线与605号线间的动合触点闭合，接通接触器KM₁₀线圈电源，接触器KM₁₀在28区中的主触点接通横梁升降电动机M₈的正转电源，电动机M₈启动正向旋转，带动横梁上升。而接触器KM₁₁在61区中的动合触点复位断开，切断延时时间继电器KT₄线圈电源，KT₄失电释放，其在51区中的断电延时断开动合触点在延时很短的时间后复位断开，切断接触器KM₁₀线圈的电源，接触器KM₁₀失电释放，横梁在做短暂的回升后停止上升。当横梁夹紧至一定程度时，52区中的行程开关ST₁₀常闭触点复位断开，59区中行程开关ST₁₀常闭触点复位闭合，为下一次横梁升降控制做准备。但由于58区接触器KM₁₂在617号线与601号线间动合触点闭合，接触器KM₁₂继续通电闭合，电动机M₉继续正转，但随着横梁进一步的夹紧，流过电动机M₉的电流增大。

4.3.6　工作台自动循环控制

　　安装在龙门刨床工作台侧面上的4个撞块A、B、C、D按一定的规律撞击安装在机床床身上的四个行程开关ST_1、ST_2、ST_3、ST_4，使行程开关ST_1、ST_2、ST_3、ST_4的触点按照一定的规律闭合或断开，从而控制工作台按预定运动的要求进行运动。各行程开关的示意图如图4-13所示。

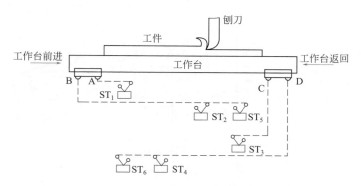

图4-13　工作台自动循环控制示意图

当主拖动机组已启动，直流电动机M已励磁，横梁已夹紧，润滑泵电动机M_4已启动运行，且机床润滑油供应正常时，压力继电器KP在66区中107号线与129号线间的动合触点闭合，工作台自动往返工作的控制线路则处于准备好的状态。

设工作台处在初始位置，行程开关触点ST_{1-2}（7区中212号线与210号线间）、ST_{4-1}（63区中107号线与109号线间）、ST_{2-1}（71区中129号线与157号线间）、ST_{3-1}（71区中129号线与157号线间）、ST_{3-2}（69区中129号线与155号线间）闭合，行程开关触点ST_{1-1}（73区129号线与159号线间）、ST_{4-2}（70区中129号线与155号线）、ST_{2-2}（5区中221号线与210号线间）、ST_{3-1}（67区中107号线与119号线间）断开。

4.3.7　慢速切入控制过程电路

按下64区中工作台自动循环启动按钮SB_9，中间继电器KA_4通电闭合且65区中107号线与113号线间的动合触点闭合自锁。

中间继电器KA_4在63区111号线与113号线间的动合触点闭合，使中间继电器KA_3闭合。KA_3在13区中的1号线与201号线间及11区中2号线与204号线间及6区中280号线与281号线间的断电延时闭合动断触点断开，切断电机放大机AG欠补偿回路和发电机G的自消磁回路。KA_3在75区中171号线与175号线间的动合触点闭合，为工作台低速运行做好准备。

中间继电器KA_4在10区中200号线间的动合触点闭合，接通电机放大机AG控制绕组WC_3的自动循环工作电路。

KA_4在77区中101号线与179号线间的动合触点闭合，为接通磨削控制做好准备。

KA_4在10区中200号线与240号线间的动断触点断开，切断了电机放大机AG控制绕组WC_3的步进步退工作电路。

此时电机放大机WC_3绕组通过以下通路励磁：电源正极1号线—KT_3断电延时断开动合触点—201号线—RP_{11}—203号线—调速电位器RQ—231号线—RP_3—KA_8常开触点—225号线—KA_3动合触点—220号线—KA_4常开触点—200号线—R_2—22号线—WC_3—281号线—R_{bH}部分电阻—210号线—R_1—206号线—调速电位器RH—204号线—KT_3延时断开动合触点—电源负极2号线。为了清楚起见，将慢速切入时电机放大机WC_3绕组励磁电路通路单独绘出，如图4-14所示（图中虚线回路）。

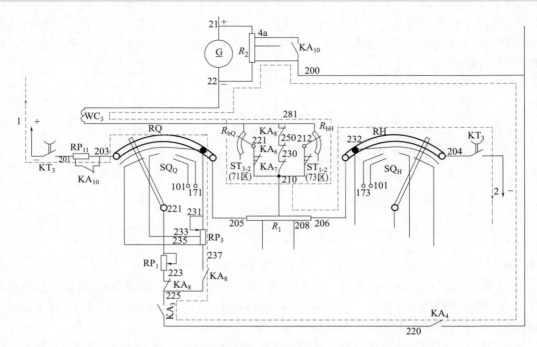

图4-14　慢速切入时电机放大控制绕组WC₃励磁回路

从图4-14可以看出，电机放大机WC₃绕组中的励磁给定电压取自于图中电阻R_1上205号线与210号线两点之间的电位差。此时电机放大机在励磁电压的作用下，输出电压迅速升高并达到稳定慢速时的数值，供给直流电动机M的励磁绕组WE₁。工作台在直流电动机M的拖动下也迅速启动并达到稳定的慢速前进。

4.3.8　工作台工进速度控制电路

工作台继续前进，安装在工作台上的撞块D撞击床身上的行程开关ST₄，行程开关ST₄在67区中107号线与119号线间的触点ST₃₋₁闭合，在69区中129号线与153号线间的触点ST₃₋₂断开。

行程开关ST₃₋₁闭合，为工作台返回运行做好准备。

行程开关触点ST₃₋₂断开，中间继电器KA₆失电释放，其71区中161号线与163号线动合触点复位断开，使中间继电器KA₈失电释放，同时中间继电器KA₆在6区中230号线与250号线间的动断触点及KA₈在250号线与281号线间的动断触点复位闭合；KA₈在3区中225号线与223号线间的动断触点复位闭合，在4区中225号线与223号线间的常闭触点复位闭合，在4区中225号线与237号线间的动合触点复位断开，切断了工作台的慢速回路，接通了工作台工进时电机放大机AG控制绕组WC₃的励磁回路，工作台加速到由调速电位器RQ的手柄位置所决定的正常工作速度。

此时，电机放大机AG通过以下通路励磁：电源正极1号线—203号线—RQ—221号线—RP₁—225号线—KA₃动合触点—220号线—KA₄动合触点—200号线—R_4—23号线—WC₂—281号线—KA₈动断触点—KA₆动断触点—KA₇动断触点—210号线—R_1—206号线—RH—204号线—电源负极2号线。工作台进给速度电机放大机AG的控制绕组WC₃的励磁电路通路如图4-15所示（图中虚线回路）。

在图4-15中可以看到，调节工作台正向工进行程调速电位器RQ，可调整工作台在工进时的速度。

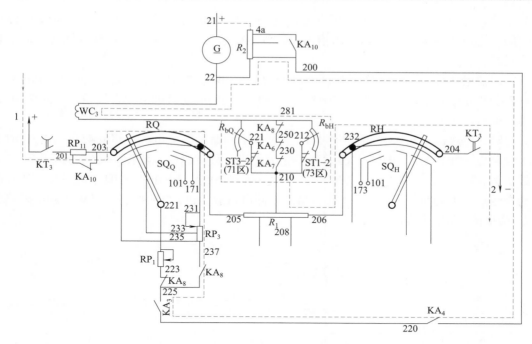

图4-15　工作台工进速度控制电路

4.3.9　工作台前进减速运动控制电路

工作台在前进行程将结束，刀具将离开工件时，工作台上的撞块A撞击行程开关ST_1，行程开关ST_1在73区中129号线与159号线间的触点ST_{1-1}闭合，在7区中212号线与210号线间的触点ST_{1-2}断开。

行程开关触点ST_{1-2}断开，将电位器R_{bH}全部串接入电机放大机AG控制绕组WC_3中，以便使减速及反向过程中直流电动机M主回路中冲击电流不致过大，减小对传动机构的冲击等。

4.3.10　工作台后退返回控制电路

当刀具离开工件，工作台前进行程结束时，工作台上撞块B撞击行程开关ST_2，行程开关ST_2在63区中107号线与109号线间的触点的ST_{4-1}断开，在70区中129号线与155号线间的触点ST_{4-2}闭合，使得中间继电器KA_3失电释放，中间继电器KA_7通电闭合。

中间继电器KA_3释放，KA_3在67区中123号线与125号线间的动断触点复位闭合，使中间继电器KA_5通电闭合。KA_3在72区中的动断触点复位闭合，为工作台返回行程结束前工作台的降速做好了准备。

中间继电器KA_5通电闭合，KA_5在73区中159号线与163号线间的动断触点断开，使中间继电器KA_8失电释放，3区、4区、8区、9区动合触点复位，保证工作台以返回调速电位器RH的手柄位置所决定的高速返回，以减少工作台返回行程的时间。

KA_5在9区中220号线与226号线间的动合触点闭合，与KA_8的动断触点配合，接通了电机放大机AG控制绕组WC_3的反向励磁回路，电机放大机AG输出极性相反、电压较高的直流电源加在发电机G的励磁绕组上，发电机G发出电压较高、极性相反的直流电源供给直流电动机M，工作台迅速反向制动并反向运行。

同时，中间继电器KA_5在13区中1号线与5号线间的动合触点闭合，使直流接触器

KM$_Z$闭合，直流接触KM$_Z$在12区中1号线与11号线间的动合触点及15区中2号线与12号线间的动合触点闭合，接通相应的抬刀电磁铁YA$_1$～YA$_4$。刀架在工作台返回行程时，自动抬起。

中间继电器KA$_7$吸合，其在44区中305号线与307号线间的动合触点、46区中405号线与407号线间的动合触点、48区中505号线与507号线间的动合触点闭合接通相应的接触器，刀具实现自动进刀。

此时，电机放大机AG控制绕组WC$_3$通过以下回路励磁：电源正极1号线—KT$_3$延时断开动合触点—201号线—RP$_{11}$203号线—正向工进行程调速电位器RQ—205号线—R$_1$—210号线—R$_{bH}$并联R$_{bQ}$—281号线—WC$_3$—22号线—R$_2$—200号线—RH—204号线—KT$_3$延时断开动合触点—电源负极2号线。工作台后退返回电机放大机AG的控制绕组WC$_3$励磁通路如图4-16所示（图中虚线回路）。

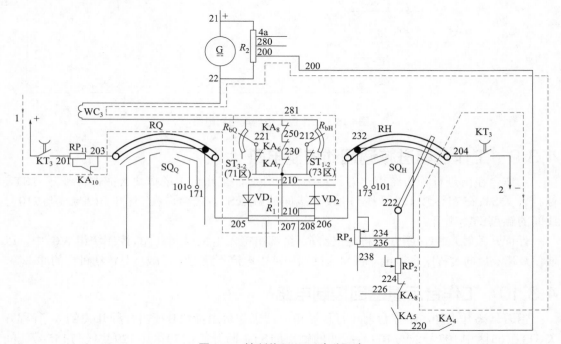

图4-16　控制绕组WC$_3$励磁通路

从图4-16可以看到，加在电机放大机AG控制绕组WC$_3$上极性相反的给定电压由210号线与工作台后退回行程调速电位器RH的222号线之间取出。调整工作台后退返回行程调速电位器RH值的大小，可改变工作台后退返回的速度，但在一般情况下，应调整工作台以较高的速度返回。

当工作台以较高的速度返回时，工作台上的撞块B撞击床身上的行程开关ST$_2$，行程开关ST$_2$在63区中107号线与109号线间的触点ST$_{4-1}$闭合，70区中129号线与155号线间的触点ST$_{4-2}$断开。

行程开关ST$_2$在63区中的触点ST$_{2-1}$闭合，为接通工作台的正向运行做好准备。

行程开关ST$_2$在70区中的触点ST$_{2-2}$断开，使中间继电器KA$_7$失电释放。中间继电器KA$_7$在6区中210号线与250号线间的动断触点复位，短接了电阻R$_{bH}$和R$_{bQ}$。KA$_7$在44区、46区、48区中的动合触点复位断开，切断了相应的接触器线圈电源，使相应的拖动刀架电动机停止运转。

工作台继续返回，其撞块 A 撞击床身上的行程开关 ST$_1$，行程开关 ST$_1$ 在 7 区中的 210 号线与 212 号线间的触点 ST$_{1-2}$ 闭合，在 73 区中 129 号线与 159 号线间的触点断开。

4.3.11　工作台返回减速控制电路

在工作台返回行程即将结束时，工作台上撞块 C 撞击行程开关 ST$_3$，ST$_3$ 在 71 区中 129 号线与 157 号线间的触点 ST$_{2-1}$ 闭合，ST$_3$ 在 5 区中 221 号线与 210 号线间的触点 ST$_{2-2}$ 断开。

行程开关 ST$_3$ 触点 ST$_{2-1}$ 闭合，中间继电器 KA$_8$ 吸合。KA$_8$ 在 9 区中 224 号线与 226 号线间的动断触点断开及在 8 区中的 226 号线与 238 号线间的动合触点闭合，在 3 区和 9 区中的动断触点断开，切断了快速返回励磁回路，接通了慢速返回励磁回路。工作台减速返回。

工作台返回结束，转入前进慢速控制，当工作台返回行程即将结束时，工作台上的撞块 D 撞击床身上的行程开关 ST$_4$，ST$_4$ 在 67 区中 107 号线与 119 号线间的触点 ST$_{3-1}$ 断开，ST$_4$ 在 69 区中的 129 号线与 153 号线间的触点 ST$_{3-2}$ 闭合。

行程开关 ST$_4$ 触点 ST$_{3-1}$ 断开，使中间继电器 KA$_5$ 失电释放，KA$_5$ 在 63 区中 113 号线与 115 号线间的动断触点复位闭合，使中间继电器 KA$_3$ 通电闭合。KA$_3$ 在 3 区中 220 号线与 237 号线间的动合触点闭合。KA$_5$ 在 9 区中 226 号线与 220 号线间的动合触点复位断开。

行程开关 ST$_4$ 触点 ST$_{3-2}$ 闭合，使中间继电器 KA$_6$ 通电闭合，中间继电器 KA$_6$ 在 71 区中的动合触点闭合，使得中间继电器 KA$_8$ 通电闭合，KA$_8$ 在 3 区中 223 号线与 225 号线间的动断触点断开，KA$_8$ 在 4 区中 225 号线与 237 号线间的动合触点闭合。

以上中间继电器 KA$_3$、KA$_5$、KA$_8$ 触点的动作，切断了工作台的慢速返回励磁回路，接通了工作台慢速前进励磁回路，工作台反接制动并立即正向慢速运转，刀具又在工件台慢速前进时切入工件，开始第二次对工件的加工循环。如此往复，周而复始地进行工作台的自动循环。

4.3.12　工作台步进、步退控制电路

工作台的步进、步退控制主要用于在加工工件时调整机床工作台的位置。主拖动机组启动完毕后，接触器 KM$_\triangle$ 在 65 区中 101 号线与 103 号线间的动合触点闭合，这样即可进行工作台步进和步退控制。

当需要工作台步进时，按下 62 区中工作台步进启动按钮 SB$_8$，中间继电器 KA$_3$ 通电闭合。中间继电器 KA$_3$ 在 12 区中 1 号线与 3 号线间的动合触点闭合，使时间继电器 KT$_3$ 通电闭合。时间继电器 KT$_3$ 在 1 区中 270 号线与 11 号线间的常闭触点及 6 区中 280 号线与 281 号线间的动断触点断开，切断了电机放大机的欠补偿回路和发电机的自消磁回路。同时，时间继电器 KT$_3$ 在 1 区中 1 号线与 201 号线间的动合触点及 11 区中 2 号线与 204 号线间的动合触点闭合，接通了电机放大机 AG 控制绕组 WC$_3$ 的励磁回路，其通路为：电源正极 1 号线—KT$_3$ 动合触点—201 号线—RP$_{11}$ 203 号线—前进行程调速电位器 RQ—205 号线—R_1—207 号线—RP$_5$—241 号线—KA$_5$ 动断触点—250 号线—KA$_6$ 动断触点—230 号线—KA$_7$ 动断触点—210 号线—R_1—206 号线—后退行程调速电位器 RH—204 号线—KT$_3$ 动合触点—电源负极 2 号线。工作台步进时电机放大机 AG 控制绕组 WC$_3$ 励磁回路如图 4-17 所示（图中虚线回路）。

此时加在电机放大机 AG 控制绕组上的给定电压为 R_1 上 207 号与 210 号线两点之间的电位差。显然，207 号线与 210 号线两点间的电位差较小，又加上有电位器 RP$_5$ 的调节，所以加在电机放大机 AG 控制绕组 WC$_3$ 上的给定电压可以调得很小，故工作台在步进时的速度

较低，这样有利于调整工作台的位置。

松开工作台步进启动按钮SB$_8$，中间继电器KA$_3$在12区中动合触点复位断开，使时间继电器KT$_3$失电。由于KT$_3$为断电延时继电器，所以在按钮SB$_8$松开约0.9s时，KT$_3$在1区中1号线与201号线间的延时断开触点及11区中2号线与204号线间的延时断开触点断开，切断电机放大机AG控制绕组WC$_3$的给定电源电压。而KT$_3$在1区中11号线与270号线间的延时闭合触点及6区中280号线与281号线间的延时闭合触点闭合，接通电机放大机AG欠补偿回路和发电机G自消磁回路，工作台迅速制动停了下来。

当需要工作台步退时，按下68区中工作台启动按钮SB$_{12}$，中间继电器KA$_5$通电闭合。中间继电器KA$_5$在12区中1号线与3号线间的动合触点及1号线与5号线间的动合触点闭合。

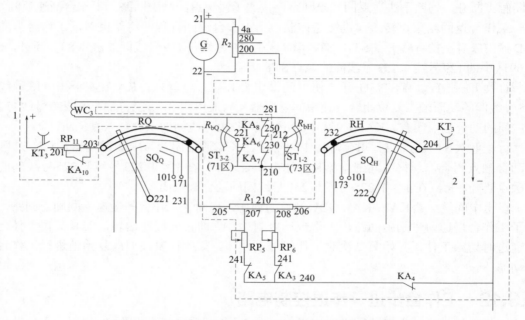

图4-17　工作台步进时电机放大机控制绕组WC$_3$励磁回路

KA$_5$在12区中1号线与5号线间的动合触点闭合，使直流接触器KM$_Z$通电闭合并使12区中1号线与5号线间的动合触点闭合自锁。KM$_Z$在12区1号线与11号线及15区2号线与12号线间的动合触点闭合，接通了抬刀电磁铁线圈的电源通路，抬刀电磁铁动作，相应的刀架抬起。

KA$_5$在12区中1号线与3号线间的动合触点闭合，使时间继电器KT$_3$通电闭合。时间继电器KT$_3$在1区中270号线与11号线间的常闭触点闭合，6区中280号线与281号线间的动断触点断开，切断了电机放大机的欠补偿回路和发电机的自消磁回路。同时，时间继电器KT$_3$在1区中1号线与201号线间的动合触点及11区中2号线与204号线间的常开触点闭合，接通了电机放大机AG控制绕组WC$_3$的励磁回路。此时，励磁电压的大小与步进时的情况基本相同，但极性相反。其通路为：电源正极1号线—KT$_3$动合触点—201号线—RP$_{11}$—前进时行程调速电位器RQ—205号线—R_1—210号线—KA$_7$动断触点—230号线—KA$_6$动断触点—250号线—KA$_8$动断触点—281号线—WC$_3$—22号线—R_2—200号线—KA$_4$动断触点—240号线—KA$_3$动断触点—242号线—RP$_6$—R_1—206号线—电源负极2号线。后退时电机放大机AG控制绕组WC$_3$励磁回路如图4-18中虚线回路所示。

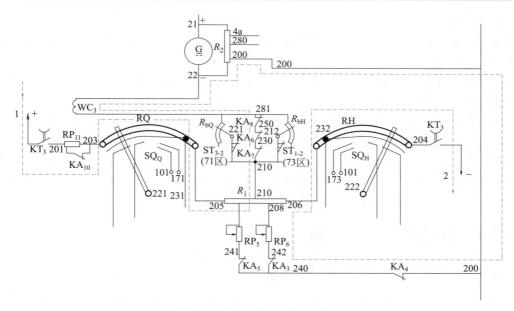

图4-18 工作台步退时电机放大机控制绕组WC$_3$励磁回路

此时加在电机放大机AG控制绕组上的给定电压为R_1上208号线与210号线两点之间的电位差。显然，208号线与210号线两点间的电位差也较小，又加上有电位器RP$_6$的调节，所以加在电机放大机AG控制绕组WC$_3$上的给定电压也可以调得很小，故工作台在步退时的速度也较低，这样有利于调整工作台的位置。

松开工作台步退启动按钮SB$_{12}$，中间继电器KA$_5$失电释放，KA$_5$在12区中的动合触点复位断开，使时间继电器KT$_3$失电。由于KT$_3$为断电延时继电器，所以在按钮SB$_{12}$松开约0.9s时，KT$_3$在1区中的1号线与201号线间的延时断开触点及11区中2号线与204号线间的延时断开触点断开，切断电机放大机AG控制绕组WC$_3$的给定电源电压，而KT$_3$在1区中的11号线与270号线间延时闭合触点及6区中280号线与281号线间的延时闭合触点闭合，接通电机放大机AG的欠补偿回路和发电机G的自消磁回路，工作台也迅速制动停了下来。

在工作台的步进和步退控制电路中，6区中RP$_5$为步进速度调节电位器，调节RP$_5$值的大小，可调节工作台步进速度快慢；RP$_6$为工作台步退速度调节电位器，调节RP$_6$值的大小，则可调节工作台步退速度的快慢。

4.3.13 工作台运动联锁保护控制电路

只有当主拖动机组已启动，直流电动机M已励磁，横梁已夹紧，润滑泵电动机M$_4$已启动运行，且机床润滑油供应正常的情况下，工作台才能启动运行。

工作台前进与后退的联锁：按钮SB$_9$为工作台自动循环前进启动按钮，按钮SB$_{11}$为工作台自动循环后退启动按钮。由于按钮SB$_9$所控制接通的是中间继电器KA$_3$，而按钮SB$_{11}$控制接通的是中间继电器KA$_5$，而每个按钮各在对方所控制的中间继电器线圈回路中各串入了压断触点，且每个中间继电器各在对方的线圈回路中各串入了动断触点，故当按下前进启动按钮SB$_9$时，中间继电器KA$_5$不会闭合。同理按下后退启动按钮SB$_{11}$时，中间继电器KA$_3$不会闭合；而当中间继电器KA$_3$闭合后KA$_5$不会闭合，KA$_5$闭合后KA$_3$不会闭合。

工作台步进、步退与工作台自动循环的联锁：当按下工作台步进或步退启动按钮SB$_8$或SB$_{12}$时，由于中间继电器KA$_4$不会闭合，中间继电器KA$_4$在10区中的常开和动断触点不会动作，故保证了自动循环工作回路被切断；而在工作台自动循环工作时，KA$_4$闭合。KA$_4$在10区中的常开和动断触点闭合，动断触点断开，切断了步进、步退工作回路，而接通了自动循环工作回路。

横梁处在放松或夹紧过程中时，65区中接触器KM$_{12}$或接触器KM$_{13}$的动合触点断开，切断工作台自动循环控制回路，工作台不能自动循环运行。

直流电动机M电枢回路电流过大时，7区中过电流继电器KOC$_1$动作，使过电流继电器KOC$_2$在65区中的动断触点断开，切断工作台控制电源，工作台停止运行。

极限位置保护：在65区中行程开关ST$_5$为工作台前进终端行程开关；行程开关ST$_6$为工作台后退终端行程开关，当减速开关和换向行程开关失灵时，撞块撞击行程开关ST$_5$或ST$_6$时，工作台自动控制电路被切断，工作台立即停止运动。

4.3.14 自动进刀控制电路

当需要自动进刀时，扳动刀架进刀箱上的机械手柄，使得42～48区中行程开关ST$_{13}$、ST$_{14}$、ST$_{15}$动作。行程开关ST$_{13}$在43区中301号线与303号线间的动断触点断开，在44区中101号线与305号线间的动合触点闭合；行程开关ST$_{14}$在45区中401号线与403号线间的动断触点断开，在46区中101号线与405号线间的动合触点闭合；行程开关ST15在47区中501号线与503号线间动合触点断开，在48区中101号线与505号线间的动合触点闭合。选择13区中转换开关SA$_1$～SA$_4$，将所需的刀架抬刀转换开关扳至接通位置。

启动机床，工作台按照工作行程前进，刀具切入工件，对工件进行加工。当刀具按正常行程离开工件时，工作台上的撞块B撞击床身上的行程开关ST$_2$，ST$_2$在70区中129号线与155号线间的触点闭合，ST$_2$在63区中107号线与109号线间的触点ST$_{4-1}$断开。

行程开关ST$_2$在70区中的触点ST$_{4-2}$闭合，使中间继电器K$_7$闭合，K$_7$在44区中305号线与307号线间动合触点、在46区中405号线与407号线间的动合触点、在48区中505号线与507号线间动合触点闭合，使接触器KM$_5$、KM$_7$、KM$_9$通电吸合，垂直刀架电动机M$_5$、右侧刀架电动机M$_6$、左侧刀架电动机M$_7$通电反转，拖动拨叉盘反转，使拨叉盘复位，为下次进刀做好准备。

行程开关ST$_2$在63区中的触点ST$_{4-1}$断开，使中间继电器KA$_3$失电释放。KA$_3$在67区中123号线与125号线间的动断触点复位闭合，使中间继电器KA$_5$通电吸合。KA$_5$在12区中1号线与5号线间的动合触点闭合，使直流接触器KM$_Z$通电闭合且1号线与5号线间动合触点闭合自锁。KM$_Z$在12区中1号线与11号线、在15区中2号线与12号线间动合触点闭合，接通了抬刀电磁铁线圈电源通路，刀架自动抬起。此时，工作台前进制动并迅速返回。

4.3.15 刀架工作台以较高速度返回电路

当工作台以较高速度返回时，工作台上的撞块B撞击行程开关ST$_2$，行程开关ST$_2$在63区中107号线与109号线间的触点ST$_{4-1}$闭合，70区中的129号线与155号线间的触点ST$_{4-2}$断开。

行程开关ST$_2$的触点ST$_{4-2}$断开，使中间继电器KA$_7$失电释放。中间继电器KA$_7$在44区、46区、48区中的动合触点复位断开，切断了相应的接触器线圈电源，使相应拖动刀架电动机停止反转。同时接触器KM$_5$、KM$_7$、KM$_9$的常开、动断触点复位。

在工作台返回行程末端，工作台上撞块D撞击行程开关ST$_4$，ST$_4$在67区中107号线与119号线间的触点ST$_{3-1}$断开，在69区中129号线与153号线间触点ST$_{3-2}$闭合。

行程开关 ST$_4$ 在 67 区中触点 ST$_{3-1}$ 断开，使中间继电器 KA$_5$ 失电释放。KA$_5$ 在 63 区中113 号线与 115 号线间动断触点复位闭合，使中间继电器 KA$_3$ 通电闭合。KA$_3$ 在 13 区中 5 号线与 7 号线间的动断触点断开，切断直流接触器 KM$_Z$ 线圈电源，直流接触器 KM$_Z$ 失电释放，抬刀电磁铁失电释放，刀架放下。

行程开关 ST$_4$ 在 69 区中 129 号线与 153 号线间触点 ST$_{3-2}$ 闭合，使中间继电器 KA$_6$ 通电闭合，KA$_6$ 在 43 区中的 303 号线与 305 号线间的动合触点、在 45 区中的 403 号线与 405 号线间的动合触点、在 47 区中的 503 号线与 505 号线间的动合触点闭合，接触器 KM$_4$、KM$_6$、KM$_8$ 通电闭合，交流电动机 M$_5$、M$_6$、M$_7$ 正转，带动垂直刀架拨叉盘、右侧刀架拨叉盘和左侧拨叉盘旋转，完成三个刀架的进刀。如此循环，直到工作台停止。

刀架快速移动控制：刀架快速移动主要用于调整机床刀架位置。当需要对某刀架进行调整时，选择机械手柄，使相应刀架的行程开关 ST$_{13}$、ST$_{14}$、ST$_{15}$ 压下接通，并按下 43 区、45 区、47 区中的刀架快速启动按钮 SB$_3$、SB$_4$ 或 SB$_5$，相应的刀架就可以实现快速移动。

4.3.16 刀架控制联锁电路

行程开关 ST$_{13}$、ST$_{14}$、ST$_{15}$ 各自联锁触点实现刀架的快速移动和自动进给的联锁。

只有当中间继电器 KA$_4$ 失电释放，KA$_4$ 在 43 区中 101 号线与 345 号线间的动断触点复位闭合，工作台自动循环运动停止时，才能进行刀架的快速移动控制。

4.4 摇臂钻床电气控制线路

Z3040 型摇臂钻床电气控制线路原理图如图 4-19 所示。

4.4.1 主电路电动机和电源

主电路中有 4 台电动机。其中 M$_1$ 是主轴电动机，带动主轴旋转并使主轴做轴向进给运动；电动机 M$_1$ 只做单方向旋转，主轴的正、反转用机械的方法来变换。M$_2$ 是摇臂升降电动机，可做正、反向运行。M$_3$ 是液压泵电动机，主要作用是供给夹紧装置压力油，实现摇臂和立柱的夹紧和松开，电动机 M$_3$ 可做正、反向运行。M$_4$ 是冷却泵电动机，供给钻削时所需的切削液，电动机 M$_4$ 只做单方向旋转。

主电路电源电压为交流 380V，控制电路电源电压为交流 110V，照明电压为交流 24V，信号灯电路电压为交流 6V，均由控制变压器 TC 供给电源。

在安装机床电气设备时，应当注意三相交流电源的相序。如果三相电源的相序接错了，电动机的旋转方向就会与规定的方向不符，在开动机床时容易产生事故。Z3040 摇臂钻床三相电源的相序可以用立柱的夹紧机构来检查。Z3040 型摇臂钻床立柱的夹紧和放松动作由指示标牌指示。接通机床电源，然后按立柱夹紧或松开按钮，如果夹紧和松开动作与标牌的指示相符合，就表示三相电源的相序是正确的。如果夹紧与松开动作与标牌的指示相反，三相电源的相序一定是接错了。这时就应当断开总电源，把三相电源线中的任意两根相线对调即可。

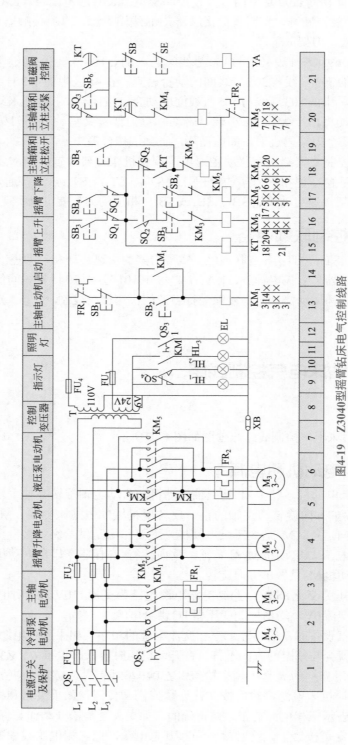

图4-19 Z3040型摇臂钻床电气控制线路

4.4.2 主轴电动机的控制电路

按启动按钮SB_2，接触器KM_1线圈获电吸合，主轴电动机M_1启动，指示灯HL_3亮。

4.4.3 摇臂升降电动机和液压泵电动机的控制电路

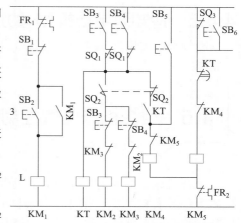

摇臂升降电动机和液压泵电动机的控制如图4-20所示，按上升（或下降）按钮SB_3（或SB_4），时间继电器KT获电吸合，KT的瞬时闭合和延时断开动合触点闭合，接触器KM_4和电磁铁YA同时获电，液压泵电动机M_3旋转，供给压力油。压力油经2位6通阀进入摇臂松开油腔，推动活塞和菱形块，使摇臂松开。同时活塞杆通过弹簧片压住限位开关SQ_2，SQ_2的动断触点断开，接触器KM_4断电释放，电动机M_3停转，SQ_2的动合触点闭合，接触器KM_2（或KM_3）获电吸合，摇臂升降电动机M_2启动运转，带动摇臂上升（或下降）。如果摇臂没有松开，SQ_2的动合触点不能闭合，接触器KM_2（或KM_3）也不能吸合，摇臂也就不会升降。当摇臂上升（或下降）到所需位置时，松开按钮SB_3（或SB_4），接触器KM_2

图4-20 摇臂升降电动机和液压泵
电动机的控制

（或KM_3）和时间继电器KT断电释放，电动机M_2停转，摇臂停止升降。时间继电器KT的动断触点经$1 \sim 3s$延时后闭合，使接触器KM_5获电吸合，电动机M_3反转，供给压力油。压力油经2位6通阀进入摇臂夹紧油腔，向反方向推动活塞，这时菱形块自锁，使顶块压紧2个杠杆的小头，杠杆围绕轴转动，通过螺钉拉紧摇臂套筒，这样摇臂被夹紧在外立柱上。同时活塞杆通过弹簧片压住限位开关SQ_3，SQ_3的动断触点断开，接触器KM_5断电释放。同时KT的动合触点延时断开，电磁铁YA也断电释放，电动机M_3断电停转。时间继电器KT的主要作用是控制接触器KM_5的吸合时间，使电动机M_2停转后，再夹紧摇臂。KT的延时时间视需要调整为$1 \sim 3s$，延时时间应视摇臂在电动机M_2切断电源至停转前的惯性大小进行调整，应保证摇臂停止上升（或下降）后才进行夹紧。SQ_1是摇臂升（降）至极限位置时使摇臂升降电动机停转的限位开关，其两对动断触点需调整在同时接通位置，而动作时又必须是1对接通，1对断开。摇臂的自动夹紧是由限位开关SQ_3来控制的。当摇臂夹紧时，限位开关SQ_3处于受压状态，SQ_3的动断触点是断开的，接触器KM_5线圈是处于断电状态的。当摇臂在松开过程中，限位开关SQ_3就不受压，SQ_3的动断触点处于闭合状态。

4.4.4 立柱、主轴箱的松开和夹紧控制电路

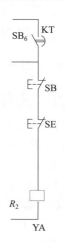

立柱、主轴箱的松开或夹紧是同时进行的，如图4-21所示。按压松开按钮SB_5（或夹紧按钮SB_6），接触器KM_4（或KM_5）吸合。液压泵电动机获电旋转，供给压力油，压力油经二位六通阀（此时电磁铁YA处于释放状态）进入立柱夹紧及松开油缸和主轴箱夹紧及松开油缸，推动活塞和菱形块，使立柱和主轴箱分别松开（或夹

图4-21 立柱、主轴箱的
松开和夹紧控制

紧），指示灯亮。

Z3040型摇臂钻床的主轴箱、摇臂和内外立柱三个运动部分的夹紧，均靠安装在摇臂上的液压泵来完成。压力油通过二位六通阀分配后送至各夹紧松开液压缸。分配阀安放在摇臂的电器箱内。

4.4.5 冷却泵电动机 M_4 的控制电路

冷却泵电动机 M_4 由转换开关 QS_2 直接控制。

4.5 组合机床电气控制线路

组合机床是对某特定工件，进行特定加工的一种高效率的自动化专用加工设备。这类机床大都具有自动工作循环，并能同时用十几把、几十把刀具进行加工。组合机床都由通用部件和一些专用部件组成，它的控制系统大多采用机、液压、电气相结合控制方式。

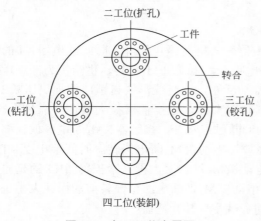

图4-22 加工工位布置图

组合机床是由通用部件组成的，所以它的基本线路可根据通用部件的控制线路综合组成。现以某DU型机床单机为例对某控制线路原理加以说明。

这台机床由液压动力头和液压回转工作台组成，是用来加工某轮毂工件上12个孔用的。立式动力头上装有36把刀具，共有四个工位，第一、二、三工位分别是钻孔、扩孔和铰孔的工序，第四工位装卸工件用，某工位布置如图4-22所示。

本机床的自动循环为：回转台抬起→回转台回转→回转台反靠→回转台夹紧→动力头快进→动力头工进→延时停留→动力头快退。

DU型组合机床单机控制线路图如图6-73所示。

4.5.1 主电路分析

DU组合数控型机床单机控制线路图如图4-23所示。

主电路共有三台电动机：M_1 为主电动机；M_2 为液压泵电动机；M_3 为冷却泵电动机。由主电路的控制线路可看出，它是一种多台电动机同时启动的控制线路。M_1 与 M_2 是由接触器 KM_1 和 KM_2 控制的，由按钮 SB_2 及 SB_1 控制启、停。开关 SA_3 和 SA_4 要用于单独启动主电动机 M_1 和液压泵电动机 M_2。当旋钮开关 S 在"2"位置时，冷却泵电动机 M_3 由继电器 K_2 控制启停，K_2 继电器是控制动力头工进用的继电器，它意味着当动力头工进时，冷却泵才接通，S 在"1"位置时，冷却泵还可由按钮 SB_5 进行启动。

本机床除接触器 KM_1、KM_2 和 KM_3 为交流电器外，其他均为直流电器，由整流电源U整流后得到24V电压供电。我们知道采用低压直流电器工作平稳安全、便于操作。电源接通后，指示灯 HL 就接通，直到液压泵电动机 M_2 启动后，由于接触器 KM_2 通电动作，指示灯才熄灭。

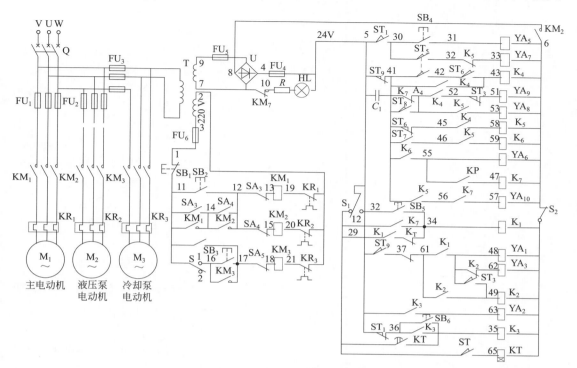

图4-23　DU型组合机床单机控制线路图

4.5.2　液压回转工作台回转控制线路

回转工作台多用于多工位组合机床上，它可以有多个加工工位，被加工工件在回转台上回转一周完成在该机床上的全部加工工序。液压回转工作台是靠控制液压系统的油路来实现工作台转位动作的。液压系统的动作循环是靠电气控制进行的。

回转工作台的转位动作如下：自锁销脱开及回转台抬起→回转台回转及缓冲→回转台反靠→回转台夹紧。

图4-24（a）是回转工作台的液压系统原理图；图4-24（b）是回转工作台自动回转的控制线路图。回转工作台的转位动作是自动进行的，控制工作原理的识读：

（1）**自锁销脱开及回转台抬起**　按回转按钮 SB_4，电磁铁 YA_5 通电（动力头在原位时，限位开关 ST_1 被压动，回转台才能转位），将电磁阀 YV_1 的阀杆推向右端，将液压泵的压力油送到夹紧液压缸1G，使其活塞上移抬起回转台。同时经阀 YV_1 的压力油也送到自锁液压缸2G。活塞下移使自锁销脱开。

（2）**回转台回转及缓冲**　如图4-24（b）所示，回转台抬起后，压动开关 ST_5 的动合触点闭合使 YA_7 通电，电磁阀 YV_3 的阀杆被推向右端，压力油送到回转液压缸3G的左腔，而右腔排出的油经阀 YV_2 和 YV_3 流回油箱。因此活塞右移，经活塞中部的齿条带动齿轮，使回转台回转。当转到接近定位点时，转台定位块1将滑块2压下，从而压动了 ST_6，其动断触点切断 K_5 的通路；其动合触点闭合，由于 ST_5 动合触点已闭合，所以继电器 K_4 得电动作并自锁，其一动合触点使 YA_9 通电，使液压缸3G的回油只能经节流阀L流回油箱。所以回转台变为低速回转。

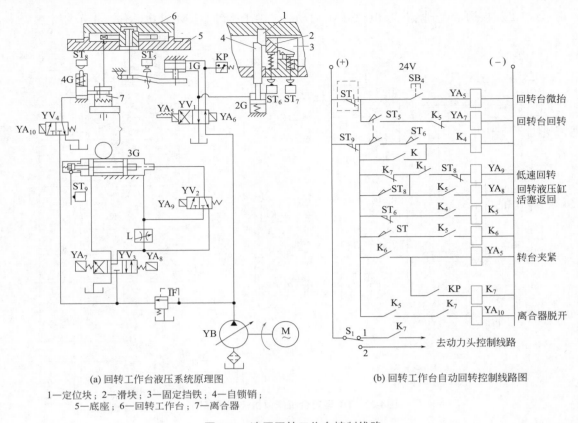

(a) 回转工作台液压系统原理图   (b) 回转工作台自动回转控制线路图

1—定位块；2—滑块；3—固定挡铁；4—自锁销；
5—底座；6—回转工作台；7—离合器

图4-24 液压回转工作台控制线路

（3）回转台反靠 回转台的继续回转，使定位块1离开滑块2，因此限位开关ST_6恢复原位，其动断触点恢复闭合，使K_5得电动作。K_5动断触点打开使YA_7断电，同时由K_5动合触点使YA_3通电，YA_8通电使YV_3的阀杆左移。压力油经YV_7和节流阀L送至回转液压缸3G的右腔，使回转台低速（因YA_9已通电）反靠。这时定位块的右端面将通过滑块靠紧在挡铁的左端面上，达到准确定位。

（4）回转台夹紧 反向靠紧后，通过杠杆作用，压动限位开关ST_7，使K_8通电动作。其动合触点闭合，其结果使YA_6通电，使YV_1阀杆向左移，使之夹紧液压缸1G将回转台向下压紧在底座上。同时锁紧液压缸2G因已接至回油路，所以自锁销4被弹簧顶起，使定位块1锁紧。当转台夹紧后，夹紧力达到一定数值，夹紧液压缸的进油压力使压力继电器KP动作，其动合触点使继电器K_7通电动作。K_7动断触点使YA_8、YA_9断电，阀YV_3回到中间位置，这时3G的左、右油腔都接至回油路，使回转液压缸卸压。K_7的动合触点使YA_{10}通电（K_5已经得电动作），使YV_4阀杆右移，通过液压缸4G使离合器7脱开。

（5）离合器脱开后的状态 液压缸4G的活塞杆压动限位开关YA_8，其动断触点断开使YA_9断电，其动合触点闭合使YA_8通电，使阀YV_3阀杆左移，将使回转液压缸活塞退回原位。活塞退回原位后，由于杠杆作用压动限位开关ST_9，其动断触点断开。即动作的电器均被断电。这样YA_{10}断电使离合器重新接合，以备下次转位循环。这样液压系统和控制线路都恢复到原始状态。

需要指出的是，当回转台夹紧后，压力继电器KP动作，使K_7得电动作，若动合触点闭合，可接通动力的工作循环。

液压回转台回转时各电磁铁及限位开关工作状态列于表4-2中。

表4-2　回转台回转时各电磁铁及限位开关的工作状态

元件工步	通电的电磁铁						被压动的限位开关					
	YA_5	YA_6	YA_7	YA_8	YA_9	YA_{10}	ST_5	ST_6	ST_7	ST_8	ST_9	KP
回转台原位	−	(+)	−	−	−	−			(+)		(+)	+
回转台抬起	+	−	−	−	−	−	+					
回转台回转	(+)	−	+	−	−	−	(+)					
回转台反靠	(+)	−	+	+	−	−	(+)		+			
回转台夹紧	−	(+)	−	(+)	−	−			(+)			+
离合器脱开	−	(+)	−	−	−	+			(+)	(+)		(+)
回转液压缸返回	−	(+)	−	+	−	−			(+)	(+)		(+)

注：表中有括号的动作，指示这一动作已在上一步完成。

上述液压回转台控制线路采用的是低压直流电器。这样有既操作安全，动作平衡，安装紧凑，又便于采用无触点开关元件等优点。但需整流电源。当然也可以采用交流电器，它们组成控制线路的工作原理是完全一样的。

4.5.3　液压动力头控制线路

图4-24（a）控制线路中开关S_1下侧为液压动力头的自动工作循环控制线路。这一线路可以完成快进→工进→延时停留→快退的工作循环。

4.5.4　自动工作循环的控制

在主电动机与液压泵电动机启动后，接触器KM_2的动合辅助触点接通了自动工作循环的控制线路。按动回转按钮SB_4后，回转台的回转自动工作循环开始进行。回转台经过抬起、回转、反靠定位、夹紧后，压力继电器KP动作使继电器K_7动作，K_7的动合触点（24-34）接通继电器K_1。此时由于液压回转台还在继续完成离合器脱开和液压缸返回的运动，所以ST_9尚未被压动，因此动力头不动。只有当回转液压缸的活塞返回原来位置，ST_9被压后，动力头才开始进行快进、工进、延时停留、快退的自动工作循环。

停车时按动停止按钮SB_1，接触器KM_1、KM_2和KM_3都断电，主电动机M_1、液压泵电动机M_2及冷却泵电动机M_3都停止，由KM_2的动合触点（7-6）切断控制回路，开关S_2可使动力头自动工作循环回路切断。

图4-24（a）中电容器C_1是用来保护触点ST_9的。我们知道电器上的电磁铁要有足够的吸力，工作才安全可靠，这就需要足够的磁势，既有要足够大的电流，匝数也要多。因此电磁铁的线圈具有较大的电感。当触点由闭合转为断开时，电磁铁线圈的电流迅速变化，因而将产生很大的感应电势，触点在分断时将产生很强的电弧，使触点易被电弧烧蚀，缩短使用寿命。因此为了保护触点不被烧蚀，需要被保护的触点两端并联电容器。当触点两端电势增加时，由于电容器的充电作用，可使触点两端电压大大减少，电容的这种吸收作用，能使电弧很快熄灭，从而防止了触点的烧蚀。

在本机床控制线路中，只是对触点ST_9采取了保护措施，这主要考虑到与电磁铁动作相关，易被烧蚀，当然必要时，其他触点也可采取这种保护措施。

4.6 桥式起重机电气控制线路与电动葫芦遥控控制电路

4.6.1 桥式起重机电气控制线路

电路原理图如图4-25所示。

（1）桥式起重机主电路 该台起重机配置3台电动机M_1、M_2和M_3，它们分别是大车、小车和吊钩电动机，均为绕线式，且都采用串接电阻（$1R$、$2R$、$3R$）的方法实现启动和逐级调速。M_1、M_2和M_3的正反转以及电阻$1R$、$2R$、$3R$的逐级切除，分别用凸轮控制器QC_1、QC_2、QC_3控制。

YB_1、YB_2、YB_3为制动电磁铁，分别与电动机M_1、M_2、M_3的定子绕组并联，以实现得电松闸、失电抱闸的制动作用。这样在电动机定子绕组失电时，制动电磁铁失电，电磁抱闸抱紧，就可以避免重物自由下落而造成的伤害。

电流继电器KI_1、KI_2、KI_3分别作电动机M_1、M_2、M_3的过电流保护。电源电路则采用电流继电器KI_0实现过电流保护。

（2）各凸轮控制器识图 QC_1、QC_2、QC_3都在"0"位时，才可以接通交流电源，在开关QS_1闭合状态下，按动启动按钮SB，接触器KM得电吸合并自锁，然后可由$QC_1 \sim QC_3$分别控制各电动机，凸轮控制器的触点工作状态如图4-26所示。

凸轮控制器是一种多触点、多位置的转换开关。凸轮控制器QC_3、QC_2、QC_1分别对大车、小车、吊钩电动机实行控制。各凸轮控制器的位数为4-0-5，共有11个操作位、12副触点，其中4副触点（1～4）控制各相对应电动机的正反转，5副触点（5～9）控制电动机的启动和分级短接相应电阻，两副触点（10，11）和限位开关配合，用于大车行车、小车行车和吊钩提升极限位置的保护，另一副触点（12）用于零位启动保护。

（3）控制电路 合上开关QS_1，把凸轮控制器QC_1、QC_2、QC_3的手柄置于零位，把驾驶室上的舱口门和桥架两端的门关好，合上紧急开关SA。按下启动按钮SB，使交流接触器KM得电吸合，其辅助动合触点KM（21-22）、KM（17-21）闭合自锁，其主触点闭合，接通总电源，为各电动机的启动做好准备。

大车、小车及提升凸轮控制器触点QC_{1-10}、QC_{1-11}、QC_{2-10}、QC_{2-11}和大车、小车及提升机构的限位开关$SQ_3 \sim SQ_8$接成串并联电路，并与接触器KM辅助触点构成自锁电路使大车、小车等到了极限位置，相应限位开关断开，凸轮控制器归"0"再次反向运动，即可退出极限。

（4）小车控制识图 如图4-26所示。

① 小车向前。

把QC_2手柄在"向前"方向转到"1"位，则

QC_2手柄在"向前"方向转到"1"位 $\left[\begin{array}{l} QC_2（36-37）（即QC_{2-1}）[5] \\ QC_2（38-39）（即QC_{2-3}）[5] \ M_2、YB小车向前移动 \\ QC_{2-10}^+（自锁） \end{array} \right.$

把QC_2手柄在"向前"方向从"1"转到"2"位，则

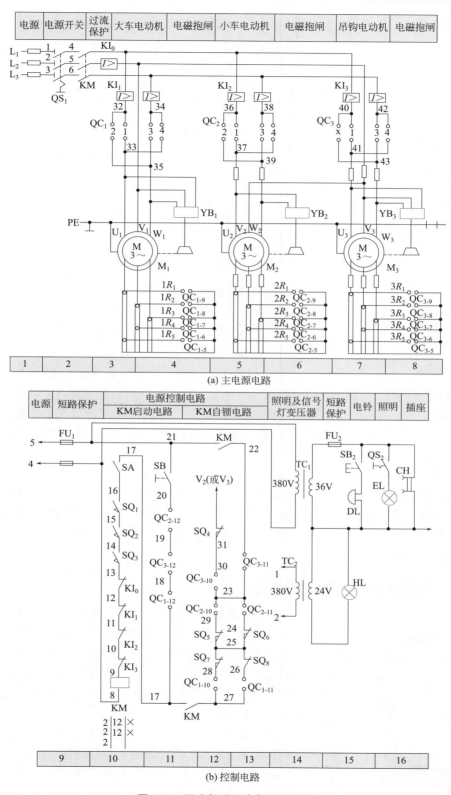

(a) 主电源电路

(b) 控制电路

图4-25 桥式起重机电气控制线路

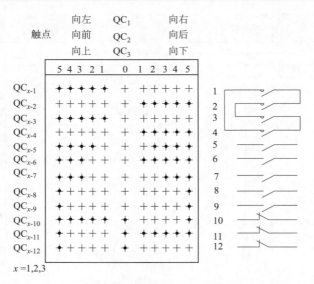

图4-26　凸轮控制器触点工作状态

$$\begin{array}{l} QC_{2\text{-}10}（自锁）\rightarrow \\ QC_2（36\text{-}37）\rightarrow \\ QC_2（38\text{-}39）\rightarrow \\ QC_{2\text{-}5}\rightarrow 短接电阻R_5\rightarrow M_2加速小车向前加快移动 \end{array}$$

QC$_2$手柄在"向前"方向转到"2"位　⎱　⎰　M$_2^+$

把QC$_2$手柄在"向前"从"2"转到"3""4""5"位时，其触点QC$_2$（35-37）[5]、QC$_2$（37-39）[5]和QC$_{2\text{-}5}$继续保持闭合，而在"3""4""5"位时，触点QC$_{2\text{-}5}$、QC$_{2\text{-}4}$-QC$_{2\text{-}6}$、QC$_{2\text{-}5}$-QC$_{2\text{-}7}$、QC$_{2\text{-}5}$-QC$_{2\text{-}9}$分别接通，相应短接电阻2R$_5$、2R$_4$、2R$_3$、2R$_2$、2R$_1$，小车速度逐渐加快。

② 小车向后。

把QC$_2$手柄转到"向后"方向的位置上，其工作原理与小车"向前"控制相似。

（5）大车、吊钩控制电路　大车"向左""向右"控制，把QC$_1$手柄转到"向左""向右"方向的位置上，吊钩"向上""向下"控制，把QC$_3$手柄转到"向上""向下"位置上，其工作原理与小车"向前"控制相似。

4.6.2　电动葫芦遥控控制电路

一般大型电动葫芦（包括行车）均具有前进、后退、左行、右行、上升和下降6种控制方式，通过各种复杂的联锁进行控制。其缺点是人必须靠近操作，安全性较差。电动葫芦遥控控制电路，多采用红外遥控方式，遥控距离（或高度）为8m以上，使用安全方便，可满足危险场所对吊装装置的特殊要求。

该电动葫芦遥控控制电路由红外发射电路和红外接收控制电路两部分组成。行车发射接收控制器外形如图4-27所示。

红外发射电路由红外发射编码集成电路IC$_1$和外围元器件组成，如图4-28所示。控制按钮开关S$_1$～S$_4$、二极管

图4-27　行车发射接收器控制器外形　VD$_1$～VD$_3$、电容器C$_3$～C$_8$和IC$_1$的4～13脚内电路组成

键控输入电路；电容器 C_1 与 C_2、石英晶振 BC 和 IC_1 的 2、3 脚内电路组成振荡器电路；电阻器 $R_1 \sim R_4$、晶体管 V_1 与 V_2、红外发光二极管 $VL_1 \sim VL_3$ 和 IC_1 的 15 脚内电路组成红外驱动电路。

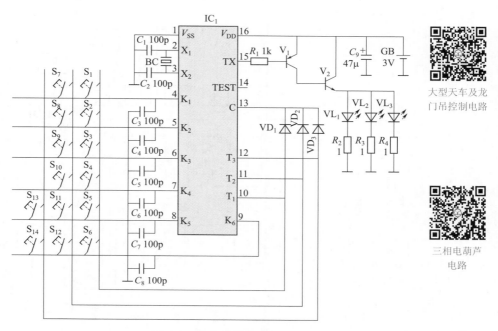

图4-28 红外发射电路

红外接收控制电路由红外接收放大电路、解码电路、触发控制电路和控制执行电路组成，如图4-29所示。

红外接收放大电路由电阻器 $R_5 \sim R_8$、电容器 $C_{10} \sim C_{13}$、红外信号处理集成电路 IC_2、红外接收二极管 VD_4 和晶体管 V_3 组成。

解码电路由 IC_3、电容器 $C_{14} \sim C_{17}$、电阻器 R_9 与 R_{10} 和晶体管 V_4、V_5 组成。

触发控制电路由触发器集成电路 $IC_4 \sim IC_6$、电阻器 $R_{11} \sim R_{28}$、电容器 $C_{18} \sim C_{23}$、二极管 $VD_5 \sim VD_{16}$ 和光耦合器 $VLC_1 \sim VLC_6$ 内部的发光二极管组成。电路中，$IC_{4b} \sim IC_{6b}$、$C_{19} \sim C_{23}$、$R_{14} \sim R_{28}$ 和 $VD_7 \sim VD_{16}$ 同 IC_{4a} 电路。

控制执行电路由光耦合器 $VLC_1 \sim VLC_7$、交流接触器 $KM_1 \sim KM_7$ 和电阻器 R_{29} 组成。

VD_4 接收到 $VL_1 \sim VL_3$ 发射的红外光信号，并将其转换成电脉冲信号。此电脉冲信号经 IC_2 解调放大处理及 V_3 反相放大后加至 IC_3 的 2 脚，经 IC_3 比较及解码处理后输出控制电平，使相应的触发器翻转，通过相应的交流接触器来控制电动葫芦，完成相应的动作。

按动一下 $S_1 \sim S_{14}$ 中某按钮开关时，IC_1 内部电路将该按钮开关产生的遥控指令信号进行编码后调制为 38kHz 脉冲信号，该脉冲信号经 V_1 和 V_2 放大后，驱动 $VL_1 \sim VL_3$ 发射出红外光。

$S_1 \sim S_6$ 用于点动控制，$S_7 \sim S_{12}$ 用于连续动作控制，S_{13} 为点动／连续动作方式选择控制，S_{14} 为电动机总电源开关控制。

按一下 S_1 时，IC_2 的 3 脚输出单脉冲控制信号，使 VLC_1 内部的发光二极管间歇点亮，光控晶闸管间歇导通，KM_1 间歇通电吸合，电动葫芦向前点动运行。分别按一下 $S_2 \sim S_6$ 时，IC_2 的 4 ~ 8 脚将分别输出单脉冲控制信号，分别通过 $VLC_2 \sim VLC_6$ 使 $KM_2 \sim KM_6$ 间歇工作，控制电动葫芦分别完成向后、向左、向右、上升和下降的点动运行。

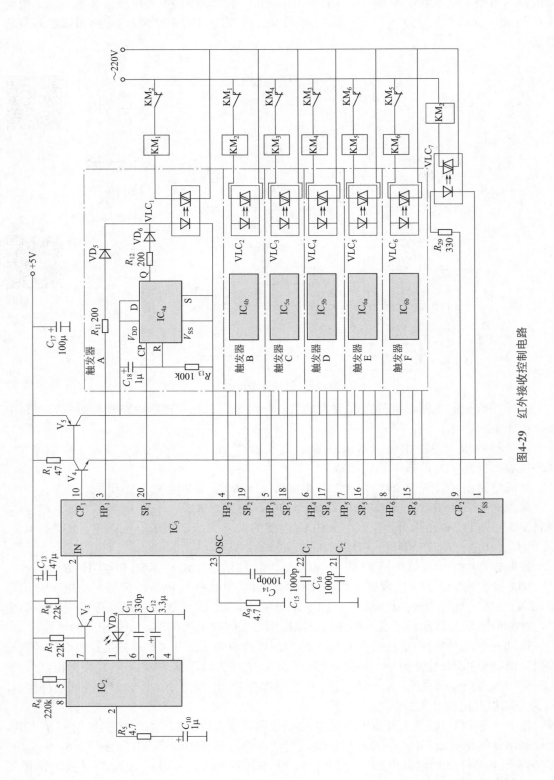

图4-29　红外接收控制电路

当按动一下按钮开关 S_7 时，IC_3 的 20 脚将输出连续控制脉冲信号，通过触发器 A（由 IC_{4a} 和外围元器件组成）使 VLC_1 内部的发光二极管点亮，光控晶闸管导通，KM_1 通电吸合，控制电动葫芦连续向前运行。分别按动 $S_8 \sim S_{12}$ 时，IC_3 的 19 ～ 15 脚将分别输出控制信号，分别通过触发器 B ～ F 使 $VLC_2 \sim VLC_6$ 导通工作，$KM_2 \sim KM_6$ 分别通电吸合，控制电动葫芦分别完成向后、向左、向右、上升和下降的连续运行。

按动一下 S_{13}，IC_3 的 10 脚输出低电平，使 V_4 和 V_5 导通，$IC_4 \sim IC_6$ 通电工作，此时电路可进行连续运行控制；再按一下 S_{13}，IC_3 的 10 脚输出高电平，使 V_4 和 V_5 截止，$IC_4 \sim IC_6$ 停止工作，此时电路只能进行点动运行控制。

按动一下 S_{14}，IC_3 的 9 脚输出高电平，使 VLC_7 内部的发光二极管点亮，光控晶闸管导通，KM_7 通电吸合，电动葫芦驱动电动机总电源被接通，可进行各种控制操作；再按一下 S_{14} 时，IC_3 的 9 脚输出低电平，使 VLC_7 内部的发光二极管熄灭，光控晶闸管截止，KM_7 释放，电动机的总电源被切断。

第 5 章

典型机电设备的控制电路与维护

5.1 温度控制类电路

5.1.1 机械温控器控制电路

（1）电路工作原理　该控制电路如图5-1所示。图中所示的T是温度控制传感器开关。工作时，首先将传感器T顺时针调到设定的温度值，闭合开关S，电源供电，交流220V经变压器B降压为6V，供给控温电路工作。开始工作时，因恒温箱内介质（空气）的温度低于T的设定值，所以开关T是闭合的，接触器J的线圈通电闭合，触点$J_1 \sim J_3$闭合，负载电阻丝RF通电发热，绿色指示灯H_1点亮，表示恒温箱处于升温加热状态。当温度上升到T的设定值时，传感器开关T断开，其接触器J常开触点$J_1 \sim J_3$复位，RF断电停止加热，同时H_1灭，红色指示灯H_2点亮，表示恒温箱处于恒温状态。当温度下降时，J又通电吸合……如此周而复始，使恒温箱处于恒温状态。

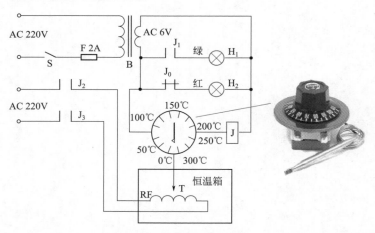

图5-1　机械温控器电路图

（2）元器件选择　传感器T采用ECO型0～300℃传感器。交流接触器J（继电器）采用JTX-3C型继电器。交流电压为6V，变压器B采用容量为15V•A、220V/6V的干式变压器。

只要元件选择无误，照图安装后不需调试，即可正常工作。

5.1.2　电烤箱与高温箱类控制电路

（1）电路工作原理　定时调温电烤箱电路如图5-2所示。电路中，PT为定时器，ST为温控调节器，R为降压电阻器；HL为指示灯；$EH_1 \sim EH_4$为电热管；FU为过热熔断器。S_1、S_2为火力选择开关。接通电源，旋转定时器，调节ST，调节火力选择开关，可控制箱内加热温度，当锅体达到加热温度时，温控器ST动作，自动接通电源，然后，重复上述过程。当达到定时时间后，定时器切断电源，停止加热。

为防止电烤箱出现异常发热或其他故障，电路中串有过热熔断器。一旦发热不正常或发生故障，过热熔断器就自动烧断，自动切断电源，起到安全保护作用。

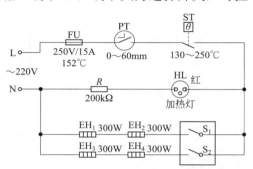

图5-2　定时调温电烤箱电路

（2）调试与检修

① 接上电源，不发热　不发热，食物不熟，说明电源没接通，电热管不发热。其故障原因及维修方法有：一是过流熔丝烧断。找出原因予以排除，更换同规格过流熔丝。二是电源插头与插座接触不良或损坏、电源线折断等。用万用表交流电压挡测量插座，若无电压，关断电源，用打磨、矫正方法修理插头插座，使之恢复正常接触。检查电源线，若折断，应找出折断点，重新接牢或者更换新的电源线。三是接线盒内相关螺钉松动，导致电源线接头松脱。打开接线盒将松动螺钉拧紧。四是电热器接插端子接触不良或松脱。用细砂纸打磨氧化物，调整插线端子紧固度，重新插牢插线端子。五是电热器中有一支电热管烧断。用万用表测量电热器，若有一支电热管直流电阻为无穷大，说明烧断，按原规格更换新的电热管。六是温控器接触不良。用万用表测量温控器，常态下其接触电阻应为零，若为无穷大，说明动静触头烧蚀引起接触不良，用细砂纸打磨两触头，使之恢复正常接触。若严重损坏，应更换新品。

② 温度低或温度高　加热温度偏低。其原因有两点：一是温控器使用日久，设定温度精度下降。拆开上、下外壳，找出位于外壳与热腔体之间的温控器，逆时针微调温控器调温螺钉，使设定温度适当升高，并在使用中校准所需要的温度。二是上、下热腔体局部变形，合起来相应部位存在间隙，由此引起跑温。拔出铰链的转轴，轻力移出上热腔体，用细锉刀修磨变形部位，使上、下热腔体吻合。

烘烤温度偏高。原因有两点：一是温控器设定温度偏高。顺时针微调温控器调温螺钉，使设定温度降低。二是温控器触头烧结熔合，达到设定温度时动静触头不能分开，电热管一直通电发热，导致温度过高。在熔合处用小刀分开动静触头，再用细砂纸打磨烧结面。若严重烧坏，更换新的同型号温控器。

知识拓展

带温度显示的烤箱类温度控制电路与接线可参考第1章1.14节。

5.2 灯光控制类电路

5.2.1 声光控开关电路

在环境光线较暗时，灯泡就会自动接通，因而用于马路边的路灯控制比较适合。而楼道的路灯，只有晚上天黑以后，并且有人来的时候才需要开灯，所以光控只是楼道路灯控制的一个条件，要想实现更优的控制，就要把声控和光控结合起来。下面介绍一个声光控开关电路，如图5-3所示。

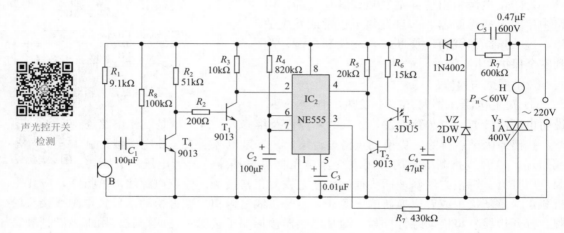

声光控开关检测

图5-3 声光控开关电路

IC$_2$采用时基电路NE555，它与R_1、C_2等组成一个单稳态触发电路，该触发器在有触发脉冲情况下能否被触发取决于NE555的第4脚的电位高低。白天光照较强，T_2饱和导通，第4脚（清零端）为低电平（小于0.7V），不管声音有多大，电灯都不会点亮；夜晚天暗，第4脚变为高电平（大于2.4V），NE555才能工作。这时只要有一个比较大的声音，NE555就会被触发，电灯便会自动点亮，（调节R_1可以调节拾音灵敏度）。灯点亮后，延时一段时间后自动熄灭。具体过程为：当第2脚处有负跳变脉冲到来时，NE555触发翻转置位，第3脚输出的高电平经限流后触发双向晶闸管VD$_5$，VD$_5$导通，电灯被点亮，灯亮的时间t_d在数值上等于1.1倍的R_1阻值与C_1电容值的乘积。拾音器宜选用灵敏度较高的微型驻极体话筒。不过现实中，厂家为了节约成本，用三极管代替了集成电路NE555。

5.2.2 单向晶闸管调光灯电路

由灯泡、开关S、整流管D$_1$～D$_4$、可控硅100-6与电源构成主电路；由电位器PR$_1$、电容C_1、电阻R_1、R_2构成触发电路。接通220V电源后，经过D$_1$～D$_4$全桥整流得到的脉动直流电压加至RP$_1$，给电容C_1充电，当C_1两端电压上升到一定的程度时，就会触发可控硅KD$_1$，灯泡点亮。调节RP$_1$改变C_1充/放电时间常数，因而改变触发脉冲的长短，改变了KD$_1$的导电角（导通程度），达到调节灯泡亮度的目的。电路原理图如图5-4所示。

5.2.3　LED 光控自动照明灯电路

（1）电路工作原理　如图5-5所示，晶闸管VS构成照明灯H的主回路，控制回路由二极管VD和电阻R、光敏电阻RG、组成分压器构成。VD的作用是为控制回路提供直流电源。白天自然光线较强，RG呈现低电阻，它与R分压的结果使VS的门极处于低电平，则VS关断，灯H不亮；夜幕降临时，照射在RG上的自然光线较弱，RG呈现高电阻，故使VS的门极呈高电平，VS得正向触发电压而导通，灯H点亮。改变R的阻值，即改变了它与RG的分压比，故可以调整电路的起控点，使H在合适的光照度下点亮发光。

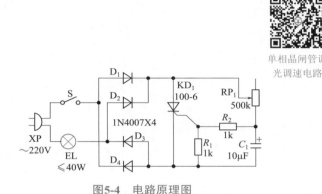

单相晶闸管调
光调速电路

图5-4　电路原理图　　　　　图5-5　LED光控自动照明灯电路原理

本电路另一个特点是它具有软启动功能。夜幕降临，自然光线逐渐变弱，RG的阻值逐渐变大，VS门极电压也逐渐升高，所以VS由阻断态变为导通态要经历一个微导通与弱导通阶段，即H有一个逐渐变亮的软启动过程。当VS完全导通时，流过H的电流也是半波交流电，即灯处于欠压工作状态。这两个因素对延长灯泡使用寿命极为有利。因此，本电路十分适用于路灯、隧道灯，可免去频繁更换灯具的麻烦。

（2）元器件选择

> VS：采用触发电流较小的小型塑封单向晶闸管，如2N6565、3CT101等。
>
> VD：可用1N4007型、N5108型、1N5208型等硅整流二极管。
>
> RG：可用MG45型非密封型光敏电阻，要求亮电阻与暗电阻相差倍数愈大愈好。
>
> R：可用1/8W型金属膜或碳膜电阻，阻值为7.5MΩ。
>
> H：LED照明灯可以选用20W以下灯具。

图5-6是此照明灯的印制电路板图。只要焊接无误，电路一般情况下，不用作任何调试，即可投入使用。如电路起控点不合适，可以适当变更R的阻值。若R阻值大，则起控灵敏度低，即在环境自然光线比较暗的情况下，LED灯才点亮；若R阻值小，则起控灵敏度高，环境光线稍暗，LED灯即点亮。

5.2.4　LED 应急灯电路

（1）电路工作原理　电路由两节5号可充电电池和电子开关等元件组成。如图5-7所示。当开关SB闭合时，市电220V经电容C_1降压和二极管VD_1 ～ VD_4整流后，经二极管VD_5和开关SB全电池E充电，充电

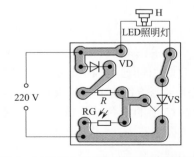

图5-6　LED光自动照明灯印制电路板图

电流约为30mA。稳压二极管VZ稳压电压值为3.5V。由于VZ为3.5V，VD_5的导通压降为0.7V，所以电池E最多充到2.8～3.3V，故长期充电也不会因过充造成电池损坏。

在正常充电时，三极管VT_1导通，VT_2关断，此时，由于电子开关IC控制端的第5脚没有大于或等于3.6V的控制电压而处于关断状态，LED灯HW不会亮。当市电停电时，VT_1关断，VT_2导通，IC的控制端第5脚有了大于3.6V的控制电压，所以IC开关导通，LED灯HW点亮。IC导通压降为0.5V，灯HW实际获得的电压应为3.1V，故HW应选用3.0～3.2V的超强亮度LED光源。

（2）元器件选择

C_1：0.47μF/400V。C_2：4.7μF/16V。

IC：TWH8778。

VT_1、VT_2：9013、9014。

VD_1～VD_5：整流二极管1N4004。VZ：稳压二极管2GW51。

HW：LED白光发光二极管。

E：选用3.6V微型蓄电池。

R_1：100kΩ。R_2：100kΩ。R_3：560kΩ。R_1～R_3均为1/4W碳膜电阻。

SB：KNX型按钮开关。

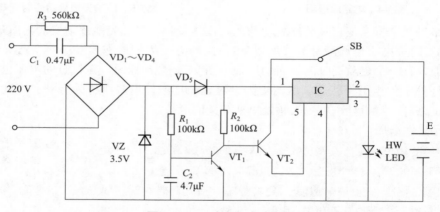

图5-7　LED应急灯电路原理

5.2.5　LED照明灯触摸式电子延熄开关电路

（1）电路工作原理　如图5-8所示，交流市电经二极管VD_1～VD_4桥式整流后，变成脉动直流电，一路直接加到单向晶闸管VS_1的阳极，另一路通过电阻R_1加到VS_2的阳极，平时VS_1和VS_2均处于关断状态。

当手指触摸一下金属片M时，人体感应到的信号使VS_2导通，VS_1也随之导通，对应LED照明灯通电发光。二极管VD_5对电容C_2起提升电压的作用。VS_1导通后，C_2上的两端电压实测值约为1.6V。此电压经电阻R_3向电容C_4充电。一定时间后，对应三极管VT_1导通，这时C_2上的电荷被释放，VS_1关断，HW熄灭。按图中R_3、C_4的取值，实测延熄时间为60s。

图中C_1和C_3是抗干扰电容，这里与触摸片M连接的两个电阻R_4、R_5采用串联方式，目的是提高安全性。

　　三极管 VT_2 为电容 C_4 提供放电回路，当延熄结束后，VS_1 关断。220V 的直流脉动电压通过电阻 R_1、R_7 加到 VT_2 基极，VT_2 饱和导通，C_4 上电荷被快速释放，为再次的延时做好准备。

（2）元器件选择

HW：采用 2W 的 LED 成品灯。

FU：普通熔断器，0.5A/250V。

$VD_1 \sim VD_4$：硅整流二极管，选用 1N4004、1N4007 等。

VD_5：快恢复二极管 FR107。

VS_1、VS_2：单向晶闸管，为 3CT061、3C5062 等。

VT_1、VT_2：NPN 型三极管，为 9013、9014。

R_1：100kΩ。R_2：2.2kΩ。R_3：220kΩ。R_4、R_5：1.5MΩ。R_6、R_7：3.9kΩ。R_8：39kΩ。$R_1 \sim R_8$ 均为 1/4W 碳膜电阻。

C_1：高频瓷片电容，0.1μF/250V。C_2：CD11 型电解电容，4.7μF/100V。C_3：0.1μF/250V。C_4：CD11 型电解电容，470μF/63V。

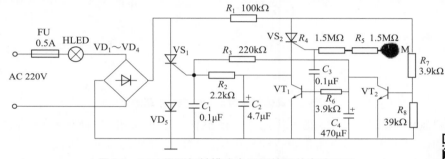

图5-8　LED照明灯触摸式电子延熄开关电路原理

触摸延时灯学
感应控制可控
硅电路

5.3　液位控制类

5.3.1　全自动水位控制电路

　　晶体管全自动水位控制水箱放水电路，可广泛应用于楼房高层供水系统，如图5-9所示。当水箱位高于c点时，三极管 VT_2 基极接高电位，VT_1、VT_2 导通，继电器 KA_1 得电动作，使继电器 KA_2 也吸合，因此交流接触器 KM_1 吸合，电动机运行，带动水泵抽水。此时，水位虽下降至c点以下，但由于继电器 KA_1 触点闭合，故仍能使 VT_1、VT_2 导通，水泵继续抽水。只有当水位下降到b点以下时，VT_1、VT_2 才截止，继电器 KA_1 失电释放，致使水箱无水时停止向外抽水。当水箱水位上升到c点时，再重复上述过程。

　　变压器可选用 50V·A 行灯变压器，为保护继电器 KA_1 触点不被烧坏，加了一个中间继电器。在使用中，如维修自动水位控制线路可把开关拨到手动位置，这样可暂时用手动操作启停电动机。

　　检修分两部分：

　　一是主电路部分，可以直接接通 QS，按压开关 SB_1，看 KM_1 线圈是否能够通电，当

KM_1能够通电时，主电路水泵可以旋转，水泵不能旋转，检查热保护FR，若热保护没有毁坏应检查抽水泵电动机。

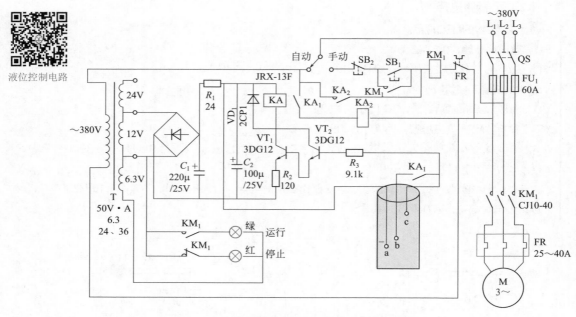

图5-9　晶体管全自动水位控制水箱放水电路

　　二是控制电路部分，主电路工作正常，电路仍不能正常工作，应该是控制电路故障，应该接通QS，直接检测变压器是否有输出电压，然后测量整流输出，如果整流输出电压正常，电路仍不能正常工作，应用万用表检测三极管是否毁坏，液位接点是否能够正常工作，中间继电器和KM的接点是否正常工作。

5.3.2　光控水塔水位控制器

5.3.2.1　电路工作原理

　　（1）水位控制原理　如图5-10所示，220V的市电经变压器T_1，由D_8、D_9全波整流，C_7滤波后得到约14V左右的直流电压供整机使用，D_7用于电源指示。变压器1、2绕组间的交流电压还作为水位检测的供电电源。当水塔水位低于电极B时，各电极间无检测电流通过，C_1两端的电压为0V，IC1A的1脚为低电平。R_7、R_9、IC1A和IC1B组成施密特触发器，该触发器的输出端IC1B的4脚输出低电平，IC1C的6脚和IC1F的8脚均为高电平，固态继电器Q_1导通，水泵得电抽水，水塔中的水位逐渐升高，当水位高至电极B时，交流电正半周的电流由变压的1端流过R_1—电极B—水—电极A—D_2—R_6—地—变压器7端，同时对C_1充电。由于R_1和水的等效电阻串联后与R_6分压，使C_1两端得到的电压仍低于施密特触发器的阈值电压，触发器不发生翻转，IC1B的4脚仍为低电平，Q_1仍然导通，水泵继续运转。交流电压负半周时，电流经过变压器的2端—地—D_1—R_2—电极A—水—电极B—R_1—变压器的1端，所以流过电极A和电极B的电流为交流电。调节R_2的阻值大小，使流过水位检测电极的正负半周的电流大小相等，可以避免水位检测电极发生极化反应，延长电极的使用寿命。当水位升高至电极C时，交流电正半周的电流由变压器的1端流经电极B和C—水—电极A—D_2—R_6—地—变压器的2端，由于电极C参与导电，使C_1两端的电压高于施密特触发器阈值电压，触发器发生翻转，IC1B 的 4 脚输出高电平，IC1C 的 6 脚和 IC1F 的 8 脚均输出低电平，使 Q_1 截止，水泵停止抽水。人们用水时，水塔中的水位逐渐降低，当水位在电极 C 以下、电极 B 以上时，由于施密特触发器回差电压的存在，此时 C_1 两端仍保持高电平，施密特触发器不发生翻转，输出端 IC1B 的 4 脚仍为高电平，IC1C 的 6 脚和 IC1F 的 8 脚均输出低电平，使 Q_1 继续截止，水泵仍然停转。当水塔水位低于电极 B 时，没有电流通过各检测电极，电容 C_1 两端的电压为 0V，施密特触发器翻转，Q_1 导通，水泵又得电抽水。

（2）光控原理　本控制器利用光敏电阻来检测清晨（8 点以前）天色从暗变亮的变化作为触发信号使施密特触发器发生翻转，水泵得电抽水，从而保证每天在供电时间内实现自动抽水一次的功能。R_3 和光敏电阻 RG 构成光线检测电路，R_4、R_5、IC1D、IC1E 也构成一个施密特触发器。光线较暗时，光敏电阻的值较大，C_2 两端为低电平，施密特触发器的输出端 IC1E 的 10 脚为低电平，此时 D_5 截止，光控电路不起作用。当天色逐渐变亮时，光敏电阻的阻值随之减小，C_2 两端的电位不断升高，当 C_2 两端的电位大于施密特触发器的阈值电压时，触发器翻转，IC1E 的 10 脚跳变为高电平，D_5 导通。由于 C_4 两端的电压不能突变，所以 IC1B 的 3 脚跳变为高电平，IC1B 的 4 脚为低电平，由于 C_5、R_{11} 的延时作用，IC1C 的 5 脚和 IC1F 的 9 脚并不会马上跳变为低电平。另外 IC1B 的 4 脚的低电平经 R_9 反馈送至 IC1A 的 1 脚，1 脚电平的高低取决于水塔的水位情况，若水塔水位在电极 C 处时，IC1A 的 1 脚为高电平，IC1B 的 4 脚跳变为高电平，IC1C 的 6 脚和 IC1F 的 8 脚为低电平，水泵仍不抽水；若水塔的水位在电极 C 以下时，由于 R_9 的反馈作用，使 IC1A 的 1 脚为低电平，触发器端 IC1B 的 4 脚也为低电平，V_{CC} 经 R_{11}、IC1B 的 4 脚对 C_5 充电，使 IC1C 的 5 脚和 IC1F 的 9 脚的电位不断降低，经过一段时间后（约 3s），使 IC1C 的 5 脚和 IC1F 的 9 脚变为低电平，IC1C 的 6 脚和 IC1F 的 8 脚跳变为高电平，Q_1 导通，水泵得电抽水，直到水位升到电极 C 处时，IC1A 的 1 脚又变为高电平，IC1A 的 2 脚变为低电平。接着 IC1E 的 10 脚输出的高电平经 R_8 和导通的 D_5，对 C_4 充电，使 IC1B 的 3 脚电位不断下降。当 IC1B 的 3 脚变为低电平时，C_5 两端充得的电荷经 V_{CC}、R_{11} 和 IC1B 的 4 脚放电，使 IC1C 的 5 脚和 IC1F 的 9 脚的电位不断上升。当 IC1C 的 5 脚和 IC1F 的 9 脚变为高电平时，IC1C 的 6 脚和 IC1F 的 10 脚变为低电平，Q_1 截止，水泵停止抽水。电路中 K_1 是手动控制开关，C_8 用于保护固态继电器 Q_1。

（3）延时电路　停电后重新恢复供电时，若水位在电极 C 处（水满），则由于此时 C_1 两端的电压为 0V，而流过检测电极的正半周对 C_1 充电，要经过大约 1～2s 才能建立正常电压，所以在这 1～2s 内，IC1A 的输入端为低电平。若无 C_5、R_{11} 组成的延时电路，则此时 IC1C 的 6 脚和 IC1F 的 8 脚输出高电平，水泵会转动，但 1～2s 后，C_1 两端的电压趋于正常的高电平，施密特触发器发生翻转，水泵又停止转动，为了克服水泵的短时现象，特地设置了由 C_5、R_{11} 构成的延时电路，延时大约 3s 左右，在这 3s 内，不管水位情况如何，水泵都不转动，3s 之后，C_1 两端已建立了正常的电压，所以水泵也不会转动了。如果水位在电极 B 以下，则要经过 3s 后，水泵才能抽水，直到水位上升至电极 C 处，同时这个电路对减小停电后恢复供电瞬间的冲击电流也有积极作用。

5.3.2.2　元器件选择

电路中各元器件参数如图 5-10 所示标识。T_1 可选用双 12V、3W 的变压器。Q_1 选用 10A/480V、直流控制电压为 3～32V 的固态继电器（可选用拆机件，若无也可采用触点电流为 10A、吸合电压为 12V 的继电器）。RG 采用 ϕ3mm 或 ϕ5mm 的光敏电阻即可。水位检测电极可用不锈钢片制作（笔者发现用电炉线制作的水位检测电极的使用效果也很好）。

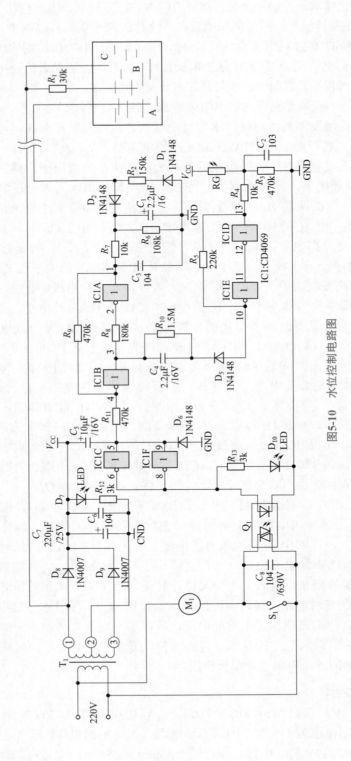

图5-10 水位控制电路图

5.3.2.3　调试与使用

　　IC1选用CD4069六非门CMOS集成电路。焊接时电烙铁应注意接地，整个电路焊接完成后，把印制电路板装入一个大小合适的塑料盒内，并在塑料盒前面板的适当位置上固定好电源指示发光管D_7和水泵工作状态指示发光管D_{10}。先不要接上固态继电器Q_1，将光敏电阻的引脚与导线连接好后（引脚套上绝缘套管），装到一个长度为5cm左右的塑料管中（可截取长度合适的圆珠笔杆代替），并在塑料管口贴上透明胶带纸，以防雨水流入。安装塑料管时把光敏电阻的感光面对向天空，再用一根双芯电缆线把水位检测极与控制器连接起来，注意电缆线与电阻R_1及各水位检测电极之间的接头处应用硅胶或热熔胶做防水处理。最后把电极A插入水中，电极B和电极C悬空，此时D_{10}不发光，再用黑胶布按住装光敏电阻的塑料管口，然后再揭开黑胶布，D_{10}应能继续发光，再把电极C插入水中，D_{10}熄灭，至此整个电路调试完毕。若调试过程中出现异常，应重点检查设计的印制电路板是否正确、选用的元器件的质量是否有问题、焊点是否可靠等，只要仔细检查，一般故障都会顺利排除。最后接上固态继电器和水泵，并在Q_1两端并接一个耐压为630V、容量为0.1μF的涤纶电容C_8，就可投入使用了。

5.4　监测报警类电路

5.4.1　红外线反射式防盗报警器

　　（1）电路工作原理　红外线反射式防盗报警器的电路如图5-11所示，它由红外线发射电路、红外线接收电路、放大及频率译码电路、单稳态延时电路、警报发生电路及转换电路六部分组成。

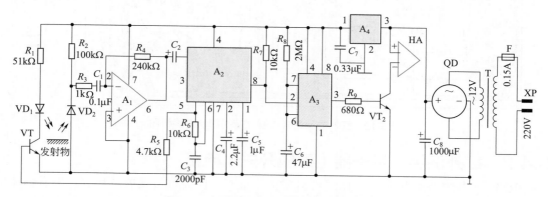

图5-11　红外线反射式防盗报警器电路图

　　接通电源，由音频译码集成电路A_2及外接电阻R_6、电容C_3产生40kHz左右的振荡信号，一方面作为本身谐振需要，另一方面通过A_2第5脚（幅值约6V）、R_5加至三极管VT_1基极，经VT_1电流放大后驱动红外发光二极管VD_1向周围空间发射红外光脉冲。平时，红外光敏二极管VD_2接收不到VD_1发出的红外光脉冲，A_2输出端第8脚处于高电平，由A_3及外围阻容元件构成的典型单稳态电路处于复位状态，VT_2无偏流截止，报警电喇叭HA断电不发声。当人或物接近 VD_1 时，由 VD_1 发出的红外线被人体或物体反射回来一部分，被 VD_2 接收并发出相同频率的电信号，经运放 A_2 放大后，输入到 A_2 第3脚，通过 A_2 内部进行识别译码后，使其第8脚输出低电平。该低电平信号直接触发 A_3 构成的单稳态电路置位，使 A_3 第3脚输出高电平，VT_2 获偏流饱和导通，HA通电发出响亮的报警声。人或物离开 VD_1 监视区域后，虽然 VD_2 失去红外光信号使 A_2 第8脚恢复高电平，但由于存在单稳态电路的延迟复位作用，HA将持续发声一段时间（≤60s），然后自动恢复到待报警状态。

电路的最大特点是实现了红外线与接收工作频率的同步自动跟踪，即红外线发射部分不设专门的脉冲发生电路，而直接从接收部分的检测电路引入脉冲（实为 A_2 的锁相中心频率信号），既简化了线路和调试工作，又防止了周围环境变化和元件参数改变造成的收、发频率不一致，使电路稳定性和抗干扰能力大大增强。

（2）元器件选择　A_1 选用UA741或LM741、MC1741型通用Ⅲ型运算放大器，A_2 选用LM567或NE567、NJM567型锁相环音频译码器，A_3 选用NE555或5G1555、LM555型时基集成电路，A_4 选用78L09型小型塑封固定三端稳压集成电路。VD_1、VD_2 要选用PH03型红外线发射管和PH302型红外线接收管。VT_1 选用9014或9013型硅NPN三极管，要求 $\beta > 150$；VT_2 选用8050型硅NPN中功率三极管，要求 $\beta > 100$。QD选用QL-1A/50V型硅全桥。

$R_1 \sim R_9$ 一律选用RTX-1/4W型碳膜电阻。C_1、C_3 选用CT1型瓷介电容器，C_7 用CTD型独石电容器，C_2、C_4、C_8 均用CD11 16V型电解电容器。HA选用蜂鸣器。T选用220V/12V、10W优质成品电源变压器。F选用带支座的250V、0.15A熔断器。XP为家用电器中常用的交流电二极插头。

（3）制作与使用　图5-12为该防盗报警器印制电路板接线图，印制板实际尺寸约为95mm×40mm。

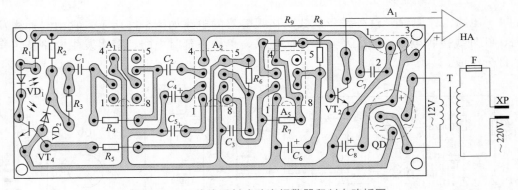

图5-12　红外线反射式防盗报警器印制电路板图

5.4.2　红外洗手、烘干器（感应开关）电路

电路原理图如图5-13所示。D_1 是红外发射二极管，D_2 是红外接收二极管，当有物体反射时，D_1 发出的红外线被 D_2 接收，经过LM393的放大，从1脚输出低电平，触发由NE555组成的单稳态触发器，在NE555的3脚输出高电平驱动三极管8050饱和导通，继电器K得电吸合，其常开触点闭合，用来控制用电器（如水龙头的电磁阀）动作。

另注，反射距离与物体表面反光程度和红外接收灵敏度有关，灵敏度调得太高容易受到光线和电磁波干扰，一般反射距离为20cm左右。组装好的电路板图如图5-14所示。

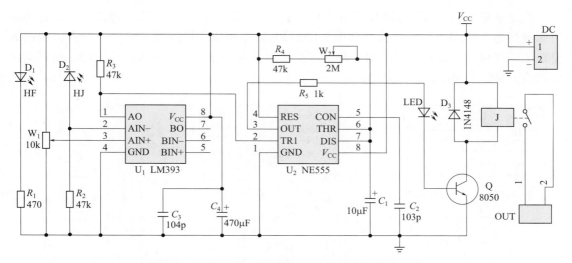

图5-13　红外洗手、烘干器（感应开关）电路原理图

图5-14　组装好的电路板图

5.4.3　数显式多路防盗报警器电路

（1）电路工作原理　数显式多路防盗报警器的电路如图5-15所示，它由八路相同的单稳态触发器（虚线框内为其中一路，其余七路与此完全相同）、数显电路、音响报警电路和电源电路四部分组成。平时，由于布设在防盗场所的自复位常闭按钮开关SB呈断开状态（如被门窗顶开、被贵重物压开），故A_1的第2脚为高电平，单稳态触发器处于复位状态，A_1的第3脚输出低电平，后级电路不工作。

　　一旦监视地点发生盗情（如门窗被撬开、贵重物被移动），SB就会自动闭合，此时A_1第2脚通过SB直接接地，导致A_1内部触发器工作，A_1处于置位状态，其第3脚输出高电平。它分两路工作：一路经VD_1隔离、R_4限流、VD_9稳压后，向A_2提供约4V工作电压，使A_2、A_3构成开关式高效大功率音响发生器工作，B发出刺耳响亮的"呜喔—呜喔—"模拟警车电笛声；另一路则直接送至译码集成电路A_4的输入端，通过A_4内部电路处理后，使LED数码管显示出"|"，说明1号地点发生盗情，A_4的输入端编号与显示数码、八路单稳态触发器电路均一一对应，所以不同地点发生盗情时，LED数码管都可准确无误地报告其地点编号。而音响电路则是八路共用，即任何一处地点出现盗情都会报警。

　　电路数显及报警时间受到稳态电路的控制。当SB被重新断开时，电源将通过R_2对C_1充电，约经过$t=1.1R_2C_1$时间后，C_1两端电压升至A_1工作电压的2/3，此时A_1内部比较电路发出触发脉冲，导致内部触发器翻转得位，A_1第3脚又恢复为低电平，后级电路停止工作。

　　八路单稳态触发器的探测传感头电路，不一定只限于复位开关SB，图5-16给出几例常用探测传感头电路，用于直接取代图5-15中R_1和SB构成的压控式传感头。读者可根据需要选用，还可以发挥自己的才智，参阅本书后面有关制作实例，引入微波探测、热释电红外探测等高级别的探测传感电路。

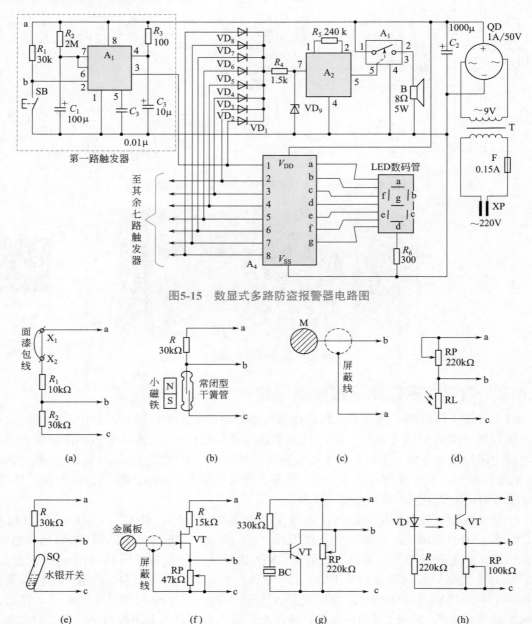

图5-15　数显式多路防盗报警器电路图

图5-16　几种探测传感头电路图

　　（2）元器件选择　A_1选用NE555或UA555、5G1555型常用时基集成电路；A_2选用LC246型四模拟声报警专用集成电路，本制作中将两个选声端SEL_1、SEL_2（第8、3脚）悬空，因而能产生最能引起人们注意的模拟警车电笛声信号；A_3选用TWH8778或QT3353型大功率开关集成电路；A_4有电视机频道显示译码集成电路CH233，它采用双列直插式18脚塑封，输出高电平电流为9.5mA，直接驱动发光管。显示器采用常见的一种0.5in（1in=0.0254m）、共阴极式LED数码管。

QD选用QL-1A/50V硅全桥。$VD_1 \sim VD_8$选用1N4001或1N4148型硅二极管，VD_9选用2CW52或1N4623主二极管。$R_1 \sim R_5$选用RTX1/8W型碳膜电阻器，R_6选用RJ1/4W型金属膜电阻器。C_2选CT1型瓷介电容器，其他电容器一律选用CD11 16V型电解电容器。

B选用8Ω、5W普通电动式扬声器，如用小型号筒扬声器，则效果更佳。T选用220V/9V、5W优质成品电流变压器。SB可选用KWX2型微动开关，仅用常闭触点即可。F选用250V、0.15A普通熔断器，并配机装管座。XP为家电常用交流二极电源插头。

（3）制作与使用　图5-17为该报警器印制电路板接线图。左边的小印制板为单稳态触发器电路板，实际尺寸为40mm×30mm，一共需要制作8块这样的电路板，右边的大印制板为音响发生、数字显示电路板，实际尺寸为75mm×60mm。

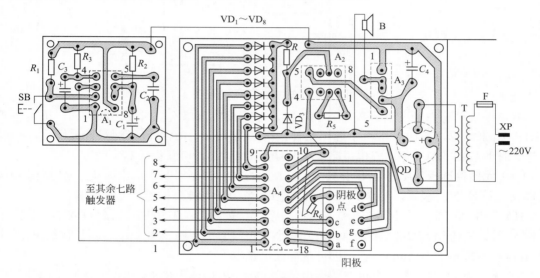

图5-17　数显式多路防盗报警器印制电路板图

焊接时注意，LED数码管应直接焊在电路板有铜箔的一面，不能将引脚焊反或焊错。焊好的电路板装入体积合适的绝缘机壳内，机壳面板为LED数码管开出窗口，为扬声器B开出释音孔（如用小型号筒扬声器，则通过双股电线引出机壳外固定），并开孔固定熔断器座。SB和XP分别通过双股电线引出机壳外。

整个报警电路部分只要元器件选择正确，焊接无误，接通电源就可正常工作。报警器每次延时工作的最短时间（即单稳态触发器进入暂态的时间），约为$1.1R_2C_1=3.6$min。如嫌这个时间太长（或太短），可适当减小（或增大）R_2及C_1数值加以调整。

5.4.4　汽车防盗报警器

（1）电路工作原理　该防盗报警器的电路如图5-18所示，它由震动传感电路、单稳态延时开关电路和语音发生电路三部分组成。

正常行车时，将隐蔽开关SA断开，使报警电路无电不工作。停车后，闭合SA，报警电路即进入警戒状态。当盗车者发动汽车时，压电陶瓷片B受发动机震动而输出相应电信号，经三极管VT放大后，利用其负脉冲沿触发A和R_2、C_1等构成的单稳态触发器，单稳态电路受触发进入暂态，继电器K得电吸动，其转换触点KZ一方面切断汽车点火线圈电源，使车辆无法行驶；另一方面接通语音电喇叭HA的电源，使其反复发出吓破贼胆的"抓贼呀——"声音来。约经4min时间，单稳态电路复位，K释放，HA断电停止发声，电路又恢复原来监视状态。再次启动汽车，又重复上述报警过程。只有当主人切断暗开关SA时，方可解除待报警或报警状态。

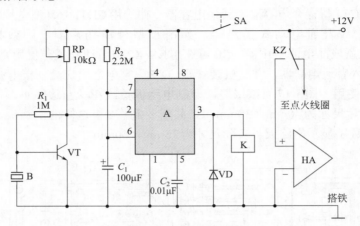

图5-18 汽车防盗报警器电路图

电路中，单稳态触发器进入暂态的时间，即为报警器每次延时发声的时间，可由公式$t=1.1R_2C_1$来估算，按图5-18所示选用元件，时间为4min。RP阻值影响报警灵敏度，一般在静态时调节RP使VT集电极电位略大于$1/3V_{CC}$（即4V），可获得较高灵敏度。

（2）元器件选择　A选用NE555、LM555、5G1555等型时基集成电路块。VT选用9014或DG8型硅NPN三极管，要求$\beta>150$。VD选用1N4001型硅二极管。

HA选用自制的"抓贼呀"语音报警电喇叭。B选用FT-27或HTD27A-1型压电陶瓷片。K选用JZC-22FA-DC12V-1Z超小型中功率电磁继电器，其外形尺寸仅为22.5mm×16.5mm×16.5mm，它可以直接焊在电路板上。

RP选用WS-2型自锁式有机芯微调电位器。R_1、R_2均选用RTX-1/8W型碳膜电阻器。C_1选用CD11 16V型电解电容器，C_2选用CT1型瓷介电容器。SA选用小型单刀单掷开关。

（3）制作与使用　图5-19为该报警器印制电路板接线图，印制板实际尺寸约为60mm×40mm。

焊接好的电路板装入尺寸约为63mm×43mm×23mm的铁制机壳内，要求防水、防震性能良好。B不必引出机壳，将它用环氧树脂粘贴在机壳内壁上即可。铁制机壳固定在发动机附近隐蔽处，其壳体"搭铁"接通车用蓄电池负极，另引出一根电源线接车用蓄电池正极。SA通过双股导线引出机壳，隐蔽固定在便于司机操作的暗处（如驾驶室坐垫下面等）；HA通过单根导线（正极性引线）引至汽车大梁上固定，其负极性引线就近搭铁，注意传声要良好。整个报警器在安装时要求做到各单元间尽量就近且隐蔽布线连接，以免轻易被懂电气的小偷发现并破坏掉。

报警器安装好后，接通SA电源开关，在发动机不启动的条件下，由小往大缓慢调节RP阻值，待HA刚好发声后，再稍微减小一些阻值，即获最佳报警灵敏度。调试完毕，拧紧RP上的紧固螺母，防止阻值发生变动。如嫌4min的延时报警时间太长（太短），则可适当减小（增大）R_2或C_1数值加以调整，直到满意为止。

实际使用时，司机停车后，应闭合暗开关SA；重新开车时，应首先断开SA，然后再发动车辆。报警声响起后，只要断开SA，便能立即中止报警。该报警器对蓄电池电压为12V，负极搭铁的各种大、中、小型机动车辆均适用。

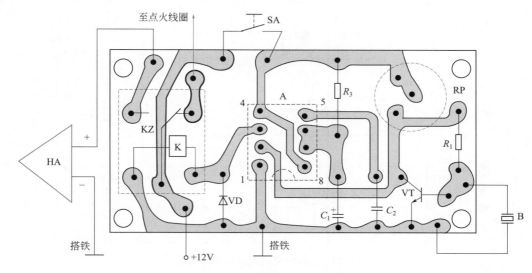

图5-19　汽车防盗报警器印制电路板图

5.5　湿度控制类电路

5.5.1　简单土壤湿度测量器

（1）电路工作原理　如图5-20所示，该电路由VT_1、VT_2，电容C_2、C_3，电阻$R_1 \sim R_4$等共同组成一个振荡电路。振荡频率由R_6来进行控制。R_6一端接在探针的一根引线上，探针插入土壤里。随着土壤水分的变化，在探针上的电阻值也在发生着显著的变化，这个变化传导给R_6时，将使振荡电路的振荡频率发生变化。频率变化可通过连接在VT_2集电极的电流表的摆幅显示出来，人们再根据这个表针的摆幅刻度来判断湿度的大小。

（2）元器件选择

VT_2、VT_2：采用C9013型硅NPN小功率三极管，VT_1、VT_2的β值尽可能一致，最大偏差不要超过5为好，这样振荡频率比较一致，测量的准确度也高些。hFE大于150，起振比较容易。

VZ_1、VZ_2：选用5.5V、0.5W的稳压二极管。

$VD_1 \sim VD_4$：选用快恢复二极管，FR107。

RP：选用10kΩ/0.25W的电位器。

$R_1 \sim R_9$：采用1/8W电阻，其中R_1、R_4为510Ω，R_2、R_3为20kΩ，R_5、R_6为120Ω，R_7为4.7kΩ，R_8为20kΩ，R_9为4.3kΩ。电流表选择10A的表头，串联的电阻器R_9可以调整表头的数值。

C_1：220μF。C_2、C_3：1μF。C_4、C_5：47μF。$C_1 \sim C_5$耐压值均为10V。

（3）制作与使用　电路板尺寸为80mm×40mm，测试时用两根探针插入湿度比较大的土壤和比较干燥的土壤进行分析，然后调节可变电位器RP，在二者之间选取一定的数值为中间标准值，以作为准确的数值，并将数据记录，以后测试时，可以根据其值作为参考值。

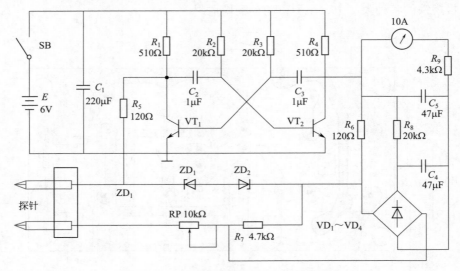

图5-20　土壤湿度测量器电路原理图

5.5.2　运放制作的土壤湿度控制器

通过土壤湿度传感器（叉形电路板）检测土壤湿度，土壤湿度传感器在空气中为不导通状态，插入土壤后，土壤内水分越多，则湿度传感器两个接线端子上的电阻越低，反之则电阻越大。传感器的信号通过J_2探头接口接入控制电路。电路如图5-21所示。电阻R_2串联在湿度探头上，湿度的变化会反映为电压比较器U1A的反向输入端电压的变化，如果低于U1A的同向输入端电压，则比较器输出高电平，反之输出低电平，电容C_2为稳定输出端信号，防止检测到湿度在临界状态时，继电器频率动作。自锁开关J_3用来控制继电器的动作方式（是在U1A的第一脚输出高电平吸合继电器，还是在U1A的第一脚输出低电平吸合继电器）。安装自锁开关时应注意方向，自锁开关有一个侧面上有一段凸起的短竖线，这个标记要和PCB上安装位置的短线一边一致。可调电阻R_3用来调节湿度控制值。继电器输出端J_4就可以作为一些大功率电器的电气开关，如水泵、喷淋等机械，从而实现自动控制。发光二极管D_1为控制板电源指示，D_2为继电器吸合动作指示。三极管Q_1可看成一个非门。电路制作中，按照原理图与电路板图插好元件焊接即可。焊接好的电路板如图5-22所示。实际连接如图5-23所示。

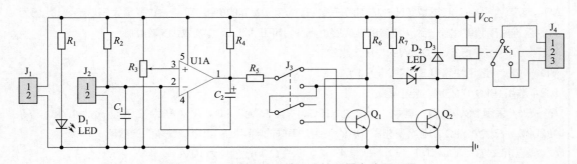

图5-21　运放制作的土壤湿度控制器电路原理图

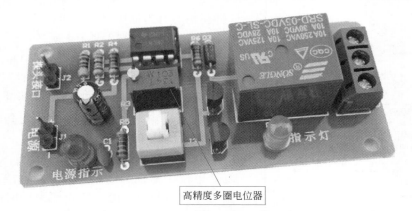

图5-22　焊好的实际电路板

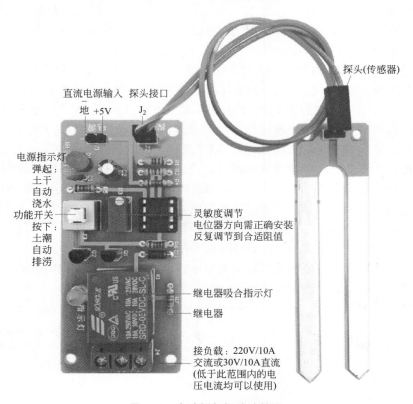

图5-23　电路板与探头连接图

5.6　时间控制类电路

5.6.1　大电流延时继电器电路

图5-24所示是由双D触发器CD4013组成的单稳态延时继电器。接通S_1后，CD4013的

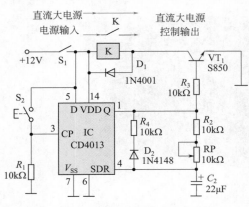

图5-24 100A延时继电器工作电路原理

1脚在稳态时为低电平，继电器K不工作。按一下按钮S_2，IC的CP端3脚受正脉冲上升沿触发，数据端5脚D的高电平传送给输出端Q，IC的1脚电位变高，电路进入单稳状态。这时三极管VT_1饱和导通，继电器线圈得电动作，其触点闭合，直流大电流有输出。IC的1脚电位变高的同时，电容C经过电阻R_2和电位器RP充电，当C两端电压充到CD4013第4脚的阈值电平时，IC的1脚恢复低电位，单稳态结束，继电器释放，大电流电源与外电路断开。IC处于单稳态的时间约为$t=0.7(R_2+RP)C$。本电路可在约15～30s的范围内调整定时时间，能满足实验室的定时要求，在其他场合的应用可通过选择R_2、RP和电容C的参数改变定时时间。单稳态结束后，IC的1脚变为低电平，电容C经二极管VD_2和电阻R_4迅速放电，为下一次触发作好准备。

　　图5-25是由时基电路NE555组成的单稳态型时间继电器，合上开关S_1，电路进入稳定状态，IC的3脚和7脚均为低电平，这时电容C不能充电；三极管VT_1截止，继电器K无动作。按一下启动按钮S_2，IC的2脚受低的脉冲触发，IC的3脚变高，7脚呈悬空状态，电路进入单稳态。这时三极管VT_1饱和导通，继电器线圈得电动作，其触点闭合，直流大电流有输出。同时，电容C经过电阻R_2和电位器RP充电，当电容C两端电压达到$2/3V_{CC}$时，单稳态结束，IC的3脚变低，继电器失电释放，直流大电流停止输出。电路恢复稳态后，电容C经IC的7脚放电，等待下一次触发，单稳态持续时间t即直流大电流输出时间的长短由单稳态电路的定时元件电阻R_2、电位器RP和电容C的参数决定，可由下式进行估算$t=1.1(R_2+RP)C$，经过调整RP可满足延时（20±2）s的时间要求。

　　以上两电路中的继电器K选用HG4119超小型电磁继电器，其余元件按图中标注的参数选择即可。若欲移植到需要准确定时的应用场合，则定时元件选择钽电容、金属膜电阻、多圈电位器或数字电位器，就能满足大部分电子制作中的精度要求。

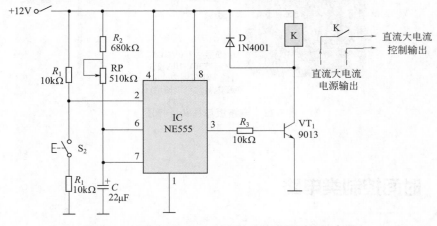

图5-25 时基电路NE555组成的单稳态型时间继电器

5.6.2　延时时间控制开关电路

　　延时照明电路如图5-26所示，利用时间继电器进行延时，按下电源开关，延时继电器吸合，灯点亮，定时器开始定时，当定时时间到后，继电器断开，灯熄灭。延时时间控制开关电路接线如图5-27所示。

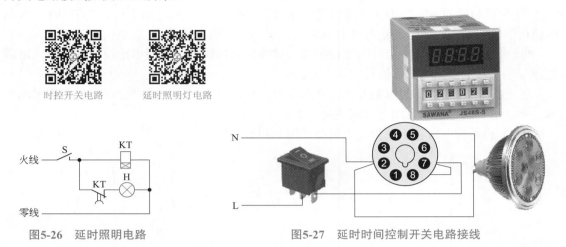

图5-26　延时照明电路　　　　　　　　　　　图5-27　延时时间控制开关电路接线

5.7　定时时间控制电路

定时时间控制电路使用微电脑时控开关，当使用小功率负载时可直接控制，大功率负载时应使用接触器控制，如图5-28所示。

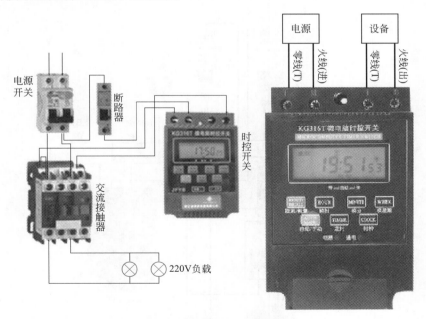

图5-28　微电脑时控开关及接线图

图5-29所示为手动/自动控制时控水泵控制电路。

① 手动控制：选择开关SA置于手动位置（1-3），按下启动按钮SB₂（5-7），KM得电吸合并由辅助常开触点（5-7）闭合自锁，水泵电动机得电工作。按下SB₁停止。

② 定时自动控制：选择开关置于自动位置（1-9），并参照说明书设置KG316T，水泵电动机即可按照所设定时间进行开启与关闭，自动完成供水任务。

③ 水泵工作时间与停止时间可根据现场试验后确定比例，使用中出现供水不能满足需要或发生蓄水池溢出时需再进行二次调整。

④ 此种按时间工作的控制方式，缺点显而易见，只能用于用水量比较固定的蓄水池供水，不适用于用水量大范围不规则变化的蓄水池。

手动/自动控制时控水泵控制电路接线图如图5-30所示。

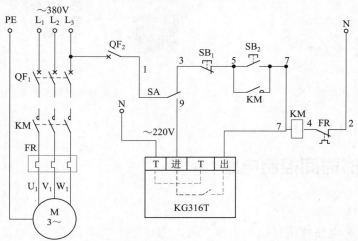

图5-29　手动/自动控制时控水泵控制电路

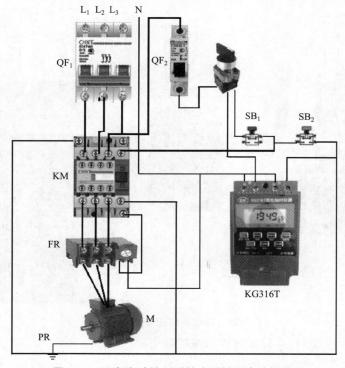

图5-30　手动/自动控制时控水泵控制电路接线

当它出现故障时可直接用万用表测量空开下边的电源是否正常，电源正常检查交流接触器是否良好，可直接按动接触器，负载应该能够工作，如果不能工作说明接触器毁坏，可直接更换接触器。然后检查时控开关的输入端是否有供电，如果没有供电，检查断路器是否毁坏，如果时控开关有供电，应该检查交流接触器线圈是否毁坏，如果接触器线圈毁坏，应更换接触器，如果时控开关的输出端没有供电电压输出，说明时控器没有工作，应该是时控器毁坏，用代换法更换或维修时控器。

5.8　压力控制类电路

5.8.1　自动压力控制电路

（1）电路工作原理　由图5-31可知，自动开关QK及开关S接通，电源给控制器供电。当气缸内空气压力下降到电接点压力表G"低点"整定值以下时，表的指针使"中"点与"低"点接通，交流接触器KM_1通电吸合并自锁，气泵M启动运转，绿色指示灯LED_2点亮，气泵开始往气缸里输送空气（逆止阀门打开，空气流入气缸内）。气缸内的空气压力也逐渐增大，使表的"中"点与"高"点接通，继电器KM_2通电吸合，其常闭触点K_{2-0}断开，切断交流接触器KM_1线圈供电，KM_1失电释放，气泵M停止运转，LED_2熄灭，逆止阀门闭上。喷漆时，手拿喷枪端，则压力开关打开，关闭后气门开关自动闭上；当气泵气缸内的压力下降到整定值以下时，气泵M又启动运转。如此周而复始，使气泵气缸内的压力稳定在整定值范围，满足喷漆用气的需要。

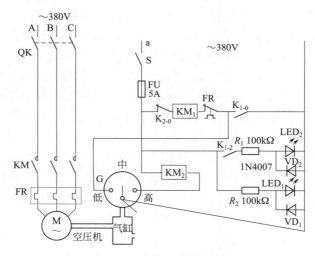

图5-31　自动压力控制电路

（2）调试与检修　组装完成后，首先检查连接线是否正确，当确认连接线无误后，闭合总开关QK及S，泵应能启动，若不能启动，先检查供电是否正常，保险（熔断器）管是否正常，如都正常则应检查KM_1线圈回路所串联的各接点开关是否正常，不正常应查找原因，若有损坏应更换。

闭合总开关QK及S，泵能启动，但压力达到后不能自停，应主要检查电接点压力开关及KM₂电路元件，不正常应查找原因，若有损坏应更换。

5.8.2 水压压力控制电路

（1）电路工作原理 本线路采用一只中间继电器即可完成供水工作，如图5-32所示。

将手动、自动转换开关拨到自动位置，在水罐里面压力处于下限或零值时，电接点压力表动触点接通接触器KM线圈，接触器主触点动作并自锁，电动机水泵运转，向水罐注水。与此同时，串接在电接点压力表和中间继电器之间的接触器动合辅助触点闭合。当水罐内压力达到设定上限值时，电接点压力表动触点接通中间继电器KA线圈，KA吸合，其动断触点断开接触器KM线圈回路，使电动机停转，停止注水。手动控制同上。

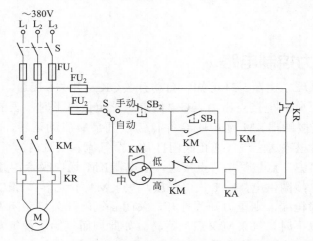

图5-32 用一只中间继电器的电接点压力表无塔供水控制线路

（2）调试与检修 不能正常工作时可分手动和自动控制检修。当检修时首先把开关放至手动位置，用手动控制看水泵是否可以正常工作，如果手动不能正常工作，主要检查控制开关SB₂、启动开关SB₁、交流接触器KM是否毁坏，线圈是否断，接点是否接触不良，热保护KR是否毁坏。如果这些元件都完好，电动机仍不能够正常旋转，接通总开关S，万用表检测输出电压，如果没有输出电压应该是保险（熔断器）熔断，有输出电压检测KM和KR的输出电压，然后检测电动机的输入电压，有输入电压，说明水泵出现问题，这是手动控制电路的检修。

当手动控制电路工作正常，自动控制电路不能工作时，主要检查电接点压力开关、中间继电器KA是否毁坏，只要电接点压力开关无毁坏现象，中间接电器KA没有毁坏现象，自动控制电路就可以正常工作；如发现电接点压力开关毁坏或中间继电器毁坏，应该更换器件。

第 *6* 章
数控机床电气控制

6.1 数控机床基础与设计

6.1.1 数控机床电气控制应用基础

电气控制系统是数控机床的重要组成部分，在数控机床中的地位与作用是很重要的。它由各基本控制环节结合而成，如何结合及由哪些基本控制环节组成，视不同数控机床不同功能而有所不同。它不仅能单独完成启动、制动、反向、调速等某些基本要求，而且能保证各运动的准确与协调，满足生产工艺要求，工作可取，操作自动化。所以要求我们不仅要懂得基本控制环节，还要善于分析控制系统，进一步掌握其工作原理。

电气控制电路通常有两种设计方法，即分析设计法（经验设计法）和逻辑代数设计法。经验设计法是根据生产工艺的要求，选择一些成熟的典型基本环节来实现这些基本要求，然后再逐步完善其功能，并适当配置联锁和保护等环节，使其组合成一个整体，成为满足控制要求的完整电路的方法。逻辑代数设计法是利用逻辑代数这一数学工具设计电气控制电路的。在继电接触器控制电路中，把表示触点状态通断的"是"或"否"利用逻辑代数这一数学工具来设计电气控制电路。在继电接触器控制电路中，把表示触点状态的逻辑变量称为输入逻辑变量，把表示继电器接触器线圈等受控元件的逻辑变量称为输出逻辑变量，输入、输出逻辑变量之间的相互关系称为逻辑函数关系，这种相互关系表明了电气控制电路的结构。所以，根据控制要求，写出这些逻辑变量关系的逻辑函数关系式，再运用逻辑函数基本公式和运算规律对逻辑函数式进行化简，然后根据化简了的逻辑关系式画出相应的电路结构图，最后再作进一步的检查和优化，以期获得较为完善的设计方案。

一般不太复杂的电路，用分析设计法比较直观、自然。而逻辑代数设计法设计难度较大，整个设计过程较复杂，在一般常规设计中很少单独采用。

分析设计法的基本步骤如下：

① 按工艺要求提出的启动、制动、反向和调速等要求设计主电路。

② 根据所设计出的主电路，设计控制电路的基本环节，即满足设计要求的启动、制

动、反向和调速等基本控制环节。

③ 根据各部分运动要求的配合关系及联锁关系，确定控制参量并设计控制电路的特殊环节。

④ 分析电路工作中可能出现的故障，加入必要的保护环节。

⑤ 综合审查，仔细检查电气控制电路动作是否正确，关键环节可做必要实验，进一步完善和简化电路。

通过下面的例子来说明如何用分析设计法来设计控制电路。

例题：某机床有左、右两个动力头，用以铣削加工，它们各由一台交流电动机拖动；另外有一个安装工件的滑台，由另一台交流电动机拖动。加工工艺是在开始工作时，要求滑台先快速移动到加工位置，然后自动变为匀速进给，进给到指定位置自动停止，再由操作者发出指令使滑台快速返回，回到原位后自动停车。要求两动力头电动机在滑台电动机正向启动后启动，而在滑台电动机正向停车时也停车。

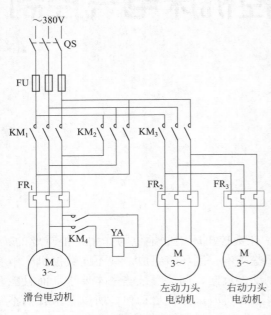

图6-1　主控制电路

（1）主电路设计　如图6-1所示，动力头拖动电动机只要求单方向旋转，为使两台电动机同步启动，可用一只接触器KM_3控制。滑台拖动电动机需要正转、反转，可用两只接触器KM_1、KM_2控制。滑台的快速移动由电磁铁YA改变机械传动链来实现，由接触器KM_4来控制。

（2）控制电路设计

① 滑台电动机的正转、反转分别用两个按钮SB_1与SB_2控制，停车则分别用SB_3与SB_4控制。由于动力头电动机在滑台电动机正转后启动，停车时也停车，故可用接触器KM_1的常开辅助触点控制KM_3的线圈，如图6-2（a）所示。

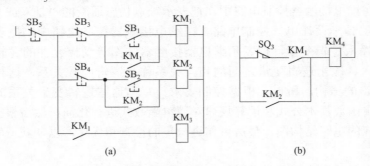

图6-2　控制电路草图

② 滑台的快速移动可通过电磁铁YA通电时，改变凸轮的变速比来实现。滑台的快速前进与返回分别用KM_1与KM_2的辅助触点控制KM_4，再由KM_4触点去通断电磁铁YA。滑台快速前进到加工位置时，要求慢速进给，因而在KM_1触点控制KM_4的支路上串联限位开关SQ_3的常闭触点。此部分的辅助电路如图6-2（b）所示。在图6-2控制电路草图设计的基

础上进行整合，完成控制电路，如图6-3所示。

（3）联锁与保护环节设计　用限位开关SQ_1的常闭触点控制滑台慢速进给到位时的停车；用限位开关SQ_2的常闭触点控制滑台快速返回至原位时的自动停车。接触器KM_1与KM_2之间互相联锁，三台电动机均用热继电器作过载保护。

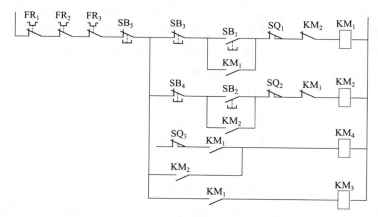

图6-3　控制电路

（4）电路的完善　电路初步设计完后，可能还有不够合理的地方，因此需仔细校核。一共用了三个KM_1常开辅助触点，而一般的接触器只有两个常开辅助触点。因此，必须进行修改。从电路的工作情况可以看出，KM_3的常开辅助触点完全可以代替KM_1的常开辅助触点去控制电磁铁YA，修改后的控制电路如图6-4所示。

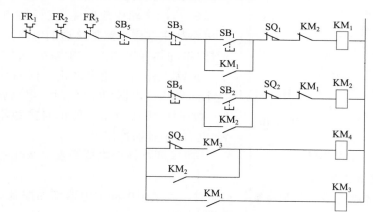

图6-4　修改后的控制电路

在进行控制电路设计时应注意以下问题：

① 尽量减少连接导线。设计控制电路时，应考虑电气元件的实际位置，尽可能地减少配线时的连接导线，如图6-5（a）所示的电路是不合理的。

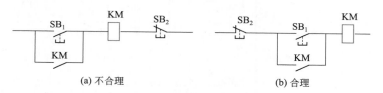

图6-5　电气连接图

按钮一般装在操作台上，而接触器则装在电气柜内，这样接线就需要由电气柜二次引出连接线到操作台上，所以一般都将启动按钮和停止按钮直接连接，就可以减少一次引出线，如图6-5（b）所示。

② 正确连接电器的线圈。

● 电压线圈通常不能串联使用，如图6-6（a）所示。由于它们的阻抗不尽相同，会造成两个线圈上的电压分配不等。即使外加电压是同型号线圈电压的额定电压之和，也不允许。因为电器动作总有先后，当有一个接触器先动作时，则其线圈阻抗增大，该线圈上的电压降增大，使另一个接触器不能吸合，严重时将使电路烧毁。

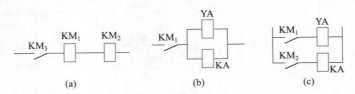

图6-6 电磁线圈的串并联

● 电感量相差悬殊的两个电器线圈，也不要并联连接。图6-6（b）中直流电磁铁YA与继电器KA并联，在接通电源时可正常工作，但在断开电源时，由于电磁铁线圈的电感比继电器线圈的电感大得多，所以断电时，继电器很快释放，但电磁铁线圈产生的自感电动势可能使继电器又吸合一段时间，从而造成继电器的误动作。解决方法是可备用一个接触器的触点来控制，如图6-6（c）所示。

③ 控制电路中应避免出现寄生电路。寄生电路是电路动作过程中意外接通的电路。图6-7是具有指示灯HL和热保护的正反向电路。

正常工作时，能完成正反向启动、停止和信号指示。当热继电器FR动作时，电路就出现了寄生电路，如图中虚线所示，使正向接触器KM$_1$不能有效释放，起不到保护作用。

④ 尽可能减少电器数量。采用标准件和相同型号的电器，如图6-8所示。

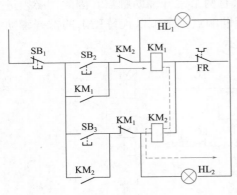

图6-7 寄生电路

当控制支路数较多，而触点数目不够时，可采用中间继电器增加控制支路的数量。去掉不必要的KM$_1$，简化电路，提高电路的可靠性。

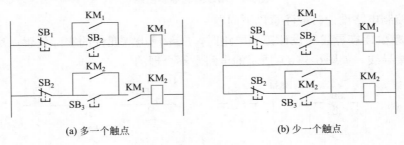

(a) 多一个触点　　　　　　　　(b) 少一个触点

图6-8 简化后的电路

⑤ 多个电路的依次动作问题。在电路中应尽量避免许多电器依次动作才能接通另一个

电器的控制电路。

　　⑥ 可逆电路的联锁。在频繁操作的可逆电路中，正反向接触器之间不仅要有电气联锁，而且还要有机械联锁。

　　⑦ 要有完善的保护措施。常用的保护措施有漏电流、短路、过载、过电流、过电压、失电压等保护环节，有时还应设有合闸、断开、事故、安全等必需的指示信号。

6.1.2　机床电气控制电路设计实例

　　下面列举某数控车床的部分电气原理图，并简单分析电路图原理。图6-9～图6-11是某数控车床的部分电气原理图。

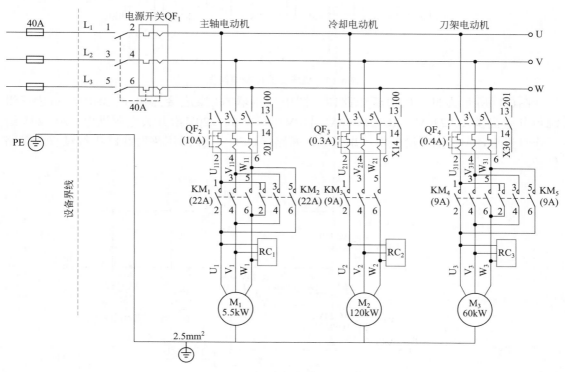

图6-9　机床动力电路图

　　图6-9是机床动力电路图。图中交流接触器KM_1、KM_2用来控制主轴电动机M_1的正反转，断路器QF_2作为主轴电动机的过载及短路保护；交流接触器KM_4和KM_5用来控制刀架电动机M_3的正反转，断路器QF_4作为刀架电动机的过载及短路保护；交流接触器KM_3用来控制冷却电动机M_2的启停，断路器QF_3作为冷却电动机的过载及短路保护。灭弧器RC_1～RC_3用来保护交流接触器的主触点，防止当主触点断开时，在动、静触点间产生强烈电弧，烧坏主触点，断路器QF_1用来对整个电路进行过载及短路保护。

　　图6-10是机床交流控制电路图。图中交流接触器KM_1线圈和KM_2一对常闭辅助触点串接，交流接触器KM_2线圈和KM_1一对常闭辅助触点串接，从而实现主轴电动机正反向接触器间的互锁控制；交流接触器KM_4线圈和KM_5一对常闭辅助触点串接，交流接触器KM_5和KM_4一对常闭辅助触点串接，从而实现刀架电动机正反向接触器间的互锁控制；交流接触器KM_3线圈用来控制KM_3主触点吸合，继电器KA_2～KA_6触点由PLC或数控装置I/O口控

制，用来控制交流接触器$KM_1 \sim KM_5$的线圈得电或断电。

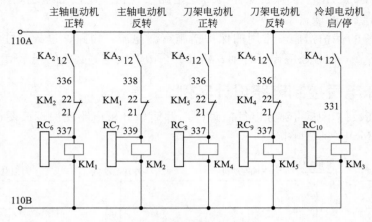

图6-10 机床交流控制电路图

图6-11所示为机床的电源电路图，图中变压器TC_2原边接三相AC 380V，副边三组绕组分别提供AC 220V、AC 24V、AC 110V电压，AC 220V给开关电源供电，AC 24V给工作灯供电，AC 110V给电柜风扇供电，断路器QF6 ~ QF10用来对线路进行过载及短路保护。

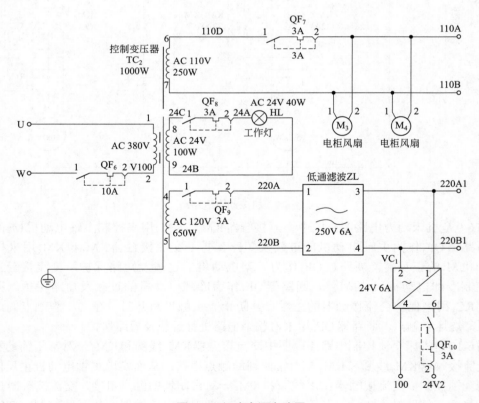

图6-11 机床电源电路图

6.2 数控车床与数控铣床电气控制

6.2.1 数控车床电气控制系统

6.2.1.1 电气原理分析的方法和步骤

电气原理图分析的基本原则是化整为零、顺藤摸瓜、先主后辅、集零为整、安全保护、全面检查。采用化整为零原则以某一电动机或电气元件（如接触器或继电器线圈）为对象，从电源开始，自上而下，自左而右，逐一分析其接通、断开关系。

电气控制电路一般由主回路、控制电路和辅助电路等部分组成。了解了电气控制系统的总体结构、电动机和电气元件的分布状况及控制要求等内容，便可阅读分析电气原理图。

（1）分析主回路　从主回路入手，根据伺服电动机、辅助机械电动机的电磁阀等执行电器的控制要求，分析它们的控制内容，包括启动、方向控制、调速和制动。

（2）分析控制电路　分析控制电路的最基本方法是查线读图。根据主回路中各伺服电动机、辅助机构电动机和电磁阀等执行电器的控制要求，逐一找出控制电路中的控制环节，按功能不同划分成若干局部控制线路来进行分析。

（3）分析辅助电路　辅助电路包括电源显示、工作状态显示、照明和故障报警等部分，它们大多由控制电路中的元件来控制，故在分析时，需对照控制电路进行分析。

（4）分析联锁与保护环节　机床对于安全性和可靠性有较高的要求，要满足这些要求，除了合理选择元器件和控制方案外，在控制电路中还设置了一系列电气保护和必要的电气联锁。

（5）总体检查　经过化整为零，逐步分析了每一个局部电路的工作原理以及各部分之间的控制关系之后，还必须集零为整，检查整个控制电路，看是否有遗漏。特别要从整体角度去进一步检查和理解各控制环节之间的联系，理解电路中每个元器件所起的作用。

6.2.1.2 TK1640数控车床

TK1640数控车床如图6-12所示，是我国宝鸡机床厂研发的产品，采用主轴变频调速、三挡无级变速和HNC-21T车床数控系统，可实现机床的两轴联动。机床配有四工位刀架，可满足不同需要的加工；具有可开闭的半防护门，可确保操作人员的安全。机床适用于多品种、中小批量产品的加工，在复杂、高精度零件的加工方面其优越性更明显。

（1）TK1640数控车床的组成　TK1640数控车床传动简图如图6-13所示，机床由底座、床身、主轴箱、大拖板（纵向拖板）、中拖板（横向拖板）、电动刀架、尾座、防护罩、电气部分、CNC系统、冷却润滑等部分组成。

机床主轴的旋转运动由5.5kW变频主轴电动机经皮带传动至Ⅰ轴，经三联齿轮变速将运动传至主轴Ⅱ，并得到低、中、高三段范围内的无级变速。

图6-12　TK1640数控车床

大拖板左右运动方向是Z坐标方向，其运动由CK6063-6AC31交流永磁伺服电动机与滚珠丝杠直联实现；中拖板前后运动方向是X坐标方向，其运动由GK6062-6AC31交流永磁伺服电动机通过同步带及带轮带动滚珠丝杠和螺母实现。

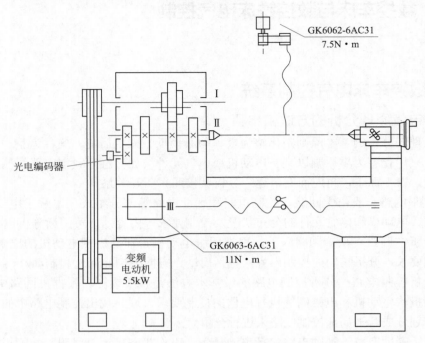

图6-13　TK1640数控机床传动简图

　　加工螺纹时，为保证主轴转一圈，刀架移动一个导程，在主轴箱左侧安装有光电编码器。主轴至光电编码器的齿轮传动比为1∶1。光电编码器配合纵向进给交流伺服电动机，实现加工要求。

　　（2）TK1640数控车床的技术参数　　TK1640数控车床的部分技术参数见表6-1。

表6-1　TK1640数控车床的部分技术参数

项目		技术规格
加工范围	床身上最大回转直径/mm	ϕ410
	床鞍上最大回转直径/mm	ϕ180
	最大车削直径/mm	ϕ240
	最大工件长度/mm	1000
	最大车削长度/mm	800
主轴	主轴通孔直径/mm	ϕ52
	主轴头形式	ISO 702/Ⅱ No.6
	主轴转速/（r/min）	36～2000
	高速/（r/min）	170～2000
	中速/（r/min）	95～1200
	低速/（r/min）	36～420
	主轴电动机功率/kW	5.5（变频）
尾座	套筒直径/mm	ϕ55
	套筒行程（手动）/mm	120
	尾座套筒锥孔	MT No. 4

续表

项目			技术规格
刀架	快速移动速度（X/Z向）/（m/min）		3/6
	刀位数		4
	刀方尺寸/mm×mm		20×20
	X向行程/mm		200
	Z向行程/mm		800
要求精度	机床定位精度/mm	X	0.030
		Z	0.040
	机床重复定位精度/mm	X	0.012
		Z	0.016
其他	机床尺寸L×W×H/mm×mm×mm		2140×1200×1600
	机床毛重/kg		2000
	机床净重/kg		1800

6.2.1.3　TK1640数控车床的电气控制电路

电气控制设备主要器件见表6-2。

表 6-2　TK1640数控车床电气控制设备主要器件

序号	名称	规格	主要用途	备注
1	数控装置	HNC-21TD	控制系统	HCNC
2	软驱单元	HFD-2001	数据交换	HCNC
3	控制变压器	AC 380/220V 300W/110V 250W/24V 100W	伺服控制电源、开关电源供电	HCNC
			交流接触器电源	
			照明灯电源	
4	伺服变压器	3P AC 380/220V 2.5kW	伺服电源	HCNC
5	开关电源	AC 220/DC MV 145W	HNC-21TD、PLC及中间继电器电源	明玮
6	伺服驱动器	HSV-16D030	X、Z轴电动机伺服驱动器	HCNC
7	伺服电动机	GK6062-6AC31-FE（7.5N·m）	X轴进给电动机	HCNC
8	伺服电动机	GK6063-6AC31-FE（11N·m）	Z轴进给电动机	HCNC

（1）机床的运动及控制要求　如前所述，TK1640数控车床主轴的旋转运动由5.5kW变频主轴电动机实现，与机械变速配合得到低速、中速和高速三段范围的无级变速。

Z轴、X轴的运动由交流伺服电动机带动滚珠丝杠实现，两轴的联动由数控系统控制。加工螺纹由光电编码器与交流伺服电动机配合实现。除上述运动外，还有电动刀架的转位，冷却电动机的启、停等。

（2）主回路分析　图6-14所示是TK1640数控车床电气控制中的380V强电回路。

图6-14中QF$_1$为电源总开关。QF$_3$、QF$_2$、QF$_4$、QF$_5$分别为主轴强电、伺服强电、冷却电动机、刀架电动机的空气开关，它们的作用是接通电源及短路、过流时起保护作用。其中QF$_4$、QF$_5$带辅助触点，该触点输入到PLC，作为QF$_4$、QF$_5$的状态信号，并且这两个空开的保护电流为可调的，可根据电动机的额定电流来调节空开的设定值，起过流保护作用。KM$_3$、KM$_1$、KM$_6$分别为主轴电动机、伺服电动机、冷却电动机交流接触器，由它们的主触点控制相应的电动机；KM$_4$、KM$_5$为刀架正反转交流接触器，用于控制刀架的正反转。

TC_1为三相伺服变压器，将交流380V变为交流200V，供给伺服电源模块。RC_1、RC_3、RC_4为阻容吸收，当相应电路断开后，吸收伺服电源模块、冷却电动机、刀架电动机中的能量，避免产生过电压而损坏元器件。

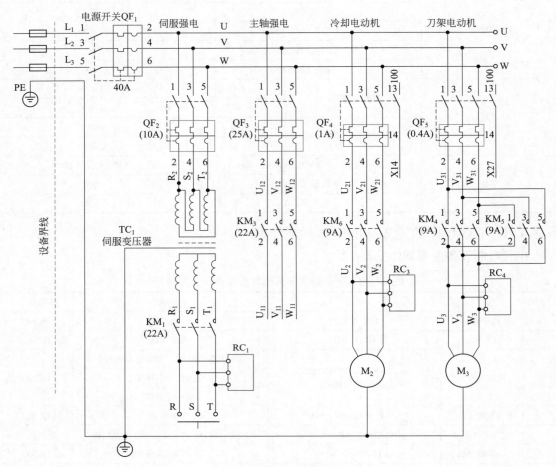

图6-14　TK1640强电回路

（3）电源电路分析　图6-15所示为TK1640数控车床电气控制中的电源电路图。

图6-15中TC_2为控制变压器，初级为AC 380V，次级为AC 110V、AC 220V、AC 24V，其中AC 110V给交流接触器线圈和强电柜风扇提供电源；AC 24V给电柜门指示灯、工作灯提供电源；AC 220V通过低通滤波器滤波给伺服模块、电源模块、DC 24V电源提供电源；VC_1为24V电源，将AC 220V转换为DC 24V电源，给数控系统、PLC输入/输出、24V继电器线圈、伺服模块、电源模块、吊挂风扇提供电源；空气开关$QF_6 \sim QF_{10}$为电路的短路保护。

（4）控制电路分析

① 主轴电动机的控制。图6-16、图6-17分别为交流控制回路图和直流控制回路图。先将QF_2、QF_3空开合上，见图6-16。当机床未压限位开关、伺服未报警、急停未压下、主轴未报警时，KA_2、KA_3继电器线圈通电，继电器触点吸合，并且PLC输出点Y00发出伺服允许信号，KA_1继电器线圈通电，继电器触点吸合，见图6-17直流控制回路。在图6-16交流控制回路图中，KM_1交流接触器线圈通电，交流接触器触点吸合，KM_3主轴交流接触器线

圈通电，在图6-16强电回路中交流接触器主触点吸合，主轴变频器加上AC380V电压，若有主轴正转或主轴反转及主轴转速指令（手动或自动），在图6-17中，PLC输出主轴正转Y10或主轴反转Y11有效，主轴转速指令输出对应于主轴转速的直流电压值（0～10V），主轴按指令值的转速正转或反转；当主轴速度达到指令值时，主轴变频器输出主轴速度到达信号给PLC，主轴转动指令完成。

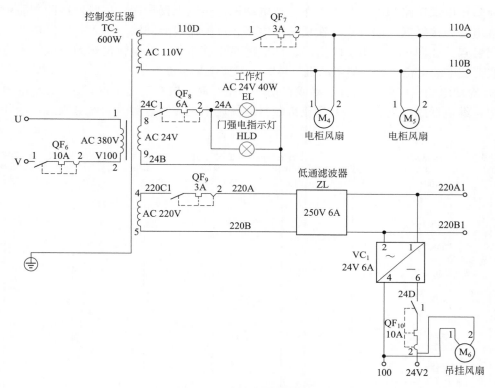

图6-15　TK1640电源电路图

主轴的启动时间、制动时间由主轴变频器内部参数设定。

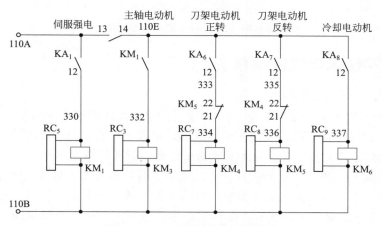

图6-16　TK1640交流控制回路图

② 刀架电动机的控制。当有手动换刀或自动换刀指令时，经过系统处理转变为刀位信号，这时PLC输出Y06有效，KA_6继电器线圈通电，继电器触点闭合，KM_4交流接触器线

圈通电，交流接触器主触点吸合，刀架电动机正转；当PLC输入点检测到指令刀具所对应的刀位信号时，PLC输出Y06有效撤销，刀架电动机正转停止；接着PLC输出Y07有效，KA_7继电器线圈通电，继电器触点闭合，KM_5交流接触器线圈通电，交流接触器主触点吸合，刀架电动机反转，延时一定时间以后（该时间由参数设定，并根据现场情况作调整），PLC输出Y07有效撤销，KM_5交流接触器主触点断开，刀架电动机反转停止，换刀过程完成。为防止电源短路和电气互锁，在刀架电动机正转继电器线圈、接触器线圈回路中串入反转继电器、接触器常闭触点，在反转继电器、接触器线圈回路中串入正转继电器、接触器常闭触点，如图6-16、图6-17所示。这里需要注意的是，刀架转位选刀只能一个方向转动，取刀架电动机正转。刀架电动机反转时，刀架锁紧定位。

③ 冷却电动机控制。当有手动或自动冷却指令时，PLC输出Y05有效，KA_8继电器线圈通电，继电器触点闭合，KM_6交流接触器线圈通电，交流接触器主触点吸合，冷却电动机启动。

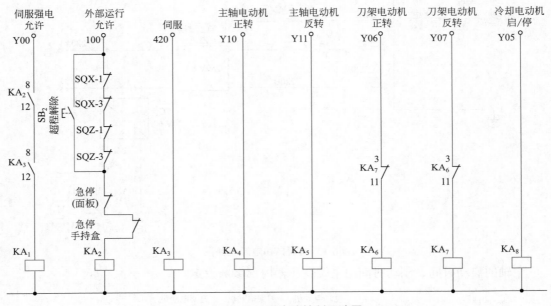

图6-17　TK1640直流控制回路图

6.2.2　数控铣床电气控制系统

6.2.2.1　XK714A数控铣床

　　XK714A数控铣床采用变频主轴，X、Y、Z三向进给均由伺服电动机驱动滚珠丝杠实现。机床采用HNC-21M数控系统，实现三坐标联动，根据用户要求，可提供数控转台，实现四坐标联动。系统具有汉字显示、三维图形动态仿真、双向式螺距补偿、小线段高速插补功能和软硬盘、RS232、网络等多种程序输入功能；并具有独有的大容量程序加工功能，在不需要DNC的情况下，可直接加工大型复杂型面零件。该机床适合于工具、模具、电子、汽车和机械制造等行业对复杂形状的表面和型腔零件进行大、中、小批量加工。如图6-18所示是XK714A数控铣床。

　　（1）XK714A数控铣床的组成　XK714A数控铣床传动简图如图6-19所示。机床主要由底座、立柱、工具台、主轴箱、电气控制柜、CNC系统、冷却、润滑等部分组成。机床的立柱、工作台部分安装在底座上，主轴箱通过连接座在立柱上移动。其他各部件自成一体与底座组成整机。

机床工作台左、右运动方向为 X 坐标，工作台前、后运动方向为 Y 坐标，其运动均由 GK6062-6AF31 交流永磁伺服电动机通过同步齿形带及带轮、滚珠丝杠和螺母实现；主轴上、下运动方向为 Z 坐标，其运动由 GK6063-6AF31 带抱闸的交流永磁伺服电动机通过同步齿形带及带轮、滚珠丝杠和螺母实现。

如图 6-19 所示，机床的主轴旋转运动由 YPNC-50-5.5-A 主轴电动机经同步带及带轮传至主轴。主轴电动机为变频调速三相异步电动机，由数控系统控制变频器的输出频率，实现主轴无级调速。

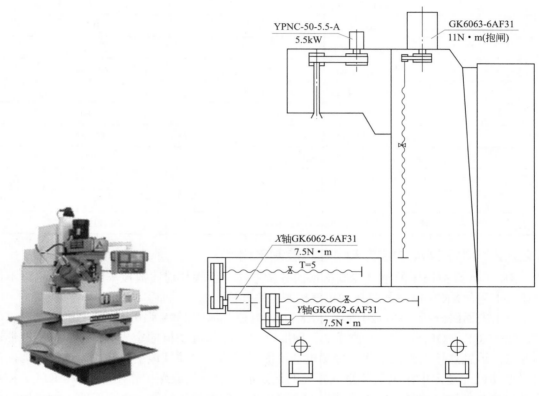

图6-18　XK714A数控铣床　　　　　图6-19　XK714A数控铣床传动简图

机床有刀具松/紧电磁阀，以实现自动换刀；为了在换刀时将主轴锥孔内的灰尘清除，配备了主轴吹气电磁阀。

（2）XK714A 数控铣床的技术参数　XK714A 数控铣床的主要技术参数见表 6-3。

表6-3　XK714A数控铣床的主要技术参数

工作台（宽×长）/mm×mm		400×1270
工作台负载/kg		380
工作台最大行程/mm	X	800
	Y	400
	Z	500
工作台T形槽/宽（mm）×个数		16×3

续表

工作台高度/mm	900
$X/Y/Z$轴快移速度/（mm/min）	5000（特殊10000）
$X/Y/Z$轴进给速度/（mm/min）	3000
定位精度/（mm/mm）	0.01/300
重复定位精度/mm	±0.005
X轴电动机转矩/N·m	7.5
Y轴电动机转矩/N·m	7.5
Z轴电动机转矩/N·m	11
主轴锥度	BT40
主轴电动机功率/kW	3.7/5.5
主轴转速/（r/min）	60～6000
最大刀具质量/kg	7
最大刀具直径/mm	180
主轴鼻端至工作台面距离/mm	85～585
主轴中心至立柱面距离/mm	423
工作台内侧至立柱面距离/mm	85～535
机床净重/kg	2500
机床外形尺寸（长×宽×高）/mm×mm×mm	1780×1980×2235

6.2.2.2 XK714A数控铣床的电气控制电路

XK714A数控铣床的电气控制电路的分析方法、步骤与前述数控车床相同，这里不再赘述。下面是XK714A数控铣床的电气控制电路分析。

（1）主回路分析 图6-20所示为XK714A数控铣床的380V强电回路，QF_1为电源总开关，QF_3、QF_2、QF_4分别为主轴强电、伺服强电、冷却电动机的空气开关；其中QF_4带辅助触点，该触点接入到PLC作为冷却电动机的报警信号，并且该空气开关为电流可调，可根据电动机的额定电流来调节空气开关的设定值，起到过流保护作用；KM_2、KM_1、KM_3分别为控制主轴电动机、伺服电动机、冷却电动机的交流接触器，由它们的主触点控制相应电动机；TC_1为主变压器，将交流380V电压变为交流220V电压，供给伺服电源模块；RC_1、RC_2、RC_3为阻容吸收，当相应的电路断开后，吸收伺服电源模块、主轴变频器、冷却电动机的能量，避免上述器件产生过电压。

（2）电源电路分析 图6-21所示为电源回路。TC_2为控制变频器，初级为AC 380V，次级为AC 110V、AC 220V、AC 24V，其中AC 110V给交流控制回路和电柜热交换器提供电源；AC 24V给工作灯提供电源；AC 220V给主轴风扇电动机、润滑电动机和24V电源供电，并通过低通滤波器滤波给伺服模块、电源模块、DC 24V电源提供电源控制；VC_1、VC_2为24V电源，将AC 220V转换为DC 24V，其中VC_1给数控系统、PLC输入/输出、24V继电器线圈、伺服模块、电源模块、吊挂风扇提供电源，VC_2给Z轴电动机提供DC 24V，用于Z轴抱闸；QF_7、QF_{10}、QF_{11}空气开关为电路的短路保护。

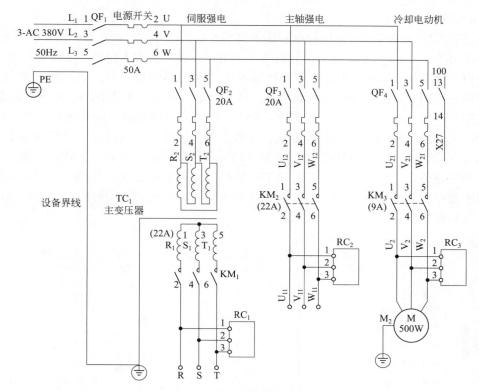

图6-20　XK714A数控铣床的强电回路

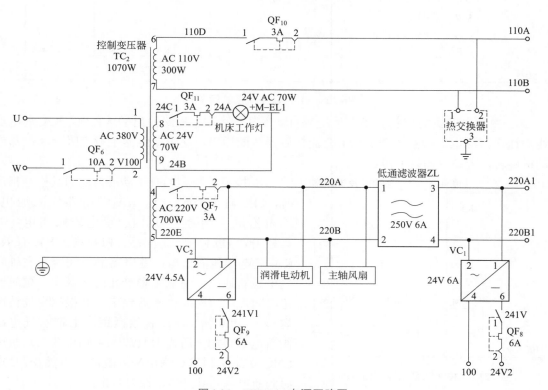

图6-21　XK714A电源回路图

（3）控制电路分析

① 主轴电动机的控制。交流控制回路和直流控制回路分别如图6-22、图6-23所示。

先将空气开关QF₂、QF₃合上，当机床未压限位开关、伺服未报警、急停未压下、主轴未报警时，外部运行KA₂、KA₃继电器线圈通电，继电器触点吸合，并且PLC输出点Y00发出伺服允许信号，KA₁继电器线圈通电，继电器触点吸合，如图6-23所示的直流控制回路；在图6-22所示的交流控制回路图中，KM₁、KM₂交流接触器线圈通电，交流接触器触点吸合，主轴变频器加上AC 380V电压，若有主轴正转或主轴反转及主轴转速指令（手动或自动），在图6-23中，PLC输出主轴正转Y10或主轴反转Y11有效，主轴转速指令输出对应于主轴转速值，主轴按指令值的转速正转或反转；当主轴速度达到指令值时，主轴变频器输出主轴速度到达信号给PLC，主轴转动指令完成。主轴的启动时间、制动时间由主轴变频器内部参数设定。

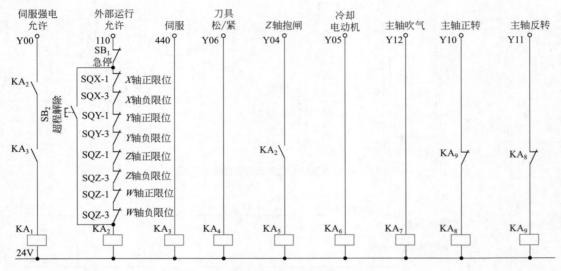

图6-22　XK714A交流控制回路图

② 冷却电动机的控制。当有手动或自动冷却指令时，PLC输出Y05有效，KA₆继电器线圈通电，继电器触点闭合，KM₃交流接触器线圈通电，交流接触器主触点吸合，冷却电动机旋转，带动冷却泵工作。

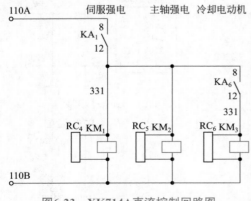

图6-23　XK714A直流控制回路图

③ 换刀控制。当有手动或自动刀具松开指令时，PLC输出Y06有效，KA₄继电器线圈通电，继电器触点闭合，刀具松/紧电磁阀通电，刀具松开，延时一定时间后，PLC输出Y12有效，KA₇继电器线圈通电，继电器触点闭合，主轴吹气电磁阀通电，清除主轴锥孔内的灰尘，延时一定时间后（该时间由参数设定，并根据现场情况调整），PLC输出Y12有效撤销，主轴吹气电磁阀断电；将加工所需刀具放入主轴锥孔后，机床CNC装置控制PLC输出Y06撤销。刀具松/紧电磁阀断电，刀具夹紧，换刀结束。

6.3　数控火焰切割机

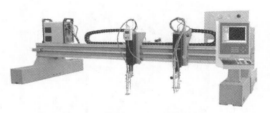

6.3.1　数控火焰切割机外形结构

图6-24为数控火焰切割机外形。

图6-24　数控火焰切割机外形

6.3.2　通用四割炬数控火焰切割机系统组成

数控火焰等离子切割机电气综合控制系统由以下几个部分组成。

（1）前机箱　前机箱系统如图6-25和图6-26所示。

前机箱包括：

① 机箱；

② 17in 显示屏；

③ 薄膜操作面板；

④ 计算机键盘电路板；

⑤ 切割操作电路板；

⑥ 工控系统安装机构（可安装工控底板、主板、硬盘、计算机电源、控制卡、USB、MICRO-EDGE 的支架等）。

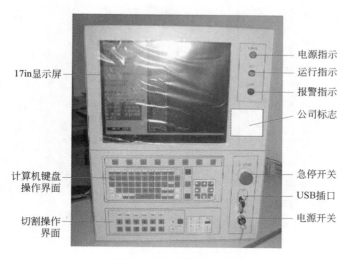

图6-25　前机箱正面图

（2）后机箱　后机箱系统包括扩展控制板，伺服驱动器、通用电气部分、开关电源、控制变压器等，如图6-27所示。

（3）四割炬系统　四割炬系统由四割炬系统控制板、操作面板、逻辑控制板、割炬控制板、开关电源五部分组成，以下是这些控制板的实物图。

① 四割炬系统控制板。四割炬系统控制板是整个控制系统的平台，一方面实现和数控系统连接，另一方面实现对所有控制对象的直接控制。通过系统控制板和数控系统的接口，实现系统控制板和伺服驱动器之间的连接及输入、输出和数控系统的隔离，同时实现系统控制板和直接控制对象的隔离。系统控制板如图6-28所示。

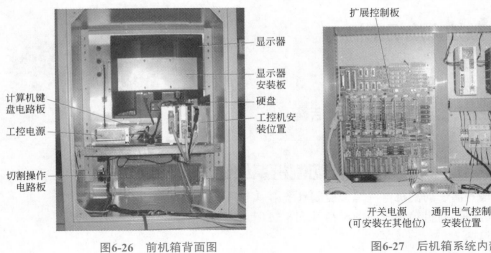

图6-26 前机箱背面图　　　　　　图6-27 后机箱系统内部组成

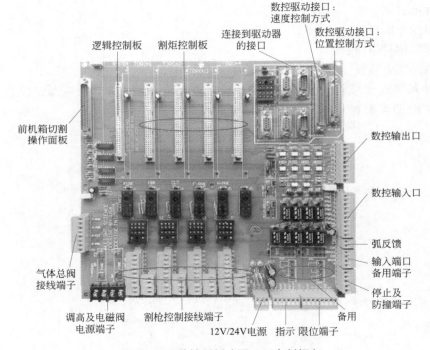

图6-28 系统控制板（配1～4个割炬）

② 操作面板

a. 不带键盘的操作面板：适用于自带键盘的数控系统，如EDGE-Ⅱ、九天数控、带计算机键盘的上海交大系统等。如图6-29所示。

b. 带键盘的操作面板：适用于不带键盘的数控系统。如MICRO-EDGE等。如图6-30所示。

③ 逻辑控制板。该控制板是整个控制电路的核心，每套电路必须配一块，如图6-31所示。

④ 割炬控制板。每个割炬配一块割炬控制板，实现对相应割炬的升降、自动调高、等离子起弧的控制。如图6-32所示。

图 6-29　不带键盘的操作面板

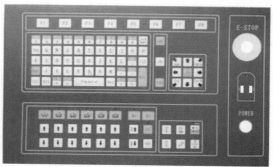

图6-30　带键盘的操作面板

图6-31　逻辑控制板

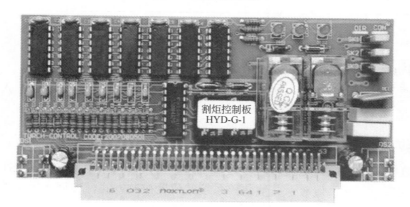

图6-32　割炬控制板

⑤ 开关电源。对全部的控制电路提供控制电源，如图6-33所示。

6.3.3　电气系统连接框图和电源电路原理图

电气系统连接框图和电源电路原理图如图6-34和图6-35所示。

图6-33　开关电源

213

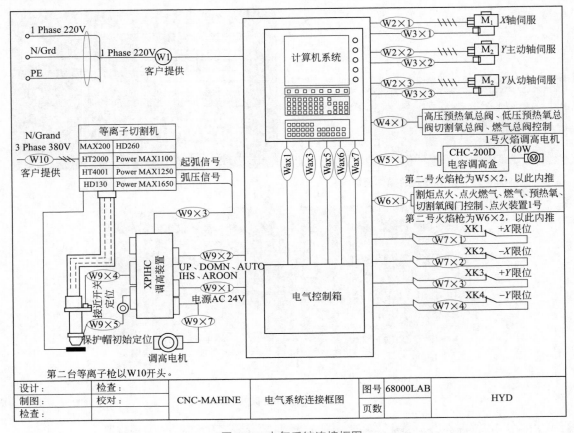

图6-34　电气系统连接框图

6.3.4　调高和电磁阀电源端口（SP₂）

调高电源、电磁阀电源端口从 SP_2 端子输入，如图 6-36 所示。从 SP_2 输入的调高电源是通过 $J_1 \sim J_{12}$ 送到各个割炬的。

6.3.5　数控系统驱动接口

（1）位置控制方式接口定义（CN3）　该位置控制方式接口主要参照FASTCNC系统的位置控制方式接口定义，但对于其他数控系统的位置控制方式，根据本定义的接口关系同样适用。

位置控制方式通过 D 型插头 CN3（25 针插头）实现和数控系统连接。

（2）速度控制方式接口定义（CN2）　速度控制方式两轴接口主要参照 MICRO-EDGE 系统的速度控制方式接口定义，但对于其他数控系统的速度控制方式，根据本定义的接口关系同样适用。

速度控制方式通过 D 型插头 CN2（37 针插头）实现和数控系统接口。图6-37为 CN2（DB37/M）接口定义。

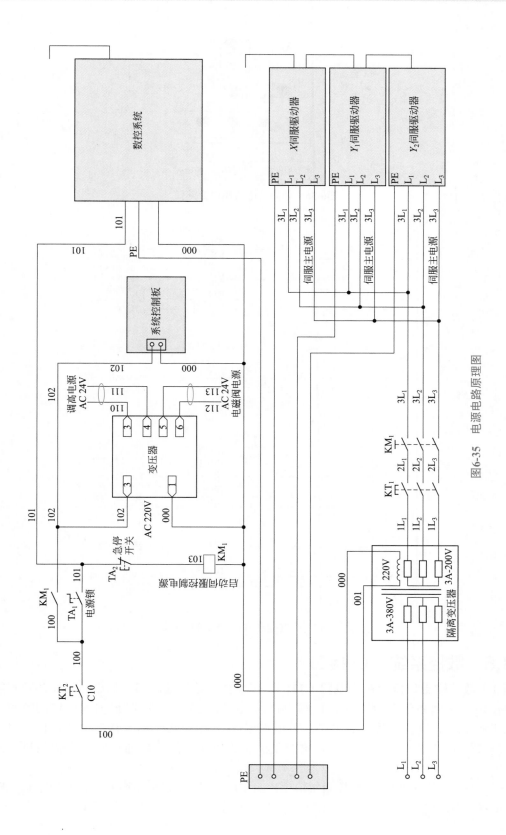

图6-35　电源电路原理图

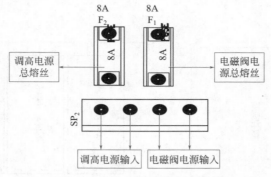

图6-36　调高、电磁阀电源端口

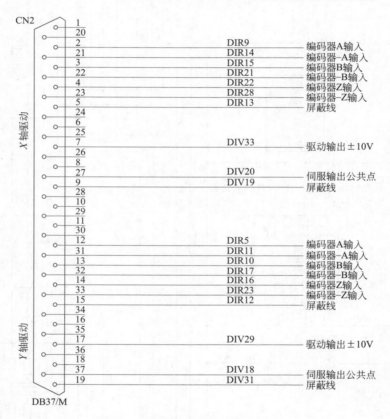

图 6-37　速度控制方式CN2接口定义

6.3.6　数控系统 I/O 接口

（1）数控输出口接口跳线设置（J21）　该设计的数控输出口根据数控系统的特点将常用的输出口接到系统控制板的数控输出口（CNCOUT）上，同时根据输出口的特点，通过跳线块 J21 的设置，数控输出口既可以采用OC（集电极开路）接口方式，也可以采用电压型（按高电平）接口方式，系统控制板和数控系统的接口通过双向光耦来进行隔离通信。

图6-38是系统控制板和数控系统输出口为OC（集电极开路）接口方式时的电气示意图。从图6-38可知，在这种方式下，J21 应跳在 E/F 位置上。

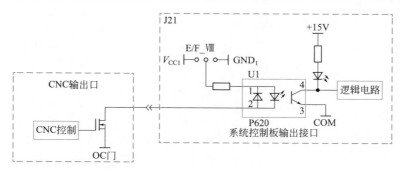

图6-38　OC（集电极开路）接口方式电气示意图

图6-39是系统控制板和数控系统输出口为电压型接口方式时的电气示意图。从图 6-38 可知，在这种方式下，J21 应跳在Ⅷ位置上。

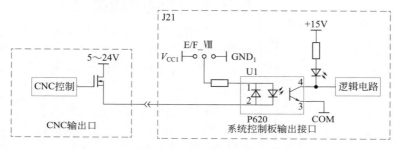

图6-39　电压型接口方式电气示意图

（2）数控输出口（CNCOUT）接口定义　图6-40是系统控制板的数控输出口（CNCOUT）定义。

（3）数控输入口接口跳线设置（J14）　系统控制板和数控系统的输入接口通过跳线可实现高、低两种电平接口。

图6-41是输入接口原理示意图。

从图6-40可知：

① 当数控系统的输入口为低电平有效时，应将跳线块 J14 跳在 EDGE 位置。

② 当数控系统的输入口为高电平有效时，应将跳线块 J14 跳在 FASTCNC 位置。

③ 系统控制板和数控系统是通过光耦隔离的。

（4）数控输入口（CNCIN）接口定义　图6-42是数控输入口定义。

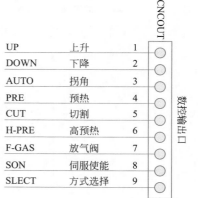

			CNCOUT
UP	上升	1	
DOWN	下降	2	
AUTO	拐角	3	
PRE	预热	4	
CUT	切割	5	
H-PRE	高预热	6	
F-GAS	放气阀	7	
SON	伺服使能	8	
SLECT	方式选择	9	

数控输出口

图6-40　CNCOUT 端子的接口定义

（5）数控接口电源跳线设置（J19、J20）　J19、J20 是数控系统的电源和系统控制板之间的电源跳线设置，跳线方法如下：

① 当数控系统的 I/O 接口需要外部提供电源时，应将 J19、J20 接上，J19 接通电源负端，J20 接通电源正端，并且接通的电压是 +24V。如上海交大系统和 FASTCNC 系统应接上。

② 当数控系统的 I/O 接口不需要外部提供电源时，应将 J19、J20 拔去。如 EDGE-Ⅱ系统、Micro-EDGE 系统等。

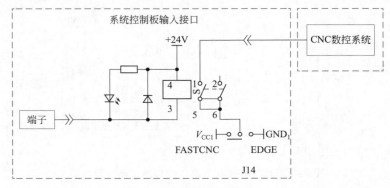

图6-41 输入接口原理示意图

图 6-42 数控输入口定义

6.3.7 伺服驱动接口

系统控制板在位置控制方式下提供了两个轴的驱动接口，可驱动三个伺服电动机。其中 X 轴一个，Y 轴两个（Y_1 为主动轴，Y_2-A/B 为主动 A/B 相驱动的从动轴）。

系统控制板在速度控制方式下提供了两个轴的驱动接口，可驱动三个伺服电动机。其中 X 轴一个，Y 轴两个（Y_1 为主动轴，Y_2-A/B 为主动 A/B 相驱动的从动轴）。

（1）驱动信号接口（CN5、CN7、CN8） CN5、CN7、CN8 的引脚功能定义如图6-43所示，每个 D 型插头都有各自的控制对象。

CN5,CN7,CN8

1	CW1+	位置控制方式：CW+。速度控制方式：模拟速度信号+
6	CW1−	位置控制方式：CW−。速度控制方式：模拟速度信号−
2	CCW1+	位置控制方式：CCW+。速度控制方式可不接线
7	CCW1−	位置控制方式：CCW−。速度控制方式可不接线
3	OGND	伺服I/O电源公共端
8	+24V	伺服I/O电源+24V
4	XALM1	伺服报警信号
9	XSON1	伺服使能信号
5	XEMG1	停止信号或电源公共端

DB9
座(母)   OGND

图6-43 CN5、CN7、CN8 的引脚功能定义

① CN5：X 轴驱动，不管是位置控制方式还是模拟控制方式均需接线。

② CN7：Y（Y_1）主动轴驱动，不管是位置控制方式还是模拟控制方式均需接线。

③ CN8：Y_2-A/B（Y 从动轴）驱动，只工作在位置控制方式，脉冲驱动信号来源于 Y 主动轴的编码器分频输出。

（2）伺服编码器分频输出端口（CN4、CN6）

① CN4：X 轴的伺服编码器分频输出端口，通过 CN2 送到数控系统作为 X 轴的位置反馈信号。只在速度控制方式下接线。

② CN6：Y 主动轴的伺服编码器分频输出端口，通过CN2送到数控系统作为 Y 主动轴

的位置反馈信号。在速度控制方式下接线，在位置控制方式下如有从动轴也要接线。

图 6-44 是 CN4、CN6 的引脚功能定义。

（3）伺服报警跳线设置（J15、J16、J17）

① J15：X 轴伺服报警跳线，安装了伺服需拔去，伺服报警时对应的指示灯 1SF 熄灭。

② J16：Y_1 轴伺服报警跳线，安装了伺服需拔去，伺服报警时对应的指示灯 2SF 熄灭。

③ J17：Y_1（Y_1-A/B）从动轴伺服报警跳线，安装了伺服需拔去，伺服报警时对应的指示灯 3SF 熄灭。

6.3.8　系统控制板的控制对象

（1）限位信号输入口（LIMIT）　如图 6-45 所示，包含 $+X$、$-X$、$+Y$、$-Y$ 限位，分别对应 CNC 输入口的 $+X$、$-X$、$+Y$、$-Y$。

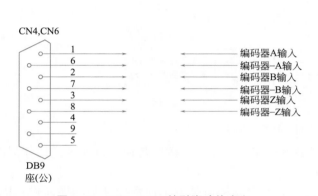

图 6-44　CN4、CN6 的引脚功能定义　　　　图 6-45　限位信号输入口

（2）备用输入端口（BACKUP）　如图 6-46 所示，接线端子的 BACK1 经隔离处理后，对应于 CNCIN 接口的 BACK1，接线端子的 BACK2 经隔离处理后，对应于 CNCIN 接口的 BACK2。

（3）弧反馈输入端口（FINISH）　如图 6-47 所示，当有多个弧反馈输入信号时，可将所有的弧反馈信号接在一起。

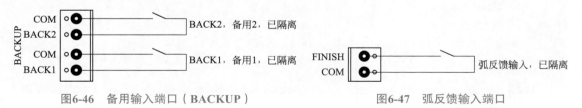

图6-46　备用输入端口（BACKUP）　　　　图6-47　弧反馈输入端口

（4）远控停止及防撞输入口（STOP）　如图 6-48 所示，远控停止及防撞输入及伺服报警只要一个出现异常，均通过 CNC 输入口送到数控系统。远控停止接开关触点信号，一般安装在数控的横梁上。

防撞输入接接近开关，有效时接通，通常采用 PNP 型。

（5）火焰切割总气路接口（AGASCON）　如图 6-49 所示，电磁阀的电源电压由电磁阀电源输入端口确定，通常采用 AC 24V 电源。

（6）割炬气路接口（FUGUN）　每个割炬均有一个气路接口，需要安装时参照图 6-50。

注意：此处的点火器电压和电磁阀电压是相同的。

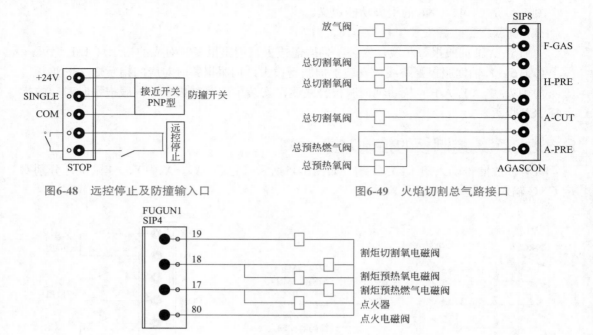

图6-48　远控停止及防撞输入口　　　　图6-49　火焰切割总气路接口

图6-50　割炬气路接口

（7）电源、运行、报警指示接口（DISPLAY）　设计该接口是为了方便客户运作界面显示，含义见图6-51。

（8）扩展控制接口（SPA5、SPA6）　扩展控制接口是为了使数控增加功能而设计的，平时不使用。所有接口通过继电器输出，既有常开触点，也有常闭触点，用户可以根据需要灵活使用。图6-52是扩展控制接口的接线示意图。

扩展接口共有 SPA5、SPA6 二组接线端子，SPA5、SPA6 的输出既可以由面板的 B1、B2 控制，也可以由外部控制，SPA5 对应的继电器是 S15，SPA6 对应的继电器是 S16。

> **注意**
>
> ① S15 继电器一定要使用双触点继电器（型号：OMRON-G2R-2，DC24V），其他的继电器可以是单触点继电器（型号：OMRON-G2R-1，DC 24V）；
> ② 在系统控制板的 PCB 板上，已经标明了扩展控制板的接法。

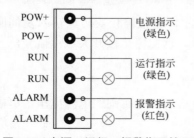

图6-51　电源、运行、报警指示接口

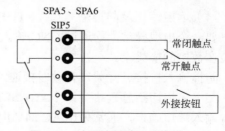

图6-52　扩展控制接口示意图

6.3.9 电容自动调高 CHC-200D 系统

（1）结构 电容自动调高 CHC-200D 系统是一个闭环控制系统，它包括位置信号检测、信号处理变换、逻辑控制、电动机驱动四个部分，适用于数控切割设备的火焰切割割炬、水上 100A 以下电流等离子切割割炬、激光切割割炬等需要进行割炬自动高度控制的设备。其前面板如图 6-53 所示，后面板如图 6-54 所示。

图6-53 前面板实物图

（2）原理框图 高度信号检测装置采用电容式传感探头，探头环与机床绝缘，安装于割嘴下方，通过同轴电缆连到割炬旁边的金属探头，用于感应割嘴与钢板的高度，通过调高器内部电路处理变换后输出相应的电信号，送到逻辑控制电路，再输出控制信号到电动机驱动电路，驱动电动机正反向运转。电动机的驱动采用脉宽调制（PWM）方式。如图 6-55 所示。

图6-54 后面板实物图

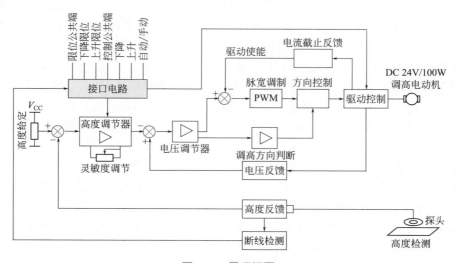

图6-55 原理框图

（3）电容式调高器 电容式调高器由 3 部分组成：调高器本体、探头环、探头连接组件。整体示意如图 6-56 所示。

　　根据使用经验，探头的安装应稍微低于割炬1～2mm左右，这样在自动调高的工作过程中可以有效防撞和减小切割板材边缘时的边缘效应。安装示意图如图6-57所示。但在等离子切割时，为尽量避免等离子弧电压引入探头，探头应稍高于等离子割嘴。

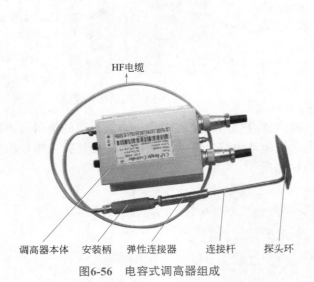

接电缆

HF电缆

调高器本体　安装柄　弹性连接器　　连接杆　　探头环

图6-56　电容式调高器组成

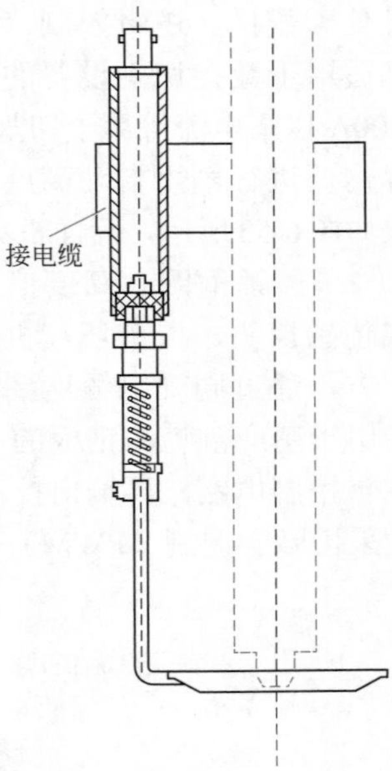

图6-57　探头安装示意图

（4）面板操作功能及各部分功能介绍

① 调高器前面板示意图如图6-53所示。

Power 电源指示：用于指示电源是否正常，灯灭表示无电源。

AUTO 自动按钮：当按住AUTO按钮时，无论外部是否有自动信号，调高器总是处于自动工作状态，这时，可通过调节高度给定按钮设定所需要的高度（注意：设定时，必须按住 AUTO 按钮）。在工作状态，调高系统需自动工作，可由数控来控制调高器的自动工作，与该按钮无关。具体详见"控制接线"。

Up、Down按钮：在任何状态，对该按钮的操作均有效，在任何状态下，手动总是优先的，但上升操作优先于下降操作（例如：由于系统或 CNC 的原因，上升、下降信号同时接通，则上升优先）。但在自动状态下，如果 HF 高频电缆出现故障，割炬总是处于上升状态，这时按下降是无效的。这与在自动状态下，由于高度设置过高，割炬一直处于上升状态不一样，这时按下降是有效的。

Height 高度调节电位器：在自动状态下，用于调节割炬高度。顺时针旋转，高度升高，逆时针旋转，高度降低。在第一次调试时，总是将该电位器逆时针调到最大（割炬最高位置），否则割炬容易撞到钢板上。

Sensitive 灵敏度调节电位器：在自动状态下，用于调节割炬高度变化的灵敏度。顺时针调节，灵敏度提高。

探头连接插座：HF电缆的一端连接到该插座上，另一端通过探头连接组件连接到探头上。

② 调高器后面板示意图如图6-54所示。

标号为 X1-CNC 的航空插座为正接航空插座，连接到数控系统（CNC）（共7针，各针的功能详见"控制系统的接线"）。

标号为 X2-TORCH 的航空插座为反接航空插座，连接到割炬系统（共 5 针，各针的功能详见"控制系统的接线"）。

③ 探头环结构如图 6-58 所示。

探头环为一圆锥梯形结构，内径约 45mm，外径约 78mm，垂直焊接连接杆，整体由不锈钢制作而成，用于检测电容的变化。

④ HF 电缆由 250℃的耐高温的同轴电缆制作而成，两端采用高可靠性的镀金连接器压接而成。电缆长度可根据实际需要，在 500 ～ 1500mm 之间选择。HF 电缆如图 6-59 所示。

 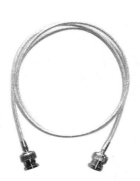

图6-58　探头环　　　　　　　　　　　　　　图6-59　HF电缆

⑤ 安装柄的材料采用玻璃丝棒加工而成，用于探头的固定安装，一端为同轴连接座，和 HF 电缆相连，另一端连接弹性连接器，由弹性连接器和探头相连。安装柄如图 6-60 所示。

图6-60　安全柄　　　　　　　　　　　　　　图6-61　弹性连接器

⑥ 弹性连接器的材料采用易切削不锈钢加工而成，用于探头的固定安装，一端和安装柄相连，另一端连接到探头。弹性连接器如图 6-61 所示。

（5）接口电路组成和分析

① 调高器电路板。调高器内部电路由 2 块 PCB 板组成，电路板如图 6-62 所示。

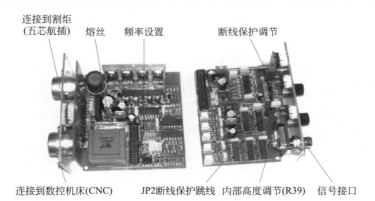

图6-62　调高器电路板

② 调高器接口方式如图 6-63 所示。

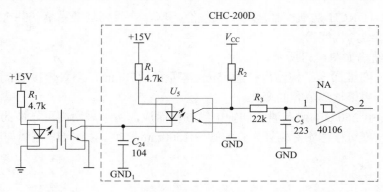

图6-63　接口方式

③ 连接到割炬的信号为限位信号。限位开关可采用一般的触点开关，接常闭触点，当某一方向在运动过程中的限位开关打开时，运行将立即停止，而另一方向的运动仍然有效。限位开关的接口如图6-64所示。

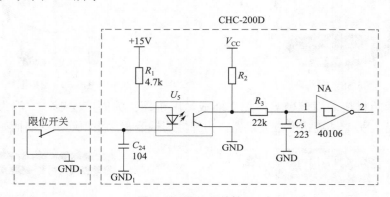

图6-64　限位开关接口

限位开关也可采用无触点开关进行限位。无触点开关包括磁开关、干簧管、接近开关（PNP 型）等，但必须保证在不靠近开关时限位端为低电平，靠近时转为高电平。图6-65为采用接近开关（PNP 型）的连接方法。

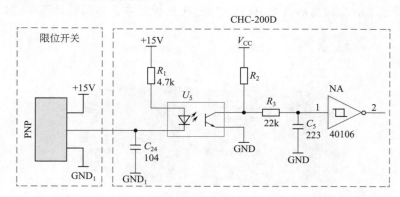

图6-65　PNP 型接近开关限位

④ S_{12}、S_{13} 为 DC 24V 驱动电动机输出端。电动机驱动原理示意如图6-66所示。

电动机驱动采用脉宽调制（PWM）方式，PWM 的频率可在 9kHz 和 18kHz 切换，由主电路板的 SP_{2-1} 拨段开关切换，如图6-67所示。

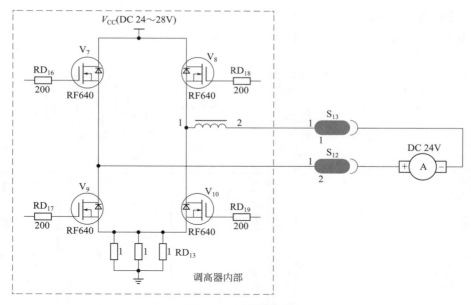

图6-66 电动机驱动

在自动时的平衡状态下，有的驱动电动机会产生轻微的鸣叫声，这是正常现象，通过提高频率可降低鸣叫声，但最大输出电压将会有所降低。通常在使用 30W 以下的电动机时，采用18kHz 频率。在使用30W 以上的电动机时，采用9kHz 频率。出厂时设置为 9kHz。

在不改变调高器内部反馈电阻时，驱动功率 20 ～ 100W，内有过流保护电流设置，当使用大于100W 的电动机时，RD_{13} 电流截止反馈电阻应改为0.2Ω，功率为10W。

过电流的保护通过波段开关 SP_2 的 2、3、4 来设置，电流的大小对应开关的状态参见表6-4。

1—OFF，18kHz
1—ON，36kHz

图 6-67 PWM 频率切换

表 6-4 电流大小对应开关的状态

SP₂开关位置 ＼ 电动机电流	4A	3A	2A	1A
SP_{2-2}	OFF	OFF	OFF	ON
SP_{2-3}	OFF	OFF	ON	ON
SP_{2-4}	OFF	ON	ON	ON

注：出厂时设置为4A。

JP2 为断线保护功能跳线。当该跳线块未插上时，断线保护功能无效，跳线块插上时，断线保护有效，这时可通过不连接 HF 高频电缆的方法来测试。方法：在高频电缆不连接或一端连接时，按面板上的 AUTO 按键，这时割炬应处于上升状态，没有安装跳线块时，割炬应下降。本产品出厂时，设置为断线保护有效。

（6）控制系统的接线

① 主板航空插座的接线如图6-68所示。

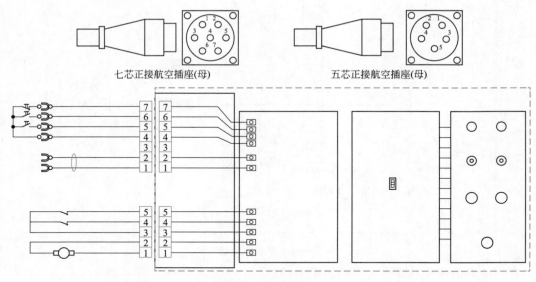

七芯正接航空插座(母)　　　　　　五芯正接航空插座(母)

图6-68　主板航空插座接线

② 调高器到数控的接线如图6-69所示。

③ 调高器到割炬电动机及升降限位的接线如图6-70所示。

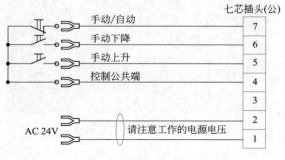

图6-69　调高器到数控的接线

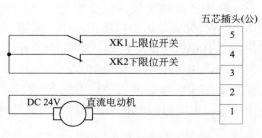

图6-70　调高器到割炬电动机及升降限位的接线

④ 系统控制板接线示意图如图6-71所示。

6.3.10　维修过程中的调试

由于在安装中所用割炬不同，故调高盒安装正常后，有可能在电位器的整个调节范围内都找不到平衡点，此时不需要打开调高盒，只需将调高器背面的 R_{39} 的"⊕"符号用小螺丝刀轻轻扎破即可调试，调节方法如下：

① 使数控机床（CNC）的割炬自动高度处于使能状态或按住面板上的AUTO按键。

② 把盒上的HEIGHT高度调节电位器顺时针旋钮置于最大位置，这时，电动机将带动探头运行，如此时立即左右旋转HEIGHT电位器，应能使割炬在某一位置停止。如果找不到平衡点，请按以下方法寻找平衡点。

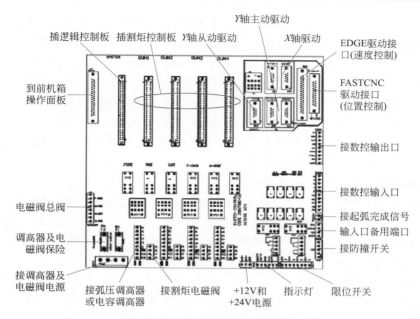

图6-71　系统控制板接线示意图

a. 把割炬提升到与钢板相距50mm以上的位置，然后使割炬处于手动状态。

b. 如果以前的自动高度过低，则顺时针旋转调高器背面上的R_{39}可调电阻，高度将提高，如果以前的自动高度过高，则逆时针旋转，自动高度将降低。注意不要打开调高器的螺钉调试。

调试时，请注意不要损害R_{39}可调电阻，每次调R_{39}可调电阻的幅度不要超过1/4圈，并注意每次调试的方向。

c. 按住面板上的AUTO键或在数控上打开自动，调HEIGHT电位器，割炬应能在某一位置停止，并且调节范围有较大的改变。

③ 在自动平衡状态下，顺时针调HEIGHT电位器，探头将向上移动，逆时针调节HEIGHT电位器，探头将向下移动，此时，根据经验调整到合适位置即可。

表6-5是调高器的几个可调电阻的作用。

表6-5　调高器可调电阻的作用

可调电阻标号	电阻值	作用
R_{39}	1kΩ	自动高度范围调整
R_{47}	20kΩ	断线的保护位置调整（本调高器调整在HF高频电缆部分）

6.4　数控机床故障维修

6.4.1　数控机床故障诊断一般步骤

当数控机床发生故障时，除非出现危及数控机床或人身安全的紧急情况，一般不要关断电源，要尽可能地保持机床原来的状态，并对出现的一些信号和现象做好记录。这主要包括：故障现象的详细记录；故障发生时的操作方式及内容；报警号及故障指示灯的显示内容；故障发生时机床各部分的状态与位置；有无其他偶然因素，如突然停电、外线电压波动较大、雷电、局部进水等。无论是处于哪一个故障期，数控机床故障诊断的一般步骤都是相同的。数控机床一旦发生故障，维修人员首先要沉着冷静，根据故障情况进行全面的分析，确定查找故障源的方法和手段，然后有计划、有目的地一步步仔细检查，切不可急于动手，凭着看到的部分现象和主观臆断乱查一通。这样做具有很大的盲目性，很可能越查越乱，走很多弯路，甚至造成严重的后果。

数控机床故障诊断一般按下列步骤进行。

① 详细了解故障情况。例如，当火焰切割机发生切割故障时，要弄清楚是发生在全部轴还是某一轴；如果是某一轴，是全程还是某一位置；为了进一步了解故障情况，要对火焰切割机进行初步检查，并着重检查荧光屏上的显示内容，控制柜中的故障指示灯、状态指示灯等。当故障情况允许时，最好开机试验，详细观察故障情况。

② 根据故障现象进行分析，缩小范围，确定故障源查找的方向和手段。当对故障现象进行全面了解后，下一步可根据故障现象分析故障可能存在的位置。有些故障与其他部分联系较少，容易确定查找的方向，而有些故障原因很多，难以用简单的方法确定出故障源的查找方向，这就要仔细查阅数控机床的相关资料，弄清与故障有关的各种因素，确定若干个查找方向，并逐一进行查找。

③ 由表及里进行故障源查找。故障查找一般是从易到难、从外围到内部逐步进行。

6.4.2 数控机床维修中注意事项

① 从整机上取出某块电路板时，应注意记录其相对应的位置，连接的电缆号。对于固定安装的电路板，还应按先后取下的顺序，将相应的连接部件及螺钉做记录，并妥善保管。装配时，拆下的东西应全部用上，否则装配不完整。

② 维修人员使用电烙铁应放在顺手位的前方，并远离维修电路板。电烙铁头应适应集成电路的焊接，避免焊接时碰伤别的元器件。

③ 当测量电路间的阻值时，应切断电源。

④ 当没有确定故障元器件的情况下，不应随意拆换元器件。

⑤ 电路上的开关、跳线位置，不允许随意改变。

6.4.3 数控机床故障诊断一般方法

要排除故障，首先必须找到故障所在。下面介绍几种常用的故障检查方法。

（1）直观检查法　即维修人员充分利用眼、鼻、手等感觉器官查找故障的方法。通过目测故障电路板，仔细检查有无熔丝熔断、元器件烧坏、烟熏、开裂现象，从而可判断板内有无过流、过压、短路发生。用手摸并轻摇元器件看元器件有无松动之感，从而检查出一些断脚、虚焊等问题。针对故障的有关部分，维修人员还可以用万用表、蜂鸣器等，检查各电源之间的连接线有无断路或短路现象。如果没有，即可接入相应的电源，并注意有无烟、尘、噪声、焦煳味、异常发热的现象，以此发现一些较为明显的故障现象，从而缩小检查范围。

（2）自诊断功能法　数控机床都具备了较强的自诊断功能。所谓自诊断是指依靠数控系统内部计算机的快速处理数据的能力，对出错系统进行多路、快速的信号采集和处理，然后由诊断程序进行逻辑分析判断，以确定故障范围。自诊断功能能随时监视数控系统硬件和软件的工作状态。一旦发现异常，立即在显示器上显示报警信息或用发光二极管指示出故障的大致起因。利用自诊断功能，显示设备也能显示出系统与主机之间接口信号的状态，从而判断出故障发生在机械部分还是数控系统部分，并指示出故障的大致部位。自诊断功能法是数控机床故障诊断方法中非常有效的一种方法。

（3）故障现象分析法 对于不至于使故障进一步扩大化的故障，必要时维修人员可让操作人员再现故障现象，利用分析出现故障时的异常现象，能尽快而准确地找到故障规律和线索。

（4）报警显示分析法 数控机床上多配有面板显示器和指示灯。面板显示器可把大部分被监控的故障识别结果以报警的方式给出。对于各个具体的故障，系统有固定的报警号和文字显示给予提示。出现故障后，系统会根据故障情况、类型给以故障提示或者同时中断运行而停机等待处理。指示灯可粗略地提示故障部位及类型等。维修人员就可以利用故障信号及有关信息分析故障原因。

（5）元件代换诊断法 当系统出现故障后，维修人员把怀疑部分从大缩至小，逐步缩小故障范围，直至把故障定位于电路板级或部分电路，甚至元器件级。此时，可利用备用的印制电路板、集成电路芯片或元器件替换有疑点的部分，或将系统中具有相同功能的两块印制电路板、集成电路芯片或元器件进行交换，即可迅速找出故障所在。这是一种简便易行的方法。

（6）敲击法 当数控系统出现的故障表现为时有时无时，往往可用敲击法检查出故障的部位所在。这是由于数控系统是由多块印制电路板组成的，每块板上又有许多焊点，板间或模块间又通过接插件及电缆相连。因此，任何虚焊或接触不良，都可能引起故障。当用绝缘物轻轻敲打有虚焊或接触不良的疑点时，故障会重复再现。

（7）局部升温法 数控系统经过长期运行后元器件均会逐步老化，性能变坏。当它们尚未完全损坏时，相应的故障时有时无。这时可用热吹风机或电烙铁等来局部升温被怀疑的元器件，加速其老化，以便彻底暴露故障部件。当然，采用此法时，一定要注意元器件的温度参数等，不要将原来好的元器件烤坏。

（8）原理分析法 根据数控系统的工作原理，维修人员可从逻辑上分析可疑元器件各点的电平和波形，然后用万用表、逻辑笔、示波器或逻辑分析仪进行测量、分析和对比，从而找出故障。这种方法对维修人员的要求最高，维修人员必须对整个系统乃至每个电路的原理都有清楚的了解。但这也是检查疑难故障的最终方法。

（9）接口信号法 由于数控机床的各个控制部分大都采用 I/O 接口来相互通信，利用数控机床各接口部分的 I/O 接口信号来分析，则可以找出故障出现的部位。

6.4.4 四割炬火焰切割机数控系统常见故障和处理方法举例

（1）键盘故障 当用键盘输入程序时，发现有关字符不能输入和消除、程序不能复位或显示屏不能变换页面等故障。先检查有关按键是否接触良好，若是某一个按键不良则予以更换。若不见成效或所有按键都不起作用，则故障可能在接口电路或键盘的连接电缆，可进一步检查该部分的接口电路及电缆连接状况等。大部分接口故障都是由于电缆和接口电路松动接触不良所致 。一般重新插拔固定使其接触良好即可解决问题。

（2）显示器无辉度或无任何画面 四割炬火焰切割机数控系统电源接通后显示器 无辉

度或无任何画面，同时手动操作割炬升降正常。造成此类故障的原因如下。

① 与显示器单元有关的电缆连接不良。应对电缆重新检查，连接一次。

② 检查显示器单元的输入电压是否正常。需要注意的是在检查前应先搞清楚显示器单元所用的电压是直流还是交流，电压有多高。因为生产厂家不同，它们之间有较大差异，一般来说，14in（1in=25.4mm）彩色显示器电压为200V交流电压。在确认输入电压过低的情况下，还应确认电网电压是否正常。如果是电源电路不良或接触不良，造成输入电压过低时，还会出现某些印制电路板上的硬件或软件报警、伺服驱动器低压报警、交流接触器不吸合的故障等。

③ 显示器单元本身的故障。显示器单元是由显示单元、调节器单元等部分组成的，它们中的任一部分不良都会造成显示器无辉度或无图像等故障。如果是显示器本身故障一般的处理方法就是更换显示器。

（3）显示器无显示 造成此类故障的原因如下。

① 电源接通后显示器无显示，但伺服驱动单元有硬件报警显示。这时，故障可能出在伺服单元电路处。此时我们需要首先检查伺服单元的熔断器是否熔断，然后再检查伺服单元上的有关电容、三极管等元件是否烧坏、击穿等。如有更换即可解决。

② 显示器无显示，火焰切割机也不能动作，但主控制印制电路板有硬件报警。我们可根据硬件报警指示的提示来判断故障的根源。此类故障多数是系统控制印制电路板或逻辑控制板不良造成的。

③ 显示器无显示，数控机床不能动作，而主控制印制电路板也无报警。这时，故障一般发生在火焰切割机的电源电路的变压器，一般更换电源电路变压器即可恢复系统运行。

（4）显示器显示无规律的亮斑、线条或不正确的符号 这时，调高系统和伺服系统往往也不能正常工作，造成此类故障的原因如下。

① 显示器控制板故障。

② 主控制板故障。

③ 调高板故障

检查方法是首先检查显示器控制板的熔断器是否熔断，显示器控制板是否有虚接处。其次应检查驱动伺服系统和调高系统电源装置是否有熔断器熔断、断路器跳闸等问题出现。若合闸或更换熔断器后断路器再次跳闸，则应检查是否有伺服电动机过热，调高电路大功率晶体管组件是否有故障而使计算机的监控电路起作用；对于此类故障处理方法主要是确定故障范围后，对故障部位元件予以更换 即可使切割机恢复正常工作。

（5）程序故障 当数控系统进入用户程序时出现超程报警或显示"PROGRAM STOP"，但切割机数控系统一旦退出用户程序运行就恢复正常。

这类故障多是因为用户程序编辑错误或操作人员错按"RESET"按钮，从而造成程序的混乱。

（6）伺服驱动系统的故障诊断与维修 伺服驱动系统的故障约占整个数控系统故障的1/3。故障报警现象有三种：一是利用软件诊断程序在显示器上显示报警信息；二是利用伺服驱动系统上的硬件（如发光二极管、熔断器等）显示报警；三是没有任何报警指示。

① 软件报警形式。数控火焰切割机系统具有对进给伺服驱动进行监视、报警的能力。在显示器上显示伺服驱动的报警信号大致可分为以下两类。

a. 伺服驱动系统出错报警。这类报警的起因，大多是伺服控制单元方面的故障引起的，或是主控制印制电路板内与伺服控制板接口的故障造成的。处理方法是利用好的电路板进行代换来判断故障电路板，同时使接口电路接触良好即可解决。

b．过热报警。这里所说的过热是指伺服单元、变压器及伺服电动机过热。处理方法一般是予以更换。

总之，可根据显示器上显示的报警信号，参阅该数控机床维修说明书中"各种报警信息产生的原因"的提示进行分析判断，找出故障，将其排除。

② 硬件报警形式。硬件报警形式包括伺服控制单元和电容自动调高控制单元上的指示灯报警和熔断器熔断以及各种保护用的开关跳开等报警。报警指示灯的含义随伺服控制单元和电容自动调高控制单元设计上的差异也有所不同，一般有以下几种。

a．大电流报警。此时多为伺服控制单元和电容自动调高控制单元的功率驱动元件（晶闸管模块或晶体管模块）损坏。检查方法是在切断电源的情况下，用万用表测量模块集电极和发射极之间的阻值。如阻值小于10Ω，表明该模块已损坏。当然速度控制单元的印制电路板故障或电动机绕组内部短路也可引起大电流报警，但后一种故障较少发生。

b．高电压报警。产生这类报警的原因是输入的交流电源电压达到了额定值的 110% 甚至更高，或电动机绝缘能力下降。对于此类故障只要更换电源电路板和电动机即可使火焰切割机继续工作。

c．保护开关动作。当保护开关动作时，首先分清是何种保护开关动作，然后再采取相应措施解决。如伺服驱动单元上热继电器动作时，应先检查热继电器的设定是否有误，然后再检查数控火焰切割机工作时的条件是否太苛刻或数控火焰切割机轨道的摩擦力矩是否太大。如仍发生动作，则应测量伺服电动机电流，如果超过电流额定值，则是伺服电动机故障。

③ 无报警显示的故障。这类故障多以数控火焰切割机处于不正常运动状态的形式出现，但故障的根源却在计算机或伺服控制板。在实际维修中只能更换。

（7）电容自动调高系统常见故障的处理

① 电容自动调高电动机振动或噪声太大。这类故障的起因如下：

a．系统电源缺相或相序不对。

b．自动调高控制单元上的电源频率开关（50/60Hz 切换）设定错误。

c．自动调高控制板上的增益电路调整不好。

d．自动调高电动机轴承故障。

② 电容自动调高电动机只能向一个方向运动。造成该故障的原因大部分是上升和下降限位开关接触不良，只要更换限位开关基本就能解决问题。

③ 电容自动调高系统的割嘴有时会撞击所割的钢板。造成该故障的原因是连接金属探头的同轴电缆断线或接触不良。更换同轴电缆即可排除故障。

（8）Y轴不到位　数控火焰切割机在工作中，发现Y轴有时不到位，一般需要几分钟才能到达给定位置，然后继续执行下一个程序段。

当发生此种故障时，观察机床移动情况、显示值、各轴和电动机，确实都未出现变化，而Y轴伺服驱动系统竟然无指令输入，但检查数控系统后却发现有信号输出。故障显然发生在数控系统与Y轴伺服驱动之间的连接线上。结果发现是连接线接触不良造成上述故障现象。

第 7 章
变频器

7.1 通用变频器的工作原理

7.1.1 变频器基本结构

通用变频器的基本结构原理图如图7-1所示（部分结构未画出）。由图可见，通用变频器由功率主电路和控制电路及操作显示三部分组成，主电路包括整流电路、直流中间电路、逆变电路及检测部分的传感器。直流中间电路包括限流电路、滤波电路和制动电路，以及电源再生电路等。控制电路主要由主控制电路，信号检测电路，保护电路，控制电源和操作、显示电路等组成。

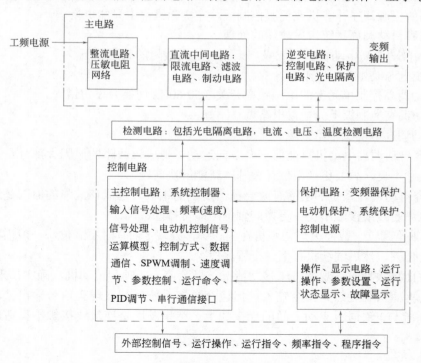

图7-1 通用变频器的基本结构原理图

高性能矢量型通用变频器由于采用了矢量控制方式，在进行矢量控制时需要进行大量的运算，其运算电路中往往还有一个以数字信号处理器（DSP）为主的转矩计算用CPU及相应的磁通检测和调节电路。应注意不要通过低压断路器来控制变频器的运行和停止，而应采用控制面板上的控制键进行操作。符号U、V、W是通用变频器的输出端子，连接至电动机电源输入端，应根据电动机的转向要求连接，若转向不对可调换U、V、W中任意两相的接线。输出端不应接电容器和浪涌吸收器，变频器与电动机之间的连线不宜超过产品说明书的规定值。符号RO、TO是控制电源辅助输入端子。PI和P（+）是连接改善功率因数的直流电抗器连接端子，出厂时这两点连接有短路片，连接直机电抗器时应先将其拆除再连接。

P（+）和DB是外部制动电阻连接端。P（+）和N（-）是外接功率晶体管控制的制动单元。其他为控制信号输入端。虽然变频器的种类很多，其结构各有所长，但大多数通用变频器都具有图7-1和图7-2所示的基本结构，它们要是控制软件、控制电路和检测电路实现的方法及控制算法等的不同。

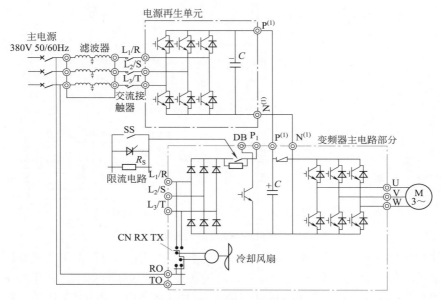

图7-2　通用变频器的主电路原理

7.1.2　通用变频器的控制原理及类型

（1）通用变频器的基本控制原理　众所周知，异步电动机定子磁场的旋转速度被称为异步电动机的同步转速。这是因为当转子的转速达到异步电动机的同步转速时其转子绕组将不再切割定子旋转磁场，因此转子绕组中不再产生感应电流，也不再产生转矩，所以异步电动机的转速总是小于其同步转速，而异步电动机也正是因此而得名。

电压型变频器的特点是将直流电压源转换为交流电源，在电压型变频器中，整流电路产生逆变器所需要的直流电压，并通过直流中间电路的电容进行滤波后输出。整流电路和直流中间电路起直流电压源的作用，而电压源输出的直流电压在逆变器中被转换为具有所需频率的交流电压。在电压型变频器中，由于能量回馈通路是直流中间电路的电容器，并使直流电压上升，因此需要设置专用直流单元控制电路，以利于能量回馈并防止换流元器件因电压过高而被破坏。有时还需要在电源侧设置交流电抗器抑制输入谐波电流的影响。从通用变频器主回路基本结构来看，大多数采用如图7-3（a）所示的结构，即由二极管整流器、直流中间电路与PWM逆变器三部分组成。

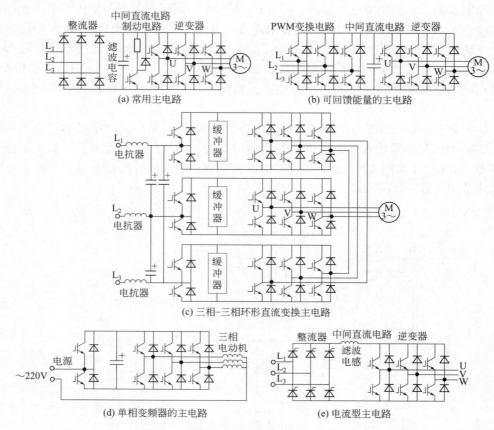

图7-3　通用变频器主电路的基本结构形式

采用这种电路的通用变频器的成本较低，易于普及应用，但存在再生能量回馈和输入电源产生谐波电流的问题，如果需要将制动时的再生能量回馈给电源，并降低输入谐波电流，则采用如图7-3（b）所示的带PWM变换器的主电路，由于用IGBT代替二极管整流器组成三相桥式电路，因此，可让输入电流变成正弦波，同时，功率因数也可以保持为1。

这种PWM变换控制变频器不仅可降低谐波电流，而且还要将再生能量高效率地回馈给电源。富士公司采用的最新技术是三相-三相环形直流变换电路，如图7-3（c）所示。三相-三相环形直流变换电路采用了直流缓冲器（RCD），使输入电流与输出电压可分开控制，不仅可以解决再生能量回馈和输入电源产生谐波电流的问题，而且还可以提高输入电源的功率因数，减少直流部分的元件，实现轻量化。这种电路是以直流钳位式双向开关回路为基础的，因此可直接控制输入电源的电压、电流，并可对输出电压进行控制。

另外，新型单相变频器的主电路如图7-3（d）所示，该电路与原来的全控桥式PWM逆变器的功能相同，电源电流呈现正弦波，并可以进行电源再生回馈，具有高功率因数变换的优点。该电路将单相电源的一端接在变换器上下电桥的中点上，另一端接在被变频器驱动的三相异步电动机定子绕组的中点上，因此，是将单相电源电流当作三相异步电动机的零线电流提供给直流回路的。其特点是可利用三相异步电动机上的漏抗代替开关用的电抗器，使电路实现低成本与小型化，这种电路也广泛用于家用电器的变频电路。

电流型变频器 [图 7-3 (e)] 的特点是将直流电流源转换为交流电源。其中整流电路给出直流电源，并通过直流中间电路的电抗器进行电流滤波后输出，整流电路和直流中间电路起电流源的作用，而电流源输出的直流电流在逆变器中被转换为具有所需频率的交流电源，并被分配给各输出相，然后提供给异步电动机。在电流型变频器中，异步电动机定子电压的控制是通过检测电压后对电流进行控制的方式实现的。对于电流型变频器来说，在异步电动机进行制动的过程中，可以通过将直流中间电路的电压反向的方式使整流电路变为逆变电路，并将负载的能量回馈给电源。由于在采用电流控制方式时可以将能量直接回馈给电源，而且在出现负载短路等情况时也容易处理，因此电流型控制方式多用于大容量变频器。

（2）通用变频器的类型　通用变频器根据其性能、控制方式和用途的不同，习惯上可分为通用型、矢量型、多功能高性能型和专用型等。通用型是通用变频器的基本类型，具有通用变频器的基本特征，可用于各种场合；专用型又分为风机、水泵、空调专用通用变频器（HVAC）、注逆机专用型、纺织机械专用机型等。随着通用变频器技术的发展，除专用型以外，其他类型间的差距会越来越小，专用型通用变频器会有较大发展。

① 风机、水泵、空调专用通用变频器。风机、水泵、空调专用通用变频器是一种以节能为主要目的的通用变频器，多采用 U/f 控制方式，与其他类型的通用变频器相比，主要在转矩控制性能方面是按降转矩负载特性设计的，零速时的启动转矩相比其他控制方式要小一些。几乎所有通用变频器生产厂商均生产这种机型。新型风机、水泵、空调专用通用变频器，除具备通用功能外，不同品牌、不同机型中还增加了一些新功能，如内置 PID 调节器功能、多台电动机循环启停功能、防水锤效应功能、管路泄漏检测功能、管路阻塞检测功能、压力给定与反馈功能、惯量反馈功能、低频预警功能及节电模式选择功能等。应用时可根据实际需要选择具有上述不同功能的品牌、机型，在通用变频器中，这类变频器价格最低。特别需要说明的是，一些品牌的新型风机、水泵、空调专用通用变频器中采用了一些新的节能控制策略使新型节电模式节电效率大幅度提高，如台湾普传 P168F 系列风机、水泵、空调专用通用变频器，比以前产品节电更高，以 380V/37kW 风机为例，30Hz 时的运行电流只有 8.5A，而使用一般的通用变频器运行电流为 25A，可见电流降低了不少，因而节电效率有大幅度提高。

② 高性能矢量控制型通用变频器。高性能矢量控制型通用变频器采用矢量控制方式或直接转矩控制方式，并充分考虑了通用变频器应用过程中可能出现的各种需要，特殊功能还可以选件的形式供选择，以满足应用需要，在系统软件和硬件方面都做了相应的功能设置，其中重要的一个功能特性是零速时的启动转矩和过载能力，通常启动转矩在 150% ~ 200% 范围内，甚至更高，过载能力可达 150% 以上，一般持续时间为 60s。这类通用变频器的特征是具有较硬的机械特性和动态性能，即通常说的挖土机性能。在使用通用变频器时，可以根据负载特性选择需要的功能，并对通用变频器的参数进行设定。有的品牌的新机型根据实际需要，将不同应用场合所需要的常用功能组合起来，以应用宏编码形式提供，用户不必对每项参数逐项设定，应用十分方便。如 ABB 系列通用变频器的应用宏、VACON CX 系列通用变频器的"五合一"应用等就充分体现了这一优点。也可以依据系统的需要选择一些选件以满足系统的特殊需要，高性能矢量控制型通用变频器广泛应用于各类机械装置，如机床、塑料机械、生产线、传送带、升降机械以及电动车辆等对调速

系统和功能有较高要求的场合，性能价格比较高，市场价格略高于风机、水泵、空调专用通用变频器。

③ 单相变频器。单相变频器主要用于输入为单相交流电源的三相交流电动机的场合。所谓的单相通用变频器是单相进、三相出，是单相交流220V输入，三相交流220～230V输出，与三相通用变频器的工作原理相同，但电路结构不同，即单相交流电源→整流滤波变换成直流电源→经逆变器再变换为三相交流调压调频电源→驱动三相交流异步电动机。目前单相变频器大多采用智能功率模块（IPM）结构，将整流电路、逆变电路、逻辑控制、驱动和保护或电源电路等集成在一个模块内，使整机的元器件数量和体积大幅度减小，使整机的智能化水平和可靠性进一步提高。

7.2 实用变频应用与接线

7.2.1 标准变频器典型外部配电电路与控制面板

（1）外围设备和选件　典型外围设备和任意选件连接图如图 7-4 所示。

电路中各外围设备的功能说明如下：

① 无熔丝断路器 MCCB。用于快速切断变频器的故障电流并防止变频器及其线路故障导致电源故障。

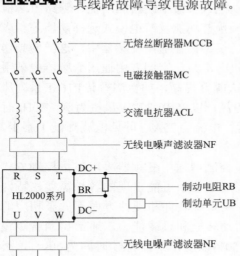

图7-4　典型外围设备和任意选件连接图

② 电磁接触器 MC。在变频器故障时切断主电源并防止掉电及故障后再启动。

③ ACL。用于改善输入功率因数、降低高次谐波及抑制电源的浪涌电压。

④ 无线电噪声滤波器 NF。用于减少变频器产生的无线电干扰（电动机变频器间配线距离少于20m时，建议连接在电源侧，配线距离大于20m时，连接在输出侧）。

⑤ 制动单元 UB。制动力矩不能满足要求时选用，适用于大惯量负载及频繁制动或快速停车的场合。

注意：其中 ACL、NF、UB 为任选件。

⑥ 交流电抗器。交流电抗器可抑制变频器输入电流的高次谐波，明显改善变频器的功率因数。建议在下列情况下使用交流电抗器：变频器所用之处的电源容量与变频器容量之比为10∶1以上；同一电源上接有可控硅负载或带有开关控制的功率因数补偿装置；三相电源的电压不平衡度较大（≥3%）。

交流电压配备电感与制动电阻选配见表 7-1、表 7-2。

表7-1　交流电压配备电感选配表（电压为380V）

功率/kW	电流/A	电感/mH	功率/kW	电流/A	电感/mH
1.5	4	4.8	22	46	0.42
2.2	5.8	3.2	30	60	0.32
3.7	9	2.0	37	75	0.26
5.5	13	1.5	45	90	0.21
7.5	18	1.2	55	128	0.18
11	24	0.8	75	165	0.13
15	30	0.6	90	195	0.11
18.5	40	0.5	110	220	0.09

表7-2　变频器回生制动电阻阻值选配（电压为380V）

电动机功率/kW	电阻阻值/Ω	电感/mH	电动机功率/kW	电阻阻值/Ω	电感/mH
1.5	400	0.25	22	30	4
2.2	250	0.25	30	20	6
3.7	150	0.4	37	16	9
5.5	100	0.5	45	13.6	9
7.5	75	0.8	55	10	12
11	50	1	75	13.6/2	18
15	40	1.5	90	20/3	18
18.5	30	4	110	20/3	18

⑦ 漏电保护器。由于变频器内部、电动机内部及输入输出引线均存在对地静电容，又因HL2000系列变频器为低噪型，所用的载波较高。因此变频器的对地漏电较大，大容量机种更为明显，有时甚至会导致保护电路误动作。遇到上述问题时，除适当降低载波频率，缩短引线外还应安装漏电保护器。安装漏电保护器应注意以下几点：漏电保护器应设于变频器的输入侧；漏电流应为线路、无线电噪声滤波器、电动机等漏电流的总和的10倍。

注意

不同变频器辅助功能、设置方式及更多接线方式需要查看使用说明书。

（2）控制面板　控制面板上包括显示和控制按键及调整旋钮等部件，不同品牌的变频器其面板按键布局不尽相同，但功能都大同小异。控制面板如图7-5所示。

7.2.2　单相220V进单相220V输出变频器用于单相电动机启动运行控制电路

（1）电路工作原理　单相220V进单相220V输出电路原理图如图7-6所示。

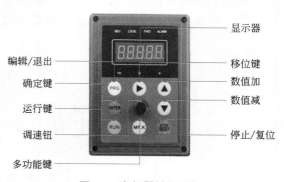

图7-5　变频器控制面板

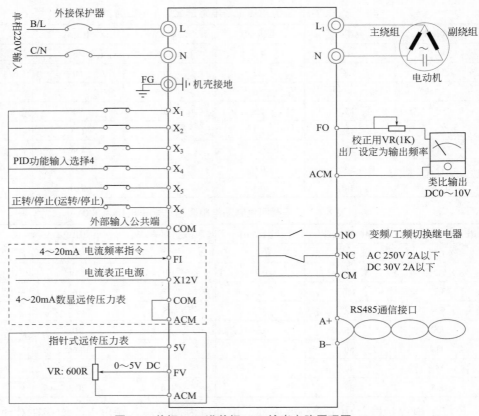

图7-6　单相220V进单相220V输出电路原理图

◎至回路端子；○控制回路端子

　　由于电路直接输出220V，因此输出端直接接220V电动机即可，电动机可以是电容运行电动机，也可以是电感启动电动机。

　　由于它的输入端为220V直接接至L、N两端，输出端直接输出的220V，是由L₁、N₁端子输出的。当正常接线以后，正确设定了工作项进入变频器的参数设定状态，电动机就可以按照正常工作项运行了。对于外边的按钮、接点，某些功能是可以不接的，比如外部调整电位器，如果不需要远程控制的话，根本不需要在外部端子上接调整电位器，而是直接使用控制面板上的电位器。如PID功能不需要调整压力、液位、温度和速度的话，只需要接电动机的正向运转就可以了，然后再接调速电位器。

　　（2）接线组装　单相220V进单相220V输出变频器电路接线组装如图7-7所示。

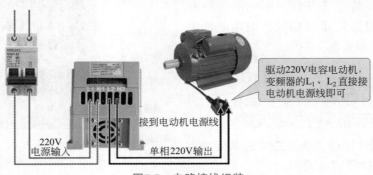

图7-7　电路接线组装

（3）调试与检修　当它出现问题后，直接用万用表测量输入电压。通过按动相关按钮以后，变频器应该有输出电压，若参数设置正确，应该是变频器的故障，可以进行更换或进行检测变频器。

7.2.3　单相220V进三相220V输出变频器用于单相220V电动机启动运行控制电路

（1）电路与工作原理　电路原理图见图7-8，由于使用了单相220V输入，然后输出的是三相220V，所以在正常情况下，接的电动机应该是一个三相电动机。注意应该是三相220V电动机。如果把单相220V输入转三相220V输出误使用单相220V电动机，只要把220V电动机接在输出的端U、V、W任意两相就可以，同样这些接线开关和一些选配端子根据需要接上相应的正转启动就可以了。可以是按钮开关，也可以是继电器进行控制。如果需要电动机正反转启动的话，可通过外配电路、正反转开关进行控制，电动机就可以实现正反转。如果需要调速的话，需要远程调速外接电源器，把电源接到相应的端子就可以了。不需要远程电位器的，只有面板上的电位器就可以了。

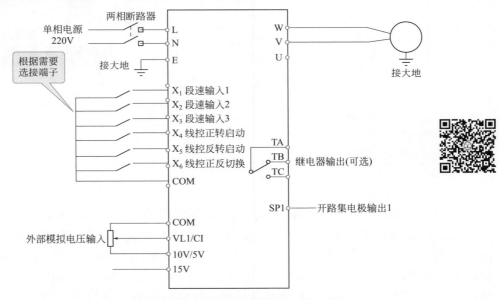

图7-8　单相220V进三相220V输出变频器电路原理

（2）接线组装　单相220V进三相220V输出变频器电路接线组装如图7-9所示。

（3）调试与检修　当出现故障的时候，用万用表检测它的输入端，若有电压，按相应的按钮或相应的开关，此时输出端应该有电压，如果输出端没有电压，这些按钮和开关正常情况下，应该是变频器毁坏，应更换。

如果输入端有电压，按动相应的按钮和开关输出端有电压，电动机仍然不能够

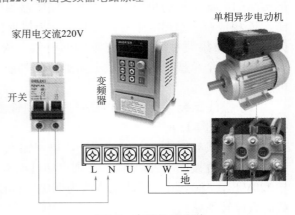

图7-9　电路接线组装

正常工作或不能调速的话，应该是电动机毁坏，应更换或维修电动机。

7.2.4 单相220V进三相220V输出变频器用于380V电动机启动运行控制电路

（1）电路工作原理　单相220V进三相220V输出变频器用于380V电动机启动运行控制电路原理图如图7-10所示（注意：不同变频器辅助功能、设置方式及更多接线方式需要查看使用说明书）。

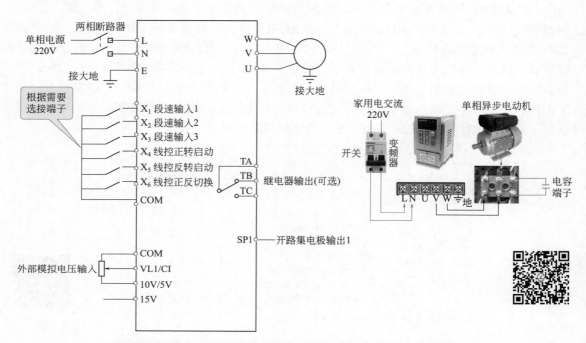

图7-10　单相220V进三相220V输出变频器用于380V电动机电路原理图

这是220V进三相220V输出的变频器接三相电动机的接线电路，所有的端子都是根据需要来选配的。220V电动机在使用时，电动机上一般标有星角接，使用的是380V和220V的标识。当使用220V进三相220V输出的时候，需要将电动机接成220V的接法，接成星角接。一般情况下，小功率三相电动机使用星接就为380V，角接为220V。那么也就是星形接法的内部绕组的星形接法，外部接线盒当中的接线，当U_1、V_1、W_1接相线输入，W_2、U_2、V_2相接在一起形成中心点的时候，为星形接法。输入电压应该是两个绕组的电压之和，为380V。如果要接入220V变频器的时候，应该变成角接，U_1接W_2、V_1接U_2、W_1接V_2，这样形成一个角接，内部组成三角形，此时输入的是一个绕组承受一相电压，这样承受的电压是220V。

（2）接线组装　单相220V进三相220V输出变频器用于380V电动机启动运行控制电路接线组装如图7-11所示。

（3）调试与检修　一般情况下，单相输入三相输出的变频器所带电动机功率较小，如果电动机上直接标出220V输入，则电动机输入线直接接变频器输出端子即可，如单相进三相220V出，380V星形接法就需改为220V三角形接法，否则电动机运行时无力，甚至带负载时有停转现象。

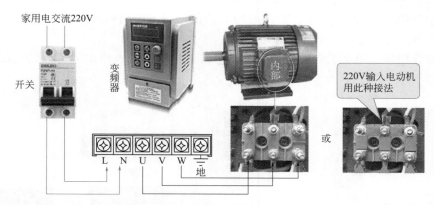

图7-11　单相220V进三相220V输出变频器用于380V电动机启动运行控制电路接线组装

7.2.5　单相220V进三相380V输出变频器电动机启动运行控制电路

（1）电路工作原理　单相220V进三相380V输出变频器电动机启动运行控制电路原理图如图7-12所示（注意：不同变频器辅助功能、设置方式及更多接线方式需要查看使用说明书）。

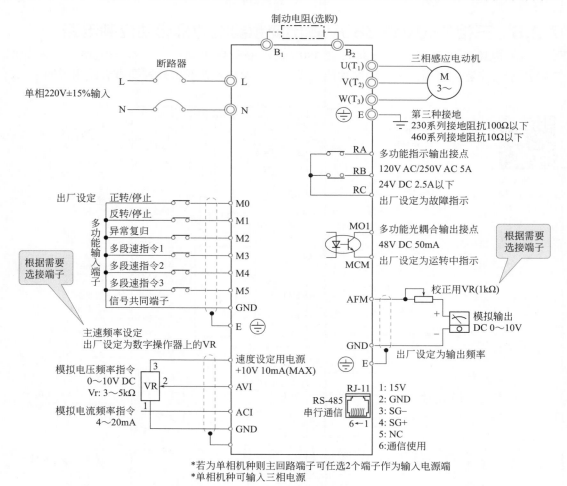

图7-12　电路原理图

◎主回路端子；○控制回路；⊡请使用有被覆的屏蔽线

241

输出是380V，因此可直接在输出端接电动机，对于电动机来说，单相变三相380V多为小型电动机，直接使用Y形接法即可。

（2）接线组装　单相220V进三相380V输出变频器电动机启动运行控制电路接线组装图如图7-13所示

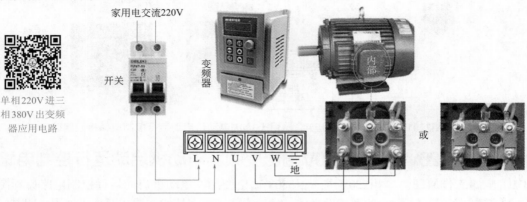

单相220V进三相380V出变频器应用电路

图7-13　接线组装图

7.2.6　三相380V进380V输出变频器电动机启动控制电路

（1）电路工作原理　三相380V进380V输出变频器电动机启动控制电路原理图如图7-14所示（注意：不同变频器辅助功能、设置方式及更多接线方式需要查看使用说明书）。

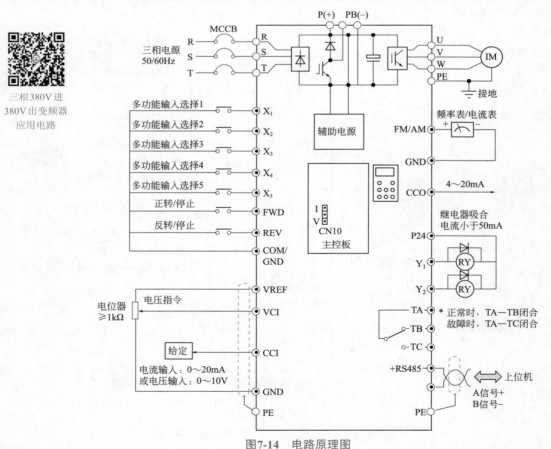

三相380V进380V出变频器应用电路

图7-14　电路原理图

　　这是一套380V输入和380V输出的变频器的电路，相对应的端子选择是根据需要外加的开关完成的，电动机只需要正转启停的话，只需要一个开关就可以了，如果需要正、反转启停的话，需要接两个端子、两个开关。如果需要远程调速的话需要外接电位器，如果在面板上就可以实现调速的话，就不需要接外接电位器。对于外配电路是根据功能所接的，一般情况下使用时，这些元器件是可以不接的。只要把电动机正确接入U、V、W就可以了。

　　主电路输入端子R、S、T接三相电的输入，U、V、W三相电的输出接电动机，一般在设备当中接有制动电阻，需要制动电阻卸放掉电能，电动机就可以停转。

　　（2）接线组装　三相380V进380V输出变频器电动机启动控制电路接线组装图如图7-15所示。

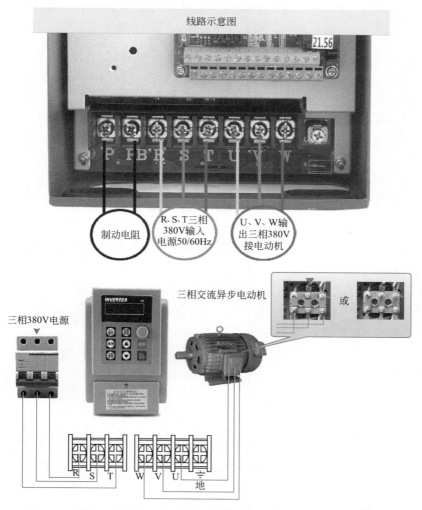

图7-15　三相380V进380V输出变频器电动机启动控制电路接线组装图

　　（3）调试与检修　接好电路后，由三相电接入到空开，再接入到变频器的接线端子，通过内部变频正确的参数设定，由输出端子接到电动机。当此电路不能工作的时候，应检查空开的下端是否有电，变频器的输入端、输出端是否有电。当输出端有电，但电动机不能按照正常设定运转时，应该通过调整这些输出按钮进行测量，因为不按照正确的参数设定，这个端子可能没有对应功能控制输出，这是应该注意的。如果输出端子有输出，电动机不能正常旋转，说明电动机出现故障，应更换或维修电动机。如果变频器输入电压显示正常，且通过参数设定正确，但输出端没有输出，说明变频器毁坏，应该更换或维修变频器。

7.2.7　带有自动制动功能的变频器电动机控制电路

（1）电路工作原理

① 外部制动电阻连接端子[P（+）、DB]。外部制动电阻的连接如图7-16所示。一般小功率（7.5kW以下）变频器内置制动电阻，且连接于P（+）、DB端子上，如果内置制动电流容量不足或要提高制动力矩，则可外接制动电阻。连接时，先从P（+）、DB端子上卸下内置制动电阻的连接线，并对其线端进行绝缘，然后将外部制动电阻接到P（+）、DB端子上。

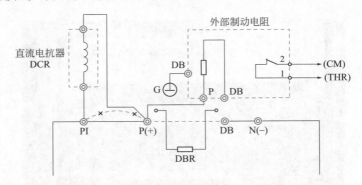

图7-16　外部制动电阻的连接（7.5kW以下）

② 直流中间电路端子[P（+）、N（-）]。对于功率大于15kW的变频器，除外接制动电阻DB外，还需对制动特性进行控制，以提高制动能力，方法是增设用功率晶体管控制的制动单元BU，将其连接于P（+）、N（-）端子上，如图7-17所示（图中CM、THR为驱动信号输入端）。

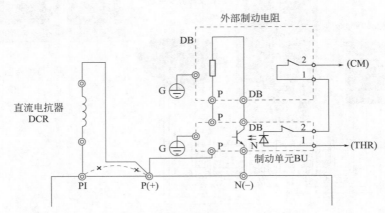

图7-17　直流电抗器和制动单元连接图

（2）接线组装　带有自动制动功能的变频器电动机控制电路接线组装如图7-18所示。

（3）调试与检修　如果电动机不能制动，大多数是制动电阻毁坏。当电动机不能制动时，应先设定它的参数，看参数设定是否正确，只有电动机的参数设定正确后仍不能制动，才能说明制动电阻出现故障，如果检测以后制动电阻没有故障，多是变频器毁坏，应该更换或维修变频器。

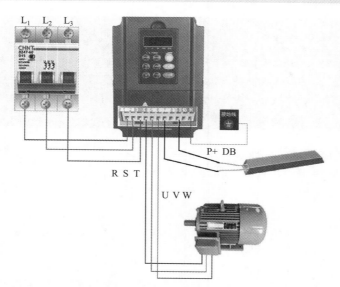

图7-18 带有自动制动功能的变频器电动机控制电路接线组装

7.2.8 用开关控制的变频器电动机正转控制电路

开关控制式正转控制电路如图7-19所示,它依靠手动操作变频器STF端子外接开关SA,来对电动机进行正转控制。

(1)电路工作原理

① 启动准备。按下按钮SB₂→接触器KM线圈得电→KM常开辅助触点和主触点均闭合→KM常开辅助触点闭合,KM线圈得电(自锁),KM主触点闭合为变频器接通主电源。

 注意

使用启动准备电路及使用异常保护时需拆除原机RS接线,将R₁/S₁与相线接通,供保护后查看数据报警用,如不需要则不用拆除跳线,使用漏电保护器或空开直接供电即可。

② 正转控制。按下变频器STF端子外接开关SA,STF、SD端子接通,相当于STF端子输入正转控制信号,变频器U、V、W端子输出正转电源电压,驱动电动机正向运转。调节端子10、2、5外接电位器RP,变频器输出电源频率会发生改变,电动机转速也随之变化。

③ 变频器异常保护。若变频器运行期间出现异常或故障,变频器B、C端子间内部等效的常闭开关断开,接触器KM线圈失电,KM主触点断开,切断变频器输入电源,对变频器进行保护。

④ 停转控制。在变频器正常工作时,将开关SA断开,STF、SD端子断开,变频器停止输出电源,电动机停转。

若要切断变频器输入主电源,可按下按钮SB₁,接触器KM线圈失电,KM主触点断开,变频器输入电源被切断。

注意

R₁/S₁为控制回路电源，一般内部用连接片与R/S端子相连接，不需要外接线，只有在需要变频器主回路断电（KM断开）、需要变频器显示异常状态或有其他特殊功能时需要将R₁/S₁连接片与R/S端子拆开，用引线接到输入电源端。

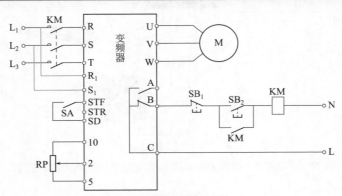

(a) 使用保护功能时的接线

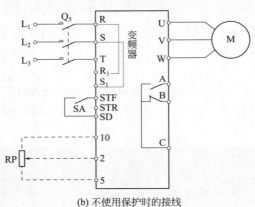

(b) 不使用保护时的接线

图7-19　开关控制式正转控制电路

知识拓展

变频器跳闸保护电路

在注意事项中，提到只有在需要变频器主回路断电（KM断开）、需要变频器显示异常状态或有其他特殊功能时需要将R₁/S₁连接片与R/S端子拆开，用引线接到输入电源端。在实际变频调速系统运行过程中，如果变频器或负载突然出现故障，可以利用外部电路实现报警。需要注意的是，报警的参数设定，需要参看使用说明书。

变频器跳闸保护是指在变频器工作出现异常时切断电源，保护变频器不被损坏。图7-20所示是一种常见的变频器跳闸保护电路。变频器A、B、C端子为异常输出端，A、C之间相当于一个常开开关，B、C之间相当于一个常闭开关，在变频器工作出现异常时，A、

C接通，B、C断开。

（2）电路工作过程

① 供电控制。按下按钮SB$_1$，接触器KM线圈得电，KM主触点闭合，工频电源经KM主触点为变频器提供电源，同时KM常开辅助触点闭合，锁定KM线圈供电。按下按钮SB$_2$，接触器KM线圈失电，KM主触点断开，切断变频器电源。

② 异常跳闸保护。若变频器在运行

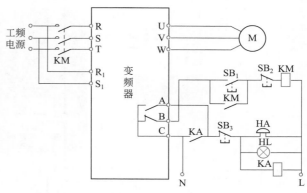

图7-20　一种常见的变频器跳闸保护电路

过程中出现异常，A、C之间闭合，B、C之间断开。B、C之间断开使接触器KM线圈失电，KM主触点断开，切断变频器供电；A、C之间闭合使继电器KA线圈得电，KA触点闭合，振铃HA和报警灯HL得电，发出变频器工作异常声光报警。

按下按钮SB$_3$，继电器KA线圈失电，KA常开触点断开，HA、HL失电，声光报警停止。

③ 故障检修。当此电路出现故障时，主要用万用表检查SB$_1$、SB$_2$、KM线圈及接点是否毁坏，检查KA线圈及其接点是否毁坏，只要外部线圈及接点没有毁坏且参数设定正常，但不能够跳闸，不能启动时，就说明变频器毁坏。

（3）接线组装　用开关控制的变频器电动机正转控制电路如图7-21所示，图为直接用开关启动控制方式接线图，省去了接触器部分电路。

（4）调试与检修　用继电器控制电动机的启停控制电路，如果不需要上电功能，只是用按钮开关进行控制，可以把R$_1$、S$_1$用短接线接到R、S端点，然后使用空开就可以，空开直接接R、S、T，输出端直接接电动机。给R、S、T接通电源，一旦按下SB$_2$后，SA接通，KM自锁，变频器启动，输出三相电压。这种电路检修时，直接检查SA及按钮SB$_1$、SB$_2$是否毁坏，如果SB$_1$、SB$_2$没有毁坏，SA按钮也没有毁坏，不能驱动电动机旋转的原因是变频器毁坏，直接更换变频器即可。

7.2.9　用继电器控制的变频器电动机正转控制电路

（1）电路工作原理　继电器控制式正转控制电路如图7-22所示。

电路工作原理说明如下：

① 启动准备。按下按钮SB$_2$→接触器KM线圈得电→KM主触点和两个常开辅助触点均闭合→KM主触点闭合，为变频器接通主电源，一个KM常开辅助触点闭合锁定KM线圈使其得电，另一个KM常开辅助触点也闭合，为中间继电器KA线圈得电作准备。

② 正转控制。按下按钮SB$_4$→继电器KA线圈得电→3个KA常开触点均闭合，一个常开触点闭合锁定KA线圈使其得电，另一个常开触点闭合将按钮SB$_1$短接，还有一个常开触点闭合将STF、SD端子接通，相当于STF端子输入正转控制信号，变频器U、V、W端子输出正转电源电压，驱动电动机正向运转。调节端子10、2、5外接电位器RP，变频器输出电源频率会发生改变，电动机转速也随之变化。

③ 变频器异常保护。若变频器运行期间出现异常或故障，变频器B、C端子间内部等效的常闭开关就会断开，接触器KM线圈失电，KM主触点断开，切断变频器输入电源，对

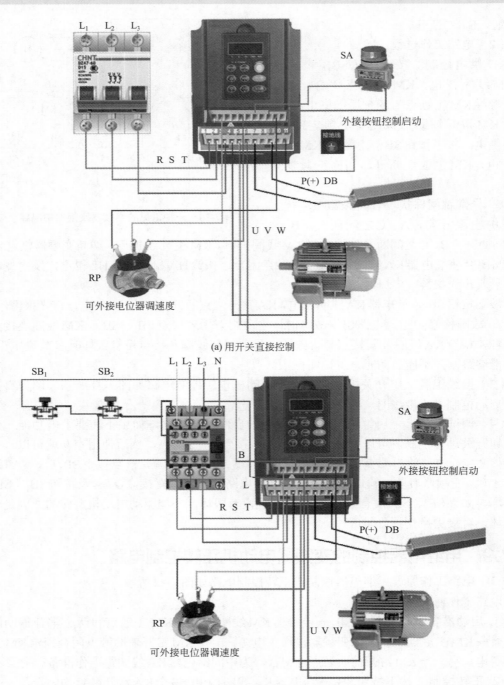

(a) 用开关直接控制

(b) 接触器上电控制的开关控制直接启动电路

图7-21　变频器电动机正转控制电路接线组装

变频器进行保护，同时继电器KA线圈失电，3个KA常开触点均断开。

④ 停转控制。在变频器正常工作时，按下按钮SB₃，KA线圈失电，KA的3个常开触点均断开，其中一个KA常开触点断开使STF、SD端子连接切断，变频器停止输出电源，电动机停转。

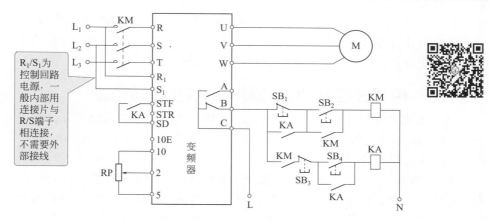

图7-22　继电器控制式正转控制电路

在变频器运行时，若要切断变频器输入主电源，需先对变频器进行停转控制，再按下按钮SB$_1$，接触器KM线圈失电，KM主触点断开，变频器输入电源被切断。如果没有对变频器进行停转控制，而直接去按SB$_1$，是无法切断变频器输入主电源的，这是因为变频器正常工作时KA常开触点已将SB$_1$短接，断开SB$_1$无效，这样做可以防止在变频器工作时误操作SB$_1$切断主电源。

（2）接线组装　用继电器控制的变频器电动机正转控制电路接线组装如图7-23所示。

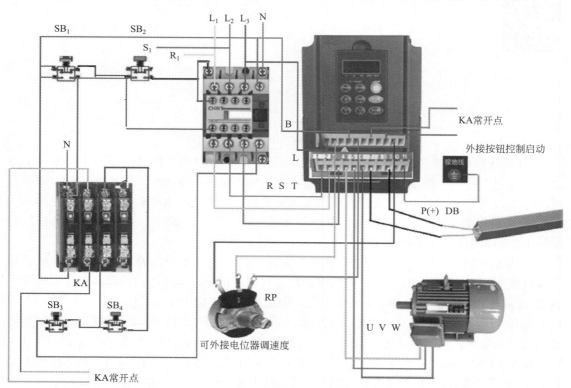

图7-23　用继电器控制的变频器电动机正转控制电路接线组装

（3）调试与检修　当出现故障时，用万用表检测SB$_1$～SB$_4$的好与坏，包括KM、KA线圈的好与坏，当这些元器件没有毁坏时，用电压表检测R、S、T是否有电压，如果有电压而U、V、W没有输出，在参数设定正常的情况下为变频器毁坏。如果R、S、T没有电压，说明输出电路有故障，查找输出电路或更换变频器。若U、V、W有输出电压，电动机不运转说明是电动机出现故障，应该维修或更换电动机。

7.2.10　用开关控制的变频器电动机正反转电路

（1）电路工作原理　开关控制式正、反转控制电路如图7-24所示，它采用了一个三位开关SA，SA有"正转"、"停止"和"反转"3个位置。

电路工作原理说明如下：

① 启动准备。按下按钮SB₂→接触器KM线圈得电→KM常开辅助触点和主触点均闭合→KM常开辅助触点闭合锁定KM线圈使其得电（自锁），KM主触点闭合为变频器接通主电源。

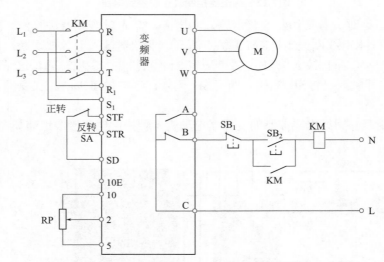

图7-24　开关控制式正、反转控制电路

② 正转控制。将开关SA拨至"正转"位置，STF、SD端子接通，相当于STF端子输入正转控制信号，变频器U、V、W端子输出正转电源电压，驱动电动机正向运转。调节端子10、2、5外接电位器RP，变频器输出电源频率会发生改变，电动机转速也随之变化。

③ 停转控制。将开关SA拨至"停转"位置（悬空位置），STF、SD端子连接切断，变频器停止输出电源，电动机停转。

④ 反转控制。将开关SA拨至"反转"位置，STR、SD端子接通，相当于STR端子输入反转控制信号，变频器U、V、W端子输出反转电源电压，驱动电动机反向运转。调节电位器RP，变频器输出电源频率会发生改变，电动机转速也随之变化。

⑤ 变频器异常保护。若变频器运行期间出现异常或故障，变频器B、S端子间内部等效的常闭开关断开，接触器KM线圈断开，切断变频器输入电源，对变频器进行保护。

若要切断变频器输入主电源，需先将开关SA拨至"停止"位置，让变频器停止工作，再按下按钮SB₁，接触器KM线圈失电，KM主触点断开，变频器输入电源被切断。该电路结构简单，缺点是在变频器正常工作时操作SB₁可切断输入主电源，这样易损坏变频器。

（2）接线组装　图7-25为电路接线组装图。

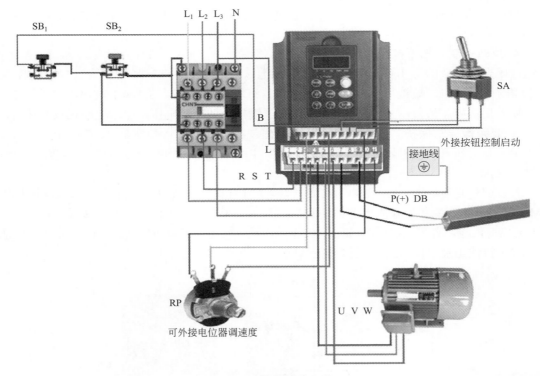

图7-25　电路接线组装

7.2.11　用继电器控制的变频器电动机正反转控制电路

（1）电路工作原理　继电器控制式正、反转控制电路如图7-26所示，该电路采用KA₁、KA₂继电器分别进行正转和反转控制。电路工作原理说明如下：

① 启动准备。按下按钮SB₂→接触器KM线圈得电→KM主触点和两个常开辅助触点均闭合→KM主触点闭合为变频器接通主电源，一个KM常开辅助触点闭合锁定KM线圈使其得电，另一个KM常开辅助触点闭合为中间继电器KA₁、KA₂线圈得电作准备。

② 正转控制。按下按钮SB₄→继电器KA₁线圈得电—KA₁的1个常开触点断开，3个常开触点闭合→KA₁的常闭触点

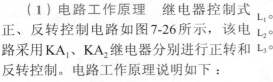

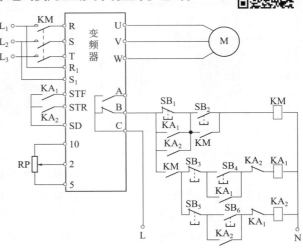

图7-26　继电器控制式正、反转控制电路

断开使KA₂线圈无法得电，KA₁的3个常开触点闭合分别锁定KA₁线圈使其得电，短接按钮SB₁和接通STF、SD端子→STF、SD端子接通相当于STF端子输入正转控制信号，变频器U、V、W端子输出正转电源电压，驱动电动机正向运转。调节端子10、2、5外接电位器RP，变频器输出电源频率会发生改变，电动机转速也随之变化。

③ 停转控制。按下按钮SB₃→继电器KA₁线圈失电→3个KA常点均断开，其中1个常

开触点断开切断STF、SD端子的连接，变频器U、V、W端子停止输出电源电压，电动机停转。

④ 反转控制。按下按钮SB$_6$→继电器KA$_2$线圈得电→KA$_2$的1个常闭触点断开，3个常开触点闭合→KA$_2$的常闭触点断开使KA$_1$线圈无法得电，KA$_2$的3个常开触点闭合分别锁定KA$_2$线圈使其得电，短接按钮SB$_1$和接通STR、SD端子→STR、SD端子接通，相当于STR端子输入反转控制信号，变频器U、V、W端子输出反转电源电压，驱动电动机反向运转。

⑤ 变频器异常保护。若变频器运行期间出现异常或故障，变频器B、C端子间内部等效的常闭开关断开，接触器KM线圈失电，KM主触点断开，切断变频器输入电源，对变频器进行保护。

若要切断变频器输入主电源，可在变频器停止工作时按下按钮SB$_1$，接触器KM线圈失电，KM主触点断开，变频器输入电源被切断。由于在变频器正常工作期间（正转或反转），KA$_1$或KA$_2$常开触点闭合将SB$_1$短接，断开SB$_1$无效，这样做可以避免在变频器工作时切断主电源。

（2）接线组装　图7-27为其接线组装图。

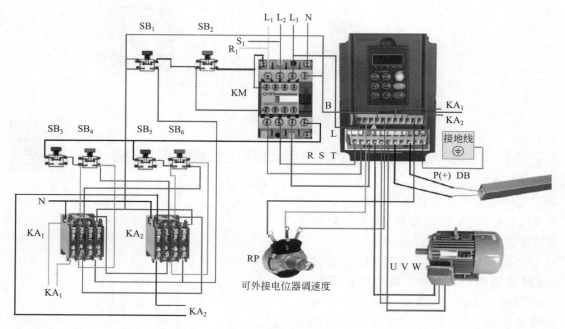

图7-27　电路接线组装

（3）调试与检修　KM、SB$_1$、SB$_2$构成上电准备电路，KA$_1$、KA$_2$、SB$_4$、SB$_3$构成了正转控制电路，KA$_2$、KA$_1$、SB$_5$、SB$_6$构成了反转控制电路。如果电路出现故障，电动机不能上电，应检查KM、SB$_2$、SB$_1$电路是否有毁坏的元件，如果毁坏进行更换。如果上电正常，不能进行正反转，应检查KA$_1$、KA$_2$、SB$_3$～SB$_6$电路是否有毁坏元件，如有毁坏应进行更换。如果上述元件均没有毁坏，变频器参数设定正常或参数无法设定的情况下，应该是变频器出现故障，应维修或更换变频器。

7.2.12　工频与变频切换电路

（1）电路工作原理　在实际的变频调速系统运行过程中，如果变频器或负载突然出现故障，这时若让负载停止工作可能会造成很大损失。为了解决这个问题，可给变频调速系统增设工频与变频切换功能，在变频器出现故障时自动将工频电源切换给电动机，以让系统继续工作。另外，某些电路中要求启动式用变频工作，而在正常工作时用工频工作，因此可以用工频与变频切换电路来完成。还可以利用报警电路配合，在故障时输出报警信号。对于工作模式的参数设定，需要参看使用说明书。

图7-28所示是一个典型的工频与变频切换控制电路。该电路在工作前需要先对一些参数进行设置。

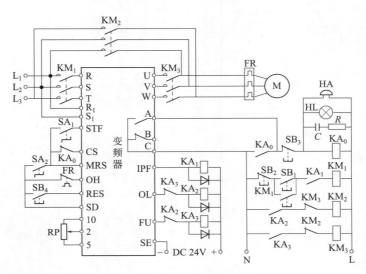

图7-28　一个典型的工频与变频切换控制电路

电路的工作过程说明如下。

① 变频运行控制。

a. 启动准备。将开关SA$_3$闭合，接通MRS端子，允许进行工频变频切换。由于已设置Pr.135=1使切换有效，IPE、FU端子输出低电平，中间继电器KA$_1$、KA$_3$线圈得电。KA$_3$线圈得电→KA$_3$常开触点闭合→接触器KM$_3$线圈得电→KM$_3$主触点闭合，KM$_3$常闭辅助触点断开→KM$_3$主触点闭合，将电动机与变频器端连接；KM$_3$常闭辅助触点断开使KM$_2$线圈无法得电，实现KM$_2$、KM$_3$之间的互锁（KM$_2$、KM$_3$线圈不能同时得电），电动机无法由变频和工频同时供电。KA$_1$线圈得电→KA$_1$常开触点闭合，为KM$_1$线圈得电作准备→按下按钮SB$_1$—KM$_1$线圈得电→KM$_1$主触点、常开辅助触点均闭合→KM$_1$主触点闭合，为变频器供电；KM$_1$常开辅助触点闭合，锁定KM$_1$线圈使其得电。

b. 启动运行。将开关SA$_1$闭合，STF端子输入信号（STF端子经SA$_1$、SA$_2$与SD端子接通），变频器正转启动，调节电位器RP可以对电动机进行调速控制。

② 变频-工频切换控制。当变频器运行中出现异常，异常输出端子A、C接通，中间继电器KA$_0$线圈得电，KA$_0$常开触点闭合，振铃HA和报警灯HL得电，发出声光报警。与此同时，IPF、FU端子变为高电平，OL端子变为低电平，KA$_1$、KA$_3$线圈失电，KA$_2$线圈得电。KA$_1$、KA$_3$线圈失电→KA$_1$、KA$_3$常开触点断开→KM$_1$、KM$_3$线圈失电→KM$_1$、KM$_3$主触点断开→变频器与电源、电动机断开。KA$_2$线圈得电→KA$_2$常开触点闭合→KM$_2$线圈得电→KM$_2$主触点闭合→工频电源直接提供给电动机（注：KA$_1$、KA$_3$线圈失电与KA$_2$线圈得电并不是同时进行的，有一定的切换时间，它与Pr.136、Pr137设置有关）。

按下按钮SB$_3$可以解除声光报警，按下按钮SB$_4$，可以解除变频器的保护输出状态。若电动机在运行时出现过载，与电动机串联的热继电器FR发热元件会动作，使FR常闭触点断开，切断OH端子输入，变频器停止输出，对电动机进行保护。

（2）接线组装　图7-29为电路接线组装图。

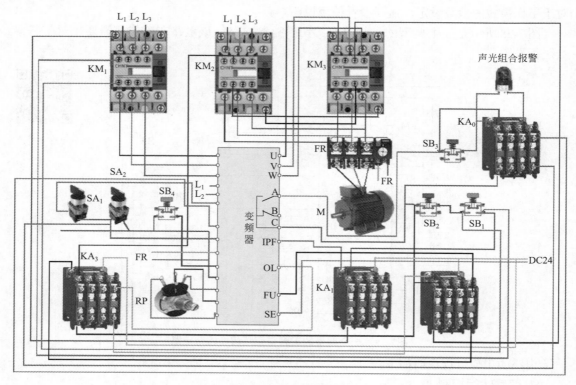

图7-29　电路接线组装

（3）调试与检修　当变频器出现故障后，可以把变频切换到工频进行运转，在某些电路当中，需要在正常工作以后切换工频运转，都可以用这些电路进行控制。若不能进行上电准备，主要检查KM₁电路，KM₁、KA₁的触点以及SB₁、SB₂都正常情况下，变频器仍然不能够正常上电，应该是变频器出现故障。如果上电电路正常，不能够进行变频和工频切换，应该是KM₂、KM₃有故障；不能实现报警时，应检查KA₀报警器和报警灯及其开关SB₃电路，当上述元件正常，仍不能够正常工作时，应代换变频器。

7.2.13　用变频器对电动机实现多挡速控制电路

（1）电路工作原理　变频器可以对电动机进行多挡转速驱动。在进行多挡转速控制时，需要对变频器有关参数进行设置，再操作相应端子外接开关。

① 多挡速控制端子。变频器的RH、RM、RL端子为多挡转速控制端子，RH为高速挡，RM为中速挡，RL为低速挡。RH、RM、RL这3个端子组合可以进行7挡转速控制。多挡转速控制如图7-30所示。

当开关KA₁闭合时，RH端与SD端接通，相当于给RH端输入高速运转指令信号，变频器马上输出频率很高的电源去驱动电动机，电动机迅速启动并高速运转（1速）。

当开关SA₂闭合时（SA₁需断开），RM端与SD端接通，变频器输出频率降低，电动机由高速转为中速运转（2速）。

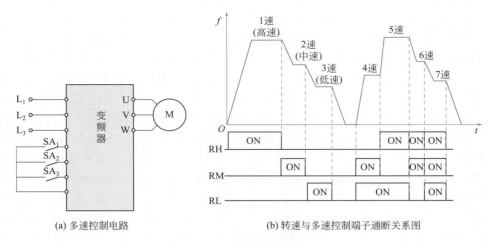

(a) 多速控制电路　　　　(b) 转速与多速控制端子通断关系图

图7-30　多挡转速控制

当开关SA_3闭合时（SA_1、SA_2需断开），RL端与SD端接通，变频器输出频率进一步降低，电动机由中速转为低速运转（3速）。

当SA_1、SA_2、SA_3均断开时，变频器输出频率变为0Hz，电动机由低速转为停转。

SA_2、SA_3闭合，电动机4速运转；SA_1、SA_3闭合，电动机5速运转；SA_1、SA_2闭合，电动机6速运转；SA_1、SA_2、SA_3闭合，电动机7速运转。

② 多挡转速控制电路。图 7-31 所示是一个典型的多挡转速控制电路，它由主电路和控制电路两部分组成。该电路采用了 KA_0 ~ KA_3 共4个中间继电器，其常开触点接在变频器的多挡转速控制输入端，电路还用了 SQ_1 ~ SQ_3 这3个行程开关来检测运动部件的位置并进行转速切换控制。图 7-31 所示电路在运行前需要进行多挡控制参数的设置。

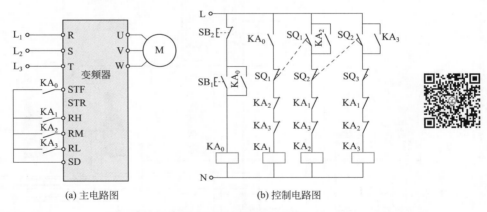

(a) 主电路图　　　　　　(b) 控制电路图

图7-31　一个典型的多挡转速控制电路

工作过程说明如下：

a．启动并高速运转。按下启动按钮SB_1→中间继电器KA_0线圈得电→KA_0的3个常开触点均闭合，一个触点锁定KA_0线圈使其得电，一个触点闭合使STF端与SD端接通（即STF端输入正转指令信号），还有一个触点闭合使KA_1线圈得电→KA_1两个常闭触点断开，一个常开触点闭合→KA_1两个常闭触点断开使KA_2、KA_3线圈无法得电，KA_1常开触点闭合将RH端与SD端接通（即RH端输入高速指令信号）→STF、RH端子外接触点均闭合，变频器输出频率很高的电源，驱动电动机高速运转。

b. 高速转中速运转。高速运转的电动机带动运动部件运行到一定位置时，行程开关 SQ_1 动作→SQ_1 常闭触点断开，常开触点闭合→SQ_1 常闭触点断开使 KA_1 线圈失电，RH 端子外接 KA_1 触点断开，SQ_1 常开触点闭合使继电器 KA_2 线圈得电→KA_2 两个常闭触点断开，两个常开触点闭合→KA_2 两个常闭触点断开分别使 KA_1、KA_3 线圈无法得电；KA_2 两个常开触点闭合，一个触点闭合锁定 KA_2 线圈使其得电，另一个触点闭合使 KM 端与 SD 端接通（即 RM 端输入中速指令信号）→变频器输出频率由高变低，电动机由高速转为中速运转。

c. 中速转低速运转。中速运转的电动机带动运动部件运行到一定位置时，行程开关 SQ_2 动作→SQ_2 常闭触点断开，常开触点闭合→SQ_2 常闭触点断开使 KA_2 线圈失电，RM 端子外接 KA_2 触点断开，SQ_2 常开触点闭合使继电器 KA_3 线圈得电→KA_3 两个常闭触点断开，两个常开触点闭合→KA_3 两个常闭触点断开分别使 KA_1、KA_2 线圈无法得电→KA_3 两个常开触点闭合，一个触点闭合锁定 KA_3 线圈使其得电，另一个触点闭合使 RL 端与 SD 端接通（即 RL 端输入低速指令信号）→变频器输出频率进一步降低，电动机由中速转为低速运转。

d. 低速转为停转。低转速的电动机带动运动部件运行到一定位置时，行程开关 SQ_3 动作→继电器 KA_3 线圈失电→RL 端与 SD 端之间的 KA_3 常开触点断开→变频器输出频率降为 0Hz，电动机由低速转为停止。按下按钮 SB_2→KA_0 线圈失电→STF 端子外接 KA_0 常开触点断开，切断 STF 端子的输入。

（2）接线组装　图 7-32 为其接线组装图。

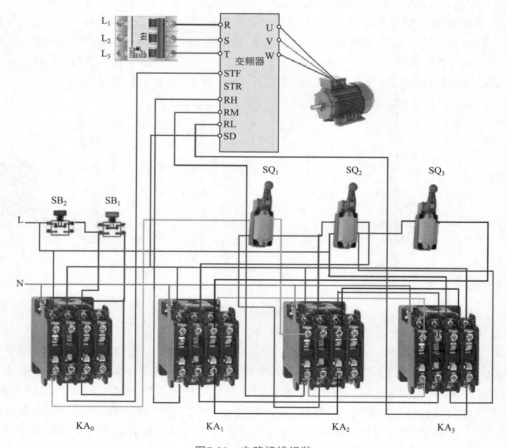

图7-32　电路接线组装

（3）调试与检修　变频器上有多挡调速，在实际应用当中是继电器进行控制的。在电路当中利用了行程开关进行控制，当电路当中不能够实现多挡调速时，应检查 SQ_1、SQ_2、SQ_3 行程开关，如果毁坏进行更换，如果外围元件完好，应该是变频器毁坏，应维修或更换变频器。

7.2.14　变频器的 PID 控制应用

（1）电路工作原理　在工程实际中应用最为广泛的调节器控制规律为比例、积分、微分控制，简称 PID 控制，又称 PID 调节。实际中也有 PI 和 PD 控制。PID 控制器就是根据系统的误差，利用比例、积分、微分计算出控制量进行控制的。

① **PID 控制原理**。PID 控制又称比例微分积分控制，是一种闭环控制。下面以图 7-33 所示的恒压供水系统来说明 PID 控制原理。

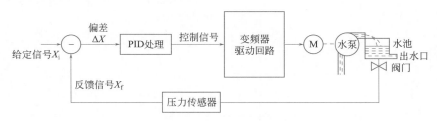

图7-33　恒压供水系统

电动机驱动水泵将水抽入水池，水池中的水除了经出水口提供用水外，还经阀门送到压力传感器，传感器将水压大小转换成相应的电信号 X_i，X_f 反馈到比较器与给定信号 X_i 进行比较，得到偏差信号 ΔX（$\Delta X = X_i - X_f$）。

若 $\Delta X > 0$，表明水压小于给定值，偏差信号经 PID 处理得到控制信号，控制变频器驱动回路，使之输出频率上升，电动机转速加快，水泵抽水量增多，水压增大。

若 $\Delta X < 0$，表明水压大于给定值，偏差信号经 PID 处理得到控制信号，控制变频器驱动回路，使之输出频率下降，电动机转速变慢，水泵抽水量减少，水压下降。

若 $\Delta X = 0$，表明水压等于给定值，偏差信号经 PID 处理得到控制信号，控制变频器驱动回路，使之频率不变，电动机转速不变，水泵抽水量不变，水压不变。

控制回路的滞后性，会使水压值总与给定值有偏差。例如当用水量增多水压下降时，电路需要对有关信号进行处理，再控制电动机转速变快，提高水泵抽水量，从压力传感器检测到水压下降到控制电动机转速加快，提高抽水量，恢复水压需要一定时间，通过提高电动机转速恢复水压后，系统又要将电动机转速调回正常值，这也需要一定时间，在这段回调时间内水泵抽水量会偏多，导致水压又增大，又需进行反馈。这样的结果是水池水压会在给定值上下波动（振荡），即水压不稳定。

采用了 PID 处理可以有效减小控制环路滞后和过调问题（无法彻底消除）。PID 包括 P 处理、I 处理和 D 处理。P（比例）处理是将偏差信号 ΔX 按比例放大，提高控制的灵敏度；I（积分）处理是对偏差信号进行积分处理，缓解 P 处理比例放大量过大引起的超调和振荡；D（微分）处理是对偏差信号进行微分处理，以提高控制的迅速性。对于 PID 的参数设定，需要参看使用说明书。

② **典型控制电路**。图 7-34 所示是一种典型的 PID 控制应用电路。在进行 PID 控制时，先要接好线路，然后设置 PID 控制参数，再设置端子功能参数，最后操作运行。

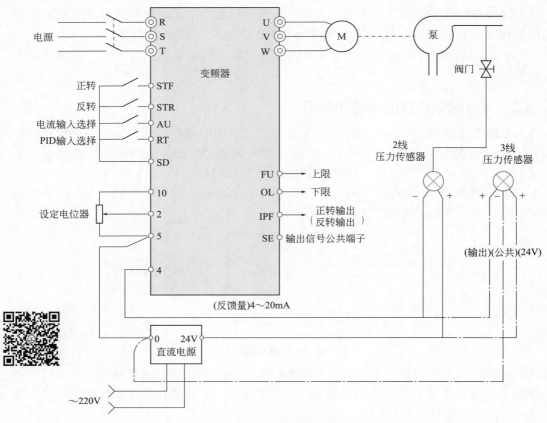

图7-34　一种典型的PID控制应用电路

a. PID控制参数设置略。

b. 端子功能参数设置（不同变频器设置不同，以下设置仅供参考）。PID控制时需要通过设置有关参数定义某些端子功能。端子功能参数设置见表7-3。

表7-3　端子功能参数设置

参数及设置值	说明
Pr.128=20	将端子4设为PID控制的压力检测输入端
Pr.129=30	将PID比例调节设为30%
Pr.130=10	将积分时间常数设为10s
Pr.131=100%	设定上限值范围为100%
Pr.132=0	设定下限值范围为0
Pr.133=50%	设定PU操作时的PID控制设定值（外部操作时，设定值由2~5端子间的电压决定）
Pr.134=3s	将积分时间常数设为3s

c. 操作运行（不同变频器设置不同，以下设置仅供参考）。

● 设置外部操作模式。设定Pr.79=2，面板"EXT"指示灯亮，指示当前为外部操作模式。

● 启动PID控制。将AU端子外接开关闭合，选择端子4电流输入有效，将RT端子外接开关闭合，启动PID控制；将STF端子外接开关闭合，启动电动机正转。

● 改变给定值。调节设定电位器，2-5端子间的电压变化，PID控制的给定值随之变化，电动机转速会发生变化，例如给定值大，正向偏差（$\Delta X > 0$）增大，相当于反馈值减小，

PID控制使电动机转速变快，水压增大，端子4的反馈值增大，偏差慢慢减小，当偏差接近0时，电动机转速保持稳定。

d．改变反馈值。调节阀门，改变水压大小来调节端子4输入的电流（反馈值），PID控制的反馈值变大，相当于给定值减小，PID控制使电动机转速变慢，水压减小，端子4的反馈值减小，偏差慢慢减小，当偏差接近0时，电动机转速保持稳定。

e．PU操作模式下的PID控制。设定Pr.79=1，面板"PU"指示灯亮，指示当前为PU操作模式。按"FWD"或"REV"键，启动PID控制，运行在Pr.133设定值上，按"STOP"键停止PID运行。

（2）接线组装　图7-35为电路接线组装。

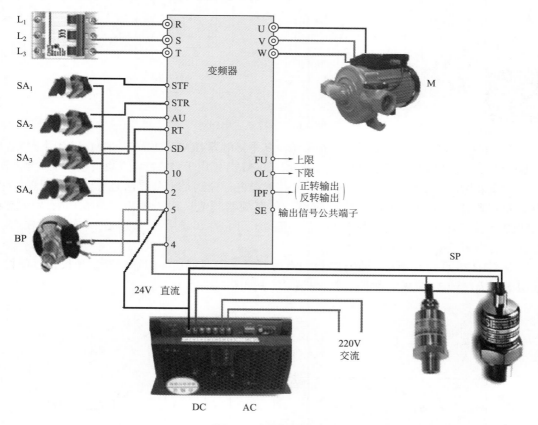

图7-35　电路接线组装

（3）调试与检修　若传感器可以进行反馈，变频器能够正常输出，电动机能够运转，只是PID调节器失控，这时是PID输入传感器出现故障，可以运用代换法进行检修。如果是电子电路故障，可用万用表直接去测量元器件、直流电源部分是否输出了稳定电压；当电源部分输出了稳定电压以后，而反馈电路不能够正常反馈信号，说明是反馈电路出现问题，如用万用表测量反馈信号能够返回，仍不能进行PID调节，说明变频器内部电路出现问题，直接维修或更换变频器。

7.2.15　变频器控制的一控多电路

（1）电路工作原理　变频器一控多电路如图7-36、图7-37所示。

259

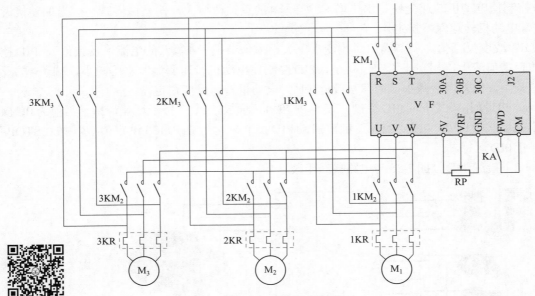

图7-36　一控三主电路

以一控三为例，其主电路如图7-36所示，其中接触器1KM$_2$、2KM$_2$、3KM$_2$分别用于将各台水泵电动机接至变频器，接触器1KM$_3$、2KM$_3$、3KM$_3$分别用于将各台电动机直接接至工频电源。

一般来说，在多台电动机系统中，应用PLC进行控制是十分灵活且方便的。但近年来，由于变频器在恒压供水领域的广泛应用，各变频器制造厂纷纷推出了具有内置"一控X"功能的新系列变频器，简化了控制系统，提高了可靠性和通用性。现以国产的森兰B12S系列变频器为例说明工作原理。

森兰B12S系列变频器在进行多台切换控制时，需要附加一块继电器扩展板，以便控制线圈电压为交流220V的接触器。具体接线方法如图7-37所示。

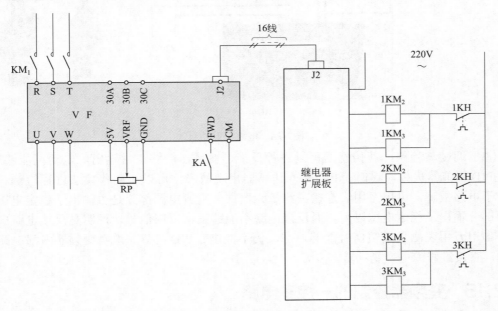

图7-37　一控多的扩展控制电路

在进行功能预置时，要设定如下功能（不同变频器设置不同，以下设置仅供参考）：

① 电动机台数（功能码：F53）。本例中，预置为"3"（一控三模式）。

② 启动顺序（功能码：F54）。本例中，预置为"0"（1 号机首先启动）。

③ 附属电动机（功能码：F55）。本例中，预置为"0"（无附属电动机）。

④ 换机间隙时间（功能码：F56）。如前述，预置为 100ms。

⑤ 切换频率上限（功能码：F57）。通常，以 48 ~ 50Hz 为宜。

⑥ 切换频率下限（功能码：F58）。在多数情况下，以 30 ~ 50Hz 为宜。

只要预置准确，在运行过程中，就可以自动完成上述切换过程了。可见，采用了变频器内置的切换功能后，切换控制变得十分方便了。

（2）接线组装

变频器及扩展部分接线如图 7-38 所示。

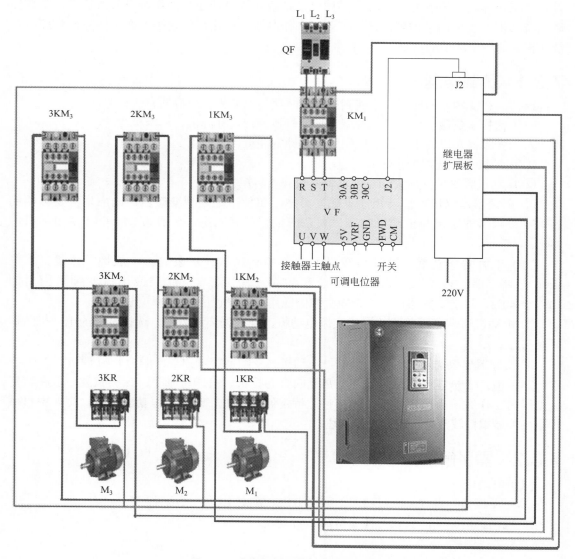

图7-38　变频器及扩展板部分接线图

（3）调试与检修　在检修时，首先用万用表测量外边的转换接触器的线圈是否毁坏，转换接触器的接点是否毁坏，如果转换接触器的线圈、接点均没有毁坏，可以去检查继电器的扩展板，如果扩展板没有问题仍不能实现控制，说明是变频器出现故障，可代换变频器进行试验，确认是变频器毁坏，应更换变频器。

7.3　变频器应用系统设计

变频器应用系统在设计前，先要仔细地了解被驱动控制设备或系统整体的配置、工作方式、工作环境、控制方式及客户具体要求是新系统设计还是旧系统设备改造等，变频控制系统（柜）要全面考虑到设计、工艺、制作制造、运输、包装等方面，保障变频控制系统（柜）的各个环节的质量。

7.3.1　负载类型

通常，在变频器的应用中常遇到的机械负载与电动机转矩特性有三种。

（1）恒转矩负载　这种负载类型常见的有传送带、升降机、活塞机等。

对于变频器在恒转矩负载的应用系统设计应注意以下几点：

① 电动机最好选用变频器专用电动机。

② 电动机容量最好增大一号，以降低负载重转矩特性。

③ 变频器建议选用恒转矩（重载）类型，如使用泛用型变频器，则应增大变频器的容量；变频器的容量与电动机的容量关系应根据品牌确定，一般为 1.1～1.5 倍电动机的容量。

（2）平方转矩负载　这种负载类型常见的有风机、水泵等。一般地，风机、水泵采用变频节能，理论与实践证明节能在 40%～50% 左右，此类应用占变频器应用的 30%～40%，对于变频器在平方转矩负载的应用系统设计应注意以下几点：

① 电动机通常选用普通的异步交流电动机，并根据环境需要，选择合适的电动机防护等级和方式。

② 变频器建议选用风机泵类型的，电动机与变频器容量关系一般为 1:1 即可。

（3）恒功率负载　这种负载类型常见的有卷扬机、机床主轴等。该类负载一般在特定速度段内工作时，为恒转矩特性，当超过特定速度段工作时，为恒功率特性。恒功率机械转矩特性显柔性较复杂，在此不多讲述。

7.3.2　需了解的技术要求

（1）电动机

① 电动机铭牌参数：额定功率、额定电压、额定电流、接法等。

② 电动机所驱动的负载特性类型及启动方式。

（2）工作制式

工作制式有长期、短期等。

（3）工作环境

工作环境如现场的温度、防护等级、电磁辐射等级、防爆等级、配电具体参数。

（4）变频控制柜

① 安装位置到电动机位置实际距离（重要参数）。

② 变频柜拖动电动机的数量及方式。

③ 变频系统与原工频系统的切换关系（是否与变频互为备用）。

④ 变频-工频系统的控制方式：手动/自动、本地/远程及是否通信等。

⑤ 信号隔离：强电回路与弱电回路的隔离，采集及控制信号的隔离。

⑥ 工作场合的供电质量，如防雷、浪涌、电磁辐射等。

⑦ 其他：传感变送器的选用参数及采样地点。

7.3.3 设计

（1）方案设计　根据所了解的技术要求设计方案，将初步方案与用方的技术人员沟通讨论修正，通过后备案。

（2）具体设计

① 变频控制系统的原理图设计，主回路、控制回路的设计按有关电气规范要求进行。在安全的前提下，力求简单实用，以尽可能少的元件实现尽可能多的功能。

② 电气工艺设计。包括变频器选型、动力及控制线的线径、配线距离、接地配线及进出线的电缆管接头配置。

关于抗干扰布线：弱电电缆用带屏蔽电缆，避免与强电电缆并行，电缆用金属卡固定安装在底板上，屏蔽层做好接地，也可加装屏蔽金属环。

③ PLC、触摸屏等硬件配置及软件设计：根据实际情况选用配置及设计。

④ 变频器通信方面的设计：根据实际情况选用配置及设计。

⑤ 柜体平面布局等钣金工艺的设计：在保证所有元件的摆放、通风、布线都满足有关电气规范要求的前提下，力求精巧。柜体钣金工艺设计应注意以下几点：

a. 使用环境：

温度：变频器环境温度为 -10 ～ 50℃，一定要考虑通风散热。

湿度：可参照电气设备的使用要求。

震动：可参照电气设备的使用要求。

气体：如有无爆炸、腐蚀性气体等则应按防爆要求设计。

b. 柜体承载重量：参照电控柜厂家的说明，如有超重等，则应另外加强。

c. 运输方便性：搬运安全，加装吊装挂钩。

d. 柜体的铭牌、制造商的标识等。

7.3.4 设备及元件的选用

（1）变频器的选用　大多数变频器容量可从三个角度表述：额定电流、可用电动机功率和额定容量。其中后两项在变频器出厂时就由厂家各自生产的标准电动机给出。选择变频器时，只有变频器的额定电流是一个反映半导体变频装置负载能力的关键量，负载电流不超过变频器额定电流是选择变频器容量的基本原则。需要着重指出的是，确定变频器容量前应仔细了解设备的工艺情况及电动机参数，例如，潜水电泵、绕线转子电动机的额定电流要大于普通笼形异步电动机额定电流，冶金工业常用的电动机不仅额定电流大很多，且允许短时处于堵转工作状态，而且传动大多是多电动机传动。应保证在无故障状态下负载总电流均不允许超过变频器的额定电流。

通常，变频器是根据负载类型及功率、电压、电流及控制方式等条件选用的。变频器的控制方式代表着变频器的性能和水平，在工程应用中根据不同的负载功率及不同控制要求，合理选择变频器以达到资源的最佳配置，通用变频器的选择包括变频器的形式选择和容量选择两个方面，其总的原则是首先保证可靠地实现工艺要求，再尽可能节省资金。

① 根据负载的类型选择变频器。

a．对于风机、泵类等平方转矩负载：在过载能力方面要求较低，负载的转矩与速度的平方成正比，所以低速运行时负载转矩较小，负载较轻（罗茨风机除外）；这类负载对转速精度没有什么要求，故选型时通常以价廉为主要原则，可以选择普通功能变频器，选择风机泵类最为经济。

b．对于在转速精度及动态性能等方面一般要求不高的、具有恒转矩特性的负载，如挤压机、搅拌机、传送带、厂内运输电车、吊车的平移机构、吊车提升机构和提升机等，采用具有恒转矩控制功能的变频器是比较理想的。因为这种变频器低速转矩大，静态机械特性硬度大，不怕负载冲击，具有挖土机特性。也有采用普通功能型变频器的例子，为了实现大调速比的转矩调速，常采用加大变频器容量的办法。对于要求精度高、动态性能好、响应快的生产机械（如造纸机械、轧钢机等），应采用矢量控制功能型通用变频器。

② 根据控制要求选择变频器。

a．对于有较高静态转速精度要求的机械，应采用具有转矩控制功能的高功能型变频器。

b．对于要求响应快（响应快是指实际转速对于转速指令的变化跟踪得快）的系统设备，这类负载通常要求能从负载急剧变动及外界干扰等引起的过渡性速度变化中快速恢复。要求变频器主电路充分发挥加减速特性，故最好选用具有转差频率控制功能的变频器，要求响应快的典型负载有轧钢生产线设备、机床主轴、六角孔冲床等。

c．对于在低速时要求有较硬的机械特性，才能满足生产工序对控制系统的动态、静态指标要求的这类负载，如果对动态、静态指标要求不高且控制系统采用开环控制的系统，可选用具有无速度反馈的矢量控制功能的变频器。

d．对于调速精度和动态性能指标都有较高要求，以及要求高精度同步运行等场合，可选用带速度反馈的矢量控制方式的变频器，如果控制系统采用闭环控制，可选用能够四象限运行、U/f 控制方式、具有恒转矩功能型的变频器，例如，轧钢、造纸、塑料薄膜加工生产线，这一类对动态性能要求较高的生产机械，宜采用矢量控制的高性能变频器。

e．对于要求控制系统具有良好的动态、静态性能（动态、静态指标要求较高）的系统和设备，例如，电力机车、交流伺服系统、电梯、起重机等领域，可选用具有直接转矩控制功能的专用变频器。

在变频器的实际应用中，由于被控对象的具体情况千差万别，性能指标要求各不相同，故变频器的选择及配置不仅仅上述所列几种，要做到熟练应用还应在工程实践中认真探索。

（2）电气设备的选用

① 变压器：根据变频器的要求及相关的电力规范进行选配。

② 熔断器：如需要应选速熔类，选择2.5 ～ 4倍额定变频器电流的熔断器，最好用断路器。

③ 空开（断路器）：一般选择1.2 ～ 1.5倍变频器额定电流的空开。

④ 接触器：一般选择1.2 ～ 1.5倍的变频器额定电流或电动机功率的接触器。

⑤ 防雷浪涌器：对于雷暴多发区以及交流电源尖峰浪涌多发场合最好选用，可防止变频系统负载意外破坏，有关经验用40kV·A浪涌器。

⑥ 电抗器。

● 电抗器的作用是抑制变频器输入输出电流产生高次谐波带来的不良影响，而滤波器的作用是抑制由变频器带来的无线电电波干扰，即电波噪声。一般由变频器厂商提供参数，多大功率的变频器配多大的电抗器，有的变频器内置电抗器。

● 对于电动机与变频器距离近的变频器，其输出端可不装电抗器，对于变频器的高次谐波远小于有关规范要求，且与变频器处同一配电系统中没有对高次谐波要求很高的设备的情况下，变频器的输入端可不装电抗器。

● 选择电抗器的参数，可由下面公式计算

$$X_L = \Delta\, UL/I_n\,(\Omega)$$

⑦ 输入输出滤波器，一般应根据频率进行配置。

⑧ 制动电阻：计算较复杂，应在变频器柜制造商指导下配置。

7.3.5　信号隔离

① 与变频器处同一配电系统（特别是四线制）的PLC、仪表、传感变送器等弱电信号最好采取信号隔离，以免控制系统信号混乱，影响整个系统的正常工作。

② 与变频器处同一配电系统（特别是罩线制）的PLC常规控制系统接口，一定要加装浪涌吸收器，控制电源最好采用隔离变压器，进行电气隔离。

7.4　变频器的维护与检修

7.4.1　通用变频器的维护保养

通用变频器长期运行中，由于温度、湿度、灰尘、振动等使用环境的影响，内部零部件会发生变化或老化，为了确保通用变频器的正常运行，必须进行维护保养，维护保养可分为日常维护和定期维护，定期维护检查周期一般为1年，维护保养项目与定期检查的周期标准见表7-4。从表7-4可以看出，对重点部位应重点检查，重点部位是主回路的滤波电容器、控制回路、电源回路、逆变器驱动及保护回路中的电解电容器、冷却风扇等。

日常检查和定期检查的主要目的是尽早发现异常现象，清除尘埃，排除事故隐患等。在通用变频器运行过程中，可以从设备外部目视检查运行状况有无异常，通过键盘面板转换键查阅变频器的运行参数，如输出电压、输出电流、输出转矩、电动机转速等，掌握变频器日常运行值的范围，以便及时发现变频器及电动机的问题。

表7-4 通用变频器维护保养与定期检查的周期标准

检查部位	检查项目	检查事项	检查周期 日常	检查周期 定期1年	检查方法	使用仪器	判定基准
整机	周期环境	确认周围温度、湿度、有毒气体、油雾等	√		注意检查现场情况是否与变频器防护等级相匹配。是否有灰尘水汽，有害气体影响变频器，通风或换气装置是否完好	温度计、湿度计、红外线温度测量仪	温度在-10~40℃内，湿度在90%以下，不凝露。如有积尘应用压缩空气请扫并考虑改善安装环境
	整机装置	是否有异常振动、温度、声音等	√		观察法和听觉法	振动测量仪	无异常
	电源电压	主回路电压、控制电源电压是否正常	√		测定变频器电源输入端子排上的相间电压和不平衡度	万用表、数字式多用仪表	根据变频器的不同电压级别，测量线电压，不平衡≤3%
主回路	整机	①检查接线端子与接地端子间电阻 ②各个接线端子有无松动 ③各个零件有无过热的迹象 ④清扫	√(④)	√(①) √(②) √(③)	①拆下变频器接线，将端子R、S、T、U、V、W一齐短路，用绝缘电阻表测量它们与接地端子间的绝缘电阻 ②加强紧固件 ③观察连接导体、导线 ④清扫各个部位	500V绝缘电阻表	①接地端子之间的绝缘电阻应大于5MΩ ②没有异常 ③没有异常 ④无油污
	连接导体、电线	①导体有无移位 ②电线表皮有无破损、劣化、裂缝、变色等		√	观察法		没有异常
	变压器、电抗器	有无异步、异常声音		√	观察法和听觉法		没有异常
	端子排	有无脱落、损伤和锈蚀	√	√	观察法		没有异常。如有锈蚀应清洁，并减少湿度
	IGBT整流模块	检查各端子间电阻、测漏电流		√	拆下变频器接线，在端子R、S、T与PN间，U、V、W与PN间用万用表测量，0Hz运行时测量	指针式万用表整流型电压表	
	滤波电容器	①有无漏液 ②安全阀是否突出、有膨胀现象 ③测定电容量和绝缘电阻	√(①) √(②)	√(③)	①观察法 ②观察法 ③用电容表测量	电容表、LCR测量仪	①没有异常 ②没有异常 ③额定容量的85%以上。与接地端子的绝缘电阻不少于5MΩ。有异常时及时更换新件，一般寿命为5个
	继电器接触器	①动作时是否有异常声音 ②接点是否有氧化、粗糙、接触不良等现象		√ √	观察法、用万用表测量	指针式万用表	没有异常。有异常时及时更换新件

续表

检查部位	检查项目	检查事项	检查周期 日常	检查周期 定期1年	检查方法	使用仪器	判定基准
主回路	电阻器	①电阻的绝缘是否损坏 ②有无断线		√	①观察法 ②对可疑点的电阻拆下一侧连接，用万用表测量断线	万用表、数字式多用仪表	①没有异常 ②误差在标称阻值的±10%以内。有异常时应及时更换
控制回路与保护回路	动作检查	①变频器单独运行 ②顺序做回路保护动作试验，判断保护回路是否异常 显示		√	①测量变频器输出端子U、V、W相间电压。各相输出电压是否平衡 ②模拟故障，观察测量变频器保护回路输出状态	数字式多用仪表、整流型电压表	①相间电压平衡200V级在4V以内，400V级在8V以内。各相之间的差值应在2%以内。②显示正确，动作正确
电源、驱动与保护回路	零件	全体 ①有无异味、变化 ②有无明显锈蚀		√	观察法		没有异常。如电容器顶部有凸起，体部中间有膨胀现象应更换
		铝电解电容器 有无漏液、变形现象		√			
冷却系统	冷却风扇	①有无异常振动、异常声音 ②接线有无松动 ③清扫	√		①不通电时用手拨动旋转 ②加强固定 ③必要时拆下清扫		没有异常。有异常时应及时更换新件，一般使用2~3年应考虑更换新板
显示	显示	①显示是否缺损或变淡 ②清扫	√		①LED的显示是否有断点 ②用棉纱清扫		确认其能发光。显示异常或变暗时更换新板
	外接仪表	指示值是否正常	√		确认盘面仪表的指示值满足规定值	电压表、电流表等	指示正常
电动机	全部	①是否有异常振动、温度和声音 ②是否有异味 ③清扫	√		①听觉、触觉、观察 ②由于过热等产生的异味 ③清扫		①没有异常 ②没有异常 ③无污垢、油污
	绝缘电阻	全部端子与接地端之间、外壳对地之间	√		拆下U、V、W的连接线，包括电动机接线在内	500V绝缘电阻表	应在5MΩ以上

（1）日常检查　　日常检查包括不停止通用变频器运行或不拆卸其盖板进行通电和启动试验，通过目测通用变频器的运行状况，确认有无异常情况，通常检查如下内容：

① 键盘面板显示是否正常，有无缺少字符。仪表指示是否正确，是否有振动、振荡等现象。

② 冷却风扇部分是否运转正常，是否有异常声音等。

③ 通用变频器及引出电缆是否有过热、变色、异味、噪声、振动等异常情况。

④ 通用变频器周围环境是否符合标准规范，温度与湿度是否正常。

⑤ 通用变频器的散热器温度是否正常，电动机是否有过热、异味、噪声、振动等异常情况。

⑥ 通用变频器控制系统是否有聚集尘埃的情况。

⑦ 通用变频器控制系统的各连接线及外围电器元件是否有松动等异常现象。

⑧ 检查通用变频器的进线电源是否异常，电源开关是否有电火花、缺相，引线压接螺栓是否松动，电压是否正常等。

振动通常是由电动机的脉动转矩及机械系统的共振引起的，特别是当脉动转矩与机械共振点恰好一致时更为严重。振动是对使用变频器的电子器件造成机械损伤的主要原因。对于振动冲击较大的，应在保证控制精度的前提下，调整通用变频器的输出频率和载波频率尽量减小脉冲转矩，或通过调试确认机械共振点，利用通用变频器的跳跃频率功能，将共振点排除在运行范围之外。除此之外，也可采用橡胶垫避振等措施。

潮湿、腐蚀性气体及尘埃等将造成电子器件生锈、接触不良、绝缘降低甚至形成短路故障。作为防范措施，必要时可对控制电路板进行防腐、防尘处理，并尽量采用封闭式开关柜结构。

温度是影响通用变频器的电子器件寿命及可靠性的重要因素，特别是半导体开关器件，若温度超过规定值将立刻造成器件损坏，因此，应根据装置要求的环境条件使通风装置运行流畅并避免日光直射。另外，通用变频器输出波形中含有谐波，会不同程度地增加电动机的功率损耗，再加上电动机在低速运行时冷却能力下降，将造成电动机过热。如果电动机有过热现象，应对电动机进行强制冷却通风或限制运行范围，避开低速区。对于特殊的高寒场合，为防止通用变频器的微处理器因温度过低而不能正常工作，应采取设置空间加热器等必要措施。如果现场的海拔高度超过1000m，气压降低，空气会变稀薄，将影响通用变频器散热，系统冷却效果降低，因此需要注意负载率的变化。一般海拔高度每升高1000m，应将负载电流下降10%。

引起电源异常的原因很多，如配电线路因风、雪、雷击等自然因素造成的异常；有时也因为同一供电系统内，其他地点出现对地短路及间接短路造成异常；附近有直接启动的大容量电动机及电热设备等引起电压波动。除电压波动外，有些电网或自发电供电系统，也会出现频率波动，并且这些现象有时在短时间内重复出现。如果经常发生因附近设备投入运行时造成电压降低的情况，应使通用变频器供电系统分离，减小相互影响。对于要求瞬时停电后仍能继续运行的场合，除选择合适规格的通用变频器外，还应预先考虑负载电动机的降速比例，当电压恢复后，通过速度追踪和测速电动机的检测来防止再加速中的过电流。对于要求必须连续运行的设备，要对通用变频器加装自动切换的不停电电源装置。对于维护保养工作，应注意检查电源开关的接线端子、引线外观及电压是否有异常，如果有异常，根据上述判断排除故障。

由自然因素造成的电源异常因地域和季节有很大差异。雷击或感应雷击形成的冲击电压有时能造成通用变频器的损坏。此外，当电源系统变压器一次侧带有真空断路器且断路器通断时也会产生较高的冲击电压，并耦合到二次侧形成很高的电压波峰。为防止因冲击电压造成过电压损坏，通常需要在通用变频器的输入端加装压敏电阻等吸收器件，保证输入电压不高于通用变频器主回路元器件所允许的最大电压。因此，维护保养时还应试验过电压保护装置是否正常。

（2）定期检查　定期检查时要切断电源，停止通用变频器运行，并卸下通用变频器的外盖。主要检查不停止运转而无法检查的地方或日常检查难以发现问题的地方，电气特性的检查、调整等，都属于定期检查的范围。检查周期根据系统的重要性、使用环境及设备的统一检查计划等综合情况来决定，通用为6～12个月。

开始检查时应注意，通用变频器断电后，主电路滤波电容器上仍有较高的充电电压，放电需要一定时间，一般为5～10min，必须等待充电指示灯熄灭，并用电压表测试确认充电电压低于DC 25V后才能开始作业。每次维护完毕后，要认真检查其内部有无遗漏的工具、螺钉及导线等金属物，然后才能将外盖盖好，恢复原状，做好通电准备。典型的检查项目简单介绍如下：

① 内部清扫。首先应对通用变频器内部各部分进行清扫，最好用吸尘器吸取内部尘埃，吸不掉的东西用软布擦拭，因为在运行过程中可能有灰尘、异物等落入，清扫时应自上而下进行，主回路元件的引线、绝缘端子以及电容器的端部应该用软布小心地擦拭。冷却风扇系统及通道部分应仔细清扫，保持变频器内部的整洁及风道的畅通。但如果是故障维修前的清扫，应一边吸尘一边观察可疑的故障部位，对于可疑的故障点应做好标记，保留故障印迹，以便进一步判断故障，有利于维修。

② 紧固检查。由于通用变频器运行过程中常因温度上升、振动等引起主回路元器件、控制回路各端子及引线松动、腐蚀、氧化、接触不良、断线等，所以要特别注意进行紧固检查。对于有锡焊的部分、压接端子处应检查有无脱落、松弛、断线、腐蚀等现象。还应检查框架结构有无松动，导体、导线有无破损、变异等。检查时可用螺丝刀、小锤轻轻地叩击给以振动，检查有无异常情况产生，对于可疑点应采用万用表测试。

③ 电容器检查。检查滤波电容器有无漏液，电容量是否降低。高性能的通用变频器带有自动指示滤波电容容量的功能，面板可显示出电容量及出厂时该电容器的容量初始值，并显示容量降低率，推算电容器寿命等。若通用变频器无此功能，则需要采用电容测量仪测量电容量，测出的电容量应大于初始电容量的85%，否则应予以更换。对于浪涌吸收回路的浪涌吸收电容器、电阻器应检查有无异常，二极管限幅器、非线性电阻等有无变色、变形等。

④ 控制电路板检查。对于控制电路板的检查应注意连接有无松动、电容器有无漏液、板上线条有无锈蚀、断裂等。控制电路板上的电容器，一般是无法测量其实际容量的，只能按照其表面情况、运行情况及表面温升推断其性能优劣和寿命。若其表面无异常现象发生，则可判定为正常。控制电路上的电阻、电感线圈、继电器、接触器的检查，主要看有无松动和断线。

⑤ 绝缘电阻的测定。通用变频器出厂时，已进行过绝缘测试，用户一般不再进行绝缘测试。但经过一段运行时间后，检修时需要做绝缘电阻测试时，应按下列步骤进行，否则可能会损坏通用变频器。测定前应拆除通用变频器的所有引出线。

a. 主回路绝缘电阻的测试。在做主回路绝缘电阻的测试时，应保证断开主电源，并将全部主电路端子，包括进线端（R、S、T或L_1、L_2、L_3）和出线端（U、V、W）及外接电阻端子短路，以防高压进入控制电路。将500V绝缘电阻表接于公共线和大地（PE端）间，绝缘电阻表指示值大于5MΩ为正常。

电动机电缆绝缘的测量方法是将电缆从变频器的U、V、W端子和电动机上拆下，测量相间和相对地（外皮）绝缘电阻，其绝缘电阻应大于5MΩ。

电源电缆绝缘检测的方法是将电源电缆与变频器的R、S、T或L_1、L_2、L_3端子及电源分开，测量相间和相对地绝缘电阻，其绝缘电阻应大于5MΩ。

电动机绝缘检测的方法是将电动机与电缆拆开连接，在电动机接线盒端子间，测量电动机各绕组绝缘电阻，测量电压不得大于1000V，但也不得小于电源电压，绝缘电阻应大于1MΩ。

b. 控制电路绝缘电阻的测量。为防止高压损坏电子元件，不要用绝缘电阻表或其他有高电压的仪器进行测量，应使用万用表的高阻挡测量控制电路的绝缘电阻，测量值大于1MΩ为正常。

c. 外接线路绝缘电阻的测量。为了防止绝缘电阻表的高压加到变频器上，测量外接线路的绝缘电阻时，必须把需要测量的外接线路从变频器上拆下后再进行测量，并应注意检查绝缘电阻表的高压是否有可能通过其他回路施加到变频器上，如有，则应将所有开关的连线拆下。

⑥ 保护回路动作检查。在上述检查项目完成后，应进行保护回路动作检查。使保护回路经常处于安全工作状态，这是很重要的。因此必须检查保护功能在给定值下的动作可靠性，通常应主要检查的保护功能如下：

a. 过电流保护功能的检测。过电流保护是通用变频器控制系统发生故障动作最多的回路，也是保护主回路元件和装置最重要的回路。一般是通过模拟过载，调整动作值，检测在设定过电流值下是否能可靠动作并切断输出。

b. 缺相、欠电压保护功能检测。电源缺相或电压非正常降低时，将会引起功率单元换流失败，导致过电流故障等，必须立刻检测出缺相、欠电压信号，切断控制触发信号进行保护。可在通用变频器电源输入端通过调压器给通用变频器供电，模拟缺相、欠电压等故障，观察通用变频器的缺相、欠电压等相关的保护功能是否正确工作。

7.4.2　通用变频器的基本检测维修

由于通用变频器输入/输出侧的电压和电流中均含有不同程度的谐波含量，用不同类别的测量仪表会测量出不同的结果，并有很大差别，甚至是错误的。因此，在选择测量仪表时应区分不同的测量项目和测试点，选择不同类型的测量仪表，如图7-39所示，推荐采用的仪表类型见表7-5。此外，由于输入电流中包括谐波，测量功率因数时不能用功率因数表测量结果，而应当采用实测的电压、电流值通过计算得到。

表7-5　主电路测量时推荐使用的仪表

测定项目	测定位置	测定仪表	测定值的基准
电源测电压U_1和电流I_1	R-S、S-T、T-R间和R、S、T中的线电流	电磁式仪表	通用变频器的额定输入电压和电流值
电源侧功率P_1	AT-R、S、T和R-S、S-T、T-R	电动式仪表	$P_1=P_{11}+P_{12}+P_{13}$（三功率表法）
电源侧功率因数	测定电源电压、电源侧电流和功率后，按有功功率计算，即$\cos\phi=P_1/\sqrt{3U_1I_1}$		
输出侧电压U_2	U-V、V-W、V-U间	整流式仪表	各相间的差应在最高输出电压的1%以下

续表

测定项目	测定位置	测定仪表	测定值的基准
输出侧电流I_2	U、V、W的线电流	电磁式仪表	各相的差应在变频器额定电流的105%以下
输出侧功率P_2	U、V、W和U-V、V-W	电动式仪表	$P_2=P_{21}+P_{22}$，二功率表法（或三功率表法）
输出侧功率因数	计算公式与电源侧的功率因数一样：$\cos\phi=P_2/\sqrt{3U_1I_1}$		
整流器输出	DC+和DC-间	动圈式仪表（万用表等）	1.35U_1，再生时最大850V（380V级），仪表机身LED显示发光

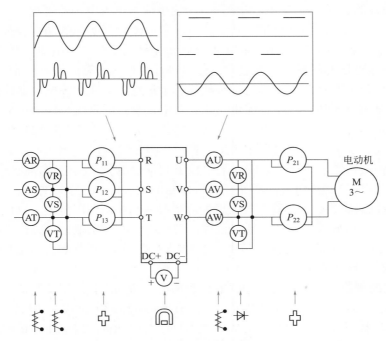

图7-39　通用变频器的测量电路

（1）通用变频器主电路电气量的测量　通用变频器输入电源是50Hz的交流电源，其测量方法与通用电气测量方法基本相同，但通用变频器的输入/输出侧的电压和电流中均含有谐波分量，应选择不同的测量仪表和测试方法，还应注意校正。

① 通用变频器输出电流的测量。通用变频器输出电流中含有较大的谐波，而所说的输出电流是指基波电流的均方根值，因此应选择能测量畸变电流波形有效值的仪表，如0.5级电磁式（动铁式）电流表和0.5级电热式电流表，测量结果为包括基波和谐波在内的有效值，当输出电流不平衡时，应测量三相电流并取其算术平均值，当采用电流互感器时，在低频情况下电流互感器可能饱和，应选择适当容量的电流互感器。

② 通用变频器电压的测量。由于通用变频器的电压平均值正比于电压基波有效值，整流式电压表测得的电压值是基波电压均方根值，并且相对于频率呈线性关系。所以，整流式电压表（0.5级）最适合测量输出电压，需要时可考虑用适当的转换因子表示其实际基波电压的有效值。数字式电压表不适合输出电压的测量。为了进一步提高输出电压的测量精度，可以采用阻容滤波器与整流式电压表配合的方式，如图7-40所示。输入电压的测量可以使用电磁式电压表或整

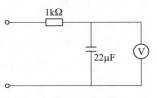

图7-40　阻容滤波器的使用

流式电压表。考虑会有较大的谐波，推荐采用整流式电压表。

③ 通用变频器的输入/输出功率的测量。通用变频器的输入/输出功率应使用电动式功率表或数字式功率表测量，输入功率采用三功率表法测量，输出功率可采用三功率表法或二功率表法测量。当三相不对称时，用二功率表法测量将会有误差。当不平衡率＞5%额定电流时，应使用三功率表测量。

④ 通用变频器输入电流的测量。通用变频器输入电流应使用电磁式电流表测量有效值。为防止由于输入电流不平衡时产生的测量误差，应测量三相电流，并取三相电流的平均值。

⑤ 功率因数的测量。对通用变频器而言，由于输入电流中包括谐波，功率因数表测量会产生较大误差，因此应根据测量的功率、电压和电流计算实际的功率因数。另外，因为通用变频器的输出随着频率而变化，除非必要，测量通用变频器输出功率因数无太大意义。

⑥ 直流母线电压的测量。在对通用变频器进行维护时，有时需要测量直流母线电压。直充母线电压的测量是在通用变频器带负载运行下进行的，在滤波电容器或滤波电容组两端进行测量。把直流电压表置于直流电压正、负端，测量的直流母线电压应等于线路电压的1.35倍，这是实际的直流母线电压。一旦电容器被充电，此读数应保持恒定。由于是滤波后的直流电压，还应将交流电压表置于同样位置测量交流纹波电压，当读数超过5V AC时，则预示着滤波电容器可能失效，应采用LCR自动测量仪或其他仪器进一步测量电容器的容量及其介质损耗等，如果电容量低于标称容量的85%时，应予以更换。

⑦ 电源阻抗的影响。当怀疑有较大谐波含量时应测量电源阻抗值，以便确定是否需要加装输入电抗器，最好采用谐波分析仪进行谐波分析，并对系统进行分析判断，当电压畸变率大于4%以上时，应考虑加装交流电抗器抑制谐波，也可以加装直流电抗器，它具有提高功率因数、减小谐波的作用。

⑧ 压频比的测量。测量通用变频器的压频比可以帮助查找通用变频器的故障。测量时应将整流式电表（万用表、整流式电压表）置于交流电压最大量程，在变频器输出为50Hz情况下，在变频器输出端子（U、V、W）处测量送至电动机的线电压，读数应等于电动机的铭牌额定电压；接着，调节变频器输出为25Hz，电压读数应为上一次读数的50%；再调节变频器输出为12.50Hz，电压读数应为电动机铭牌额定电压的25%。如果读数偏离上述值较大，则应该进一步检查其他相关项目。

⑨ 功率模块漏电流的测量。通用变频器中功率模块的泄漏电流过大，将导致变频器工作不正常或损坏，通过测量功率模块关断时的漏电流，可以判断功率模块是否有故障预兆。功率模块漏电流的测量是在变频器通电并按给定指令运行时进行的，调节变频器输出为0Hz，测量电动机端子间的线电压，这时变频器中的功率模块不应被驱动，但在电动机上可有40V左右的电压或较少的漏电流。如果电压超过60V则应判断功率模块是否存在故障或功率模块有故障预兆，应对其进一步检查。

⑩ 通用变频器效率的测量。通用变频器的效率需要测量输入功率 P_1 和输出功率 P_2，由 $\eta=(P_2/P_1)\times100\%$ 计算。另外，测量时应注意电压畸变率小于5%，否则应加入交流电抗器或直流电抗器，以免影响测量结果。

（2）主回路整流器和逆变器模块的测试 在通用变频器的输入输出端子R、S、T、U、V、W及直流端子P、N上进行测试，如图7-41所示，用万用表电阻挡，变换测试笔的正负极性，根据读数即可判定模块的好坏。一般不导通时，读数为"∞"，导通时为几十欧姆以内。模块的好坏可按表7-6进行判定。

表 7-6　模块测试判别表

测试项目	测试点	电表极性 +	电表极性 −	测定值	测试项目	测试点	电表极性 +	电表极性 −	测定值
整流模块	U_1	R	P	不导通	逆变模块	TR_1	U	P	不导通
		P	R	导通			P	U	导通
	U_2	S	P	不导通		TR_3	V	P	不导通
		P	S	导通			P	V	导通
	U_3	T	P	不导通		TR_5	W	P	不导通
		P	T	导通			P	W	导通
	U_4	R	N	导通		TR_4	U	N	导通
		N	R	不导通			N	U	不导通
	U_5	S	N	导通		TR_5	V	N	导通
		N	S	不导通			N	V	导通
	U_6	T	N	导通		TR_6	W	N	导通
		N	T	不导通			N	W	不导通

（3）异步电动机的日常检查测量　异步电动机是通用变频器控制系统中的重要组成部分，它在运行中由于输入电压、电流和频率的变化，以及摩擦、振动、绝缘老化等原因，难免发生故障。这些故障如果能及时检查、发现和排除，就能有效地防止事故的发生，否则将直接影响通用变频器的安全运行，引发通用变频器故障，甚至损坏。

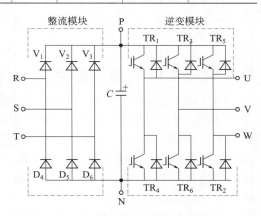

图7-41　主回路整流器和逆变器模块的测试

第 *8* 章
PLC技术

8.1 认识PLC

8.1.1 PLC分类与特点

（1）PLC的定义 1987年2月，国际电工委员会（IEC）对可编程控制器（PLC）的定义："可编程控制器是一种数字运算操作的电子系统，专为在工业环境应用而设计。它采用了可编程序的存储器，用来在其内部存储执行逻辑运算、顺序控制、定时、计数和算术运算等操作的指令，并通过数字式和模拟式的输入/输出接口，控制各种类型的机械或生产过程。可编程控制器及其有关的外围设备，都应按易于与工业控制系统形成一个整体、易于扩充其功能的原则而设计。"

可编程控制器在其内部结构和功能上都类似于通用计算机，所不同的是可编程控制器还具有很多通用计算机所不具备的功能和结构。如PLC有一套功能完善且简单的管理程序，能够完成故障检查、用户程序输入、修改、执行与监视等功能；PLC还有很多适应于各种工业控制系统的模块；PLC采用以传统电气图为基础的梯形图语言编程，方法简单且易于学习和掌握。所以在控制系统应用方面PLC优于计算机，它易于和自动控制系统相连接，可以方便灵活地构成不同要求、不同规模的控制系统，其环境适应性和抗干扰能力极强，故将可编程控制器称为工业控制计算机。PLC外形图如图8-1所示。

（2）分类

① 按结构形式分。

a. 整体式：特点是将PLC的基本部件（如CPU板、输入板、输出板、电源板等）紧凑地安装于一个标准机壳内而构成一个整体，组成PLC的一个基本单元（主机）或扩展单元。基本单元上设有扩展端口，通过扩展电缆与扩展单元相连，配有许多专用的特殊功能模块（如模拟量输入/输出模块、热电偶、热电阻模块、通信模块等）以构成PLC不同的配置。整体式结构的PLC体积小，成本低，安装方便。微型和小型PLC一般为整体式结构。如西门子的S7-200型PLC。

b. 模块式：由一些标准模块（如CPU模块、输入模块、输出模块、电源模块和各种功能模块等）单元构成，将这些模块插在框架上和基板上即可。各个模块功能是独立的，外形尺寸是统一的，可根据需要灵活配置。目前大中型 PLC 都采用这种方式，如西门子的 S7-300 和 S7-400 系列。

② 按 I/O 点数分。可分为小型、中型和大型。

a．小型 PLC。小型 PLC 的功能以开关量控制为主，其输入/输出（I/O）总点数在 256 点以下，用户程序存储器容量在 4K 左右。现在高性能小型 PLC 还具有一定的通信能力和少量的模拟量处理能力。其价格低廉，体积小巧，适合于控制单台设备和开发机电一体化产品。

典型的小型 PLC 有西门子公司的 S7-200 系列、欧姆龙公司的 CPM2A 系列、三菱公司的 FX 系列和 AB 公司的 SLC500 系列等整体式 PLC 产品。

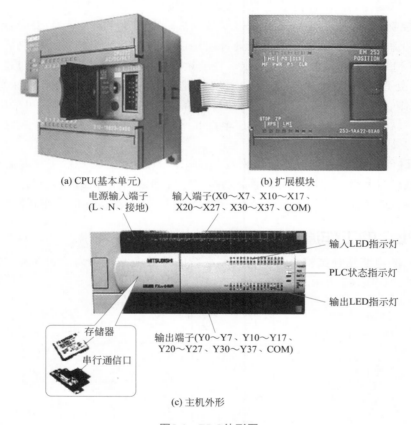

(a) CPU(基本单元)　　　　　　　(b) 扩展模块

图8-1　PLC外形图

b．中型 PLC。中型 PLC 的 I/O 点数在 256 ~ 2048 点之间，用户程序存储器容量达到 8K 左右。中型 PLC 不仅具有开关量和模拟量的控制功能，还具有更强的数字计算能力，它的通信功能和模拟量处理功能更强大，适用于更复杂的逻辑控制系统及连续生产线的过程控制系统。

典型的中型 PLC 有西门子公司的 S7-300 系列、欧姆龙公司的 C200H 系列、AB 公司的 SLC500 系列等模块式 PLC 产品。

c．大型 PLC。大型 PLC 的 I/O 点数在 2048 点以上，用户程序储存器容量达到 16K 以上。大型PLC具有计算、控制和调节的能力，还具有强大的网络结构和通信联网能力，有些PLC还具有冗余能力。其监视系统采用CRT显示，能够表示过程的动态流程，记录各种曲线、PID调节参数等；它配备多种智能板，构成一台多功能系统。这种系统还可以和其他型号的控制器互联或和上位机相连，组成一个集中分散的生产过程和产品质量控制系统。大型PLC适用于设备自动化控制、过程自动化控制和过程监控系统。

（3）PLC的应用范围

① 顺序控制。PLC应用最广泛的领域，是单机、多级群控制式生产自动线控制，如注塑机、印刷机械、组合机床、装配生产线、包装生产线、电镀车间及电梯控制线路等。

② 运动控制。PLC有拖动步进电动机式、伺服电动机式、单轴式多轴位置控制模块式。多数情况下PLC把描述目标位置的数据送给模块，模块移动一轴式数轴到目标位置。而每个轴移动时，位置控制模块保持适当的速度和加速度以确保运动平滑。

③ 过程控制。PLC采用PID（比例-积分-微分）模块可以控制大量的物理参数，如温度、压力、速度和流量。由于PID可使PLC具有闭环控制的功能，若控制过程中某变量出现偏差时，PID控制算法会计算出正确的输出，使变量保持设定值，故广泛用于过程控制。

④ 数据处理。当今机械加工中，出现了把支持顺序控制的PLC和计算数值控制（CNC）紧密结合的设备。为实现PLC和CNC设备之间内部数据自由传递可采用窗口软件，用户通过窗口软件可自由编程，由PLC连至CNC设备使用。CNC系统将变成以PLC为主体的控制和管理体系。

⑤ 通信联网。为了适应国外近年来兴起的工厂自动化（FA）系统发展需要，发展了PLC之间、PLC与上级计算机之间的通信功能，它们都采用光纤通信多级传递。输入/输出模块按功能各自放置在生产现场分散控制，然后采用集中管理信息的分布式网络系统。

8.1.2 PLC的工作原理

（1）PLC的电路拓扑结构　可编程控制系统的等效电路可分为输入部分、内部控制电路和输出部分。如图8-2所示。

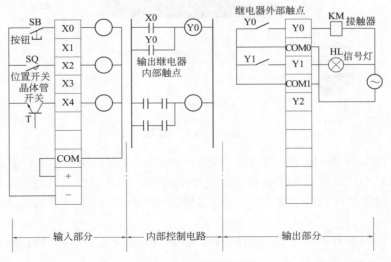

图8-2　PLC的等效电路

① 输入部分。由外部输入电路、PLC输入接线端子和输入继电器组成。

外部输入信号经 PLC 输入接线端驱动输入继电器。一个输入端对应一个等效电路中的输入继电器，它可提供任意个动合和动断接点供 PLC 内部控制电路编程用。

电源可用 PLC 电源部件提供的直流 100V、48V、24V 电压，也可由独立的交流电源 220V 和 100V 供电。

② 内部控制电路。此电路是由用户程序形成的，即用软件代替硬件电路。其作用是按程序规定的逻辑关系，对输入和输出信号的状态进行运算、处理和判断，然后得到相应的输出。

用户程序通常根据梯形图进行编制，梯形图类似于继电器控制电气原理图，只是图中元件符号与继电器回路的元件符号不相同。图 8-3 给出了几个元件的对应图形符号。

继电器控制电路中，继电器的接点可以瞬时或延时动作；而 PLC 电路中的接点是瞬时动作的，延时由定时器实现。定时器的接点是延时动作，且延时时间远远大于继电器延时的时间范围，延时时间由编程设定。

③ 输出部分。由与内部控制电路隔离的输出继电器的外部动合触点、输出接线端子和外部电路组成，用来驱动外部负载。

PLC 内部控制电路中有许多输出继电器，每个输出继电器除了有为内部控制电路提供编程使用的动合、动断接点外，还为输出电路提供一个动合触点与输出接线端相连。

外部电源提供驱动外部负载的电源。PLC 输出端子上有接输出电源用的公共端（COM）。

（2）PLC 的特殊工作方式 图 8-4 为 PLC 工作方式示意图。

微机一般采用等待命令的工作方式，如常见的键盘扫描方式或 I/O 扫描方式，若有键按下或有 I/O 变化，则转入相应的子程序，若无则继续扫描等待。

PLC 则采用循环扫描的工作方式。对每个程序，CPU 从第一条指令开始执行，按指令步序号做周期性的程序循环扫描，如果无跳转指令，则从第一条指令开始逐条执行用户程序，直至遇到结束符后又返回第一条指令，如此不断循环，每一循环称为一个扫描周期。

扫描周期的长短主要取决因素有三个：一是 CPU 执行指令的速度；二是执行每条指令占用的时间；三是程序中指令条数的多少。PLC 的一个扫描过程包含五个阶段。

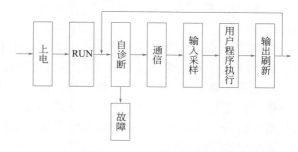

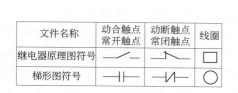

图 8-3 PLC 元件图形符号

图 8-4 PLC 工作方式示意图

① 内部处理。检查 CPU 等内部硬件是否正常，对监视定时器进行复位。

② 通信服务。与其他智能装置（编程器、计算机）通信，如响应编程器键入的命令，更新编程器的显示内容。

③ 输入采样。以扫描方式按顺序采样输入端的状态，并存入输入映象寄存器中（输入寄存器被刷新）。

④ 程序执行。PLC梯形图程序扫描原则：按照"先左后右、先上后下"的顺序逐句扫描，并将结果存入相应的寄存器。

⑤ 输出刷新。输出状态寄存器（Y）中的内容转存到输出锁存器输出，驱动外部负载。

PLC采用循环扫描的工作方式，是区别于其他设备的最大特点之一，我们在学习和使用PLC时，特别是阅读和编写PLC程序时应加强注意。

8.1.3　PLC的编程语言

软件有系统软件和应用软件之分，PLC的系统软件由可编程控制器生产厂家固化在ROM中，一般的用户只能在应用软件上进行操作，即通过编程软件来编制用户程序。

PLC的编程语言一般有如下五种表达方式，由国际电工委员会（IEC）1994年5月在可编程控制器标准中推荐。

（1）梯形图（LAD）语言　图8-5为梯形图及其语句表。

梯形图是一种以图形符号及图形符号在图中的相互关系表示控制关系的编程语言，它是从继电器控制电路图演变过来的。梯形图将继电器控制电路图进行简化，同时加进了许多功能强大、使用灵活的指令，将微机的特点结合进去，使编程更加容易，而实现的功能却大大超过传统继电器控制电路图，是目前最普通的一种PLC的编程语言。

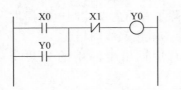

图8-5　梯形图及其语句表

梯形图及符号的画法应按一定规则。

① 梯形图中只有常开和常闭两种触点。各种机型中常开触点（动合触点）和常闭触点（动断触点）的图形符号基本相同，但它们的元件编号不相同，随不同机种、不同位置（输入或输出）而不同。同一标记的触点可以反复使用，次数不限，这点与继电器控制电路中同一触点只能使用一次不同。因为在可编程控制器中每一触点的状态均存入可编程控制器内部的存储单元中，可以反复读写，故可以反复使用。

② 梯形图中输出继电器（输出变量）表示方法也不同，用圆圈或括弧表示，而且它们的编程元件编号也不同，不论哪种产品，输出继电器在程序中只能使用一次。

③ 梯形图最左边是起始母线（左母线），每一逻辑行必须从左母线开始画。梯形图最右边还有结束母线（右母线），可以省略。

④ 梯形图必须按照从左到右、从上到下顺序书写，因为PLC也按照该顺序执行程序。

⑤ 梯形图中触点可以任意串联或并联，而输出继电器线圈可以并联但不可以串联。

（2）指令表（STL）语言　梯形图直观、简便，但要求用带CRT屏幕显示的图形编程器才能输入图形符号。小型PLC一般无法满足，而是采用经济便捷的手持式编程器（指令编程器）将程序输入到可编程控制器中，这种编程方法使用指令语句（助记符语言），它类似于微机中的汇编语言。

语句是指令语句表编程语言的基本单元，每个控制功能由一个或多个语句组成的程序来执行。每条语句规定可编程控制器中CPU如何动作的指令，它是由操作码和操作数组成的。操作码用助记符表示要执行的功能，操作数表明操作的地址或一个预先设定的值。

（3）顺序功能流程图（SFC）语言　顺序功能流程图常用来编制顺序控制类程序。它包含步、动作、转换三个要素。顺序功能编程法可将一个复杂的控制过程分解为一些小的顺序控制要求连接组合成整体的控制程序。顺序功能图法体现了一种编程思想，在程序的编制中具有很重要的意义。在介绍步进梯形指令时将详细介绍顺序功能图编程法。图 8-6 所示为顺序功能流程图。

（4）功能模块图（FBD）语言　功能模块图编程语言实际上是用逻辑功能符号组成的功能块来表达命令的图形语言，与数字电路中逻辑图一样，它极易表现条件与结果之间的逻辑功能。功能模块图如图 8-7 所示。

图8-6　顺序功能流程图

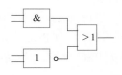

图8-7　功能模块图

由图可见，这种编程方法是根据信息流将各种功能模块加以组合的，是一种逐步发展起来的新式编程语言，正在受到各种 PLC 厂家的重视。

（5）结构文本（ST）语言　PLC 飞速发展，许多高级功能用梯形图来表示会很不方便。为增强 PLC 的数字运算、数据处理、图表显示、报表打印等功能，方便用户使用，许多大中型 PLC 都配备了 PASCAL、BASIC、C 等高级编程语言。这种编程方式叫作结构文本。

结构文本与梯形图比较的两大优点：一是能实现复杂的数学运算，二是非常简洁和紧凑。用结构文本编制极复杂的数学运算程序只占一页纸，用来编制逻辑运算程序也很容易。

PLC 的编程语言是 PLC 应用软件的工具，它以 PLC 输入口、输出口、机内元件之间的逻辑及数量关系表达系统的控制要求，并存储在机内存储器中，即"存储逻辑"。生产厂家可提供其中几种编程语言供用户选择，并非所有可编程控制器都支持全部五种编程语言。

8.1.4　PLC 的编程元件

三菱 PLC 有两大典型类型：FX 系列和 Q 系列。

（1）FX 系列 PLC

① 型号。在 PLC 的正面，一般都有表示该 PLC 型号的铭牌，通过阅读该铭牌即可以获得该 PLC 的基本信息。FX 系列 PLC 的型号命名基本格式与含义如下。

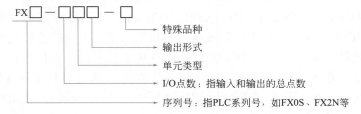

序列号：0、0S、0N、2、2C、1S、2N、2NC、3U、3UC 等。

I/O 点数：10 ～ 256。

单元类型：M—基本单元；E—输入输出混合扩展单元及扩展模块；EX—输入专用扩展模块；EY—输出专用扩展模块。

输出形式：R—继电器输出；T—晶体管输出；S—晶闸管输出。

特殊品种：D—DC电源，DC输入；A1—AC电源，AC输入；H—大电流输出扩展模块（1A/点）；V—立式端子排的扩展模块；C—接插口输入输出方式；F—输入滤波器1ms的扩展模块；L—TTL输入扩展模块；S—独立端子（无公共端）扩展模块。

若特殊品种一项无符号，说明通指AC电源、DC输入、横排端子排；继电器输出为2A/点；晶体管输出为0.5A/点；晶闸管输出为0.3A/点。

【举例1】FX2N-48MRD含义为FX2N系列，输入输出总点数为48点，继电器输出，DC电源，DC输入的基本单元。

【举例2】FX-4EYSH的含义为FX系列，输入点数为0点，输出4点，晶闸管输出，大电流输出扩展模块。

FX还有一些特殊的功能模块，如模拟量输入输出模块、通信接口模块及外围设备等，使用时可以参照FX系列PLC产品手册。

② FX系列PLC介绍。FX系列PLC包括FX1S、FX1N、FX2N、FX3U四种基本，早期还有FX0系列。

a. FX1S系列：整体固定I/O结构，最大I/O点数为40，I/O点数不可扩展。

b. FX1N、FX2N、FX3U系列：基本单元加扩展的结构形式，可以通过I/O扩展模块增加I/O。FX1N最大的I/O点数是128点。

c. FX2N系列：最大的I/O点数是256点。

d. FX3U系列：最大的I/O点数是384点（包括CC-Llink连接的远程I/O）。

e. FX1NC/FX2NC/FX3UC系列：为变形系列，主要区别是端子的连接方式和PLC的电源输入，变形系列的端子采用插入式，输入电源只能24V DC，较普通系列便宜。普通系列的端子是接线端子连接，电压允许使用AC电源。

FX1S系列PLC只能通过RS-232、RS-422/RS-485等标准接口与外部设备、计算机以及PLC之间进行通信，而FX1N/FX2N/FX3U增加了AS-I/CC-Link网络通信功能。

（2）Q系列PLC

Q系列PLC是三菱公司从原A系列PLC基础上发展起来的中大型PLC模块化系列产品。

按性能Q系列PLC的CPU可以分为基本型、高性能型、过程控制型、运动控制型、计算机型、冗余型等多种系列。

① 基本型CPU。有Q00J、Q00、Q01共三种基本型号。Q00J型为机构紧凑、功能精简型PLC，最大的I/O点数为256点，程序容量为8K，可以适用于小规模控制系统。

Q01系列CPU在基本型中功能最强，最大的I/O点数可以达到1024点。

② 高性能型CPU。有Q02、Q02H、Q06H、Q12H、Q25H等品种，Q25H系列的功能最强，最大的I/O点数为4096点，程序容量为252K，可以适用于中大规模的控制系统。

③ 过程控制型CPU。有Q12PH、Q25PH两种基本型号，可以用于小型DCS系统的控制。过程控制CPU构成的PLC系统，使用的编程软件与通用PLC系统（DX Develop）不同，使用的是PX Develop软件。它可以使用过程控制专用编程语言（FBD）进行编程，过程控制CPU增强了PID调节功能。

④ 运动控制型CPU。有Q172、Q173两种基本型号，分别可以用于8轴与32轴的定位控制。

⑤ 冗余型CPU。有Q12PRH与Q25PRH两种规格，冗余系统用于对控制系统可靠性要求极高，不允许控制系统出现停机的控制场合。

8.1.5　PLC的硬件

PLC的组成基本同微机一样，由电源、中央处理器（CPU）、存储器、输入/输出接口及外围设备接口等构成。图8-8是其硬件系统的简化框图。

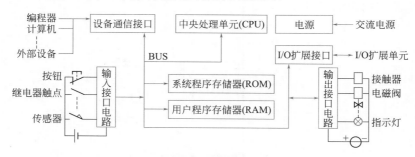

图8-8　PLC硬件系统的简化框图

（1）CPU　CPU是整个PLC系统的核心，指挥PLC有条不紊地进行各种工作。

① CPU类型。

a. 通用微处理器（8080、8086、80286、80386等）。

b. 单片机（8031、8096等）。

c. 位片式微处理器（AM2900、AM2901、AM2903等）。

小型PLC采用单CPU系统，中、大型PLC采用双CPU系统（字处理器、位处理器）。

② CPU的作用。CPU是PLC系统的核心，有如下主要功能。

a. 接收并存储用户程序和数据。

b. 检查、校验用户程序。对正在输入的用户程序进行检查，发现语法错误立即报警，并停止输入；在程序运行过程中若发现错误，则立即报警或停止程序的执行。

c. 接收现场的状态或数据并存储。将接收到现场输入的数据保存起来，在需要修改数据时将其调出并送到需要该数据处。

d. PLC进入运行后，执行用户程序，存储执行结果，并将执行结果输出。

当PLC进入运行状态，CPU根据用户程序存放的先后顺序，逐条读取、解释和执行程序，完成用户程序中规定的各种操作，并将程序执行的结果送至输出端口，以驱动可编程控制器的外部负载。

e. 诊断电源、PLC内部电路的工作故障。诊断电源、可编程控制器内部电路的故障，根据故障或错误的类型，通过显示器显示出相应的信息，以提示用户及时排除故障或纠正错误。

（2）ROM　系统程序存储器（ROM）用以存放系统工作程序（监控程序）、模块化应用功能子程序、命令解释功能子程序的调用管理程序等。

（3）RAM　用户程序存储器（RAM）用以存放用户程序即存放通过编程器输入的用户程序。PLC的用户存储器通常以字为单位来表示存储容量。同时系统程序不能由用户直接存取，因而通常PLC产品资料中所指的存储器形式或存储方式及容量，是对用户程序存储器而言。

常用的用户存储方式及容量形式或存储方式有CMOSRAM、EPROM和EEPROM。

特别说明一下可电擦除可编程的只读存储器（EEPROM）。它是非易失性的，但可以用编程装置对它编程，兼有ROM的非易失性和RAM的随机存取的优点，但是将信息写入需要的时间比RAM长得多。EEPROM用来存放用户程序和需要长期保存的重要数据。

用户信息储存常用盒式磁带和磁盘等。

（4）输入接口电路 按可接纳的外部信号电源的类型不同分为直流输入接口电路和交流输入接口电路。如图8-9所示。

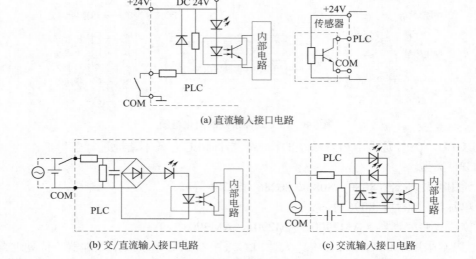

(a) 直流输入接口电路

(b) 交/直流输入接口电路   (c) 交流输入接口电路

图8-9 输入接口电路的形式

（5）输出接口电路 输出接口电路接收主机的输出信息，并进行功率放大和隔离，经过输出接线端子向现场的输出部分输出相应的控制信号。它一般由微电脑输出接口和隔离电路、功率放大电路组成。

① PLC的三种输出形式。

a．继电器（R）输出（电磁隔离）：用于交流、直流负载，但接通断开的频率低。

b．晶体管（T）输出（光电隔离）：用于直流负载，有较高的接通断开频率。

c．晶闸管（S）输出（光触发型进行电气隔离）：仅适用于交流负载。

第一种的最大触点容量为2A，后两种分别为0.5A与0.3A。

② 输出端子两种接线方式如图8-10所示。

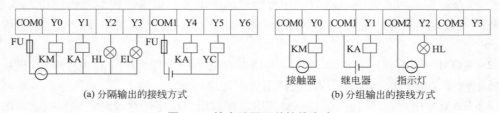

(a) 分隔输出的接线方式   (b) 分组输出的接线方式

图8-10 输出端子两种接线方式

a．分隔输出的接线方式：输出各自独立（无公共点）。

b．分组输出的接线方式：每4～8个输出点构成一组，共用一个公共点。

（6）编程器 编程器用于用户程序的编制、编辑、调试检查和监视等，还可以通过其键盘去调用和显示PLC的一些内部状态和系统参数。它通过通信端口与CPU联系，完成人机对话连接。编程器上有供编程用的各种功能键和显示灯以及编程、监控转换开关。编程器的键盘采用梯形图、语言键符式命令及语言助记符，也可以采用软件指定的功能键符，通过屏幕对话方式进行编程。

编程器分为简易型和智能型两类。前者只能联机编程，而后者既可联机编程又可脱机编程。同时前者输入梯形图的语言键符，后者可以直接输入梯形图。

（7）外部设备　一般 PLC 都配有盒式录音机、打印机、EPROM 写入器、高分辨率屏幕彩色图形监控系统等外部设备。

（8）电源　根据 PLC 的设计特点，它对电源并无特别要求，可使用一般工业电源。

电源一般为单相交流电源（AC 100 ～ 240V，50/60Hz），也有用直流 24V 供电的。

对电源的稳定性要求不是太高，允许在额定电源电压值的 ±10% ～ 15% 范围内波动。

小型 PLC 的电源与 CPU 合为一体，中大型 PLC 使用单独的电源模块。

8.1.6　PLC 的软件

8.1.6.1　软元件（编程元件、操作数）

（1）软元件概念　PLC 内部具有一定功能的器件（输入、输出单元，存储器的存储单元）。

（2）软元件分类　PLC 应用指令中，内容不随指令执行而变化的操作数为源操作数，内容随执行指令而改变的操作数为目标操作数。

a．位元件。三菱 PLC 的编程中，位元件是只处理 ON/OFF（1/0）信息的软元件，如 X、Y、M、S 等。X：输入继电器，用于输入给 PLC 的物理信号；Y：输出继电器，输出 PLC 的物理信号；M（辅助继电器）和 S（状态继电器）：PLC 内部的运算标志。

说明

・位单元只有 ON 和 OFF 两种状态，用"0"和"1"表示。

・元件可通过组合使用，4 个位元件为一个单元，表示方法是 Kn 加起始软元件号（首元），n 为单元数。

例如 K4M0 表示 M15 ～ M0 组成 4 个位元件组（K4 表示 4 个单元），它是一个 16 位数据，M0 为最低位。又如 K4Y0 表示 Y17 ～ Y0 组成 4 个位元件组（注意 Y 为八进制）。

b．字元件。字元件是处理数值的软元件，如 T、C、D 等。

数据寄存器 D 是用于在模拟量检测以及位置控制等场合存储数据和参数的。

源操作数 Kn+ 首元件是三菱 PLC 编程中把位元件通过组合使用来处理数据的一种使用方法，其标准表达是位数 Kn 加起始的软元件号。

最关键的是记住这种组合是以 4 位为单位的。比如 K2M0 里 K2 就表示是 2 个 4 位的组合，即有 8 位，这 8 位的起始元件号是 M0，那么这 8 位组合（K2M0）就是 M7、M6、M5、M4、M3、M2、M1、M0 的组合。我们知道 M0 ～ M7 这些单个的位元件的值只能为 0 或者 1，把 M7 ～ M0 组合起来后，就可以用来处理一个 8 位的数据，而一个 8 位的数据就相当于一个字了。

字（word）为 8 位二进制；字节（byte）为 4 位；双字（double word）为 16 位。

附注：西门子 PLC 字为 16 位二进制；字节为 8 位；半字节为 4 位；双字为 32 位。

8.1.6.2　FX 系列 PLC 的编程软元件

FX 系列 PLC 的编程软元件框图如图 8-11 所示。

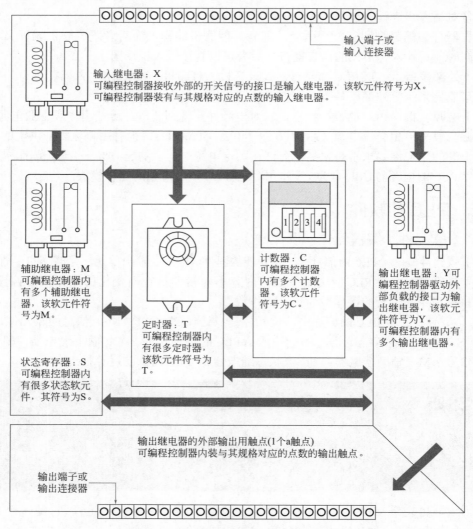

图8-11　FX系列PLC编程软元件框图

（1）输入继电器（X）

① 作用：用来接受外部输入的开关量信号。输入端通常外接常开触点或常闭触点。

② 编号：采用8进制，如X000～X007，X010～X017……

③ 说明：

a. 输入继电器以八进制编号。FX2N系列带扩展时最多有184点输入继电器（X0～X267）。

b. 输入继电器只能外部输入信号驱动，不能程序驱动。

c. 可以有无数的常开触点和常闭触点。

d. 输入信号（ON、OFF）至少要维持一个扫描周期。

（2）输出继电器（Y）

① 作用：程序运行的结果，驱动执行机构控制外部负载。

② 编号：Y000～Y007，Y010～Y017……

③ 说明：

a. 输出继电器以八进制编号。FX2N系列PLC带扩展时最多184点输出继电器（Y0～

Y267）。

　　b．输出继电器可以程序驱动，也可以外部输入信号驱动。

　　c．输出模块的硬件继电器只有一个常开触点，梯形图中输出继电器的常开触点和常闭触点可以多次使用。

　　（3）辅助继电器（M）　辅助继电器也叫中间继电器，用软件实现，是一种内部的状态标志，相当于继电控制系统中的中间继电器。

　　① 说明：

　　a．辅助继电器以十进制编号。

　　b．辅助继电器只能程序驱动，不能接收外部信号，也不能驱动外部负载。

　　c．可以有无数的常开触点和常闭触点。

　　② 种类：辅助继电器又分为通用型、停电保持型和特殊辅助继电器三种。

　　a．通用型辅助继电器：M0 ～ M499，共 500 个。

　　特点：通用型辅助继电器和输出继电器一样，在 PLC 电源断开后，其状态将变为 OFF。当电源恢复后，除因程序使其变为 ON 外，否则仍保持 OFF。

　　用途：逻辑运算的中间状态存储、信号类型的变换。

　　b．停电保持型辅助继电器：M500 ～ M1023，共 524 个。

　　特点：在 PLC 电源断开后，保持辅助继电器断电前的瞬间状态，并在恢复供电后继续断电前的状态。停电保持是由 PLC 机内电池支持的。

　　c．特殊辅助继电器：M8000 ～ M8255，共 256 个。

　　特点：特殊辅助继电器是具有某项特定功能的辅助继电器。

　　分类：触点利用型和线圈驱动型。

　　触点利用型特殊辅助继电器：其线圈由 PLC 自动驱动，用户只可以利用其触点。

　　线圈驱动型特殊辅助继电器：由用户驱动线圈，PLC 将做出特定动作。

　　• 运行监视继电器如图 8-12 所示。

　　M8000：当 PLC 处于 RUN 时，其线圈一直得电。

　　M8001：当 PLC 处于 STOP 时，其线圈一直得电。

　　• 初始化继电器如图 8-13 所示。

　　M8002：当 PLC 开始运行的第一个扫描周期其得电。

　　M8003：当 PLC 开始运行的第一个扫描周期其失电（对计数器、移位寄存器、状态寄存器等进行初始化）。

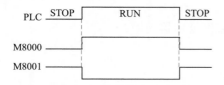

图8-12　运行监视继电器的时序图

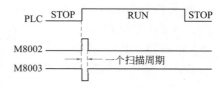

图8-13　初始化继电器的时序图

　　• 出错指示继电器。

　　M8004：当 PLC 有错误时，其线圈得电；

　　M8005：当 PLC 锂电池电压下降至规定值时，其线圈得电。

　　M8061：PLC 硬件出错，D8061（出错代码）。

　　M8064：参数出错，D8064。

M8065：语法出错，D8065。

M8066：电路出错，D8066。

M8067：运算出错，D8067。

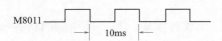

图8-14　时钟继电器的时序图

M8068：当线圈得电，锁存错误运算结果。

● 时钟继电器如图8-14所示。

M8011：产生周期为10ms的脉冲。

M8012：产生周期为100ms的脉冲。

M8013：产生周期为1s的脉冲。

M8014：产生周期为1min的脉冲。

● 标志继电器。

M8020：零标志。当运算结果为0时，其线圈得电。

M8021：借位标志。减法运算的结果为负的最大值以下时，其线圈得电。

M8022：进位标志。加法运算或移位操作的结果发生进位时，其线圈得电。

● 模式继电器。

M8034：禁止全部输出。当M8034线圈被接通时，PLC的所有输出自动断开。

M8039：恒定扫描周期方式。当M8039线圈被接通时，PLC以恒定的扫描方式运行，恒定扫描周期值由D8039决定。

M8031：非保持型继电器、寄存器状态清除。

M8032：保持型继电器、寄存器状态清除。

M8033：RUN→STOP时，输出保持RUN前状态。

M8035：强制运行（RUN）监视。

M8036：强制运行（RUN）。

M8037：强制停止（STOP）。

（4）状态寄存器（S）

① 作用：用于编制顺序控制程序的状态标志。

② 分类：

a. 初始状态S0～S9（10点）。

b. 回零S10～S19（10点）。

c. 通用S20～S499（480点）。

d. 锁存S500～S899（400点）。

e. 信号报警S900～S999（100点）。

注：不使用步进指令时，状态寄存器也可当作辅助继电器使用。

（5）定时器（T）

① 作用：相当于时间继电器。

② 分类：

a. 普通定时器：输入断开或发生断电时，计数器和输出触点复位。

100ms定时器：T0～T199，共200个，定时范围0.1～3276.7s。

10ms定时器：T200～T245，共46个，定时范围0.01～327.67s。

如图8-15所示。

b. 积算定时器：输入断开或发生断电时，当前值保持，只有复位接通时，计数器和触点复位。

复位指令：RST，如 [RST　T250]。

1ms 积算定时器：T246 ～ T249，共 4 个（中断动作），定时范围 0.001 ～ 32.767s。

100ms 积算定时器：T250 ～ 255，共 6 个，定时范围 0.1 ～ 3276.7s。

图 8-16 中积算定时器的定时为 $t = 0.1 \times 100 = 10$（s）。

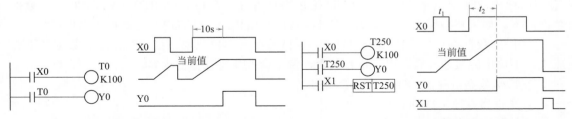

图 8-15　普通定时器的程序及其时序图　　　　图 8-16　积算定时器的程序及其时序图

③ 工作原理：当定时器线圈得电时，定时器对相应的时钟脉冲（100ms、10ms、1ms）从 0 开始计数，当计数值等于设定值时，定时器的触点接通。

④ 组成：初值寄存器（16 位）、当前值寄存器（16 位）、输出状态的映像寄存器（1 位），元件号 T。

⑤ 定时器的设定值：可用常数 K，也可用数据寄存器 D 中的参数。K 的范围 1 ～ 32767。

⑥ 注意：若定时器线圈中途断电，则定时器的计数值复位。

（6）计数器（C）　计数器的程序及其时序图见图 8-17。

① 作用：对内部元件 X、Y、M、T、C 的信号进行记数（记数值达到设定值时计数动作）。

② 分类：

a．普通计数器（计数范围 K1 ～ K32767）：

16 位通用加法计数器：C0 ～ C15，16 位增计数器；

16 位掉电保持计数器：C16 ～ C31，16 位增计数器。

b．双向计数器（计数范围 -2147483648 ～ 2147483647）：

32 位通用双向计数器：C200 ～ C219，共 20 个；

32 位掉电保持计数器：C220 ～ C234，共 15 个。

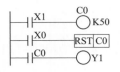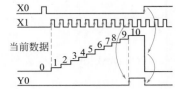

双向计数器的计数方向（增/减计数）

由特殊辅助继电器 M8200 ～ M8234 设定。

图 8-17　计数器的程序及其时序图

当 M82×× 接通（置 1）时，对应的计数器 C2×× 为减计数；当 M82×× 断开（置 0）时为增计数。

c．高速计数器：C235 ～ C254 为 32 位增/减计数器

采用中断方式对特定的输入进行计数（FX2N 为 X0 ～ X5），与 PLC 的扫描周期无关。具有掉电保持功能。高速计数器设定值范围 -2147483648 ～ +2147483647。

③ 工作原理：计数器从 0 开始计数，计数端每来一个脉冲当前值加 1，当当前值（计数值）与设定值相等时，计数器触点动作。

④ 计数器的设定值：可用常数 K，也可用数据寄存器 D 中的参数。计数值设定范围 1 ～ 32767。32 位通用双向计数器的设定值可直接用常数 K 或间接用数据寄存器 D 的内容。

间接设定时，要用编号紧连在一起的两个数据寄存器。

⑤ 注意事项：R、S、T端一接通，计数器立即复位。

（7）数据寄存器（D） 用来存储PLC进行输入输出处理、模拟量控制、位置量控制时的数据和参数。

数据寄存器为16位，最高位是符号位。32位数据可用两个数据寄存器存储。

① 通用数据寄存器：D0 ～ D127。通用数据寄存器在PLC由RUN→STOP时，其数据全部清零。如果将特殊继电器M8033置1，则PLC由RUN→STOP时，数据可以保持。

② 保持数据寄存器：D128 ～ D255。保持数据寄存器只要不被改写，原有数据就不会丢失，不论电源接通与否，PLC运行与否，都不会改变寄存器的内容。

③ 特殊数据寄存器：D8000 ～ D8255。

④ 文件寄存器：D1000 ～ D2499。

（8）变址寄存器（V、Z） 一种特殊用途的数据寄存器，相当于微机中的变址寄存器，用于改变元件编号（变址）。

V与Z都是16bit数据寄存器，V0 ～ V7，Z0 ～ Z7。V用于32位的PLC系统。

（9）指针（P、I）

① 跳转用指针：P0 ～ P63，共64点。

它作为一种标号，用来指定跳转指令或子程序调用指令等分支指令的跳转目标。

② 中断用指针：I0 ～ I8，共9点。

作为中断程序的入口地址标号，分为输入中断、定时器中断和计数器中断用三种。

a. 输入中断：I00□～ I50□（上升沿中断为1，下降沿中断为0），共6个。

b. 定时器中断：I6□□～ I8□□（定时中断时间10 ～ 99ms），共3个。

c. 计数器中断用：I010、I020、I030、I040、I050、I060，共6个。

8.2 PLC的编程软件及使用

GX Developer编程软件及基本功能应用可扫二维码学习。

8.3 常用继电器控制电路与相应PLC梯形图编写

8.3.1 点动电路及PLC梯形图编写

（1）功能介绍 顾名思义，点则动，松则不动，即按下按钮开，松开按钮停。图8-18给出了三种形式的点动。

（2）工作原理 灯泡、继电器点动原理如图8-19、图8-20所示。点动时序图如图8-21所示。

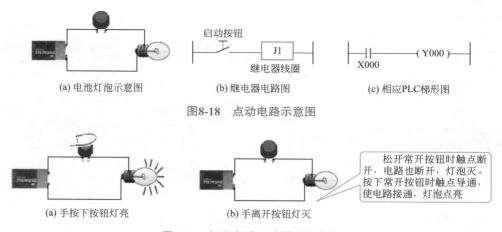

(a) 电池灯泡示意图　　　(b) 继电器电路图　　　(c) 相应PLC梯形图

图8-18　点动电路示意图

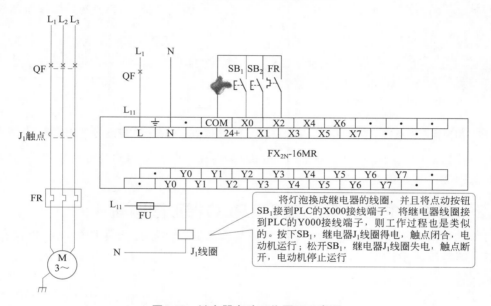

(a) 手按下按钮灯亮　　　　　　　(b) 手离开按钮灯灭

松开常开按钮时触点断开，电路也断开，灯泡灭。按下常开按钮时触点导通，使电路接通，灯泡点亮

图8-19　灯泡点动工作原理示意图

将灯泡换成继电器的线圈，并且将点动按钮SB₁接到PLC的X000接线端子，将继电器线圈接到PLC的Y000接线端子，则工作过程也是类似的。按下SB₁，继电器J₁线圈得电，触点闭合，电动机运行；松开SB₁，继电器J₁线圈失电，触点断开，电动机停止运行

图8-20　继电器点动工作原理示意图

（3）程序编写　在编程界面里输入程序。

① 进入编程界面后用鼠标左键单击 ⬚ 符号在弹出的对话框中输入"X000"（0是阿拉伯数字），如图8-22所示。点击"确定"后如图8-23所示，即输入了第一行梯形图程序的第一个软元件"X000"。

X000
点动按钮

Y000
继电器线圈J₁

从时序图中可以看到点动电路的逻辑关系

1.蓝色框位置必须如图

2.用鼠标左键单击

3.用键盘输入"X000"

4.用鼠标左键单击"确定"，完成

图8-21　点动时序图　　　　　　　　图8-22　点动电路编写

② 点击 ⬚ 符号在弹出的对话框中输入"Y000"，点击"确定"，如图8-24所示，即输入

289

了第一行最后一个软元件"Y000"。

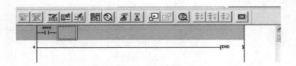

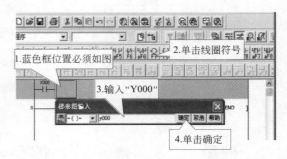

图8-23　点动电路编写　　　　　　　　　　图8-24　点动电路编写

③ 输入完编写的程序后进行变换/编译，如图8-25、图8-26所示。

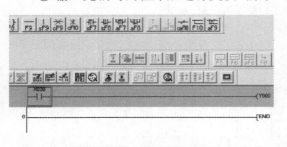

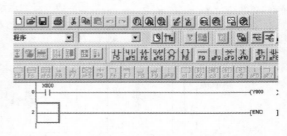

图8-25　用鼠标左键点击"变换/编译"单击前　　图8-26　用鼠标左键点击"变换/编译"单击后

用三菱PLC中文版编程软件GX Developer编写梯形图。将PLC与计算机连接，将已编译好的工程文件写入PLC。

8.3.2　带停止的自动保持电路及PLC梯形图编写

（1）功能介绍　为保持电路状态的一种基本形式，主要用于保持外部信号状态，如图8-27、图8-28所示。

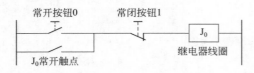

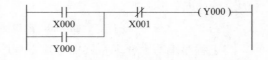

图8-27　继电器原理图　　　　　　　　　　图8-28　等效PLC梯形图

（2）工作原理

① 开机：按下常开按钮0→继电器线圈J_0得电→常开主触点闭合→电动机得电开机，同时J_0常开辅助触点自锁→电动机继续运行，如图8-29所示。

② 停机：按下常闭按钮1→继电器线圈J_0失电，同时J_0辅助触点断开→电动机失电停机，如图8-30所示。

从图中可以看出自保持电路可用于长动控制，典型的像电动机的控制，其他的需要按下按钮后就一直运行的控制对象也可以用此电路进行控制。

（3）程序编写　在编程界面里输入程序。

① 用鼠标左键单击 符号在弹出的对话框中输入"X000"（0是阿拉伯数字），点击"确定"后如图8-31所示。

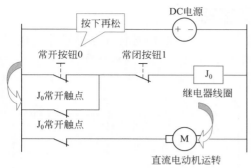

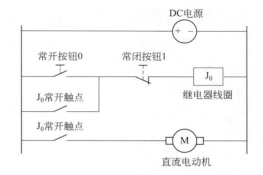

图8-29 继电器线圈J_0通电　　　　　　　图8-30 继电器线圈J_0未通电

② 用鼠标左键单击 符号在弹出的对话框中输入"X001"，点击"确定"后如图8-32、图8-33所示。

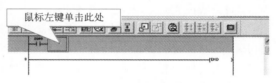

图8-31 自保持电路编写（一）　　　　　　图8-32 自保持电路编写（二）

③ 用鼠标左键单击 符号在弹出的对话框中输入"Y001"点击"确定"后如图8-34所示。

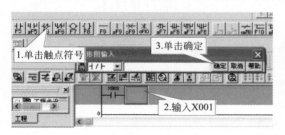

图8-33 自保持电路编写（三）　　　　　　图8-34 自保持电路编写（四）

④ 用鼠标左键单击 符号在弹出的对话框中输入"Y000"点击"确定"后如图8-35所示。

⑤ 输入完编写的程序后进行变化/编译，传送程序给PLC，如图8-36所示。

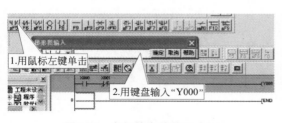

图8-35 自保持电路编写（五）　　　　　　图8-36 自保持电路编写（六）

用三菱PLC中文版编程软件GX Developer编写梯形图。将PLC与计算机连接，将已编译好的工程文件写入PLC。

8.3.3 自保持互锁电路及PLC梯形图编写

（1）功能介绍　一个停止按钮，两个启动按钮，因先动作的信号优先于后动作的信号而受联锁作用，在停止信号未动作前另一信号不会动作，如图8-37、图8-38所示。

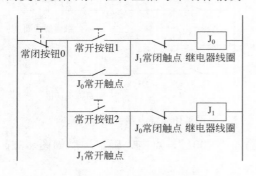

图8-37　继电器原理图

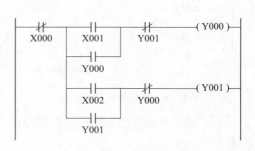

图8-38　等效PLC梯形图

（2）工作原理

① J_0线圈得电、失电工作原理。

J_0动作：按下常开按钮1→继电器线圈J_0得电→J_0常开触点闭合同时自锁→J_0常闭触点断开，同时锁定J_1不能接通。

停止动作：按下常闭按钮0→继电器线圈J_0失电→J_0常开触点断开同时解锁→电路恢复初始状态。

② J_1线圈得电、失电工作原理。

J_1动作：按下常开按钮2→继电器线圈J_1得电→J_1常开触点闭合同时自锁→J_1常闭触点断开，同时锁定J_0不能接通。

停止动作：按下常闭按钮0→继电器线圈J_1失电→J_1常开触点断开同时解锁→电路恢复初始状态。

（3）电路应用　可以看出自保持互锁电路可用于需要互相制约运行的2个控制对象的控制电路，典型的应用是电动机正反转控制。

（4）程序编写　进入编程界面在编程界面里输入程序。

① 单击 符号在弹出的对话框中输入"X000"（0是阿拉伯数字）并点击确定，然后再单击 符号在弹出的对话框中输入"X001"并点击确定，再单击 符号在弹出的对话框中输入"Y001"点击确定，再单击 符号在弹出的对话框中输入"Y000"单击确定，如图8-39所示。

② 调整光标位置如图8-40所示。

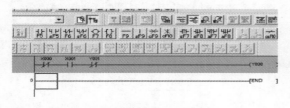

图8-39　自动保持互锁电路编写（一）

图8-40　自动保持互锁电路编写（二）

③ 点击 符号在弹出的对话框中输入"3"并点击确定，如图8-41所示。

④ 调光标位置如图8-42所示，单击符号 在弹出的对话框中输入"Y000"点击确定。

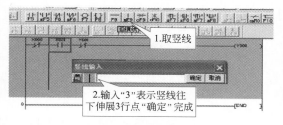

图8-41　自动保持互锁电路编写（三）

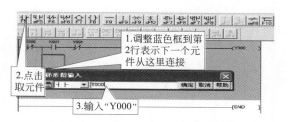

图8-42　自动保持互锁电路编写（四）

⑤ 点击符号在弹出的对话框中输入"1"，点击确定按钮，如图8-43所示。

⑥ 调整光标位置如图8-44所示，点击符号在弹出的对话框中输入"X002"。

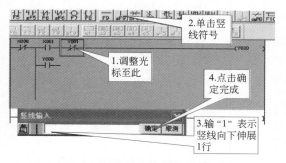

图8-43　自动保持互锁电路编写（五）

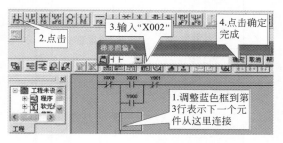

图8-44　自动保持互锁电路编写（六）

⑦ 调整光标位置如图8-45，点击符号在弹出的对话框中输入"Y001"

⑧ 调整光标位置如图8-46所示，点击符号在弹出的对话框中输入"1"点击确定。

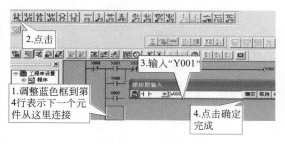

图8-45　自动保持互锁电路编写（七）

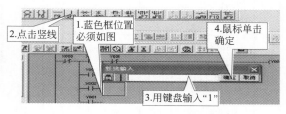

图8-46　自动保持互锁电路编写（八）

⑨ 点击符号在弹出的对话框中输入"Y000"点击确定，点击符号在弹出的对话框中输入"Y001"，点击确定完成后如图8-47所示。

用三菱PLC中文版编程软件GX Developer编写梯形图。将PLC与计算机连接，将已编译好的工程文件写入PLC。

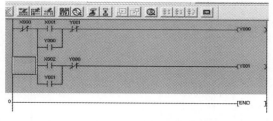

图8-47　自动保持互锁电路编写（九）

8.3.4　先动作优先电路及PLC梯形图编写

（1）功能介绍　在多个输入信号的线路中，以最先动作的信号优先。在最先输入的信号未除去之时，其他信号无法动作，如图8-48、图8-49所示。

（2）工作原理　按下相应的常开按钮时，对应的线圈得电自锁，其常开触点闭合，触发中间继电器（M0）线圈得电，其常开触点闭合，断开其他按钮的回路，从而实现先动作者优先，如图8-50、图8-51所示。

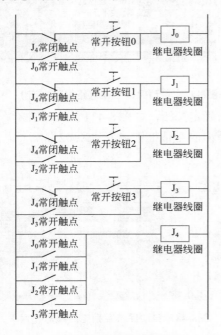

图8-48　继电器原理图

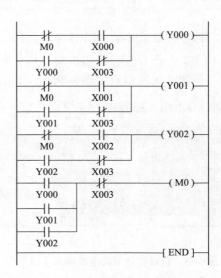

图8-49　等效PLC梯形图

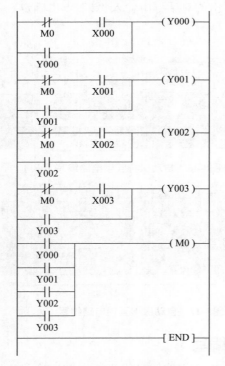

图8-50　先动作优先梯形图

0	LDI	M0
1	AND	X000
		X000　=1号按钮
2	OR	Y000
		Y000　=1号灯
3	OUT	Y000
		Y000　=1号灯
4	LDI	M0
5	AND	X001
		X001　=2号按钮
6	OR	Y001
		Y001　=2号灯
7	OUT	Y001
		Y001　=2号灯
8	LD	X002
		X002　=3号按钮
9	ANI	M0
10	OR	Y002
		Y002　=3号灯
11	OUT	Y002
		Y002　=3号灯
12	LD	X003
		X003　=4号按钮
13	ANI	M0
14	OR	Y003
		Y003　=4号灯
15	OUT	Y003
		Y003　=4号灯
16	LD	Y000
		Y000　=1号灯
17	OR	Y001
		Y001　=2号灯
18	OR	Y002
		Y002　=3号灯
19	OR	Y003
		Y003　=4号灯
20	OUT	M0
21	END	

图8-51　先动作优先语句表

（3）电路应用　只要在先动作优先电路上加一个常闭按钮，便可改成大家熟悉的抢答器。电路要求为：通电后各位选手开始抢答，先按下按钮的得到答题权利，答题完成之后主持人按下复位按钮，再开始新一轮抢答。这便是先动作优先电路演变的抢答器。

（4）程序编写

① 控制要求。

当按下 X000（0 号按钮）时 Y000（1 号灯）亮，再按其他按钮，其他灯不亮。

当按下 X001（1 号按钮）时 Y001（2 号灯）亮，再按其他按钮，其他灯不亮。

当按下 X002（2 号按钮）时 Y002（3 号灯）亮，再按其他按钮，其他灯不亮。

当按下 X003（3 号按钮）时 Y003（4 号灯）亮，再按其他按钮，其他灯不亮。

② 编写梯形图。如图 8-52、图 8-53 所示。

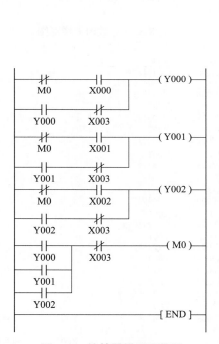

图8-52　抢答器梯形图编写

0	LDI	M0	
1	AND	X000	
		X000	=1号按钮
2	LD	Y000	
		Y000	=1号灯
3	ANI	X003	
		X003	=复位按钮
4	ORB		
5	OUT	Y000	
		Y000	=1号灯
6	LDI	M0	
7	AND	X001	
		X001	=2号按钮
8	LD	Y001	
		Y001	=2号灯
9	ANI	X003	
		X003	=复位按钮
10	ORB		
11	OUT	Y001	
		Y001	=2号灯
12	LD	X002	
		X002	=3号按钮
13	ANI	M0	
14	LD	Y002	
		Y002	=3号灯
15	ANI	X003	
		X003	=复位按钮
16	ORB		
17	OUT	Y002	
		Y002	=3号灯
18	LD	Y000	
		Y000	=1号灯
19	OR	Y001	
		Y001	=2号灯
20	OR	Y002	
		Y002	=3号灯
21	ANI	X003	
		X003	=复位按钮
22	OUT	M0	
23	END		
24			

图8-53　抢答器语句表编写

用三菱 PLC 中文版编程软件 GX Developer 编写梯形图。将 PLC 与计算机连接，将已编译好的工程文件写入 PLC。

8.3.5　后动作优先电路及 PLC 梯形图编写

（1）功能介绍　在多个输入信号的线路中，以最后动作的信号优先。前面动作所决定的状态自行解除。如图 8-54、图 8-55 所示。

（2）工作原理　在电路通电的任何状态中，按下常开按钮 X000 ～ X003 时对应的继电器线圈得电自锁，同时相应的常闭触点断开，解除其他线圈的自锁（自保持）状态。如图 8-56、图 8-57 所示。

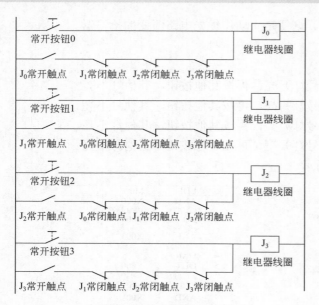

图8-54 继电器原理图

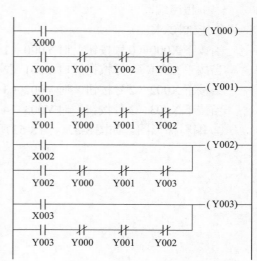

图8-55 等效PLC梯形图

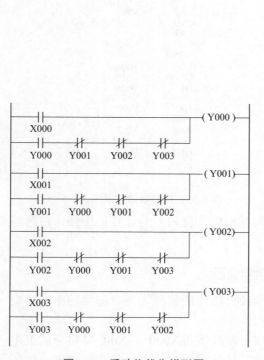

图8-56 后动作优先梯形图

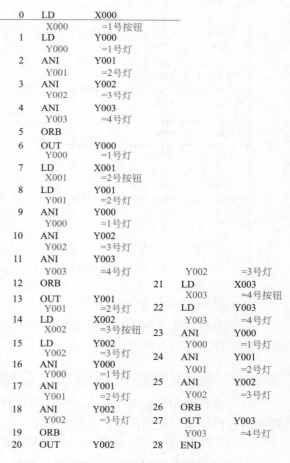

0	LD	X000			
	X000	=1号按钮			
1	LD	Y000			
	Y000	=1号灯			
2	ANI	Y001			
	Y001	=2号灯			
3	ANI	Y002			
	Y002	=3号灯			
4	ANI	Y003			
	Y003	=4号灯			
5	ORB				
6	OUT	Y000			
	Y000	=1号灯			
7	LD	X001			
	X001	=2号按钮			
8	LD	Y001			
	Y001	=2号灯			
9	ANI	Y000			
	Y000	=1号灯			
10	ANI	Y002			
	Y002	=3号灯			
11	ANI	Y003		Y002	=3号灯
	Y003	=4号灯			
12	ORB		21	LD	X003
13	OUT	Y001		X003	=4号按钮
	Y001	=2号灯	22	LD	Y003
14	LD	X002		Y003	=4号灯
	X002	=3号按钮	23	ANI	Y000
15	LD	Y002		Y000	=1号灯
	Y002	=3号灯	24	ANI	Y001
16	ANI	Y000		Y001	=2号灯
	Y000	=1号灯	25	ANI	Y002
17	ANI	Y001		Y002	=3号灯
	Y001	=2号灯	26	ORB	
18	ANI	Y002	27	OUT	Y003
	Y002	=3号灯		Y003	=4号灯
19	ORB		28	END	
20	OUT	Y002			

图8-57 后动作优先语句表

（3）电路应用　此电路在电源输入端加一个复位常闭按钮可作程序选择、生产期顺序控制电路等。

（4）程序编写　用三菱PLC中文版编程软件GX Developer编写梯形图。将PLC与计算机连接，将已编译好的工程文件写入PLC。

8.3.6　时间继电器电路及PLC梯形图编写

（1）功能介绍　当加入（或去掉）输入的动作信号后，其输出电路需经过规定的准确时间才产生跳跃式变化（或触点动作）的一种继电器叫时间继电器，时间继电器按功能分为接通延时、断开延时、瞬动延时等。时间继电器如图8-58所示。

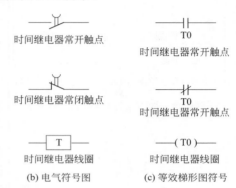

(a) 延时继电器实物图　　　　(b) 电气符号图　　(c) 等效梯形图符号

图8-58　时间继电器示意图

（2）工作原理　下面着重以延时接通继电器为例介绍其工作原理及应用，如图8-59、图8-60所示。

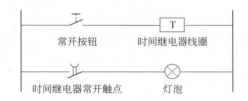

图8-59　接通延时继电器应用电路图

图8-60　等效PLC梯形图

图8-59为简单的延时接通继电器应用电路。为便于分析原理，在时间继电器常开触点上串联一个灯泡，当然也可以串联其他负载，比如接触器、固态继电器等，图8-60为PLC梯形图的表达方式，原理与图8-59相同。为了分析动作流程，在接通延时继电器应用电路中加上电源，见图8-61，此时延时继电器并未工作。

电气图与梯形图工作时序图如图8-62所示。假设延时继电器预设时间为10s，按下常开按钮，时间继电器线圈得电并开始计时，10s后时间继电器常开触点闭合，同时灯泡得电点亮，见图8-63，直到松开常开按钮，时间继电器线圈失电，常开触点恢复常开，此时再回到灯灭状态。灯发亮状态梯形图如图8-64所示。

时序图如图8-65所示。

（3）电路应用　可用在需要延时的场合。

（4）程序编写

① 原理解释。在电路中，按住常开按钮X000不放，则时间继电器T0线圈得电，开始

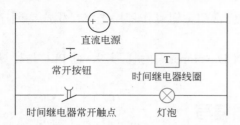

图8-61 接通延时继电器应用电路加上电源

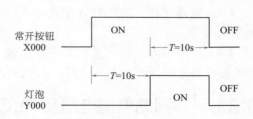

图8-62 电气图与梯形图工作时序图

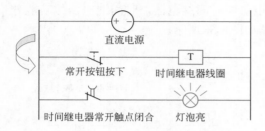

图8-63 按下常开按钮10s后灯泡亮

图8-64 灯发亮状态梯形图

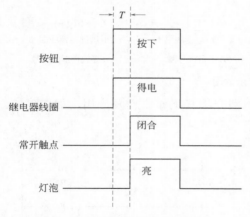

图8-65 时间继电器工作时序图

计时。计时时间为计时常数100X计时单位0.1s（时间继电器T0的计时单位为0.1s），计时时间10s。计时时间10s到后，T0串联在Y000线圈前面的常开触点闭合，Y000线圈得电并自保持，松开常开按钮X000，Y000对应的指示灯亮。

② 电路编写及测试。单击 ⊞ 符号在弹出的对话框中输入"X000"点击确定，然后再单击 ♀ 符号，弹出的对话框如图8-66所示。

在"梯形图输入"对话框用键盘输"T0"，然后敲一下空格键再输入"K100"，单击"确定"转到图8-67所示的界面。

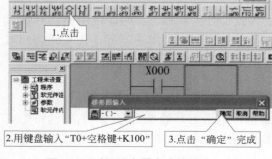

图8-66 时间继电器电路编写（一）

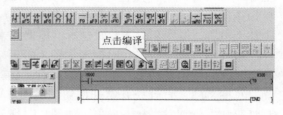

图8-67 时间继电器电路编写（二）

单击 ⊞ 符号在弹出的对话框中输入"T0"点击确定，然后再单击 ♀ 符号在弹出的对话框中输入"Y000"，单击 ⊞ 符号在弹出的对话框中输入"Y000"，单击 ⊞ 符号在弹出的对话框中点击确定，如图8-68所示。

将PLC与计算机连接，将已编译好的工程文件写入PLC。

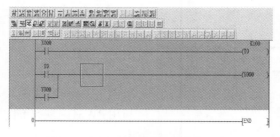

图8-68　时间继电器电路编写（三）

8.3.7　双设定时间继电器及PLC梯形图编写

双设定时间继电器实物图及接线图如图8-69、图8-70所示。

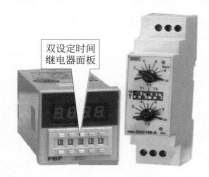

图8-69　双设定时间继电器实物图

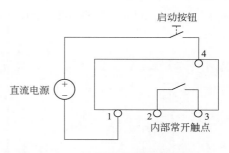

图8-70　双设定时间继电器接线图

（1）功能介绍　双设定时间继电器分有触点低速输出、无触点高速输出两种，可供脉宽调整。输出可设定T1、T2（接通时间、断开时间）两个延时，可实现周期性循环工作。

（2）工作原理　工作原理如图8-71～图8-73所示。

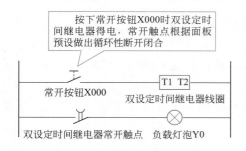

图8-71　双设定时间继电器应用电路图

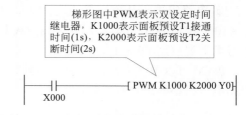

图8-72　等效梯形图

图8-73　双设定时间继电器应用电路时序图

（3）程序编写

① 原理解释。脉冲宽度调制（pulse width modulation，PWM）简称脉宽调制，是利用微处理器的数字输出来对模拟电路进行控制的一种非常有效的技术，简单地说是产生频率

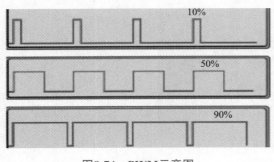

图8-74　PWM示意图

周期不同的方波的技术，一般通过设置其相关定时器来实现产生不同频率、不同占空比的方波信号。同时通过改变输入PWM的占空比频率控制开关管的开关状态来改变输出电压，如常用的开关电源适配器、PWM可调风扇等都是利用PWM来实现的。PWM示意图如图8-74所示。

② 电路编写及测试。

a. 单击 符号在弹出的对话框中输入"X000"点击确定，然后再单击 符号，弹出的对话框如图8-75所示。

b. 在"梯形图输入"对话框中用键盘输"PWM"，然后敲一下空格键，再输入"K1000"，然后再敲一下空格键再输入"K2000"，然后再敲一下空格键再输入"Y0"单击确定，之后显示的界面如图8-76所示。

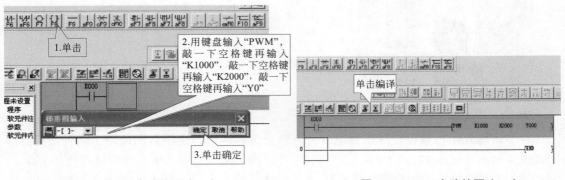

图8-75　PWM电路编写（一）　　　　　　图8-76　PWM电路编写（二）

将PLC与计算机连接，将已编译好的工程文件写入PLC。

③ 电路应用。从模拟机的运行结果看，按下X0后，Y0闪烁，由于PWM的设置值分别是K1000和K2000，因此，Y0亮1s，灭1s；如果将参数设置成K1000和K3000，则可以从学习机上观察到Y0亮1s，灭2s。

PWM可以改变方波的占空比与频率，常用于电机控制，还有温度控制等。总之，需要控制电压大小的场合都可以用。

8.3.8　计数器电路及PLC梯形图编写

计数器如图8-77所示。

（1）功能介绍　通过传动机构驱动计数元件，指示被测量累计（加法计数）逆计（减法计数）的器件，当数量达到预设值时输出接通或断开信号。

下面介绍一下加法计数应用（图8-78、图8-79）。

（2）接线说明　图8-78中1、4脚为电源输入端，2、3脚为信号输入端，5、6脚为内部常开触点输出端。

（3）工作原理　图8-80为加法计数器时序图。

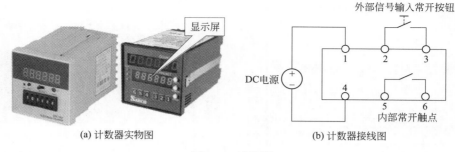

(a) 计数器实物图　　　　　　　　　(b) 计数器接线图

图8-77　计数器

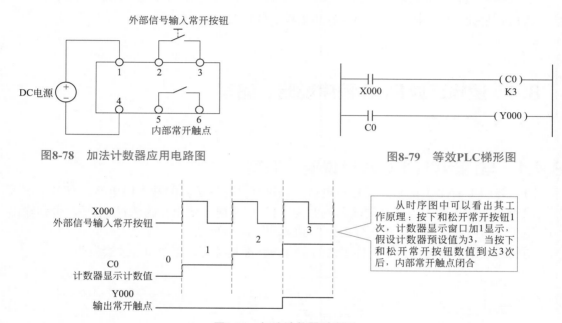

图8-78　加法计数器应用电路图　　　　　　图8-79　等效PLC梯形图

从时序图中可以看出其工作原理：按下和松开常开按钮1次，计数器显示窗口加1显示，假设计数器预设值为3，当按下和松开常开按钮数值到达3次后，内部常开触点闭合

图8-80　加法计数器时序图

（4）程序编写

① 原理解释。在电路中，按下常开按钮 X000，再松开，给计数器C0第一个计数脉冲；再按下常开按钮X000，再松开，给计数器C0第二个计数脉冲；同时再按下松开，给计数器C0第三个计数脉冲。计数器计数脉冲到达3次，则计数器C0的线圈得电，C0串联在Y000线圈前面的常开触点闭合，Y000线圈得电并自保持，Y000对应的指示灯亮。

② 电路编写及测试。

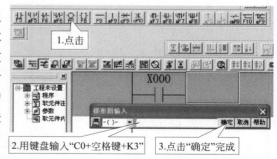

图8-81　计数器电路编写（一）

a. 单击 符号在弹出的对话框中输入 "X000" 点击确定，然后再单击 符号，在弹出的对话框中输入 "C0+ 空格键+K3"，如图 8-81 所示。

b. 单击确定，显示的界面如图 8-82 所示。

c. 单击 符号，在弹出的对话框中输入 "C0" 点击确定，然后单击 符号在弹出的对话框中输入 "Y000"，单击 符号在弹出的对话框中输入 "Y000"，单击 符号在弹出的对话框中点击确定，如图8-83所示。

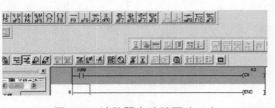 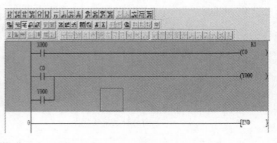

图8-82　计数器电路编写（二）　　　　图8-83　计数器电路编写（三）

将PLC与计算机连接，将已编译好的工程文件写入PLC。

8.4　逻辑运算PLC程序说明、编写

8.4.1　与门运算PLC程序说明、编写

（1）与门（AND）说明　又称与电路，是执行"与"运算的基本门电路。有多个输入端，只有一个输出端。当所有的输入同时为"1"电平时，输出才为"1"电平，否则输出"0"电平。与门对照图、与算法分别如图8-84、图8-85所示。

与的含义是：只有当决定一件事情的所有条件都具备时，这个事件才会发生。

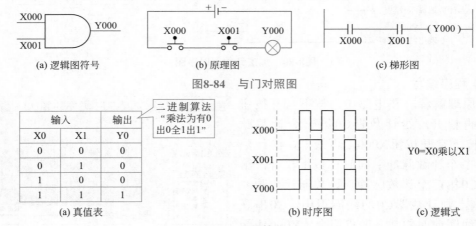

图8-85　与算法

（2）PLC指令说明　触点串联指令AND、ANI见表8-1。

表8-1　AND、ANI指令

符号名称	功能	可操作元件	梯形图符号
AND与	常闭触点串联连接	X、Y、M、S、T、C	
ANI与非	常开触点串联连接	X、Y、M、S、T、C	

302

（3）程序编写及测试

用三菱PLC中文版编程软件GX Developer 8.31编写梯形图。将PLC与计算机连接，将已编译好的工程文件写入PLC，编写完毕的界面见图8-86。

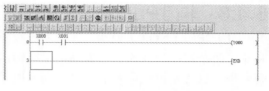

图8-86　与程序编写

无论单独输出X0还是X1，其输出Y0都无法得电，只有X0与X1均按下时Y0方可得电工作，故得名与门。其计算公式为乘法。

8.4.2　或门PLC程序说明、编写

（1）或门（OR）说明　又称或电路，是执行"或"运算的基本门电路。有多个输入端，只有一个输出端。只要有一个输入为"1"电平，输出就为"1"电平。或门对照图、或算法分别如图8-87、图8-88所示。

或的含义是：当决定一件事情的所有条件有一个具备时，这个事件就会发生。

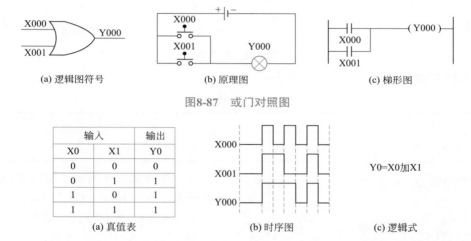

图8-87　或门对照图

图8-88　或算法

（2）PLC指令说明　触点并联指令OR、ORI见表8-2。

表8-2　OR、ORI指令

符号名称	功能	可操作元件	梯形图符号
OR或	常闭触点并联连接	X、Y、M、S、T、C	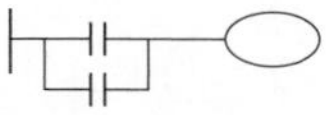
ORI或非	常开触点并联连接	X、Y、M、S、T、C	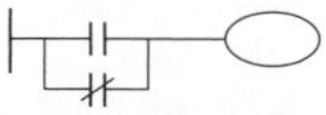

（3）程序编写及测试　用三菱PLC中文版编程软件GX Developer8.31编写梯形图。将PLC与计算机连接，将已编译好的工程文件写入PLC，编写完毕的界面图8-89。

X0、X1都不按下，其输出Y0无法得电，只要X0或X1任一个按下，Y0就可得电工作，故得名或门。其计算公式为加法。

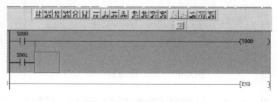

图8-89　或程序编写

8.4.3 非门PLC程序说明、编写

（1）非门（NOT）说明　非门又称反相器，是逻辑电路的重要基本单元，非门有输入和输出两个端，当其输入端为高电平时输出端为低电平，当其输入端为低电平时输出端为高电平。也就是说，输入端和输出端的电平状态总是反相的。非门对照图、非算法分别如图8-90、图8-91所示。

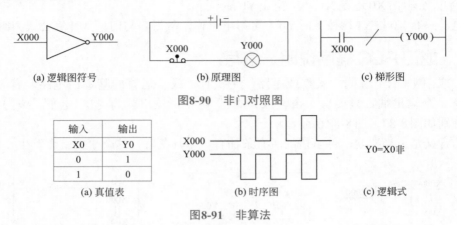

图8-90　非门对照图

图8-91　非算法

（2）PLC指令说明　NOT指令见表8-3。

表8-3　NOT指令

符号名称	功能	可操作元件	梯形图符号
INV非	触点取反	X、Y、M、S、T、C	┤／├──（ ）

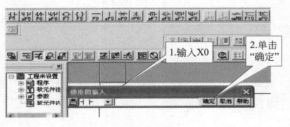

图8-92　非门电路编写（一）

（3）程序编写及测试　用三菱PLC中文版编程软件GX Developer8.31编写梯形图。

① 打开PLC编程软件，点击█。

② 在对话框中用键盘输入X0，点击确定，如图8-92所示。

③ 进行如图8-93所示的操作。

④ 将PLC与计算机连接，将已编译好的工程文件写入PLC，如图8-94所示。

图8-93　非门电路编写（二）

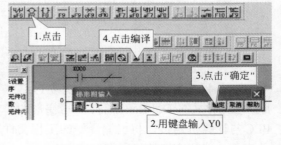

图8-94　非门电路编写（三）

8.4.4　与非门PLC程序说明、编写

（1）与非门（ANDN）说明　与非门是与门和非门的结合，先进行与运算，再进行非

运算。与运算输入要求有两个，如果输入都用0和1表示的话，那么与运算的结果就是这两个数的乘积。与非门的结果就是对两个输入信号先进行与运算，再对此与运算结果进行非运算。简单说，与非与非，就是先与后非。如1和1（两端都有信号），则输出为0；1和0，则输出为1；0和0，则输出为1。与非门对照图、与非门算法分别如图8-95、图8-96所示。

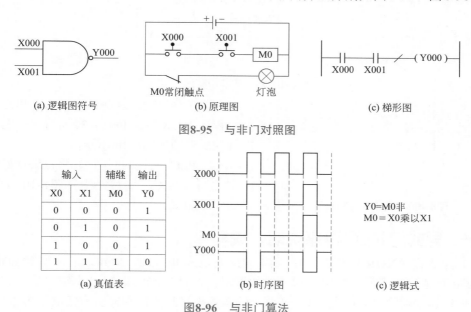

图8-95　与非门对照图

输入		辅继	输出
X0	X1	M0	Y0
0	0	0	1
0	1	0	1
1	0	0	1
1	1	1	0

(a) 真值表　　(b) 时序图　　(c) 逻辑式

图8-96　与非门算法

（2）程序编写及测试　用三菱PLC中文版编程软件GX Developer8.31编写梯形图。编写好的梯形图如图8-97所示。

将PLC与计算机连接，将已编译好的工程文件写入PLC，计算机监视PLC。可以在计算机显示器显示PLC实时状态。

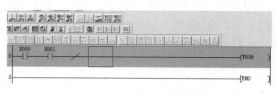

图8-97　与非门电路编写

8.4.5　或非门PLC程序说明、编写

（1）或非门（NOR）说明　NOR用于汇编语言中的或非，在电路中则表示为或非门。

或非就是"或的非"的意思，也就是"对或取反"，或非的结果是将或功能的结果取反而得到的，所以如果或逻辑输出为1，或非逻辑则变为0，或逻辑输出为0，或非逻辑则变为1，这样就得到了或非门。或非门对照图、或非门算法分别如图8-98、图8-99所示。

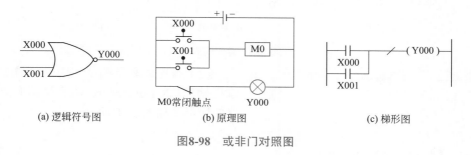

图8-98　或非门对照图

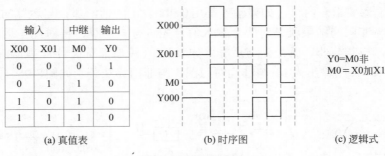

输入		中继	输出
X00	X01	M0	Y0
0	0	0	1
0	1	1	0
1	0	1	0
1	1	1	0

(a) 真值表　　　　　(b) 时序图　　　　　(c) 逻辑式

Y0=M0非
M0 = X0加X1

图8-99　或非门算法

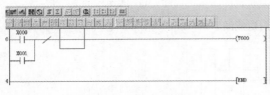

图8-100　或非门电路编写

（2）程序编写及测试　用三菱PLC中文版编程软件GX Developer8.31编写梯形图。编写好的梯形图如图8-100所示。

将PLC与计算机连接，将已编译好的工程文件写入PLC，编写完毕转图8-100后用PLC做实际测试。

8.4.6　异或门PLC程序说明、编写

（1）异或门（XOR）说明　异或门（Exclusive-OR gate，XOR gate，又称EOR gate、ExOR gate）是数字逻辑中实现逻辑异或的逻辑门，有2个输入端、1个输出端。若两个输入的电平相异，则输出为高电平1；若两个输入的电平相同，则输出为低电平0。这一函数能实现模为2的加法，因此，异或门可以实现计算机中的二进制加法。半加器就是由异或门和与门组成的。异或门对照图、异或门算法如图8-101、图8-102所示。

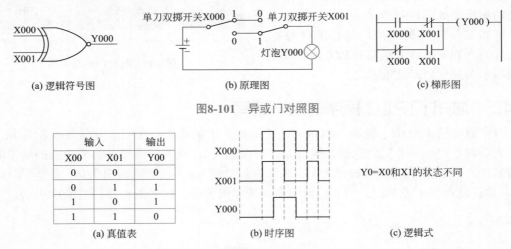

(a) 逻辑符号图　　　　　(b) 原理图　　　　　(c) 梯形图

图8-101　异或门对照图

输入		输出
X00	X01	Y00
0	0	0
0	1	1
1	0	1
1	1	0

(a) 真值表　　　　　(b) 时序图　　　　　(c) 逻辑式

Y0=X0和X1的状态不同

图8-102　异或门算法

图8-103　异或门电路编写

（2）程序编写及测试　用三菱PLC中文版编程软件GX Developer8.31编写梯形图。编写好的梯形图如图8-103所示。

8.4.7　置位、复位指令PLC程序说明、编写

（1）功能简介

① SET（置位），适用于Y、M、S操作保持接通的指令。

② RST（复位），适用于Y、M、S操作保持停止，定时器T、计数器C、数据寄存器D、V、Z清零的指令。

（2）工作原理　下面用一个启、保、停电路介绍一下置位和复位的工作原理。

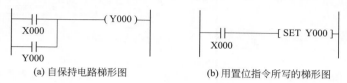

图8-104　自保持电路比较图

图8-104（a）工作原理：当X000触点接通再断开时，Y000线圈得电同时Y000触点自锁，使Y000保持接通状态。

图8-104（b）工作原理：当X000触点接通再断开时，SET指令让Y000得电并自锁，使Y000保持接通状态。

比较：图8-104（a）为传统自保持电路梯形图编写方式，图8-104（b）是使用置位指令所编写的自保持电路梯形图，二者功能相同。

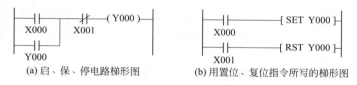

图8-105　启、保、停电路比较图

图8-105（a）工作原理：当X001触点断开再接通时，Y000线圈失电同时解锁，使Y000保持停止状态。

图8-105（b）工作原理：当X001触点接通再断开时，RST指令让Y000解锁同时保持停止状态。

（3）SET程序编写及测试

① 单击 符号，在弹出的对话框中输入"X0"点击确定，然后再单击 符号，在弹出的对话框中输入如图8-106所示的内容。

② 单击 符号，编译写好的程序，编写好的程序如图8-107所示。

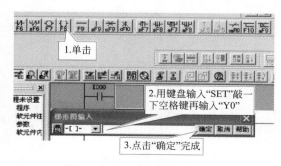

图8-106　SET电路编写（一）

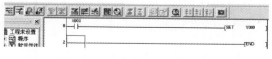

图8-107　SET电路编写（二）

（4）RST程序编写及测试

① 单击 ╨ 符号，在弹出的对话框中输入"X1"点击确定。

② 单击 ╟ 符号，在弹出的对话框中输入如图8-108所示的内容。

③ 单击 ♦ 符号，编译写好的程序，编写好的程序如图8-109所示。

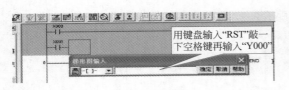

图8-108　RST电路编写（一）

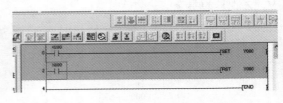

图8-109　RST电路编写（二）

8.4.8　上升沿、下降沿指令PLC程序说明、编写

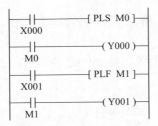

图8-110　上升沿、下降沿应用案例

（1）功能简介

① PLS（上升沿），按下开关马上发出一个脉冲，之后信号消失。

② PLF（下降沿），松开开关马上发出一个脉冲，之后信号消失。

③ 上升沿和下降沿适用于输入继电器X、输出继电器Y、辅助继电器M、定时器T、计数器C、状态器S的指令。

（2）工作原理　下面用图8-110、图8-111所示的应用作描述。

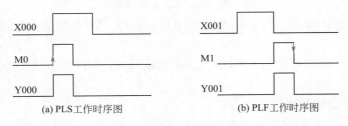

(a) PLS工作时序图　　　(b) PLF工作时序图

图8-111　时序图

前两行资源配置：X000是PLC的输入接口，PLS是上升沿指令，M0是辅助继电器，Y000是PLC输出接口。

工作原理：按下X000瞬间PLS收到母线信号马上发出一个脉冲同时通过M0带Y000同步动作。

后两行资源配置：X001是PLC的输入接口，PLF是下降沿指令，M1是辅助继电器，Y001是PLC输出接口。

工作原理：按下再松开X000瞬间PLF从母线收到信号马上发出一个脉冲同时通过M1带动Y001同步动作。

8.5 步进指令、功能指令PLC程序

8.5.1 步进指令与应用

（1）什么是步进功能 在现实工业机械控制中，各个动作是按照时间、工艺、传感器等的先后次序，遵循一定的规律程序进行控制输出动作的。

一套完整的控制系统，要达到满足某种功能、工艺和控制的需要，还涉及手动控制、自动控制、原点回归功能和学习（自适应）功能等等。

这就需要用到步进梯形指令，这个指令可以生成流程和工作与顺序功能非常接近的程序。

顺序功能图中每一步包含一小段程序，每一步与其他步完全独立使用。编程者根据控制要求将程序段按一定的顺序组合在一起或者随意调用和组合，进行系统控制或者变更工序控制，在这里，可能将步看成是子程序。

这种编程方法灵活、多样、便利、快捷，比如PLSY、PLSR等指令在PLC中对应于Y0得Y1输出时，原则是出现一次，在这种情况下，如果对步进电动机或者伺服电动机进行多段控制或者复杂工艺和多运动轨迹控制，那么，可以将PLSR Y0的相关指令放置到某个STL步中，如STL S88，在程序运行时，N种控制工艺或者速度和运动轨迹等，则可以N次SET STL88，来达到控制目的。

用FX2N系列PLC的状态继电器编制顺序控制时，应与STL指令一起使用。S0 ～ S9用于初始步，S10 ～ S19用于自动返回到原点，S20 ～ S899用作动作状态控制，RET表示状态S流程的结束。

（2）步进指令（STL、RET） 步进指令见表8-4。

表8-4 步进指令

符号、名称	功能	电路表示及操作元件	程序步
STL步进阶梯	步进阶梯开始	元件：S	1
RET返回	步进阶梯结束	元件：无	1

（3）应用案例 假设有四台电动机，Y0、Y1、Y2、Y3。第一台电动机的启动按钮为X0，按下X0第一台电动机运转。第二台电动机的启动按钮为X1，当第一台运转后按下X1，第二台电动机运转，否则不运转。第三台电动机的启动按钮为X2，当第二台电动机运转后按下X2，第三台电动机运转，否则不运转。第四台电动机的启动按钮为X3，当第三台电动机运转后按下X3，第四台电动机运转，否则不运转。四台电动机顺序启动状态图、步进梯形图如图8-112、图8-113所示。语句表如图8-114所示。

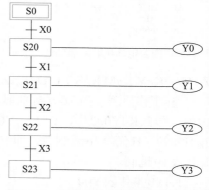

图8-112 四台电动机顺序启动状态图

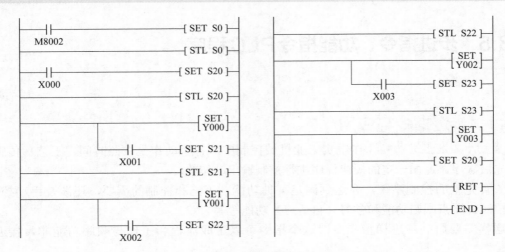

图8-113　四台电动机顺序启动步进梯形图

0	LD	M8002
	M8002	=开机脉冲
1	SET	S0
3	STL	S0
4	LD	X000
	X000	=1号开关
5	SET	S20
7	STL	S20
8	SET	Y000
	Y000	=1号电动机
9	AND	X001
	X001	=2号按钮
10	SET	S21
12	STL	S21
13	SET	Y001
	Y001	=2号电动机
14	AND	X002
	X002	=3号按钮
15	SET	S22
17	STL	S22
18	SET	Y002
	Y002	=3号电动机
19	AND	X003
20	SET	S23
22	STL	S23
23	SET	S20
25	RET	
26	END	

图8-114　四台电动机顺序启动语句表

8.5.2　传送类指令PLC程序说明、编写

传送类指令包含以下10种指令：MOV传送指令、CML取反传送指令、XCH字交换指令、SWAP上下字节交换指令、BMOV成批传送指令、FMOV一点多送指令、SMOV位移位传送指令、BIN转换BCD码指令、BSD转换BIN码指令、PRUN八进制传送指令。

由于指令较多，下面只介绍常用的MOV指令、CML指令、XCH指令，其他指令请读者参考FX-2N编程手册。

（1）MOV传送指令

① 功能简介。所谓MOV传送指令就是把S中的数据传到D中去，梯形图如图8-115所示。

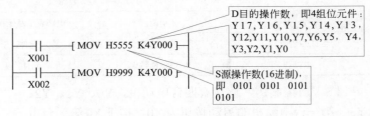

图8-115　MOV指令梯形图

② 适用范围。S：K、H KnX KnY KnM KnS T C D V、Z。D：KnY KnM KnS T C D V、Z。

③ 工作原理。当X001=1的时候，把数据H5555（H代表16进制数，即0101 0101 0101 0101）传到K4Y000中，Y17～Y0的数值为0101 0101 0101 0101。当X002=1的时候，把数据H9999（H代表16进制数，即1010 1010 1010 1010）传送到K4Y000中。H代表16进制，K代表10进制。

K4Y000代表Y00～Y17，包含16个，不包括Y8与Y9（详情请参考FX-2N编程手册）。

（2）CML取反传送指令

① 功能简介。所谓CML取反传送指令就是把S中的数据取反后传到D中去，梯形图如

图 8-116 所示。

② 适用范围。S：K、H K*n*X K*n*Y K*n*M K*n*S T C D V、Z。D：K*n*Y K*n*M K*n*S T C D V、Z。

③ 工作原理。当 X000=1 的时候，把数据 H5555 取反后（即 1010 1010 1010 1010）传到 K2Y4Y000 中，Y17 ～ Y0 的数值为 1010 1010 1010 1010（所谓取反就是把 1 用 0 替换，把 0 用 1 替换）。

其中 H 代表 16 进制，K 代表 10 进制。

K4Y000 代表 Y00 ～ Y17，包含 16 个，不包括 Y8 与 Y9（详情请参考 FX-2N 编程手册）。

（3）XCH 字交换指令

① 功能简介。所谓 XCH 字交换就是 D1 与 D2 中的数据相互交换。把 D2 中的数据给 D1，把 D1 中的数据给 D2，梯形图如图 8-117 所示。

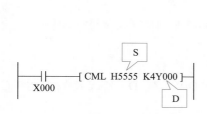

图 8-116　CML 指令梯形图

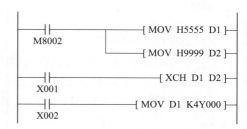

图 8-117　XCH 指令梯形图

② D1 与 D2 适用范围：K*n*Y K*n*M K*n*S T C D V、Z。

③ 工作原理。当 PLC 一开机，把 16 进制数据 H5555 传送到数据寄存器 D1 中，把 16 进制数据 H9999 传送到数据寄存器 D2 中，当 X001=1 的时候，把数据 D1 与 D2 中数据互相交换，此时 D1 中数据为 H9999，D2 中数据为 H5555，当 X002=1 的时候把 D1 中数据传送给 K0 ～ K17。

当 X002=1 的时候把 D1 中数据传送给 K0 ～ K17。

8.5.3　四则运算指令 PLC 程序说明、编写

四则运算指令包含以下 11 种：ADD 加法指令、SUB 减法指令、MUL 乘法指令、DIV 除法指令、INC 加 1 指令、DEC 减 1 指令、WAND 逻辑字与指令、WOR 逻辑字或指令、WXOR 逻辑字异或指令、NEG 求补码指令、SQR 求平方根运算指令。

（1）ADD 加法指令　图 8-118 所示为 ADD 指令。

① 功能简介。对 S1 和 S2 进行加法运算，结果送 D。

② 适用范围。S1，S2：K、H K*n*X K*n*Y K*n*M K*n*S T C D V、Z。D：K*n*Y K*n*M K*n*S T C D V、Z。

③ 工作原理。当 X000=1 的时候，源 D10 的数值加上源 D20 的数值并把结果传送到目标 D30 中（D10+D20=D30），各个数据都是有符号数的，注意：二进制中最高位是符号位，"0" 表示正数，"1" 表示负数。

当加的结果为 "0"，零标志位 M8020 会变为 "1"。

当加的结果大于 32767（16 位加运算）或大于 214783647（32 位加运算），进位标志 M8020 会变为 "1"。

当加的结果小于 -32768（16 位加运算）或 -214783647（32 位加运算），进位标志 M8020 会变为 "1"。

注意 注意

　　当结果同时出现往正方向溢出且最后结果又为零，进位和零标志位同时为"1"，当结果同时出现往负方向溢出且最后结果又为零，进位和零标志位同时为"0"。

　　ADD指令应用梯形图如图8-119所示。

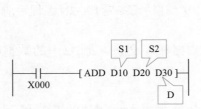

图8-118　ADD指令

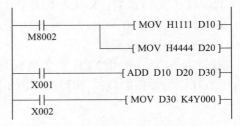

图8-119　ADD指令应用梯形图

　　（2）SUB减法指令　图8-120所示为SUB指令。

　　①功能简介。对S1和S2进行减法运算，结果送D。

　　②适用范围。S1，S2：K、H K*n*X K*n*Y K*n*M K*n*S T C D V、Z。D：K*n*Y K*n*M K*n*S T C D V、Z。

　　③工作原理。当X000=1的时候，源D10的数值减去源D20的数值并把结果传送到目标D30中（D10-D20=D30），各个数据都是有符号数的，注意：二进制中最高位是符号位，"0"表示正数，"1"表示负数。

　　当减的结果为"0"，零标志位M8020会变为"1"。

　　当减的结果大于32767（16位加运算）或大于214783647（32位加运算），进位标志M8020会变为"1"。

　　当减的结果小于-32768（16位加运算）或-214783647（32位加运算），进位标志M8020会变为"1"。

注意

　　当结果同时出现往正方向溢出且最后结果又为零，进位和零标志位同时为"1"，当结果同时出现往负方向溢出且最后结果又为零，进位和零标志位同时为零。

　　SUB指令应用梯形图如图8-121所示。

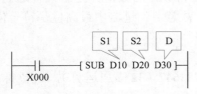

图8-120　SUB指令

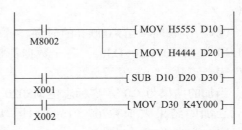

图8-121　SUB指令应用梯形图

　　（3）MUL乘法指令

　　①功能简介。16位计算：X1×S2，结果送D+1D；32位计算：X1×S2，结果送D+

3D+2D+1D，如图 8-122 所示。

② 适用范围。S1，S2：K、H K*n*X K*n*Y K*n*M K*n*S T C D V、Z。D：K*n*Y K*n*M K*n*S T C D V、Z。

③ 工作原理。当 X000=1 的时候，源 D10 的数值乘以源 D20 的数值并把结果传送到目标 D30 中（D10×D20=D30），各个数据都是有符号数的，注意：二进制中最高位是符号位，"0"表示正数，"1"表示负数。

MUL 指令应用梯形图如图 8-123 所示。

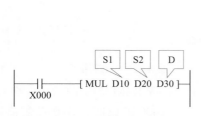

图8-122　MUL指令

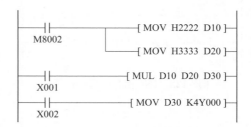

图8-123　MUL指令应用梯形图

（4）DIV 除法指令

① 功能简介。源 D10 的数值除以源 D20 的数值把商送到目标 D30，余数送 D31，如图 8-124 所示。

② 适用范围。S1，S2：K、H K*n*X K*n*Y K*n*M K*n*S T C D V、Z。D：K*n*Y K*n*M K*n*S T C D V、Z。

③ 工作原理。当 X000 接通时，源 D10 的数值除以源 D20 的数值并把结果传送到目标 D30（D31）中（D10÷D20=D30……D31），D30 是商，D31 是余数。注意：二进制中最高位是符号位，"0"表示正数，"1"表示负数。当 D20 是"0"时，不执行除法指令。

DIV 指令应用梯形图如图 8-125 所示。

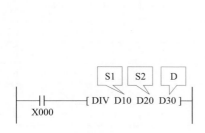

图8-124　DIV指令

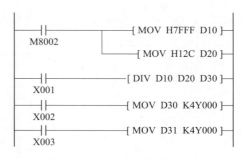

图8-125　DIV指令应用梯形图

（5）INC 加 1 指令

① 功能简介。D10 中的数值自动加 1，如图 8-126 所示。

② 适用范围。D：K*n*Y K*n*M K*n*S T C D V、Z。

③ 工作原理。当 X000 接通时，源 D10 的数值加 1，在使用 INC 加 1 指令的时候，如果 X000 是开关或者是按钮一直处于导通状态，那么 D10 中的数据会在 PLC 每个扫描周期自动加 1。如果使用脉冲执行指令，这样只有 X000 在每个上升沿 D10 中的数据才会加 1。如图 8-127 所示。

INC 指令应用梯形图如图 8-128 所示。

图8-126　INC指令　　　　　　　　　图8-127　脉冲执行INC指令

（6）DEC 减1指令

① 功能简介。D10中的数值自动减1，如图8-129所示。

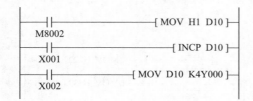

图8-128　INC指令应用梯形图

图8-129　DEC指令

② 适用范围。D：KnY KnM KnS T C D V、Z。

③ 工作原理。当X000接通时，D10的数值减1，在使用DEC减1指令的时候，如果X000是开关或者是按钮一直处于导通状态，那么D10中的数据会在PLC每个扫描周期自动减1。如果使用脉冲执行指令，则只有X000在每个上升沿D10中的数据才会减1。DEC指令应用梯形图如图8-130所示。

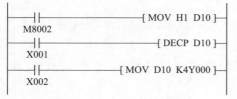

图8-130　DEC指令应用梯形图

8.5.4　三菱FX系列PLC功能指令控制表

三菱FX系列PLC功能指令控制表见表8-5。

表 8-5　三菱 FX 系列 PLC 功能指令控制表

分类	FNC NO.	指令助记符	功能说明	对应不同型号的PLC				
				FXOS	FXON	FX1S	FX1N	FX2N FX2NC
程序流程传送与比较	00	CJ	条件跳转	P	P	P	P	P
	01	CALL	子程序调用	Î	Î	P	P	P
	02	SRET	子程序返回	Î	Î	P	P	P
	03	IRET	中断返回	P	P	P	P	P
	04	EI	开中断	P	P	P	P	P
	05	DI	关中断	P	P	P	P	P
	06	FEND	主程序结束	P	P	P	P	P
	07	WDT	监视定时器刷新	P	P	P	P	P
	08	FOR	循环的起点与次数	P	P	P	P	P
	09	NEXT	循环的终点	P	P	P	P	P
	10	CMP	比较	P	P	P	P	P
	11	ZCP	区间比较	P	P	P	P	P
	12	MOV	传送	P	P	P	P	P
	13	SMOV	位传送	Î	Î	Î	Î	P

分类	FNC NO.	指令助记符	功能说明	对应不同型号的PLC				
				FXOS	FXON	FX1S	FX1N	FX2N FX2NC
程序流程传送与比较	14	CML	取反传送	Î	Î	Î	Î	P
	15	BMOV	成批传送	Î	P	P	P	P
	16	FMOV	多点传送	Î	Î	Î	Î	P
	17	XCH	交换	Î	Î	Î	Î	P
	18	BCD	二进制转换成BCD码	P	P	P	P	P
	19	BIN	BCD码转换成二进制	P	P	P	P	P
算术与逻辑运算	20	ADD	二进制加法运算	P	P	P	P	P
	21	SUB	二进制减法运算	P	P	P	P	P
	22	MUL	二进制乘法运算	P	P	P	P	P
	23	DIV	二进制除法运算	P	P	P	P	P
	24	INC	二进制加1运算	P	P	P	P	P
	25	DEC	二进制减1运算	P	P	P	P	P
	26	WAND	字逻辑与	P	P	P	P	P
	27	WOR	字逻辑或	P	P	P	P	P
	28	WXOR	字逻辑异或	P	P	P	P	P
	29	NEG	求二进制补码	Î	Î	Î	Î	P
循环与移位	30	ROR	循环右移	Î	Î	Î	Î	P
	31	ROL	循环左移	Î	Î	Î	Î	P
	32	RCR	带进位右移	Î	Î	Î	Î	P
	33	RCL	带进位左移	Î	Î	Î	Î	P
	34	SFTR	位右移	P	P	P	P	P
	35	SFTL	位左移	P	P	P	P	P
	36	WSFR	字右移	Î	Î	Î	Î	P
	37	WSFL	字左移	Î	Î	Î	Î	P
	38	SFWR	FIFO（先入先出）写入	Î	Î	P	P	P
	39	SFRD	FIFO（先入先出）读出	Î	Î	P	P	P
数据处理	40	ZRST	区间复位	P	P	P	P	P
	41	DECO	解码	P	P	P	P	P
	42	ENCO	编码	P	P	P	P	P
	43	SUM	统计ON位数	Î	Î	Î	Î	P
	44	BON	查询位某状态	Î	Î	Î	Î	P
	45	MEAN	求平均值	Î	Î	Î	Î	P
	46	ANS	报警器置位	Î	Î	Î	Î	P
	47	ANR	报警器复位	Î	Î	Î	Î	P
	48	SQR	求平方根	Î	Î	Î	Î	P
	49	FLT	整数与浮点数转换	Î	Î	Î	Î	P

分类	FNC NO.	指令助记符	功能说明	对应不同型号的PLC				
				FXOS	FXON	FX1S	FX1N	FX2N FX2NC
高速处理	50	REF	输入输出刷新	P	P	P	P	P
	51	REFF	输入滤波时间调整	Î	Î	Î	Î	P
	52	MTR	矩阵输入	Î	Î	P	P	P
	53	HSCS	比较置位（高速计数用）	Î	P	P	P	P
	54	HSCR	比较复位（高速计数用）	Î	P	P	P	P
	55	HSZ	区间比较（高速计数用）	Î	Î	Î	Î	P
	56	SPD	脉冲密度	Î	Î	P	P	P
	57	PLSY	指定频率脉冲输出	P	P	P	P	P
	58	PWM	脉宽调制输出	P	P	P	P	P
	59	PLSR	带加减速脉冲输出	Î	Î	P	P	P
	60	IST	状态初始化	P	P	P	P	P
	61	SER	数据查找	Î	Î	Î	Î	P
方便指令	62	ABSD	凸轮控制（绝对式）	Î	Î	P	P	P
	63	INCD	凸轮控制（增量式）	Î	Î	P	P	P
	64	TTMR	示教定时器	Î	Î	Î	Î	P
	65	STMR	特殊定时器	Î	Î	Î	Î	P
	66	ALT	交替输出	P	P	P	P	P
	67	RAMP	斜波信号	P	P	P	P	P
	68	ROTC	旋转工作台控制	Î	Î	Î	Î	P
	69	SORT	列表数据排序	Î	Î	Î	Î	P
外部I/O设备	70	TKY	10键输入	Î	Î	Î	Î	P
	71	HKY	16键输入	Î	Î	Î	Î	P
	72	DSW	BCD数字开关输入	Î	Î	P	P	P
	73	SEGD	七段码译码	Î	Î	Î	Î	P
	74	SEGL	七段码分时显示	Î	Î	P	P	P
	75	ARWS	方向开关	Î	Î	Î	Î	P
	76	ASC	ASCI码转换	Î	Î	Î	Î	P
	77	PR	ASCI码打印输出	Î	Î	Î	Î	P
	78	FROM	BFM读出	Î	P	Î	P	P
	79	TO	BFM写入	Î	P	Î	P	P
外围设备	80	RS	串行数据传送	Î	P	P	P	P
	81	PRUN	八进制位传送	Î	Î	P	P	P
	82	ASCI	16进制数转换成ASCII码	Î	P	P	P	P
	83	HEX	ASCII码转换成16进制数	Î	P	P	P	P
	84	CCD	校验	Î	P	P	P	P

分类	FNC NO.	指令助记符	功能说明	对应不同型号的PLC				
				FXOS	FXON	FX1S	FX1N	FX2N FX2NC
外围设备	85	VRRD	电位器变量输入	Î	Î	P	P	P
	86	VRSC	电位器变量区间	Î	Î	P	P	P
	87	—						
	88	PID	PID运算	Î	Î	P	P	P
	89	—						
浮点数	110	ECMP	二进制浮点数比较	Î	Î	Î	Î	P
	111	EZCP	二进制浮点数区间比较	Î	Î	Î	Î	P
	118	EBCD	二进制浮点数→ 十进制浮点数	Î	Î	Î	Î	P
	119	EBIN	十进制浮点数→二进制浮点数	Î	Î	Î	Î	P
	120	EADD	二进制浮点数加法	Î	Î	Î	Î	P
	121	EUSB	二进制浮点数减法	Î	Î	Î	Î	P
	122	EMUL	二进制浮点数乘法	Î	Î	Î	Î	P
	123	EDIV	二进制浮点数除法	Î	Î	Î	Î	P
	127	ESQR	二进制浮点数开平方	Î	Î	Î	Î	P
	129	INT	二进制浮点数→二进制整数	Î	Î	Î	Î	P

8.6　典型 PLC 电路编程实例

8.6.1　三相异步电动机 Y-△ 启动控制

机床电动机的 Y-△ 启动控制电路一般是控制三相异步电动机的 Y 启动、△ 运行来实现的。图 8-131（a）所示是三相异步电动机的 Y-△ 启动控制的主电路，将图 8-131（b）所示 Y-△ 启动的继电接触器控制电路改造为功能相同的 PLC 控制系统，具体步骤如下：

（1）设计 I/O 外部接线图　从图 8-131 和 PLC 的有关知识可知，PLC 的输入信号是 SB_2（启动按钮）和 SB_1（停止按钮）；输出信号是 KM_1 线圈（共用）、KM_3 线圈（星形接法）和 KM_2 线圈（三角形接法），总共有 2 点输入、3 点输出，所以选择 FX2N 系列 PLC 的基本单元完全满足要求，其 PLC 的 I/O 外部接线图如图 8-131（b）所示。

（2）梯形图的设计　根据三相异步电动机的 Y-△ 降压启动工作原理，可以设计出对应的梯形图，如图 8-132 所示。为了防止电动机由 Y 形转换为 △ 接法时发生相间短路，输出继电器 Y_2（Y 形接法）和输出继电器 Y_1（△ 形接法）的动断触点实现软件互锁，而且还在 PLC 输出电路使用接触器 KM_2、KM_3 的动断触点进行硬件互锁。

当按下启动按钮 SB_2 时，输入继电器 X_0 接通，X_0 的动合触点闭合，输出继电器 Y_2 接通，

使接触器 KM_2（Y形连接接触器）得电，接着 Y_2 的动合触点闭合，使接触器 Y_0 接通并自锁，接触器 KM_1（共用线圈）得电，电动机接成Y形降压启动；同时定时器 T_1 开始计时，10s后 T_1 的动断触点断开使 Y_2 失电，故接触器 KM_3（Y形连接接触器）也失电复位，Y_2 的动断触点（互锁用）恢复闭合，解除互锁，使 Y_1 接通，接触器 KM_2（△形连接接触器）得电，电动机接成△形全压运行。

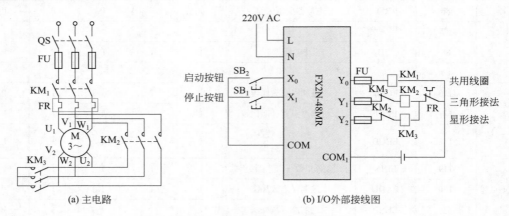

(a) 主电路　　　　　　　　　　　　(b) I/O外部接线图

图8-131　电动机Y-△启动接线图

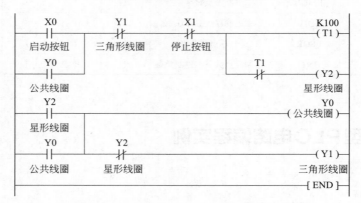

图8-132　电动机的Y-△降压启动控制的梯形图

8.6.2　电动机顺序启动控制

（1）电路原理　三相异步电动机顺序启动控制电路原理图如图8-133所示。

图8-133中，电动机按 M_1、M_2 的顺序启动；停止时，电动机按 M_2、M_1 的顺序停止。即在启动时，只有当电动机 M_1 启动运转后，电动机 M_2 才能启动运转；在停止时，只有当电动机 M_2 停止后电动机 M_1 才能停止。

具体控制如下：按下电动机 M_1 的启动按钮 SB_2，接触器 KM_1 闭合并自锁，电动机 M_1 启动运转，然后按下电动机 M_2 的启动按钮 SB_4，接触器 KM_2 闭合，电动机 M_2 启动运转。当需要电动机停止时，首先要按下电动机 M_2 的停止按钮 SB_3，接触器 KM_2 失电，5号线与7号线间接触器 KM_2 的动合触点复位断开，再按下电动机 M_1 的停止按钮 SB_1，接触器 KM_1 才能失电，电动机 M_1 才能停止转动。

（2）PLC接线图　图8-134所示为PLC接线图。

（3）PLC控制梯形图　图8-135所示为PLC控制梯形图。

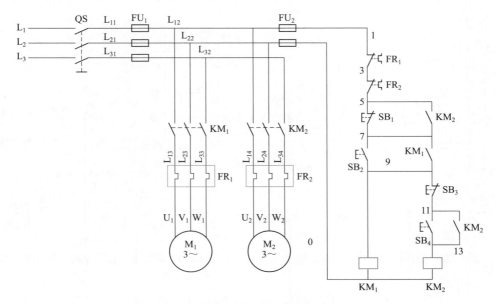

图8-133　三相异步电动机顺序启动控制电路原理图

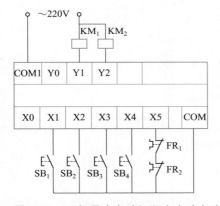

图8-134　三相异步电动机顺序启动电路
三菱FX2N系列PLC接线图

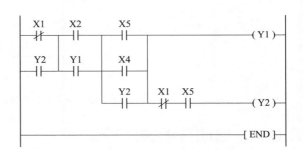

图8-135　三相异步电动机顺序启动电路
三菱FX2N系列PLC控制梯形图

8.6.3　电动机正反转控制

（1）电路原理　电动机正反转的电气控制原理图如图8-136所示，利用PLC实现电动机正反转控制，要求完成PLC的硬件和软件设计，按下正转按钮SB$_2$，KM$_1$线圈得电，KM$_1$主触点闭合，电动机M正转启动，按下停车按钮SB$_1$，KM$_1$线圈失电，电动机M停车；按下反转按钮SB$_2$，KM$_2$线圈得电，KM$_2$主触点闭合，电动机M反转启动，按下停车按钮SB$_1$，KM$_2$线圈失电，电动机M停车。

（2）PLC接线图　图8-137所示为PLC接线图。

（3）PLC控制梯形图和指令表　PLC软件设计要有梯形图和指令表，梯形图和指令表如图8-138所示。

在梯形图中，正反转线路一定要有联锁，否则按下按钮SB$_2$、SB$_3$，KM$_1$、KM$_2$会同时输出，引起电源短路。

(a) 主电路　　(b) 控制电路

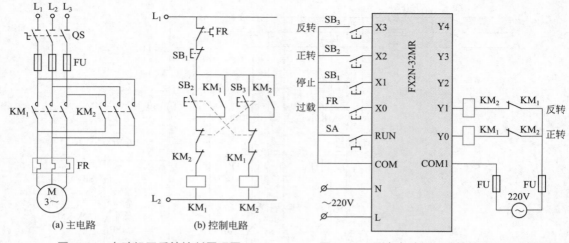

图8-136　电动机正反转控制原理图

图8-137　异步电动机正反转控制PLC接线图

(a) 梯形图

0	LD	X2	11	ANI	X1
1	OR	Y0	12	ANI	Y0
2	ANI	X3	13	OUT	Y1
3	ANI	X0	14	END	
4	ANI	X1			
5	ANI	Y1			
6	OUT	Y0			
7	LD	X3			
8	OR	Y1			
9	ANI	X2			
10	ANI	X0			

(b) 指令表

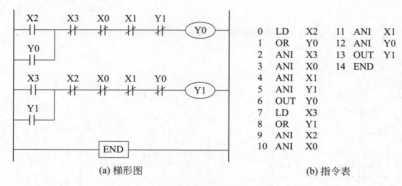

图8-138　异步电动机正反转控制程序

8.6.4　自动往返循环控制

（1）自动往返循环控制功能　工作台自动往返在生产中被经常使用，如刨床工作台自动往返、磨床工作台的自动往返。图8-139所示是某工作台自动往返工作示意图。工作台由异步电动机拖动，电动机正转时工作台前进；前进到A点碰到位置开关SQ_3，电动机反转，工作台后退，后退到B处压位置开关SQ_2，电动机正转，工作台又前进，到A点又后退，如此自动循环，实现工作台在A、B处自动往返。

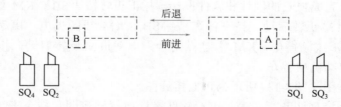

图8-139　自动往返控制示意图

（2）自动往返PLC硬件接线图　图8-140所示为自动往返PLC硬件接线图。

（3）工作台自动往返PLC控制程序　图8-141所示为工作台自动往返PLC控制程序。

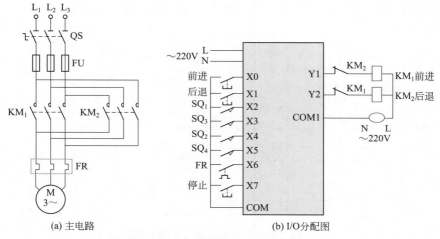

(a) 主电路　　　　(b) I/O分配图

图8-140　自动往返PLC硬件接线图

8.6.5　绕线电动机调速控制

（1）控制电路　绕线电动机调速控制电路如图8-142所示。

按下SB_2，KM通电自锁，电动机全部串电阻启动，以最低速度1挡运行。按下SB_3，KM_1通电自锁，切除电阻R_1，电动机运行在中速2挡。按下SB_4，KM_2通电自锁，切除电阻R_2，电动机运行在高速3挡。

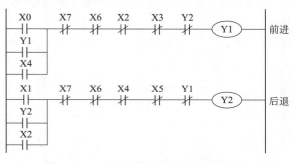

图8-141　工作台自动往返PLC控制程序

按下SB_5，KM_3通电自锁，切除电阻R_3，电动机以最高速度运行。由于后一挡启动时前一挡的接触器可以断电，所以，将KM_2的常闭触点串接到KM_1线圈、将KM_3的常闭触点串接到KM_2线圈，以切断其电源。按下SB_1，所有接触器断电，电动机停止。

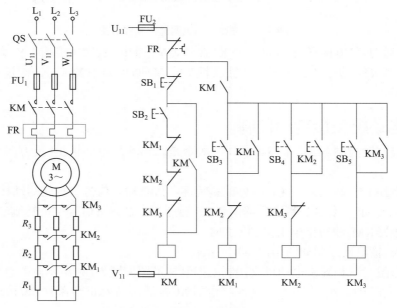

图8-142　绕线电动机调速控制电路

321

（2）PLC接线图　绕线电动机调速控制的PLC接线如图8-143所示。

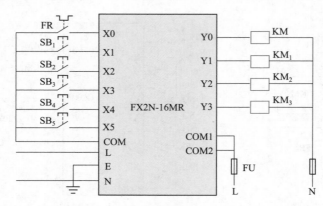

图8-143　绕线电动机调速控制PLC接线图

（3）梯形图　编写控制程序梯形图如图8-144所示。

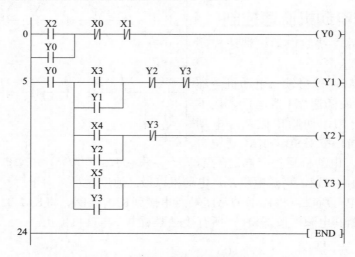

图8-144　绕线电动机调速控制梯形图

当X2接通时，Y0接通并自锁；当X3接通，Y1通电；当X4接通，Y2通电，并且联锁Y1断电；当X5接通，Y3通电，并且联锁Y1、Y2断电；当X0或X1接通时，Y0、Y1、Y2、Y3都断开。

8.6.6　电动机反接制动控制

（1）反接制动控制电路　图8-145（a）所示是三相异步电动机正/反方向反接制动的主电路。

（2）确定I/O信号，设计PLC的外部接线图　PLC输入信号：正转启动按钮SB$_2$、反转启动按钮SB$_3$、停止按钮SB$_1$和速度继电器KS触点。PLC输出信号：正转制动接触器KM$_1$、反接制动接触器KM$_2$和短接电阻接触器KM$_3$。

PLC输入/输出接线图如图8-145（b）所示。

（3）梯形图　三相异步电动机反接制动控制梯形图如图8-146所示。若首先要求电动机正转，则按下正转启动按钮SB$_2$，输入继电器X0接通，初始正转条件M0接通，动合触点闭合并自锁，正转输出继电器 Y1 接通并保持得电，外部接的 KM_1 线圈得电，KM_1 主触点闭合，电动机主回路通过 KM_1 主触点和电阻 R 低压启动，电动机转速逐渐上升，当上升到一定值（$>120r/min$），速度继电器 KS 线圈得电，其动合触点闭合，即接在 PLC 输入模块上的 X3 动合触点闭合，程序中 Y0 线圈得电，接在外部的 KM_3 线圈得电，KM_3 主触点吸合，电动机主回路上 KM_3 主触点将电阻 R 短接，电动机全压运行，此时 Y0 和 Y1 线圈都处于得电状态，程序中它们的动合触点都闭合，所以 M5 动合触点也保持闭合状态。如果需要停机时只需按下停止按钮 SB_1，程序中 X2 动合触点闭合，使得反转条件的中间继电器 M3 得电并自锁，为反转输出继电器 Y2 得电提供条件，与此同时正转启动的条件 M0 失电，M0 动合触点断开，使得 Y0 和 Y1 失电（Y0 失电使 M45 复位，为下一轮反转制动做准备），对应外部的交流接触器 KM_3 和 KM_1 失电而使其主触点断开，电动机主回路中通过 KM_2 主触点和电阻 R 接通，按理电动机应反转低压工作，但由于惯性电动机还会继续正转，由于反转有力的牵制，所以电动机正转的转速逐渐下降，当转速下降到一定值（$<120r/min$）时，速度继电器 KS 线圈又得电，接在 PLC 输入模块上的动合触点 X3 闭合，程序中的 M3、Y2 失电，接在外部的接触器 KM_2 也失电，最后电动机停止工作，实现了正转低压启动、正转高速运行、反转制动的功能。

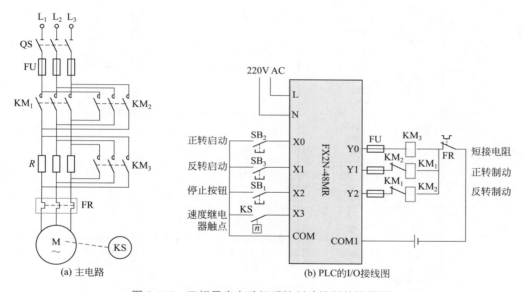

图 8-145　三相异步电动机反接制动控制的接线图

如要实现反转低压启动、反转高速运行、正转制动的功能，请读者根据图 8-146 自行分析。

8.6.7　电动机能耗制动控制

（1）电动机能耗制动控制电路　按下 SB_2 电动机运行。当需要停车制动时，按下 SB_1，KM_1 先断电，电动机依惯性继续运转；接着 KM_2 通电，电动机通入直流电源而制动。同时时间继电器 KT 通电延时，KT 常闭触点断开而切除制动电源。电动机能耗制动控制电路如图 8-147 所示。

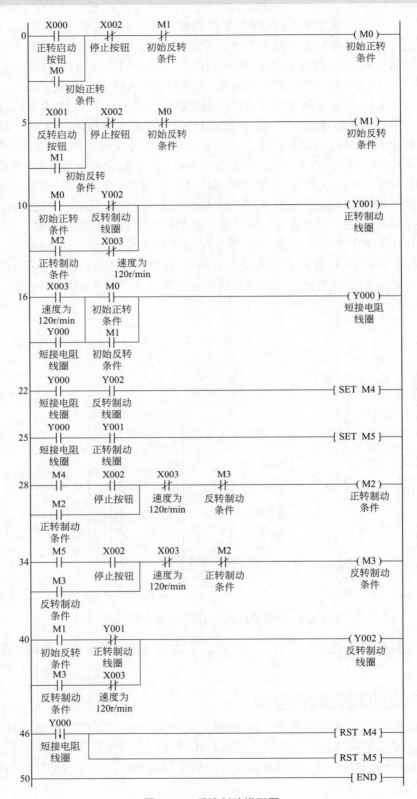

图8-146 反接制动梯形图

（2）PLC接线图　电动机能耗制动控制的PLC接线如图8-148所示。

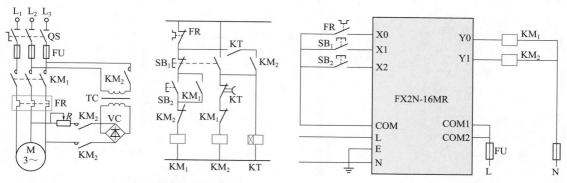

图8-147　电动机能耗制动控制电路　　　　图8-148　电动机能耗制动控制PLC接线图

（3）梯形图　梯形图如图8-149所示。

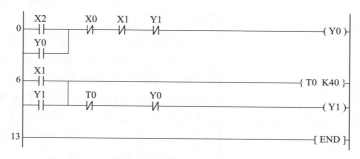

图8-149　电动机能耗制动控制梯形图

当X2接通时，Y0接通并自锁；当X1接通，Y0断电，Y1接通并自锁；同时T0通电延时；延时到，T0常闭触点断开，Y1断电；当X0或X1接通时，Y0断开。

8.6.8　三台电动机顺序控制

三台电动机顺序控制线路与PLC接线可扫二维码详细学习。

三台电动机顺序控制

8.6.9　喷水池自动喷水控制

喷水池自动喷水控制线路可扫二维码详细学习。

喷水池自动喷水控制

8.6.10　自动运料小车往返运动的控制

自动运料小车往返运动控制线路可扫二维码详细学习。

8.6.11　两地电动机启动运行的控制

自动运料小车往返控制

（1）两地控制的PLC控制电路　在有些机床设备上，为了操作方便，常要求能在多个地点对电动机进行控制，这时可将安装在不同位置的启动按钮并联连接，停止按钮串联连接。

图8-150所示为两地控制的PLC控制电路。

325

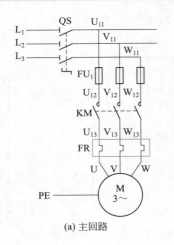

(a) 主回路

(b) PLC的I/O接线图

图8-150　两地控制的PLC控制电路

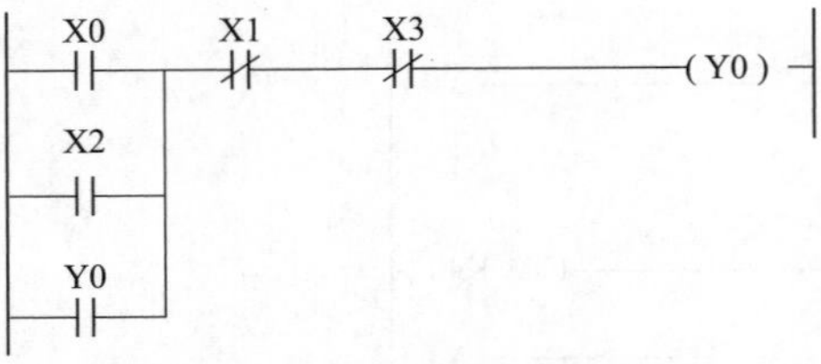

（2）程序编写　设计的梯形图程序如图8-151所示

图8-151　多地控制的PLC梯形图

如图8-151所示，甲方启动按钮SB_{11}、停止按钮SB_{12}分别接于PLC输入地址X0、X1，乙地启动按钮SB_{21}、停止按钮SB_{22}分别接于PLC输入地址X2、X3，电动机运行线圈KM接于PLC输出地址Y0。启动按钮地址X0、X2动合触点并联，停止按钮X1、X1动断触点串联在电动机线圈Y0的回路上。

8.6.12　大小球分类传送控制

大小球分类传送控制可扫二维码学习。

大小球分类
传送控制

8.6.13　十字路口交通灯控制

（1）控制要求

① 按下启动按钮，信号灯开始工作，东西向绿灯、南北向红灯同时亮。

② 东西向绿灯亮25s后，闪烁3次，频率为1s/次。然后东西向黄灯亮，2s后东西向红灯亮，30s后东西向绿灯亮……按此循环。

③ 南北向红灯亮30s后，南北向绿灯亮，25s后，闪烁3次，频率为1s/次，然后南北向黄灯亮，2s后南北向红灯亮，30s后南北向绿灯亮……按此循环。

④ 按下停止按钮，所有信号灯熄灭。

（2）PLC控制接线图

十字路口交通信号灯三菱FX2N系列PLC控制接线图如图8-152所示。

（3）梯形图　设计的梯形图程序如图8-153所示。

8.6.14　Z3040型摇臂钻床的控制

（1）Z3040型摇臂钻床的主电路图　其主电路图如图8-154所示。

（2）Z3040型摇臂钻床PLC的输入/输出外部接线图　如图8-155所示。

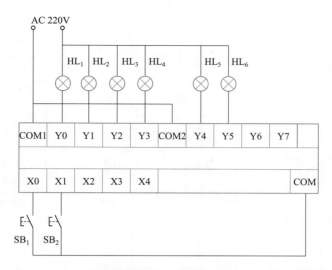

图8-152 十字路口交通信号灯三菱FX2N系列PLC控制接线图

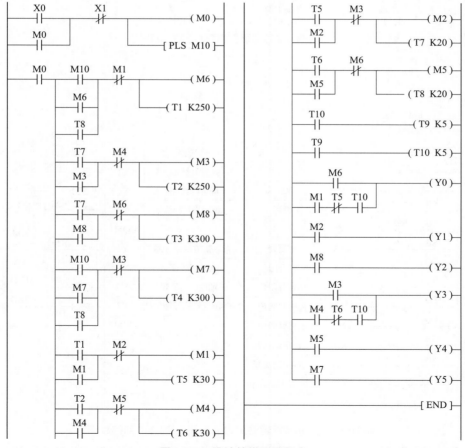

图8-153 设计的梯形图程序

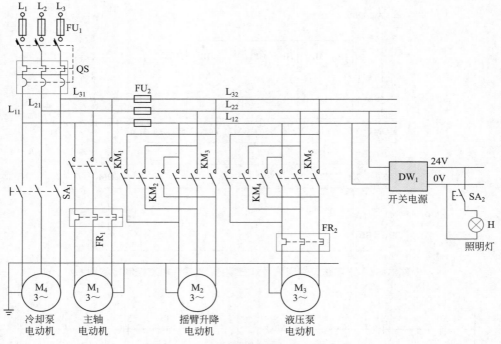

图8-154　Z3040型摇臂钻床的主电路图

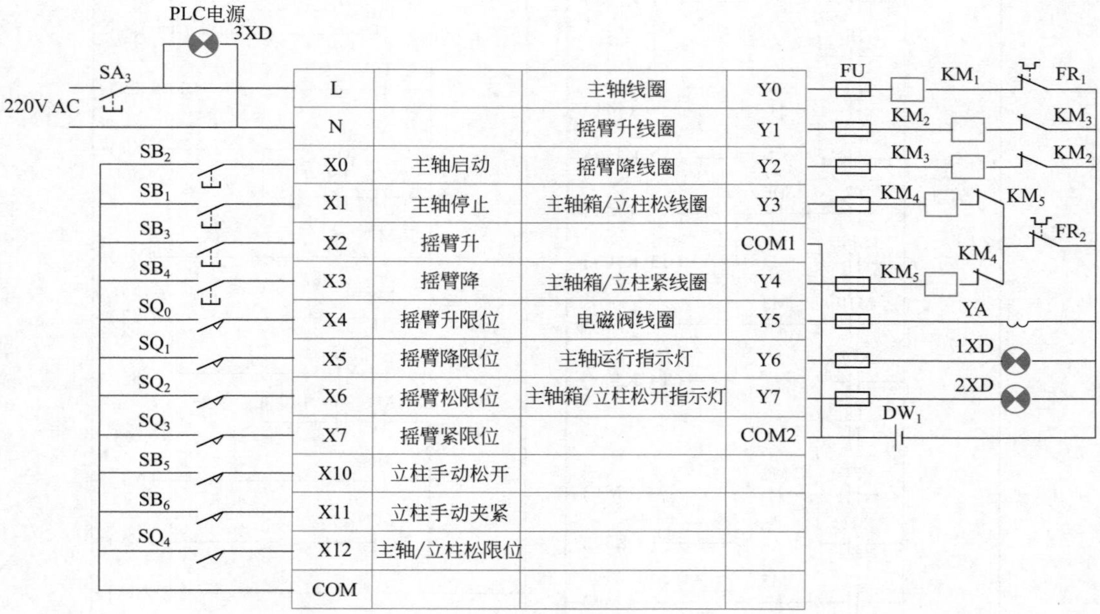

图8-155　Z3040型摇臂钻床PLC的输入/输出外部接线图

由Z3040型摇臂钻床的电路图可知，该系统共有11个输入信号和8个输出信号，其输入模块地址分配表如表8-6所示。

表 8-6 Z3040 型摇臂钻床 PLC 的输入模块地址分配表

代号	地址	作用	代号	地址	作用	代号	地址	作用
SB₂	X0	主轴启动	SQ₁	X5	摇臂降限	KM₄	Y3	主轴箱/立柱松线圈
SB₁	X1	主轴停止	SQ₂	X6	摇臂松限	KM₅	Y4	主轴箱/立柱夹紧线圈
SB₃	X2	摇臂升	SQ₃	X7	摇臂紧限	YA	Y5	电磁阀线圈
SB₄	X3	摇臂降	SQ₄	X12	主轴箱/立柱松开限位	1XD	Y6	主轴运行指示灯
SB₅	X10	立柱松开手动	KM₁	Y0	主轴线圈	2XD	Y7	主轴箱/立柱松开指示灯
SB₆	X11	立柱夹紧手动	KM₂	Y1	摇臂升线圈			
SQ₀	X4	摇臂升限	KM₃	Y2	摇臂降线圈			

（3）Z3040 型摇臂钻床 PLC 控制程序

① 主轴电动机的 PLC 控制程序如图 8-156 所示。

点动按下主轴启动按钮 SB₂，梯形图中的第 1 逻辑行中的 X0 动合触点闭合，Y0 输出继电器得电自锁，接触器 KM₁ 线圈得电，KM₁ 主触点闭合，在合上总电源开关 QS 的前提下接通了主轴电动机主电路的电源，主轴电动机 M₁ 单向运行，同时 Y6 主轴运行灯亮，说明主轴电动机处于运行状态；按下停止按钮 SB₁，X1 动断触点断开，Y0 输出继电器断电，接触器 KM₁ 线圈失电，KM₁ 主触点断开，切断了主轴电动机 M₁ 主电路中的电源，电动机 M₁ 停转，同时 Y6 也断开灯灭，说明主轴电动机处于停止状态。

② 摇臂上升/下降的 PLC 控制程序如图 8-157 所示。

按下摇臂上升按钮 SB₃，第 1 逻辑中的 X2 动合触点闭合，中间继电器 M0 接通闭合，根据摇臂钻床的工作原理可知，摇臂要上升必须先松开，所以摇臂松开的限位开关 SQ₂ 在上升前必须压住，即第 3 逻辑行中 X6 的动合触点闭合，输出继电器 Y1 接通，接触器 KM₂ 线圈得电，KM₂ 主触点闭合，摇臂升降电动机 M₂ 正转的主电路电源接通，摇臂开始上升，当摇臂上升到一定位置压住上限位开关 SQ₀ 时，第 3 逻辑行中 X4 的动断触点断开，Y1 失电断电，摇臂上升动作停止。

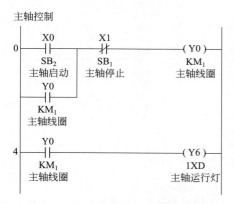

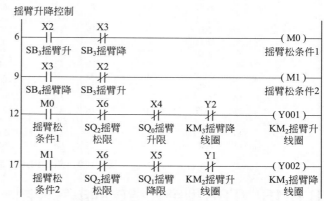

图 8-156 Z3040 型摇臂钻床的主轴 PLC 控制程序　　　　　图 8-157 摇臂升降的 PLC 控制程序

③ 主轴箱/立柱松开/夹紧的 PLC 控制程序如图 8-158 所示。

④ 总的 PLC 控制程序。总的 PLC 控制程序为三个 PLC 程序的组合，在程序的最后一行加上 END 就行了，其指令如图 8-159 所示。

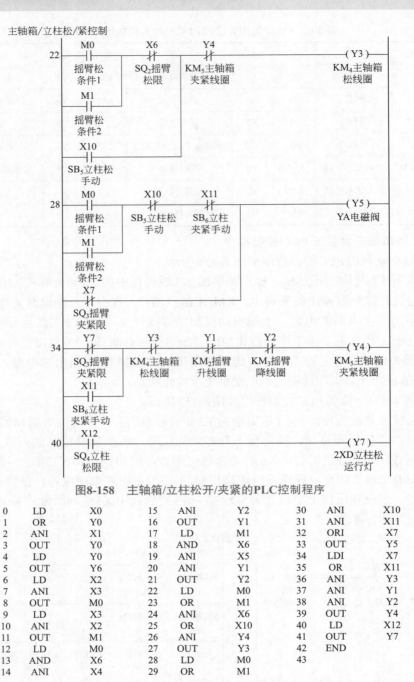

图8-158　主轴箱/立柱松开/夹紧的PLC控制程序

0	LD	X0	15	ANI	Y2	30	ANI	X10
1	OR	Y0	16	OUT	Y1	31	ANI	X11
2	ANI	X1	17	LD	M1	32	ORI	X7
3	OUT	Y0	18	AND	X6	33	OUT	Y5
4	LD	Y0	19	ANI	X5	34	LDI	X7
5	OUT	Y6	20	ANI	Y1	35	OR	X11
6	LD	X2	21	OUT	Y2	36	ANI	Y3
7	ANI	X3	22	LD	M0	37	ANI	Y1
8	OUT	M0	23	OR	M1	38	ANI	Y2
9	LD	X3	24	ANI	X6	39	OUT	Y4
10	ANI	X2	25	OR	X10	40	LD	X12
11	OUT	M1	26	ANI	Y4	41	OUT	Y7
12	LD	M0	27	OUT	Y3	42	END	
13	AND	X6	28	LD	M0	43		
14	ANI	X4	29	OR	M1			

图8-159　总的PLC控制程序

8.6.15　T68型卧式镗床的电气控制

T68型卧式镗床的电气控制可扫二维码详细学习。

卧式镗床的
电气控制

8.6.16　DU组合机床的控制

（1）PLC控制电路设计

① PLC的I/O接线。其接线原理图如图8-160所示。

PLC 控制系统主要由以下几部分组成。

a. 主回路控制。原电路要求 M_1、M_2 电动机同时启动工作。由复合开关 SA_3、SA_4 控制 M_1 与 M_2 各自单独启动、停止电动机在动力头工进时自动启动，也可以由按钮 SB_3 单独控制，按动电动机启动按钮 SB_2，交流接触器 KM_1、KM_2 得电动作，M_1、M_2 电动机启动。停止时，按动按钮 SB_1，KM_1、KM_2 同时断电，M_1、M_2 电动机停止。

b. 回转工作台回转控制系统。回转工作台转位过程：自锁销脱开及回转台抬起—回转台回转及缓冲—回转台反靠—回转台夹紧。原电气图要求 M_1、M_2 电动机启动后，动力头在原位，限位开关 ST_1 被压合，按下回转台启动按钮 SB_4，电磁铁 YA_5 得电动作（电磁铁控制相应的电磁阀动作，控制相应油路的通、断），自锁销脱开，回转台抬起。回转台抬起后，压动行程开关 ST_5，电磁铁 YA_7 通电，从而使回转台回转。回转台转到接近定位点时，压合行程开关 ST_6，电磁铁 YA_9 通电动作，工作台低速回转（缓冲动作），回转台继续低速回转，ST_6 复位，电磁铁 YA_7 断电，电磁铁 YA_8 通电动作，回转台反靠。回转台反向靠紧后压合行程开关 ST_7，电磁阀 YA_6 得电动作，将工作台夹紧，同时顶起自锁销。回转台夹紧压力达到一定值后，电磁阀 YA_8、YA_9 断电，电磁铁 YA_{10} 通电，使离合器脱开。离合器脱开时压合行程开关 ST_8，电磁铁 YA_8 得电，使活塞复位。活塞复位后，压动行程开关 ST_9，电磁铁 YA_{10} 断电，离合器重新结合以备下次循环。

c. 动力头液压系统。原电气图要求当回转工作台夹紧，液压回转台的回转油缸活塞返回原位后，行程开关 ST_9 被压合，当按下按钮 SB_5 时，电磁铁 YA_1、YA_3 同时得电，动力头快速前进。当动力头快进压动行程开关 ST_3 时，电磁铁 YA_3 断电，动力头转为工作进给。当动力头工进到达终点时，压动行程开关 ST_4，电磁铁 YA_1 失电，动力头停止前进同时时间继电器得电，并延时停留。经一定时间后，电磁铁 YA_2 得电动作，控制油缸，使动力头快速退回。当动力头退回原位后，压动行程开关 ST_1，电磁铁 YA_2 断电，动力头停止。动力头退回原位后，压动行程开关 ST_1，也为回转工作台的回转做好准备。

② PLC 的 I/O 口分配。组合机床的电气控制属单机控制，输入、输出均为开关量。前面我们通过对继电器接触器的详细分析设计出了 PLC 外部接线图，从所设计出的 PLC 外部接线图我们可以看出本设计需要 PLC 检测的输入信号包括 6 个控制按钮、8 个行程开关、3 个选择开关、3 个复合开关和 1 个继电器开关，共计 21 个输入点，其具体的输入口分配如表 8-7 所示。

表 8-7　PLC 输入口分配

地址	元件	功能	地址	元件	功能
X000	SB_1	停止	X013	ST_1	动力头原位
X001	SB_2	启动	X014	ST_3	快进到位
X002	SB_3	冷却启动	X015	ST_4	工进到位
X003	SB_4	回转	X016	ST_5	微抬到位
X004	SB_5	快进	X017	ST_6	回转到位
X005	SB_6	快退	X020	ST_7	回转台反靠
X006	S	冷却方式	X021	ST_8	离合器脱开
X007	SA_3	液压泵启动	X022	ST_9	回转缸返回
X010	SA_4	主电动机启动	X023	KP	回转台夹紧
X011	S_1	长动/点动	X024	SA_5	冷却泵电源
X012	S_2	动力头控制			

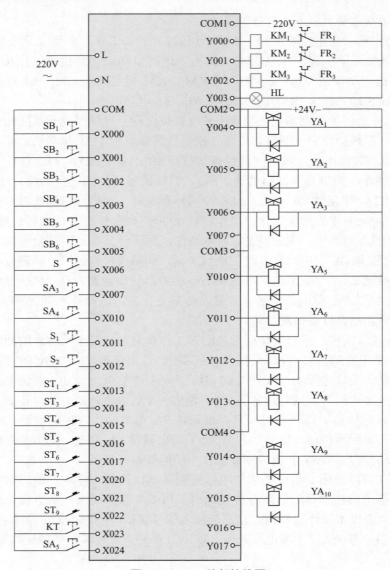

图8-160　PLC外部接线图

输出信号包括9个电磁离合器、3个继电器、1个指示灯，共计13个输出点，其具体输出口分配如表8-8所示。

表8-8　PLC输出口分配

地址	元件	功能	地址	元件	功能
Y000	KM_1	控制主电动机	Y010	YA_5	回转台微抬
Y001	KM_2	控制液压泵电动机	Y011	YA_6	回转台夹紧
Y002	KM_3	控制冷却泵电动机	Y012	YA_7	回转台回转
Y003	HL	电源指示灯	Y013	YA_8	回转缸返回
Y004	YA_1	动力头向前	Y014	YA_9	低速回转
Y005	YA_2	动力头快退	Y015	YA_{10}	离合器脱开
Y006	YA_3	动力头快进			

③ PLC型号的确定。随着PLC的推广普及，PLC产品的种类和数量越来越多，而且功能也日趋完善。近年来，从美国、日本等国引进的PLC产品及国内厂家组装或自行开发的

产品已有几十个系列、上百种型号。PLC的品种繁多，其结构形式、性能、容量、指令系统、编程方法等各不相同，适用场合也各有侧重。因此，合理选择PLC，对于提高PLC在控制系统中的应用起着重要作用。

三菱公司FX2N系列PLC吸收了整体式和模块式PLC的优点，其基本单元、扩展单元及扩展的高度和宽度相等，相互之间的连接无须使用基板，仅通过扁平电缆连接，紧密拼装后组成一个长方形的整体。FX2N系列PLC具有强大的功能和很高的运行速度，可用于要求很高的机电一体化系统。而其具有的各种扩展单元和扩展模块可以根据现场系统功能的需要组成不同的控制系统，FX2N系列PLC的用户程序存储器可扩展到16步，I/O点最多可扩展到256点，有27条基本指令，其基本指令的执行速度超过了很多大型PLC，该系列还具有多种特殊功能模块，如模拟量输入/输出模块、高速计数模块、脉冲输出模块、位置控制模块。使用特殊功能模块和功能扩展板可以实现模拟量控制、位置控制和联网通信等功能。其内部结构图如图8-161所示。

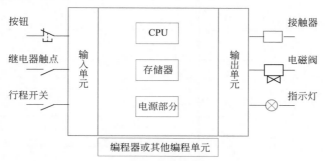

图8-161　三菱公司FX2N系列PLC内部结构图

本设计根据实际的控制要求，并考虑系统改造成本，在准确计算I/O点数（输入点为21个，输出点为13个）的基础上，选用三菱公司FX2N-48MR型（继电器输出，整体式）PLC为基本单元（输入24点，输出24点），FX2N-32ER（输入16点，输出16点）为扩展单元。既满足了本次改造需要，又为今后生产工艺的调整提供了很大的方便。原系统中，除外部输入设备、输出设备及必要的配电设备外，中间继电器、时间继电器全部舍弃掉，代之以PLC内部的"软继电器"。

（2）程序设计

① 主回路控制系统程序设计。根据原电气电路中主回路的工作过程与I/O的分配可设计出其用PLC进行设计改造后的控制程序，如图8-162所示。

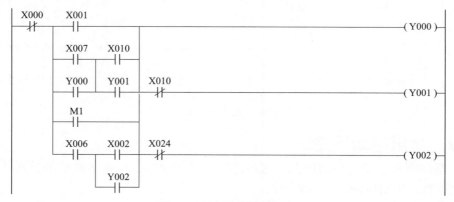

图8-162　主回路控制程序

② 回转工作台回转控制程序设计。回转工作台多用于多工位组合机床上，它可以有多个加工工位，回转台转一周，完成被加工工件在该机床上的全部加工工序。用PLC进行设计改造后的控制程序如图8-163所示。

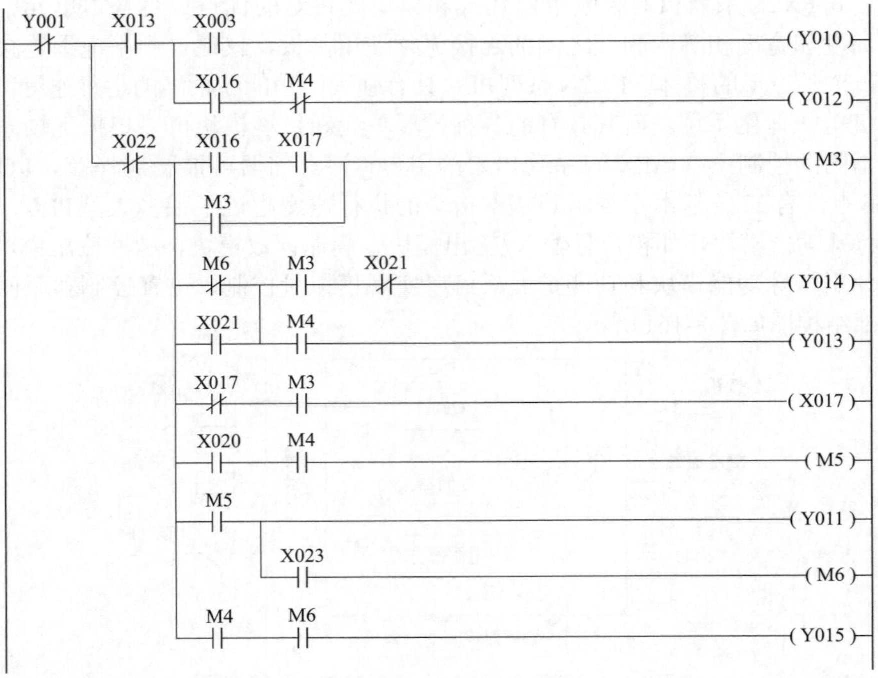

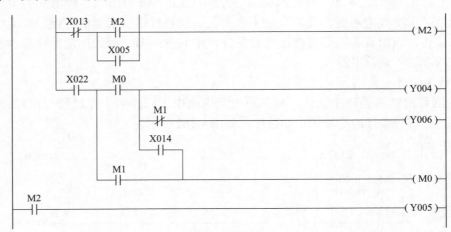

图8-163　回转工作台控制程序

③ 动力头液压系统控制程序。根据动力头系统的控制原理以及I/O口分配可设计出其控制程序，如图8-164所示。

图8-164　动力头控制程序

8.6.17　步进电动机控制

（1）控制要求　步进电动机在一定转速下，每按动加速按钮电动机的转速逐渐增大，按动减速按钮，电动机的转速逐渐降低。

（2）程序编写 设计的梯形图程序如图8-165所示。

```
M2002                                              [ IMOV K30000 D312 ]  D312总脉冲数
初始脉冲                                                  默认脉冲数

                                                   [ IMOV K200 D316 ]  目标频率
                                                        最终频率

                                                   [ IMOV K100 D318 ]  D316+2=D318
                                                        初始频率

                                                   [ IMOV K500 D320 ]  加减速时间
                                                        加速时间

                                                   [ IMOV K10 D322 ]  每次增加或减少的值
                                                        增减值

  X0                                               [ DADD D316 D322 D316 ]  每次增加的频率
速度加                                                    最终频率
  X1                                               [ DSUB D316 D322 D316 ]  每次减少的频率
速度减                                                    最终频率
  X2        M3        X3                                            M0
 ├┤├──────┤╱├──────┤╱├────────────────────────────────────────( )
启动电动机             电动机停止
  M0                                               [ PLSF D312 D316 D320 K0 ]  脉冲输出口为Y20
 ├┤├                                                     默认脉冲数
            D314                                                    M3
            ─┤=├─                                                  ( )  断开驱动条件
            D312
                                                   [ IMOV K0 D314 ]  当前值寄存器清零
                                                        当前已完成脉冲
  X4                                                               T7
 ├┤├                                                              ( )
电机旋转方向信号
```

图8-165 设计的梯形图程序图

当上电的时候，M2002开机脉冲接通一个扫描周期，将默认设定脉冲数值传入D312存储器中，默认最终200Hz脉冲频率值传入D316，初始脉冲频率100Hz传入D318，默认加速时间0.5s传入D320，默认加速幅度值10传入D322。当X2接通则M0接通并自保持，这时驱动PLSF指令，Y20口按照默认设定值输出脉冲驱动步进电动机运转，当输出脉冲数存储器D314内数据与设定值D312内数据相等时，比较支路接通，同时M3接通，M3接通则M0断开，同时D314被清零，PLCF指令失电，Y20口停止脉冲输出，X4为控制电动机旋转方向的输入信号，X4接通则Y7也接通，X4断开则Y7也断开，Y7接通与断开时电动机将改变旋转方向。

当电动机运转时，X0每接通一次则D316的值就增大D322内存的值，D316的值增大，电动机的运转频率就增大，电动机的速度随之增大。同理当X1每接通一次则D316的值就减小D322内存的值，D316的值减小，电动机的运转频率就减小，电动机的速度随之减小。

 注意

电动机的频率不要调得过高或者过低，过高过低都会导致电动机不转。

第 *9* 章
触摸屏

9.1 触摸屏基础

为了操作上的方便,人们用触摸屏来代替鼠标、键盘和控制屏上的开关、按钮等。工作时,用户必须首先用手指或其他物体触摸安装在显示器前端的触摸屏,然后系统根据手指触摸的图标或菜单的位置来定位选择信息输入。触摸屏由触摸检测部件和触摸屏控制器组成。触摸检测部件安装在显示器屏幕的前面,用于检测用户的触摸位置,接受后送往触摸屏控制器,触摸屏控制器将接收到的触摸信息转换成触点坐标送给CPU,同时接收CPU发来的命令并加以执行。

9.1.1 触摸屏的主要类型

按照触摸屏的工作原理和传输信息的介质,触摸屏分为四种类型,即电阻式、电容式、红外线式及表面声波式触摸屏。触摸屏外形如图9-1所示。

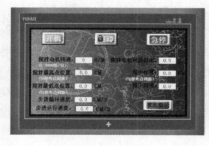

图9-1 触摸屏外形

(1)电阻式触摸屏 电阻式触摸屏利用压力感应进行控制。电阻式触摸屏的主要部分是一块与显示器表面配合紧密的电阻薄膜屏。这是一种多层的复合薄膜,以一层玻璃或硬塑料平板作为基层,表面涂有一层透明的氧化金属(透明的导电电阻)导电层,上面再盖有一层经过外表面硬化处理、光滑防刮的塑料层。该塑料层的内表面也涂有一层导电层,两层导电层之间有许多细小(小于0.04mm)的透明隔离点把两层导电层绝缘隔开。当用手指触摸屏幕时,电阻发生变化,在X和Y两个方向上产生信号后,送往触摸屏控制器。控制器检测到这一接触并计算出（X，Y）的位置，再模拟鼠标的方式运作。这就是电阻式触摸屏的基本原理。电阻式触摸屏的结构如图9-2所示。

① 四线电阻式触摸屏。四线电阻模拟量技术的两层透明金属层工作时每层均加5V恒定电压：一个竖直方向，一个水平方向，总共需四根引出线。

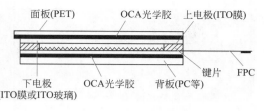

图9-2　电阻式触摸屏的结构

② 五线电阻式触摸屏。五线电阻式触摸屏引出线共有五条，内层ITO需四条引线，外层和导体为一条。五线电阻式触摸屏的基层把两个方向的电压场通过精密的电阻网络都加在玻璃的导电工作面上，可以简单地理解为两个方向的电压场分时工作加在同一工作面上，外层镍金导电层用来当作纯导体，有触摸后，分时检测内层ITO接触点X轴和Y轴的电压值，测得触摸点的位置。

👆 特点

电阻式触摸屏解析度高，传输响应速度快；表面硬度高，可减少擦伤、刮伤，同一点接触3000万次尚可使用；导电玻璃作为基材的介质，一次校正，稳定性高，永不漂移，适合工业控制领域及办公使用。

（2）电容式触摸屏　电容式触摸屏是利用人体的电流感应进行工作的，是一块四层复合玻璃屏。玻璃屏的内表面和夹层各涂有一层ITO。最外层是硅土玻璃保护层。夹层ITO涂层作为工作面。四个角上引出四个电极。内层ITO为屏蔽层，可保证良好的工作环境。当用手指触摸最外层时，人体电场使用户和触摸屏表面形成一个耦合电容，对于高频电流来说，电容是直接导体，手指从接触点吸走一个很小的电流，这个电流分别从触摸屏四个角上的电极中流出，且流经四个电极的电流与手指到四个角的距离成正比，控制器通过对四个电流比例的精确计算，得出触摸点的位置，如图9-3所示。

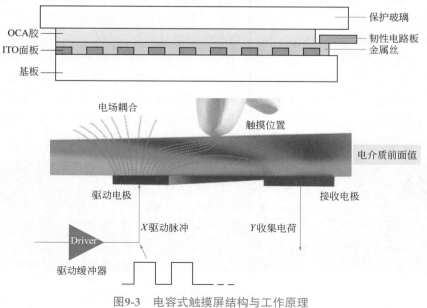

图9-3　电容式触摸屏结构与工作原理

特点

电容触摸屏的透光率和清晰度优于电阻屏；当环境温度、湿度改变时，环境电场发生改变，会引起电容屏的漂移，造成不准确。

（3）红外线式触摸屏　红外线式触摸屏是利用 X、Y 方向上密布的红外线矩阵来检测并定位用户的触摸屏。红外线式触摸屏在显示器的前面安装一个电路板外框，电路板在屏幕四边排布红外线发射管和红外线接收管，对应形成横竖两条红外线，用户在触摸屏幕时，手指就会挡住经过该位置的横竖两条红外线，因而可以判断出触摸点在屏幕的位置。任何触摸物体都可以改变触点上的红外线而实现触摸屏的操作。

特点

红外线式触摸屏价格便宜，安装容易，能较好地感应轻微触摸和快速触摸。由于红外线式触摸屏依靠红外线感应动作，因此外界光线的变化，如阳光、室内射灯等均会影响准确度。红外线式触摸屏不防水、怕污垢，任何细小的外来物都会引起误差，影响性能，因此，不宜置于户外和公共场所使用。

（4）表面声波式触摸屏　表面声波式触摸屏是利用声波可以在刚体表面传播的特性设计而成的。以右下角的 X 轴发射换能器为例，发射换能器把控制器通过触摸屏电缆送来的电信号转化为声波能量向左方表面传递后，由玻璃板下边的一组光电距离框精密反射条纹把声波能量向上均匀传递，声波能量经过屏体表面，再由上边的反射条纹聚集，向右传至 X 轴的接收换能器，接收换能器将返回的表面声波能量变为电信号。当发射换能器发射一个窄脉冲后，声波能量历经不同途径到达接收换能器，走最右边的最早到达，走最左边的最晚到达，早到达的和晚到达的声波能量叠加成一个较宽的波形信号，这个波形信号的时间轴反映各原始波形叠加前的位置，也就是 X 轴坐标。发射信号与接收信号波形在没有触摸时，接收信号的波形与参照波形完全一样。当用手指或其他能够吸收或阻挡声波能量的物体触摸屏幕时，X 轴途经手指部位向上走的声波能量被部分吸收，反映在接收波形上，即某一时刻位置上的波形有一个衰减缺口。接收波形对应手指挡住的部位信号衰减一个缺口，控制器分析到接收信号的衰减，并由缺口的位置判定 X 坐标，即计算缺口的位置可得触摸坐标。同样原理确定 Y 轴触摸点的坐标。除了一般触摸屏都能响应的 X、Y 坐标外，表面声波式触摸屏还响应第三轴 Z 轴坐标，也就是能感知用户触摸压力的大小值。三轴一旦确定，控制器就传给主机。

特点

具有清晰度较高、高度耐久、抗刮伤性良好、反应灵敏、不受温度和湿度等环境因素影响、分辨率高、寿命长（维护良好情况下5000万次）、透光率高、能保持清晰透亮的图像质量、没有漂移、只需安装时一次校正、有第三轴（即压力轴）响应等特点，目前在公共场所使用较多。

9.1.2 触摸屏的结构组成

工业触摸屏由硬件和软件两部分组成。硬件部分包括处理器、显示单元、输入单元、通信接口、数据存储单元等，如图9-4所示。

图9-4 触摸屏硬件构成

其中，处理器的性能决定触摸屏产品的性能高低，是触摸屏的核心单元。根据触摸屏的产品等级不同，处理器可分别选用8位、16位、32位的处理器。触摸屏软件一般分为两部分，如图9-5所示，即运行在工业触摸屏系统软件和运行在PC Windows操作系统下的画面组态软件。使用者都必须先使用触摸屏的画面组态软件制作"工程文件"，再通过PC和触摸屏的串行通信口，把编制好的"工程文件"下载到触摸屏的处理器中运行。

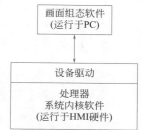

图9-5 触摸屏软件构成图

9.2 常见触摸屏

9.2.1 三菱触摸屏

现在市场上使用的三菱触摸屏主要有GT11×××系列、GT15×××系列、A970GOT×××系列、A975GOT××8系列、A985GOT×××系列及F940GOT×××系列等，如图9-6所示。

9.2.2 西门子触摸屏

常见的西门子触摸屏有微型面板TD200、TD400C、OP73micro、TP177micro，移动面板MOBILE 177DP、MOBILE 177PN、MOBILE 277DP、MOBILE 277PN，多功能面板TP177A、

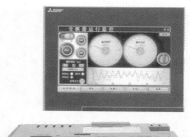

图9-6 常见的三菱触摸屏

TP177B、OP177B、TP277、OP277、MP177、MP277、MP377等，如图9-7所示。

9.2.3 昆仑通态触摸屏

常见的昆仑通态触摸屏有TPC7062KX、TPC1062K TPC1063E、TPC1561H等，如图9-8所示。

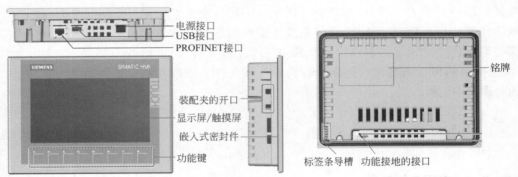

电源接口
USB接口
PROFINET接口

铭牌

装配夹的开口
显示屏/触摸屏
嵌入式密封件
功能键

标签条导槽　功能接地的接口

图9-7　常见的西门子触摸屏

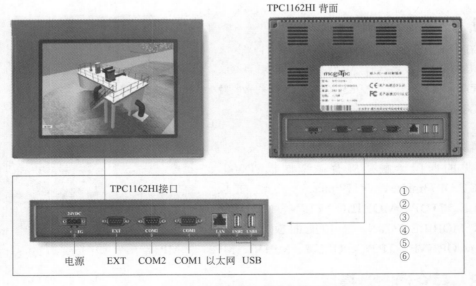

TPC1162HI 背面

TPC1162HI接口

①
②
③
④
⑤
⑥

电源　　EXT　　COM2　　COM1　以太网　USB

图9-8　常见的昆仑通态触摸屏

9.2.4　TPC7062K触摸屏

TPC7062K触摸屏如图9-9所示。

TPC7062K背面

图9-9 TPC7062K触摸屏

TPC7062K外部接口如图9-10所示，接口功能定义见表9-1。

图9-10 TPC7062K外部接口

表9-1 TPC7062K接口功能定义

项目	接口	功能定义		
LAN（RJ45）	以太网接口			
串口（DB9）		COM1：RS232		2：RXD
				3：TXD
				5：GND
		COM2：RS485		7：RS485+
				8：RS485-
USB1	主口，USB1.1兼容			
USB2	从口，用于下载工程			
电源接口	24V DC±20%		1脚：24V+ 2脚：24V-	

（1）TPC7062K触摸屏的安装　TPC7062K触摸屏的外形尺寸如图9-11所示，安装角度与方法如图9-12所示。

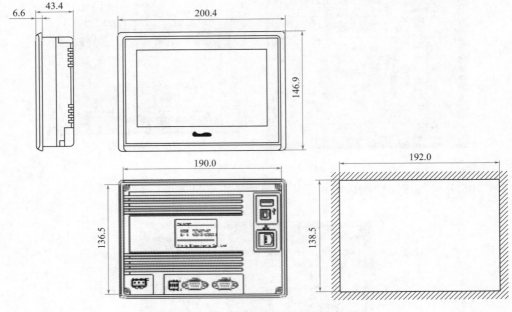

图9-11　TPC7062K的外形尺寸

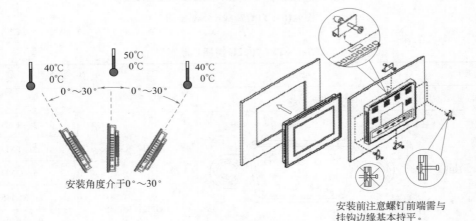

安装角度介于0°～30°

安装前注意螺钉前端需与
挂钩边缘基本持平。

图9-12　安装角度与方法

（2）TPC7062K接触屏的特点

① 画面高清：800×480分辨率，体验精致、自然、通透的高清真彩——65535色数字真彩，图形库丰富。

② 可靠性高：抗干扰性能达到工业Ⅲ级标准，采用LED背光永不黑屏。

③ 配置：ARM9内核，400MHz主频，64MB内存，64MB存储空间，低功耗，整机功耗仅为6W。

④ 软件：MCGS全功能组态软件，支持备份恢复，功能更强大。

9.2.5　触摸屏与PLC一体机

目前有很多厂商推出了触摸屏与PLC一体机，图9-13所示为中达优控触摸屏与PLC一体机。

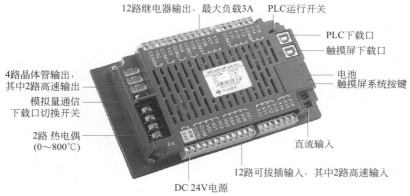

12路继电器输出，最大负载3A　　PLC运行开关

PLC下载口

触摸屏下载口

4路晶体管输出，
其中2路高速输出

模拟量通信
下载口切换开关

2路 热电偶
(0～800℃)

电池
触摸屏系统按键

直流输入

12路可拔插输入，其中2路高速输入

DC 24V电源

图 9-13　触摸屏与PLC一体机

9.3　认识MCGS嵌入版组态软件

MCGS嵌入版组态软件是昆仑通态公司专门开发用于MCGSTPC的组态软件，主要完成现场数据的采集与监测、前端数据的处理与控制。

MCGS嵌入版组态软件与其他相关的硬件设备结合，可以快速、方便地开发各种用于现场采集、数据处理和控制的设备，如可以灵活组态各种智能仪表、数据采集模块、无纸记录仪、无人值守的现场采集站、人机界面等专用设备。

9.3.1　MCGS嵌入版组态软件的主要功能

① 简单灵活的可视化操作界面：采用全中文、可视化的开发界面，符合中国人的使用习惯和要求。

② 实时性强，有良好的并行处理性能：是真正的32位系统，以线程为单位对任务进行分时并行处理。

③ 丰富、生动的多媒体画面：以图像、图符、报表、曲线等多种形式，为操作员及时提供相关信息。

④ 完善的安全机制：提供了良好的安全机制，可以为多个不同级别用户设定不同的操作权限。

⑤ 强大的网络功能：具有强大的网络通信功能。

⑥ 多样化的报警功能：提供多种不同的报警方式，具有丰富的报警类型，方便用户进行报警设置。

⑦ 支持多种硬件设备。

总之，MCGS嵌入版组态软件具有与通用组态软件一样强大的功能，并且操作简单，易学易用。

9.3.2　MCGS6.8嵌入版组态软件的组成

MCGS6.8嵌入版生成的用户应用系统由主控窗口、设备窗口、用户窗口、实时数据库和运行策略五个部分构成，如图9-14所示。

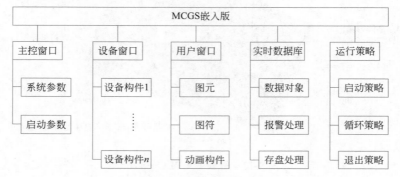

图9-14　MCGS组态软件的构成

（1）主控窗口　确定工业控制中工程作业的总体轮廓及运行流程、特性参数和启动特性等项内容，是应用系统的主框架。

（2）设备窗口　是MCGS嵌入版系统与外部设备联系的媒介，专门用来放置不同类型和功能的设备构件，实现对外部设备的操作和控制，设备窗口通过设备构件把外部设备的数据采集进来，送入实时数据库，或把实时数据库中的数据输出到外部设备。

（3）用户窗口　实现了数据和流程的"可视化"，可以通过在用户窗口内放置三种不同类型的图形对象（图元、图符和动画构件），构造各种复杂的图形界面，并用不同的方式实现数据和流程的"可视化"。

（4）实时数据库　是MCGS嵌入版系统的核心，相当于一个数据处理中心，同时起到公共数据交换区的作用，从外以备采集来的实时数据送入实时数据库，系统其他部分操作的数据也来自于实时数据库。

（5）运行策略　是对系统运行流程实现有效控制的手段，里面放置由策略条件构件组成的"策略行"，通过对运行策略的定义，使系统能够按照设定的顺序和条件操作任务，实现对外部设备工作过程的精确控制。

9.3.3　嵌入式系统的体系结构

嵌入式组态软件的组态环境和模拟运行环境相当于一套完整的工具软件，可以在PC上运行。嵌入式组态软件的运行环境是一个独立的运行系统，按照组态工程中用户指定的方式进行各种处理，完成用户组态设计的目标和功能。运行环境本身没有任何意义，必须与组态工程一起作为一个整体才能构成用户的应用系统。一旦组态工作完成，并且将组态好的工程通过USB口下载到嵌入式一体化触摸屏的运行环境中，组态工程就可以离开组态环境而独立地在设备上运行，从而实现了控制系统的可靠性、实时性、确定性和安全性。

9.4　MCGS嵌入版组态软件的安装

MCGS嵌入版只有一张安装光盘，具体安装步骤如下。

① 启动Windows，在相应的驱动器中插入光盘，运行光盘中的Autorun.exe文件，MCGS安装程序窗口如图9-15所示。

② 在安装程序窗口中单击"安装组态软件"，弹出安装程序界面。单击"下一步"按钮，启动安装程序，如图9-16所示。

图9-15　MCGS安装程序窗口

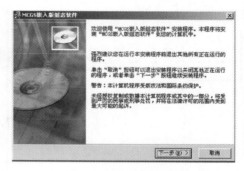

图9-16　安装程序界面

③ 按提示步骤操作后，安装程序将提示指定安装目录，用户不指定时，系统默认安装到D:\MCGSE目录下，建议使用默认目录，如图9-17所示，系统安装大约需要几分钟，MCGS嵌入版主程序安装完成后，继续安装设备驱动，选择"是"。

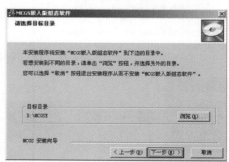

图9-17　安装程序指定安装目录

④ 单击"下一步"按钮，进入驱动安装程序，选择所有驱动，单击"下一步"按钮进行安装，如图9-18所示。

⑤ 安装过程完成后，系统将弹出对话框，提示安装完成，如图9-19所示，提示是否重

新启动计算机，选择"确定"后，完成安装。

图 9-18　驱动安装程序

图9-19　提示安装完成对话框

⑥ 安装完成后，Windows 操作系统的桌面上添加了如图9-20 所示的两个快捷图标，分别用于启动 MCGS 嵌入组态环境和模拟运行环境。

图9-20　两个快捷方式图标

9.5　TPC7062K与计算机和PLC的连接

① TPC7062K 与计算机的连接。普通 USB 线的一端为扁平接口，插到计算机的 USB 口，另一端为微型接口，插到 TPC 端的 USB 口，如图9-21 所示。

图9-21　TPC7062K与计算机的连接

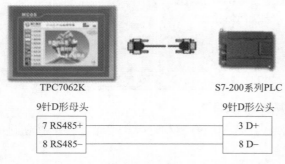

TPC7062K　　　　　　　　　　S7-200系列PLC

9针D形母头　　　　　　　　　9针D形公头

| 7 RS485+ | ——————————— | 3 D+ |
| 8 RS485– | ——————————— | 8 D– |

图9-22　TPC7062K与西门子S7-200 PLC的连接

② TPC7062K 与西门子 S7-200 PLC 的连接如图 9-22 所示。

③ TPC7062K 与欧姆龙 PLC 的连接如图 9-23 所示。

④ TPC7062K 与三菱 FX 系列 PLC 的连接如图 9-24 所示。

下面通过具体的实例学习 MCGS 嵌入版组态软件的工程组态，并建立与三菱 FX 系列 PLC 的通信。

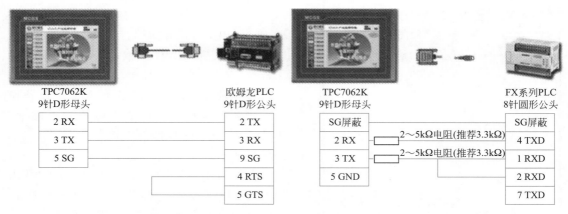

TPC7062K
9针D形母头
欧姆龙PLC
9针D形公头
2 RX
3 TX
5 SG
2 TX
3 RX
9 SG
4 RTS
5 GTS

图9-23　TPC7062K与欧姆龙PLC的连接

TPC7062K
9针D形母头
FX系列PLC
8针圆形公头
SG屏蔽
2 RX
3 TX
5 GND
2～5kΩ电阻(推荐3.3kΩ)
2～5kΩ电阻(推荐3.3kΩ)
SG屏蔽
4 TXD
1 RXD
2 RXD
7 TXD

图9-24　TPC7062K与三菱FX系列PLC的连接

9.6　MCGS嵌入版组态软件在触摸屏的应用

9.6.1　控制要求

联机三菱FX系列PLC，控制输出Y0、Y1、Y2的指示灯随触摸屏画面按钮的操作而变化。

9.6.2　操作过程

（1）工程建立　双击Windows操作系统桌面上的组态环境快捷方式 ，打开嵌入版组态软件，然后按如下步骤建立通信工程：

① 单击文件菜单中的“新建工程”，弹出“新建工程设置”对话框，选择TPC类型为“TPC7062K”，单击“确定”按钮，如图9-25所示。

快捷方式
新建工程
文件(F)　编辑(E)
新建工程设置
TPC
类型：
TPC7062K
描述：
分辨率为800 X 480,
7" TFT液晶屏,
ARM CPU,主频400MHz,
64M DDR2,128M NAND Flash
背景
背景色：
网格
列宽：
20
行高：
20
确定
取消

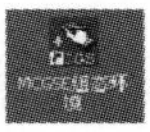

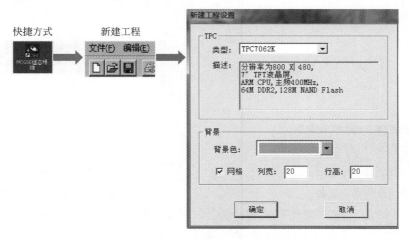

图9-25　“新建工程设置”对话框

图9-26　设备窗口

② 选择文件菜单中的"工程另存为"菜单项，弹出文件保存窗口。

③ 在文件名一栏内输入"TPC通信控制工程"，单击"保存"按钮，工程创建完毕。

（2）设备组态　在工作台中激活设备窗口，用鼠标单击 设备窗口 进入设备组态画面，单击工具条中的 🖾 打开"设备工具箱"，如图9-26所示。

在设备工具箱中，用鼠标顺序先后双击"通用串口父设备"和"三菱_FX系列编程口"添加至组态画面窗口，如图9-27所示。

提示是否使用"三菱_FX系列编程口"驱动的默认通讯参数设置串口父设备参数？如图9-28所示，选择"是"。所有的操作完成后，关闭设备窗口，返回工作台。

图9-27　"通用串口父设备"和"三菱-FX系列编程口"添加至组态画面窗口

（3）窗口组态

① 在工作台中激活用户窗口，鼠标单击"新建画面"按钮，建立新画面"窗口0"，如图9-29所示。

图9-28　选择通讯设备

图9-29　"新建画面"设置

② 接下来单击"窗口属性"按钮，弹出"用户窗口属性设置"对话框，在基本属性页，将"窗口名称"修改为"三菱FX控制画面"，点击"确认"进行保存，如图9-30所示。

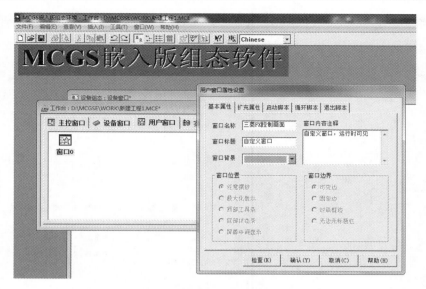

图9-30　窗口属性设置

③ 在用户窗口双击▓进入"动画组态三菱 FX 控制画面",单击▓打开"工具箱"。

④ 建立基本元件。

a．按钮。从工具箱中单击"标准按钮"构件,在窗口编辑位置按住鼠标左键拖放出一定大小后,松开鼠标左键,这样一个按钮构件就绘制在窗口中,如图 9-31 所示。

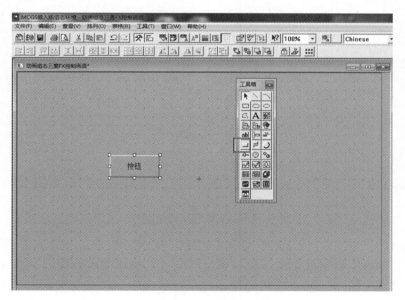

图9-31　绘制按钮构件

双击该按钮打开"标准按钮构件属性设置"对话框,在基本属性页中将"文本"修改为"Y0",单击"确认"按钮保存,如图 9-32 所示。

按照同样的操作分别绘制另外两个按钮,文本修改为 Y1 和 Y2,完成后如图 9-33（a）所示。按住键盘"Ctrl"键,单击鼠标左键,同时选中三个按钮,使用工具栏中等高宽、左（右）对齐和纵向等间距对三个按钮进行排列对齐,如图 9-33（b）所示。

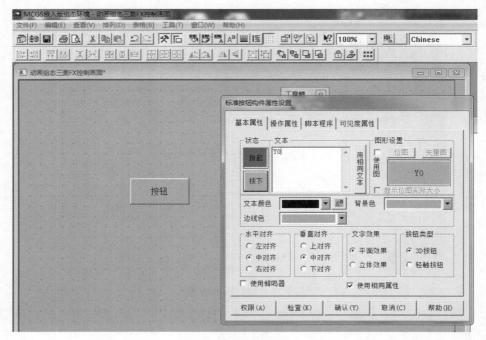

图9-32 构件属性设置

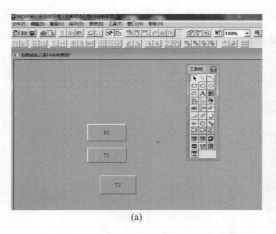
(a)

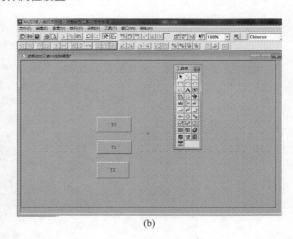
(b)

图9-33 标准构件组态

b．指示灯。单击工具箱中的"插入元件"按钮，打开"对象元件库管理"对话框，选中图形对象库指示灯中的一款，单击"确认"按钮添加到窗口画面中，并调整到合适大小，用同样的方法再添加两个指示灯，摆放在窗口中按钮旁边的位置，如图9-34所示。

c．标签。单击选中工具箱中的"标签"构件，在窗口编辑位置按住鼠标左键，拖放出一定大小的"标签"，如图9-35所示。

双击进入该标签弹出"标签动画组态属性设置"对话框，在扩展属性页，在"文本内容输入"中输入D0，点击"确认"，如图9-36所示。

同样的方法，添加另一个标签，文本内容输入"D2"，如图9-37所示。

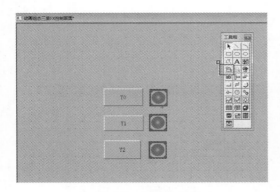

图9-34　指示灯组态

图9-35　"标签"设置

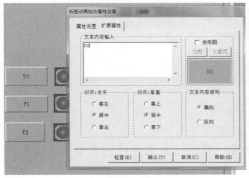

图9-36　"标签动画组态属性设置"对话框

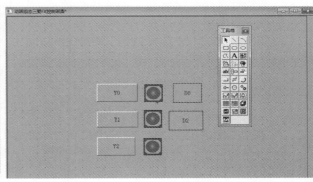

图9-37　添加另一个标签

　　d. 输入框。单击工具箱中的"输入框"构件，在窗口编辑位置按住鼠标左键，拖放出两个一定大小的"输入框"，分别摆放在D0，D2标签的旁边位置，如图9-38所示。

　　⑤ 建立数据链接。

　　a. 按钮。双击Y0按钮，弹出"标准按钮构件属性设置"对话框，如图9-39所示，在操作属性页，默认"抬起功能"按钮为按下状态，勾选"数据对象值操作"，选择"清0"。

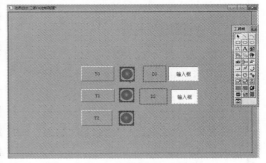

图9-38　输入框设置

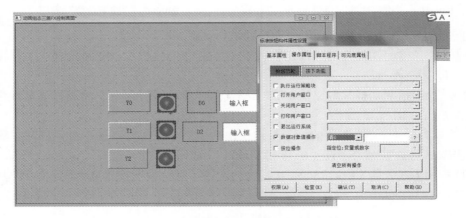

图9-39　"标准按钮构件属性设置"对话框

351

单击 ☑数据对象值操作 [清0 ▼] [?] 弹出"变量选择"对话框，选择"根据采集信息生成"，通道类型选择"Y输出寄存器"，通道地址为"0"，读写类型选择"读写"，如图9-40所示，设置完成后，单击"确认"按钮。

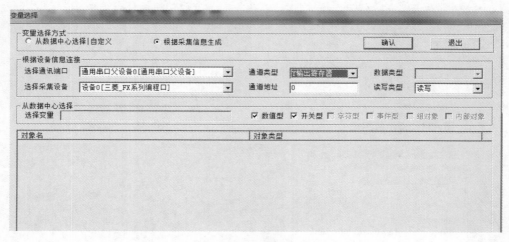

图9-40　　"变量选择"对话框

在Y0按钮抬起时，对三菱FX的Y0地址"清0"，如图9-41所示。

用同样的方法，单击"按下功能"按钮进行设置，数据对象值操作→置1→设备0-读写T0000，如图9-42所示。

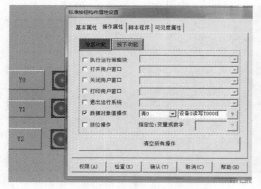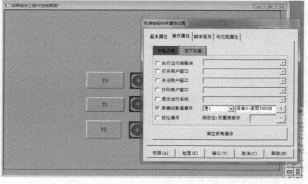

图9-41　　"抬起功能"窗口　　　　　图9-42　　"按下功能"窗口

用同样的方法，分别对Y1和Y2的按钮进行设置。

Y1按钮："抬起功能"时"清0"，"按下功能"时"置1"→变量选择→Y寄存器，通道地址为1。

Y2按钮："抬起功能"时"清0"，"按下功能"时"置1"→变量选择→Y寄存器，通道地址为2。

b. 指示灯。双击Y0旁边的指示灯构件，弹出"单元属性设置"对话框，在数据对象页，单击 ? 选择数据对象"设备0_读写Y0000"，如图9-43所示。

用同样的方法，将Y1按钮和Y2按钮旁边的指示灯分别连接变量"设备0_读写Q000-1"和"设备0_读写Q000-2"。

c. 输入框。双击D0标签旁边的输入框构件，弹出"输入框构件属性设置"对话框，在操作属性页，点击进行变量选择，选择"根据采集信息生成"，通道地址为"0"，数据类型选择"16位无符号二进制"，读写类型选择"读写"，如图9-44所示。保存组态完成后，保存工程。

（4）工程下载　单击工具条中的下载 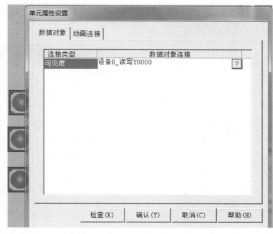按钮进行下载配置，如图9-45所示。

选择"连机运行"，连接方式选择"USB通讯"，单击"通讯测试"按钮，测试正常后，单击"工程下载"按钮，即可执行下载，下载页面如图9-46所示。

图9-43　指示灯"单元属性设置"

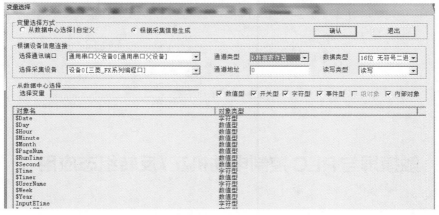

图9-44　输入框

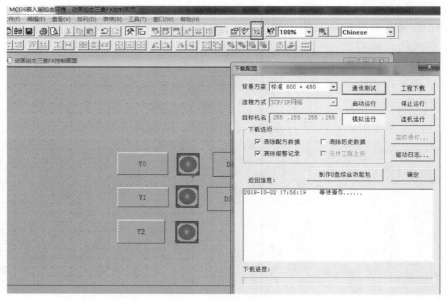

图9-45　"下载配置"窗口

353

（5）运行调试　运行调试后，通过触摸屏可观察到Y寄存器Y0、Y1、Y2的指示灯会随着按钮的操作而变化。

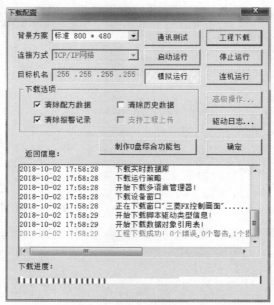

图9-46　工程下载

9.7　触摸屏与PLC控制电动机正/反转组态应用

9.7.1　控制要求

① 采用触摸屏与PLC来实现电动机的正/反转控制。

② 电动机的正转启动按钮、反转启动按钮和停止按钮均组态在触摸屏上，由触摸屏发出指令信号控制PLC输出，从而控制电动机的运转与停止。

③ 为了便于观察电动机的运行情况，在触摸屏上组态两个指示灯，分别作为正转运行指示和反转运行指示。

④ 要求设置两个界面，即开机界面和工作界面，如图9-47和图9-48所示。

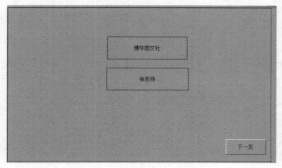

图9-47　开机界面

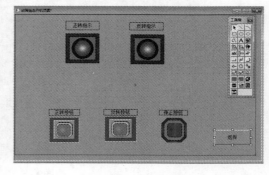

图9-48　工作界面

9.7.2 操作步骤

（1）I/O地址通道分配　根据电动机的控制要求，确定I/O地址通道。其中，电动机的运行按钮和停止按钮均由触摸屏控制，不再分别输入通道地址；触摸屏按键需控制PLC的内部软继电器，故分配继电器元件M0.0、M0.1、M0.2；Q0.0输出端口控制正转接触器，Q0.1输出端口控制反转接触器，见表9-2。

表9-2　I/O通道地址分配

输入量		输出量	
名称	地址	名称	地址
正转启动按钮	M0.0	正转接触器	Q0.0
反转启动按钮	M0.1	反转接触器	Q0.1
停止按钮	M0.2		

（2）电气原理图　根据控制要求，分析、设计并绘制控制系统电气原理图，如图9-49所示。

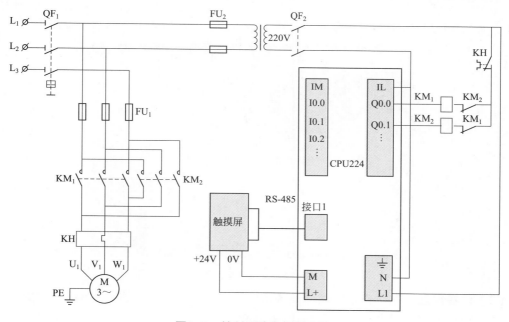

图9-49　控制系统电气原理图

9.7.3 PLC程序设计

触摸屏控制PLC实现电动机正、反转的梯形图如图9-50所示，并下载到PLC中。

9.7.4 触摸屏画面制作

（1）建立工程　双击Windows操作系统桌面上的组态环境快捷方式，可打开嵌入版组态软件，然后按如下步骤建立通信工程：

① 单击文件菜单中"新建工程"选项，弹出"新建工程设置"对话框，TPC类型选择为

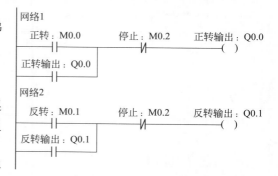

图9-50　电动机正、反转的梯形图

"TPC7062KX"，单击"确定"按钮，如图9-51所示。

图9-51 "新建工程设置"对话框

② 选择文件菜单中的"工程另存为"菜单项，弹出文件保存窗口，在文件名一栏内输入"电动机正反转控制系统"，单击"保存"按钮，工程创建完毕，如图9-52所示。

图9-52 工程另存为窗口

（2）设备组态 在工作台中激活设备窗口，用鼠标单击 进入设备组态画面，单击工具条中的 打开"设备工具箱"，如图9-53所示。

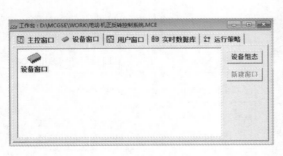

图 9-53 设备组态窗口

在设备工具箱中，单击"设备管理"，出现需要添加的设备，如图9-54所示。

用鼠标单击右边"所有设备"下的"PLC"，选择"西门子"，单击打开，再双击"西门子_S7200PPI"，添加至右边的"选定设备"中，如图9-55所示。

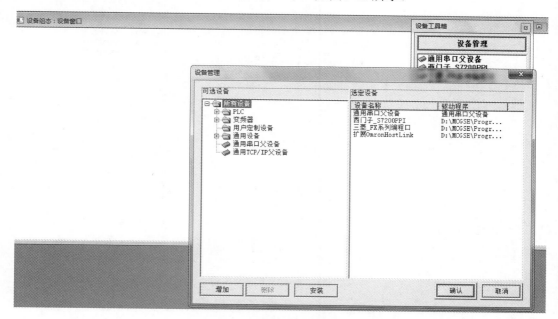

图9-54　打开设备管理窗口

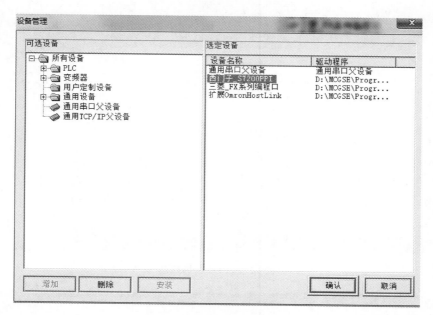

图9-55　"选定设备"设置

单击"确认"按钮，如图9-56所示。PLC添加成功，如图9-57所示。

用鼠标按顺序先后双击图9-58中的"通用串口父设备"和"西门子_S7200PPI"添加至组态画面窗口，提示是否使用"西门子_S7200PPI"驱动的默认通讯参数设置串口父设备参数？如图9-59所示，选择"是"。

所有的操作完成如图9-60所示。单击"保存"按钮，关闭设备窗口，返回工作台。

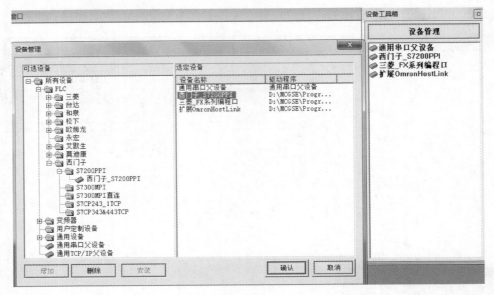

图9-56　添加PLC设备窗口

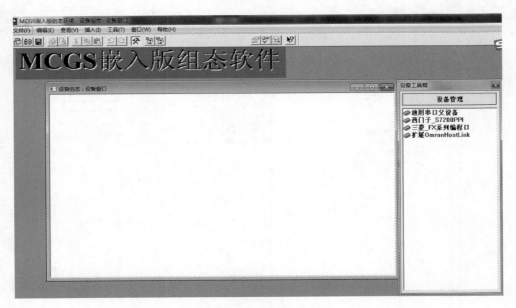

图9-57　PLC添加成功

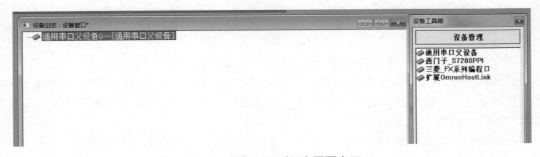

图9-58　添加PLC到组态画面窗口

图9-59　通信参数选择窗口

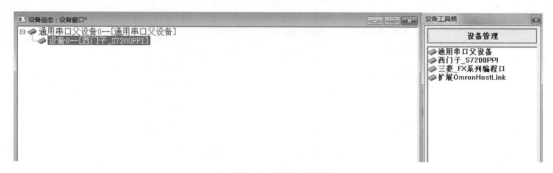

图9-60　添加完成

（3）窗口组态　在工作台中激活用户窗口，用鼠标单击"新建窗口"按钮，建立新画面"窗口0"，如图9-61所示。

图9-61　建立窗口0

单击"窗口属性"按钮，弹出"用户窗口属性设置"对话框，基本属性页，将"窗口名称"修改为"开机页面"，如图9-62所示。

359

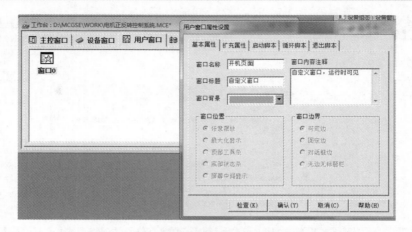

图9-62 修改窗口名称

重复上述（1）、（2）步骤，再新建一个窗口名称为"工作界面"的窗口，如图9-63所示。

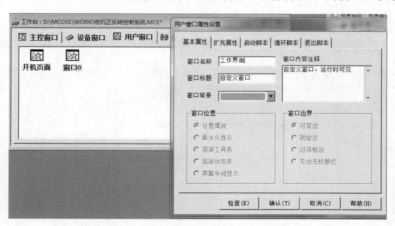

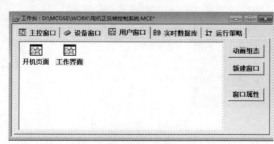

图9-63 修改窗口1名称

（4）开机页面的组态 在用户窗口下，双击"开机页面"，进入"动画组态开机页面"控制画面中，单击 ✗ 打开"工具箱"，如图9-64所示。

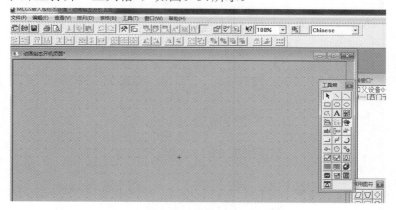

图9-64 开机页面组态工程（一）

在工具箱中，单击"标签 **A**"，移动光标到组态时，光标变成十字形，在合适的位置，按住左键，选定合适的区域，如图9-65所示。

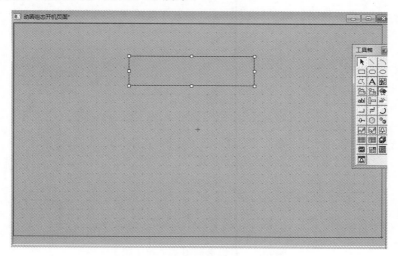

图9-65 开机页面组态工程（二）

在选定的区域内输入文字"博华图文社"。用同样的方法再制作文字标签为"张老师"，如图9-66所示。

在开机页面的右下角，再制作一个"下一页"的换面切换按键。单击工具箱中的"标准按钮 ⊐"，移动光标到右下角，组态一下标准按钮，如图9-67所示。

双击打开，设置标准按钮构件的属性。在"基本属性"下，把文本改为"下一页"，如图9-68所示。

在"操作属性"下，选中"打开用户窗口"，并在右边单击" ▼ "选择"开机页面"，如图9-69所示。单击"确认"按钮，开机页面制作完成。

（5）工作界面组态

① 按钮组态。在用户窗口下，双击"工作界面"，进入"动画组态工作界面"控制画面中，单击 ✗ 打开"工具箱"，如图 9-70所示。

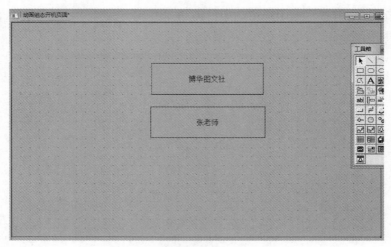

图9-66　开机页面组态工程（三）

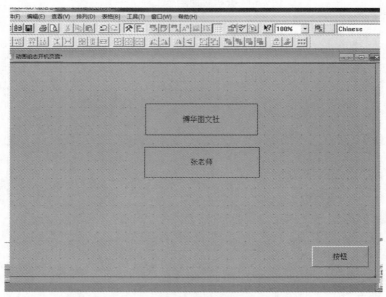

图9-67　开机页面组态工程（四）

图9-68　开机页面组态工程（五）

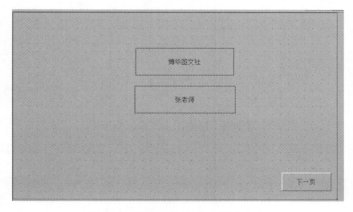

图9-69 开机页面组态工程（六）

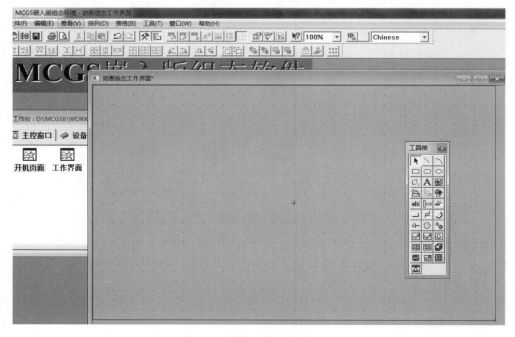

图9-70 按钮组态工程（一）

在工具箱中，单击"插入元件"图标，如图9-71所示。

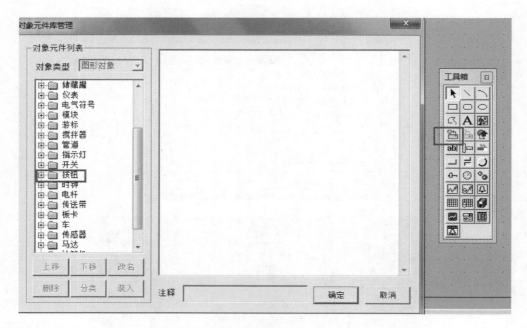

图9-71　按钮组态工程（二）

出现"对象元件库管理"，用鼠标单击"按钮"，出现如图9-72所示的画面。

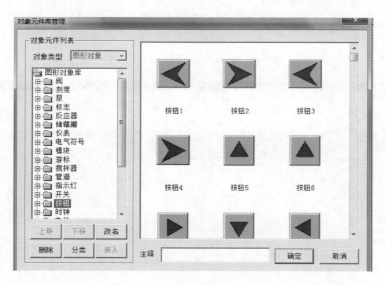

图9-72　按钮组态工程（三）

单击"对象元件列表"中的"按钮96"图标，单击"确定"按钮，如图9-73所示。

此时按钮图形出现在动画组态工作界面编辑区中，选择合适大小，并按住左键选定合适区域，如图9-74所示。

用同样的方法再制作一个"反转按钮"和"停止按钮"，并在选定的区域内输入文字"正转按钮"，如图9-75所示。

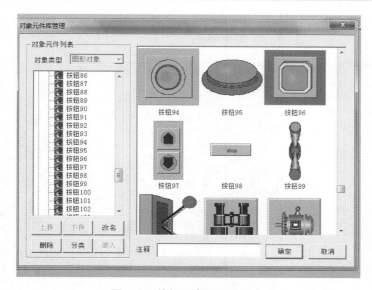

图9-73　按钮组态工程（四）

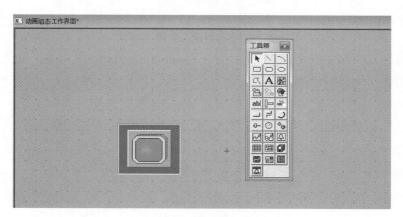

图9-74　按钮组态工程（五）

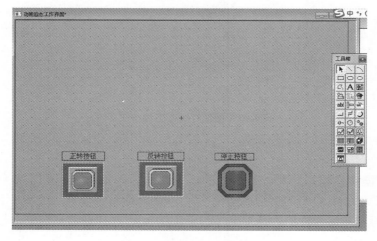

图9-75　按钮组态工程（六）

② **指示灯组态。**在工具箱中，单击"插入元件"图标，出现"对象元件库管理"，用鼠标单击"指示灯"，出现如图9-76所示的画面。

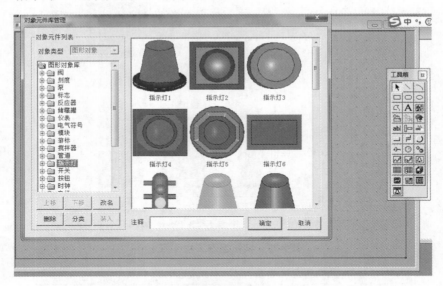

图9-76　指示灯组态工程（一）

单击"对象元件列表"中的"指示灯2"图标，单击"确定"按钮，此时指示灯图形出现在动画组态工作界面编辑区中，选择合适的大小并按住左键选定合适区域，如图9-77所示。

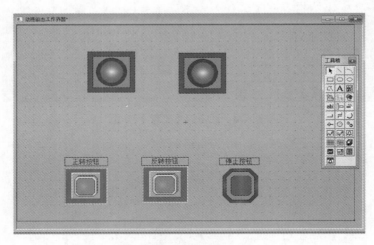

图9-77　指示灯组态工程（二）

用同样的方法再制作一个指示灯，在选定的区域内输入文字"正转指示"和"反转指示"，如图9-78所示。

③ **窗口切换按钮组态。**在工作界面的右下角，制作一个"返回"换面切换按键，如图9-79所示。单击工具箱中的"标准按钮"，移动光标到右下角，组态一下标准按钮，双击打开，设置标准按钮构件的"基本属性和操作属性"。在"基本属性"下把文本改为"返回"，在"操作属性"下，选中"打开用户窗口"，并单击右边"回"，选择"工作界面"，如图9-80所示。单击"确认"按钮，工作界面制作完成，如图9-81所示。

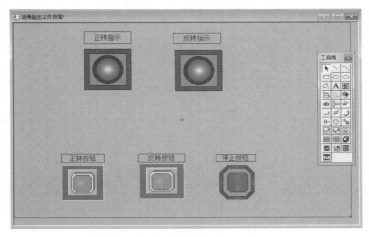

图9-78　指示灯组态工程（三）

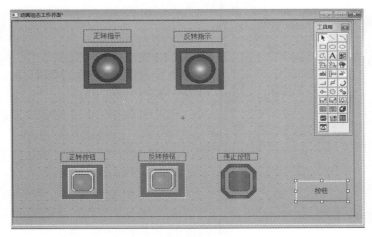

图9-79　切换窗口组态工程（一）

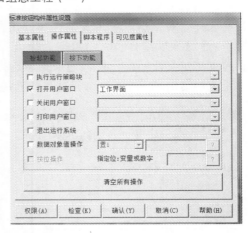

图9-80　切换窗口组态工程（二）

（6）元件变量定义

① 按钮变量定义。用鼠标双击工作界面中的"正转按钮"图标，出现"单元属性设置"对话框，单击"数据对象"，再单击"按钮输入"，出现如图9-82所示的对话框。

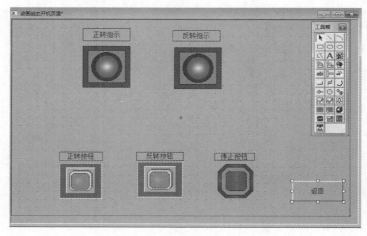

图9-81　切换窗口组态工程（三）

图9-82　按钮变量定义工程（一）

　　继续单击右侧"？"，出现如图9-83所示的"变量选择"对话框，单击"根据采集信息生成"，通道类型选择"M寄存器"，通道地址选择"0"，数据类型选择"通道的第00位"，单击"确认"完成。

　　用同样的方法定义反转按钮，通道类型选择"M寄存器"，通道地址选择"0"，数据类型选择"通道的第01位"，单击"确认"按钮完成按钮的定义，如图9-84所示。

　　② 指示灯变量定义。指示灯单元用鼠标双击正转"指示灯"图标，出现指示灯属性设置对话框，单击"数据对象"，单击"可见度"，如图9-85所示，再单击右侧"？"，出现如图9-86所示的"变量选择"对话框，单击变量选择方式中的"根据采集信息生成"，通道类型选择"Q寄存器"，通道地址选择"0"，数据类型选择"通道的第00位"，单击"确认"按钮完成。用同样的方法定义反转指示灯，通道类型选择"Q寄存器"，通道地址选择"0"，数据类型选择"通道的第01位"，单击"确认"按钮完成指示灯定义。

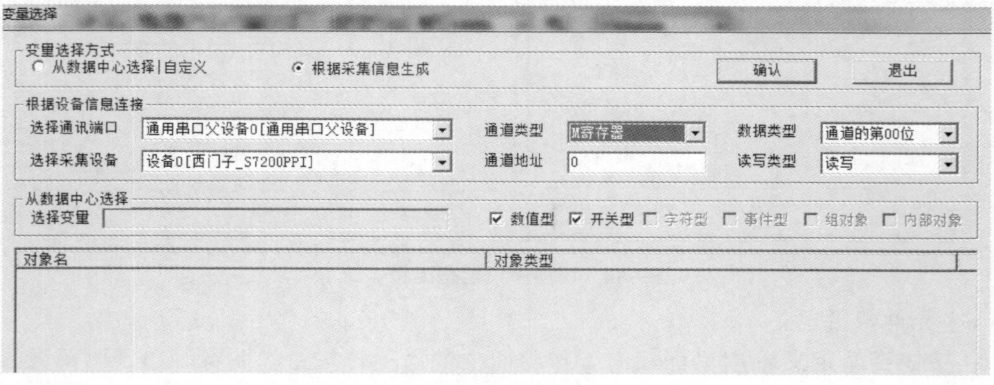

图9-83　按钮变量定义工程（二）

（7）保存　画面组态完成后，单击保存。

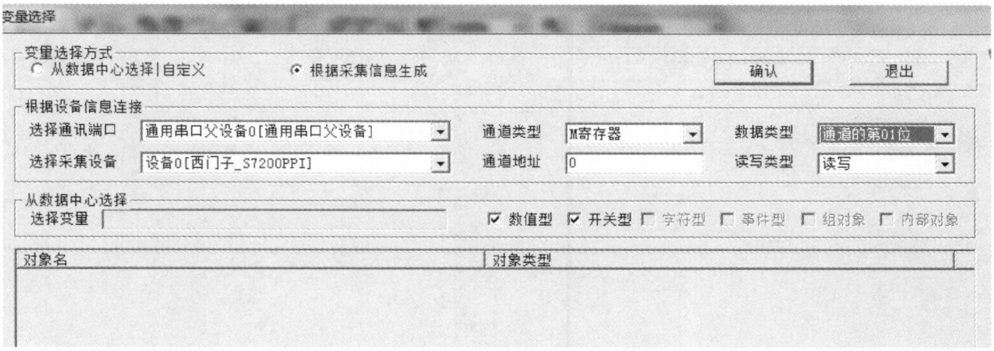

图9-84　按钮变量定义工程（三）

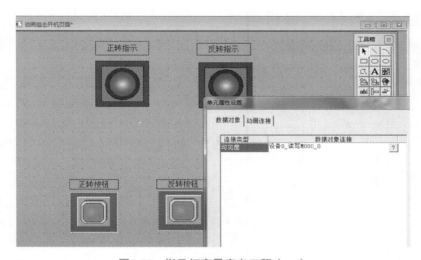

图9-85　指示灯变量定义工程（一）

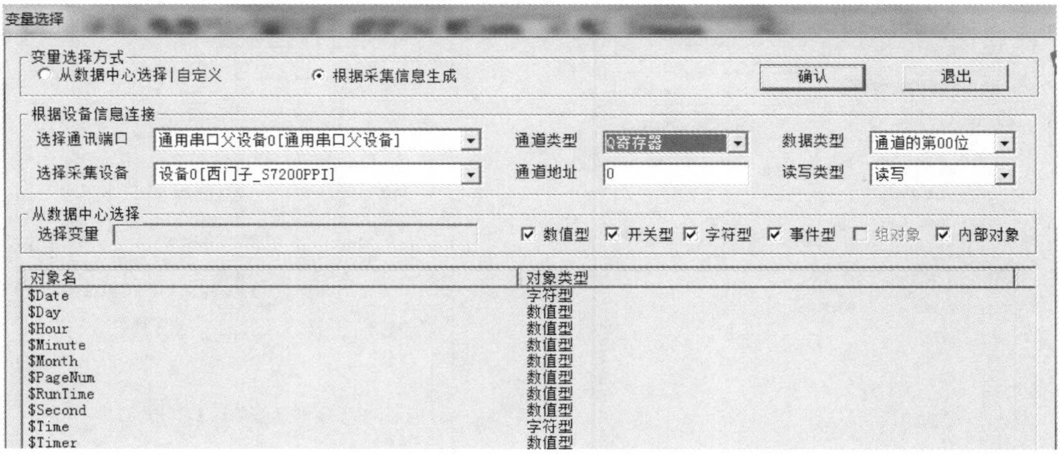

图9-86

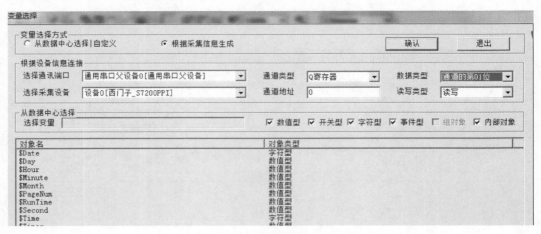

图9-86　指示灯变量定义工程（二）

9.7.5　触摸屏与PLC联机调试

图9-87　下载配置

单击工具条中的下载按钮进行下载配置，如图9-87所示。

选择"连机运行"，连接方式选择"USB通讯"，如图9-88所示，单击"通讯测试"按钮，测试正常后，单击"工程下载"按钮，如图9-89所示。

用SC-09传输线连接触摸屏与PLC通信。接通电源，触摸屏进入开机页面，单击开机页面中的"下一页"按钮，画面切换到工作界面，单击画面中的正转按钮或反转按钮，PLC的Q寄存器Q0.0或Q0.1输出，电动机运转。同时，触摸屏画面中的指示灯会随着输出的变化而变化。按下画面中的按钮，电动机停止运转，指示灯灭。按下画面中的"返回"按钮，画面返回开机页面。

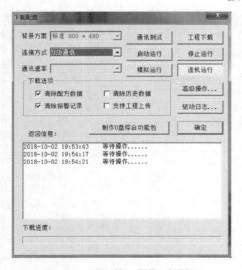

图9-88　"下载配置"对话框

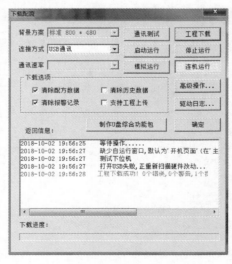

图9-89　工程下载

9.8 触摸屏与PLC控制电动机的变频运行

在一些自动化程序较高的机械生产设备中，经常用到触摸屏、PLC及变频器，下面就学习一下用触摸屏与PLC控制电动机变频运行。

9.8.1 控制要求

① 采用触摸屏和PLC实现电动机的变频运行。

② 电动机的启动、停止按钮和调速（频率设置）均组态在触摸屏上，由触摸屏发出指令信号控制PLC输出，从而控制电动机的变频运行。

③ 为了便于观察电动机的运行情况，在触摸屏上组态三个指示灯，分别作为正转运行指示、反转运行指示和停止运行指示。

④ 制作触摸屏界面如图9-90所示。

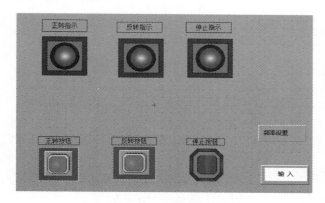

图9-90 触摸屏界面

9.8.2 操作步骤

（1）I/O地址通道分配 根据控制要求，变频器的正转和反转由PLC输出端Q0.0和Q0.1的输出信号控制；变频器的调速由0～10V模拟电压控制，因此可选用西门子S7-200系列PLC的CPU224CN XP。这款PLC自身就带有模拟电压输出端，输出端子接在变压器模拟输入端子上，输入0～10V电压来修改变频器的运行频率。输入内部变量/输出量地址通道分配见表9-3。

表9-3 输入内部变量/输出量地址通道分配

输入内部变量		输出量		
名称	地址	名称	作用	地址
正转按钮	M0.0	变频器数字输入端子"5"	正转信号	Q0.0
反转按钮	M0.1	变频器数字输入端子"6"	反转信号	Q0.1
停止按钮	M0.2	模拟量输入端子"3"		V
频率设定	VD0	模拟量输入端子"4"		M

（2）绘制电路原理图　根据控制要求，分析、设计并绘制PLC控制变频器系统电路原理图，如图9-91所示。

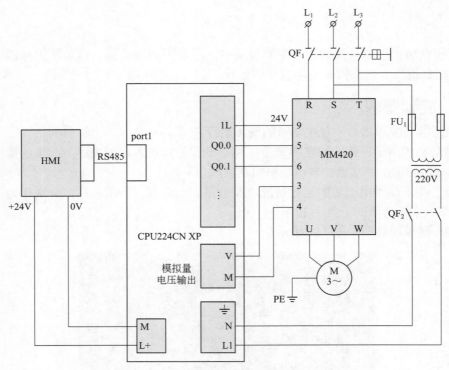

图9-91　PLC控制变频器系统电路原理图

9.8.3　PLC程序设计

触摸屏与PLC控制电动机变频运行梯形图如图9-92所示。

9.8.4　触摸屏画面制作

根据前面的学习，我们能完成"正转""反转""停止"及"指示灯"等变量的设置，"频率设置"可在工具箱中选择"输入框"并设定操作属性；通道类型设定为"V寄存器"，通道地址设置为"0"，数据类型设定为"32位浮点数"等，见图9-92。

9.8.5　变频器参数设置

① 变频器参数设置前先检查线路是否正确，再接通电源断路器QF。变频器在通电的情况下，进行参数初始化，恢复出厂值。

② 变频器恢复出厂值参数后，再设置本任务的相关参数，见表9-4。

表9-4　变频器参数设置

参数号	出厂值	设置值	说明
P0003	1	2	设用户访问级为扩展级
P0700	2	2	命令源由端子排输入
P0701	1	1	ON接通正转，OFF停止
P0702	1	2	ON接通反转，OFF停止

续表

参数号	出厂值	设置值	说明
P1000	2	2	频率设定值选择模拟输入
P1080	0	0	电动机运行最低频率
P1082	50	50	电动机运行最高频率

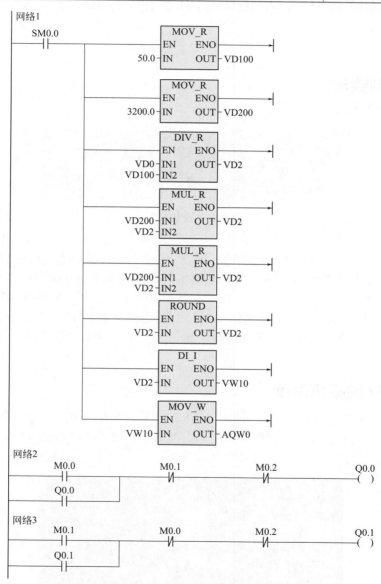

图9-92　触摸屏与PLC控制电动机变频运行梯形图

9.8.6　程序输入与调试

① 将梯形图下载到PLC中，将触摸屏画面下载到触摸屏中。

② 用RS-485传输线联机触摸屏与PLC并进行如下调试。

a. 接通电源，在触摸屏上单击频率设置输入框，设置运行频率20Hz。

b. 单击正转按钮（或反转按钮），电动机以20Hz的频率运转。

③ 单击停止工作按钮，电动机减速停止。

9.9 人机界面控制步进电动机三相六拍运行

9.9.1 控制要求

控制要求如图9-93所示。

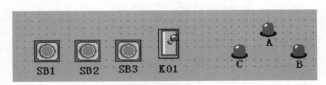

图9-93 控制要求

设Y0、Y1、Y2为三相步进电动机的三相A、B、C绕组信号，其正转励磁顺序为AB→B→BC→C→CA→A→AB······反转励磁顺序为AB→A→CA→C→BC→B→AB······当开机或按了复位按钮SB₃后，电动机处于初始励相AB状态，当按了启动按钮SB₁后，电动机按照设定的方向开关K01状态（K01=1为正转，K01=0为反转）进行旋转，当按了停止按钮SB₂后，电动机停于当前的励磁相状态锁定，并可在此状态下启动，电动机旋转节拍频率为0.5Hz。所有的操作按钮、开关及输出信号均在人机界面屏幕上显示。

9.9.2 设计触摸屏画面

设计触摸屏画面，其中三个按钮是"复归型开关"，SB₁、SB₂、SB₃的输出地址分别为M₁、M₂、M₃；方向开关K01是切换开关，其读取地址和输出地址都是M10；三个指示灯对应的读取地址分别为Y0、Y1、Y2。如图9-94所示。

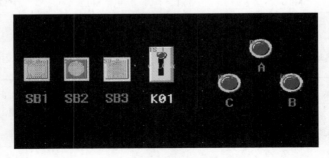

图9-94 设计触摸屏画面

9.9.3 程序编制

程序编制如图9-95所示。

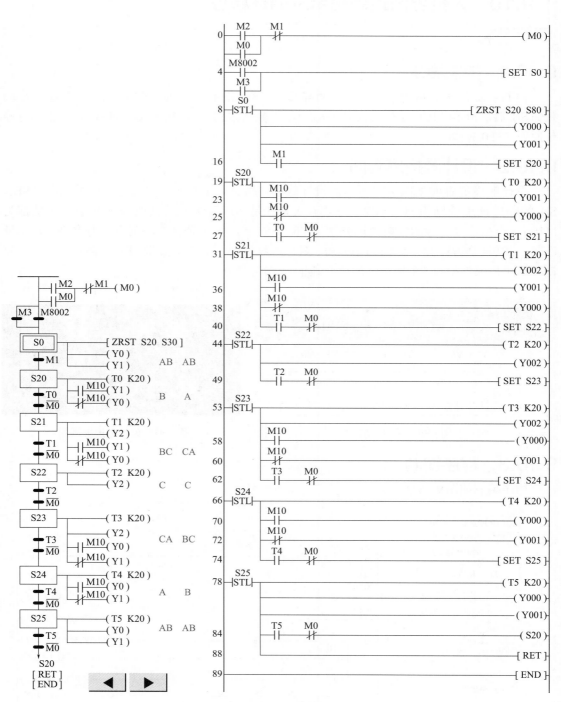

图9-95 程序编制

375

9.10 人机界面控制指示灯循环移位

9.10.1 控制要求

控制要求如图9-96所示。人机界面屏幕上有8个指示灯，对应于Y0～Y7，当按了启动按钮SB$_1$后，指示灯按设定的方式开关K01状态进行循环显示，按停止按钮SB$_2$后，指示灯停于原处（每0.5s移一次）。

9.10.2 设计触摸屏画面

设计触摸屏画面如图9-97所示。设计触摸屏画面，其中2个按钮是复归型开关，SB$_1$、SB$_2$的输出地址分别为M1、M2；方式开关K01是切换开关，其读取地址和输出地址都是M10；8个指示灯对应的读取地址分别为Y0～Y7，用多重复制方法制作，为重叠型，地址右增；X方向间隔=33，Y方向间隔=0；X方向数量=8，Y方向数量=1；间隔调整=-1。复制好后可用属性检查8个指示灯的读取地址为Y7～Y0。

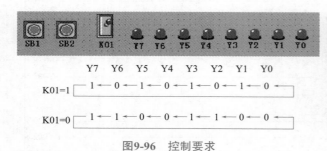

图9-96 控制要求

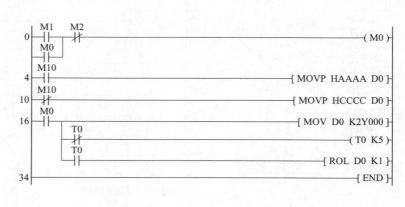

图9-97 设计触摸屏画面

9.10.3 程序编制

程序编制如图9-98所示。

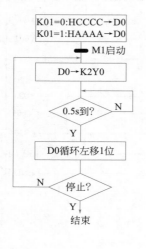

图9-98 程序编制

9.11　人机界面控制指示灯循环左移和右移

9.11.1　控制要求

控制要求如图9-99所示。在人机界面屏幕上设置8个指示灯，对应于Y0～Y7，设置2个按钮SB₁、SB₂。要求按了启动按钮SB₁后，8只指示灯按二亮二熄的顺序由小到大循环移位10s，然后再由大到小循环移位10s，如此反复（每0.5s移位一次）直到按停止按钮SB₂则全部熄灭。

9.11.2　设计触摸屏画面

设计触摸屏画面如图9-100所示。设计触摸屏画面，其中2个按钮是复归型开关，SB₁、SB₂的输出地址分别为M1、M2；8个指示灯对应的读取地址分别为Y0～Y7，用多重复制方法制作，为重叠型，地址右增；X方向间隔=33，Y方向间隔=0；X方向数量=8，Y方向数量=1；间隔调整=-1。复制好后可用属性检查8个指示灯的读取地址是Y7～Y0。

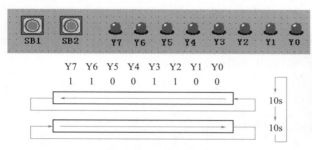

图9-99　控制要求

图9-100　设计触摸屏画面

9.11.3　程序编制

程序编制如图9-101所示。

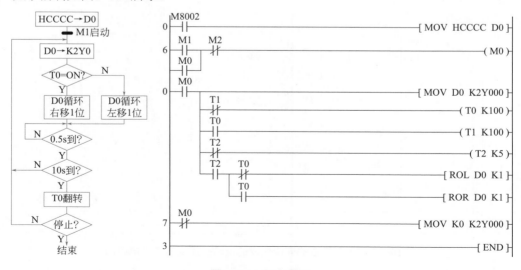

图9-101　程序编写

377

第*10*章
PLC、触摸屏、变频器综合控制

10.1 PLC与变频器组合实现电动机正反转控制

10.1.1 电路工作原理

PLC与变频器连接构成的电动机正反转控制电路图如图10-1所示。

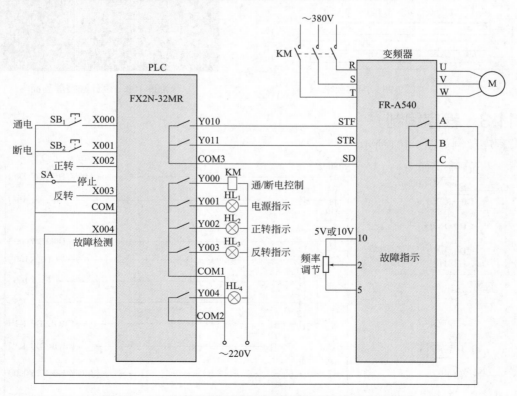

图10-1 PLC与变频器连接构成的电动机正反转控制电路图

10.1.2　参数设置

不同变频器设置不同，以下设置仅供参考。

在用 PLC 连接变频器进行电动机正反转控制时，需要对变频器进行有关参数设置，具体见表 10-1。

表 10-1　变频器的有关参数及设置值

参数名称	参数号	设置值
加速时间	Pr.7	5s
减速时间	Pr.8	3s
加、减速基准频率	Pr.20	50Hz
基底频率	Pr.3	50Hz
上限频率	Pr.1	50Hz
下限频率	Pr.2	0Hz
运行模式	Pr.79	2

10.1.3　编写程序

变频器不同程序有所不同，以下程序仅供参考。

变频器有关参数设置好后，还要给 PLC 编写控制程序。电动机正反转控制的 PLC 程序如图 10-2 所示。

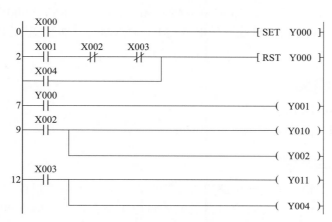

图10-2　电动机正反转的控制PLC程序

下面说明 PLC 与变频器实现电动机正反转控制的工作原理。

（1）通电控制　当按下通电按钮 SB_1 时，PLC 的 X000 端子输入为 ON，它使程序中的 [0] X000 常开触点闭合，"SET Y000" 指令执行，线圈 Y000 被置 1，Y000 端子内部的硬触点闭合，接触器 KM 线圈得电，KM 主触点闭合，将 380V 的三相交源送到变频器的 R、S、T 端，Y000 线圈置 1 还会使 [7]Y000 常开触点闭合，Y001 线圈得电，Y001 端子内部的硬触点闭合，HL_1 指示灯通电点亮，指示 PLC 作出通电控制。

（2）正转控制　当三挡开关 SA 置于"正转"位置时，PLC 的 X002 端子输入为 ON，它使程序中的 [9]X002 常开触点闭合，Y010、Y002 线圈均得电，Y010 线圈得电使 Y010 端子内部硬触点闭合，将变频器的 STF、SD 端子接通，即 STF 端子为 ON，变频器输出电源使电动机正转，Y002线圈得电后使Y002端子内部硬触点闭合，HL$_2$指示灯通电点亮，指示PLC作出正转控制。

（3）反转控制　将三挡开关SA置于"反转"位置时，PLC的X003端子输入为ON，它使程序中的[12]X003常开触点闭合，Y011、Y003线圈均得电。Y011线圈得电使Y011端子内部硬触点闭合，将变频器的STR、SD端子接通，即STR端子输入为ON，变频器输出电源使电动机反转，Y003线圈得电后使Y003端子内部硬触点闭合，HL$_3$灯通电点亮，指示PLC作出反转控制。

（4）停转控制　在电动机处于正转或反转时，若将SA开关置于"停止"位置，X002或X003端子输入为OFF，程序中的X002或X003常开触点断开，Y010、Y002或Y011、Y003线圈失电，Y010、Y002或Y011、Y003端子内部硬触点断开，变频器的STF或STR端子输入为OFF，变频器停止输出电源，电动机停转，同时HL$_2$或HL$_3$指示灯熄灭。

（5）断电控制　当SA置于"停止"位置使电动机停转时，若按下断电按钮SB$_2$，PLC的X001端子输入为ON，它使程序中的[2]X001常开触点闭合，执行"RST Y000"指令，Y000线圈被复位失电，Y000端子内部的硬触点断开，接触器KM线圈失电，KM主触点断开，切断变频器的输入电源，Y000线圈失电还会使[7]Y000常开触点断开，Y001线圈失电，Y001端子内部的硬触点断开，HL$_1$灯熄灭。如果SA处于"正转"或"反转"位置，[2]X002或X003常闭触点断开，无法执行"RST Y000"指令，即电动机在正转或反转时，操作SB$_2$按钮是不能断开变频器输入电源的。

（6）故障保护　如果变频器内部保护功能动作，A、C端子间的内部触点闭合，PLC的X004端子输入为ON，程序中的X004常开触点闭合，执行"RST Y000"指令，Y000端子内部的硬触点断开，接触器KM线圈失电，KM主触点断开，切断变频器的输入电源，保护变频器。

10.1.4　接线组装

① 电路原理图如图10-3所示。
② 实际接线图如图10-4所示。

10.1.5　调试与检修

当PLC控制的变频器正反转电路出现故障时，可以采用电压跟踪法进行检修，首先确认输入电路电压是否正常，检查变频器的输入点电压是否正常，检查PLC的输出点电压是否正常，最后检查PLC到变频器控制端电压是否正常。检查外围元器件是否正常，如外围元器件正常，故障应该是变频器或PLC，可以用代换法进行更换，也就是先代换一个变频器，如果能正常工作，说明是变频器故障，如果不能正常工作，说明是PLC的故障，这时检查PLC的程序、供电是否出现问题，如果PLC的程序、供电没有问题，应该是PLC自身出现故障，一般PLC的程序可以用PLC编程器直接对PLC进行编程。

 注意

一般直接使用PLC程序，对编程不理解时不要改变其程序，以免发生其他故障或损坏PLC。

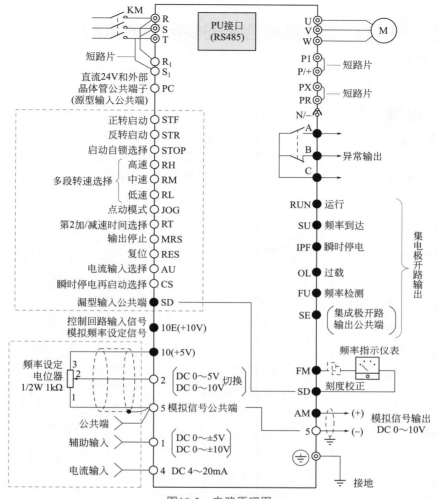

图10-3　电路原理图

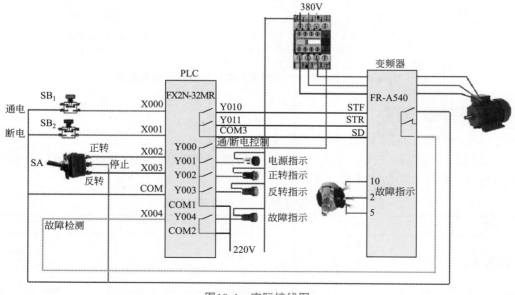

图10-4　实际接线图

10.2 PLC与变频器组合实现多挡转速控制

10.2.1 电路工作原理

变频器可以连续调速，也可以分挡调速，FR-A540变频器有RH（高速）、RM（中速）和RL（低速）三个控制端子，通过这三个端子的组合输入，可以实现七挡转速控制。

PLC与变频器连接实现多挡转速控制的电路图如图10-5所示。

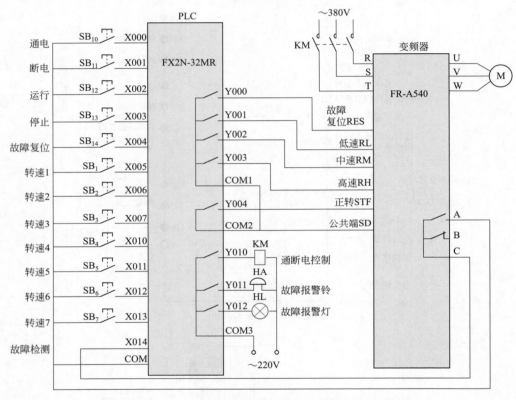

图10-5 PLC与变频器连接实现多挡转速控制的电路图

10.2.2 参数设置

变频器不同设置有所不同，以下设置仅供参考。

在用PLC对变频器进行多挡转速控制时，需要对变频器进行有关参数设置，参数可分为基本运行参数和多挡转速参数，具体见表10-2。

表10-2 变频器的有关参数及设置值

分类	参数名称	参数号	设定值
基本运行参数	转矩提升	Pr.0	5%
	上限频率	Pr.1	50Hz
	下限频率	Pr.2	5Hz

分类	参数名称	参数号	设定值
基本运行参数	基底频率	Pr.3	50Hz
	加速时间	Pr.7	5s
	减速时间	Pr.8	4s
	加、减速基准频率	Pr.20	50Hz
	操作模式	Pr.79	2
多挡转速参数	转速1（RH为ON时）	Pr.4	15Hz
	转速2（RM为ON时）	Pr.5	20Hz
	转速3（RL为ON时）	Pr.6	50Hz
	转速4（RM、RL均为ON时）	Pr.24	40Hz
	转速5（RH、RL均为ON时）	Pr.25	30Hz
	转速6（RH、RM均为ON时）	Pr.26	25Hz
	转速7（RH、RM、RL均为ON时）	Pr.27	10Hz

10.2.3　编写程序

变频器不同程序有所不同，以下程序仅供参考。

多挡转速控制的PLC程序如图10-6所示。

下面说明PLC与变频器实现多挡转速控制的工作原理。

（1）通电控制　当按下通电按钮SB$_{10}$时，PLC的X000端子输入为ON，它使程序中的[0]X000常开触点闭合，"SET Y010"指令执行，线圈Y010被置1，Y010端子内部的硬触点闭合，接触器KM线圈得电，KM主触点闭合，将380V的三相交流电送到变频器的R、S、T端。

（2）断电控制　当按下断电按钮SB$_{11}$时，PLC的X001端子输入为ON，它使程序中的[3]X001常开触点闭合，"RST Y010"指令执行，线圈Y010被复位失电，Y010端子内部的硬触点断开，接触器KM线圈失电，KM主触点断开，切断变频器R、S、T端的输入电源。

（3）启动变频器运行　当按下运行按钮SB$_{12}$时，PLC的X002端子输入为ON，它使程序中的[7]X002常开触点闭合，由于Y010线圈已得电，它使Y010常开触点处于闭合状态，"SET Y004"指令执行，Y004线圈被置1而得电，Y004端子内部硬触点闭合，将变频器的SEF、SD端子接通，即STF端子输入为ON，变频器输出电源启动电动机正向运转。

（4）停止变频器运行　当按下停止按钮SB$_{13}$时，PLC的X003端子输入为ON，它使程序中的[10]X003常开触点闭合，"RST Y004"指令执行，Y004线圈被复位而失电，Y004端子内部硬触点断开，将变频器的STF、SD端子断开，即STF端子输入为OFF，变频器停止输出电源，电动机停转。

（5）故障报警及复位　如果变频器内部出现异常而导致保护电路动作时，A、C端子间的内部触点闭合，PLC的X004端子输入ON，程序中的[14]X014常开触点闭合，Y011、Y012线圈得电，Y011、Y012端子内部硬触点闭合，报警铃和报警灯均得电而发出声光报警，同时[3]X014常开触点闭合，"RST Y010"指令执行，线圈Y010被复位失电，Y010端子内部的硬触点断开，接触器KM线圈失电，KM主触点断开，切断变频器R、S、T端的输入电源。变频器故障排除后，当按下故障按钮SB$_{14}$时，PLC的X004端子输入为ON，它使程序中的[12]X004常开触点闭合，Y000线圈得电，变频器的RES端输入为ON，解除保护电路的保护状态。

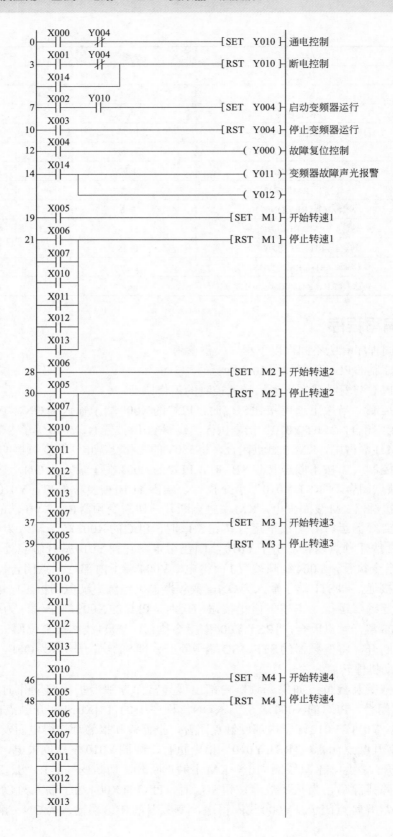

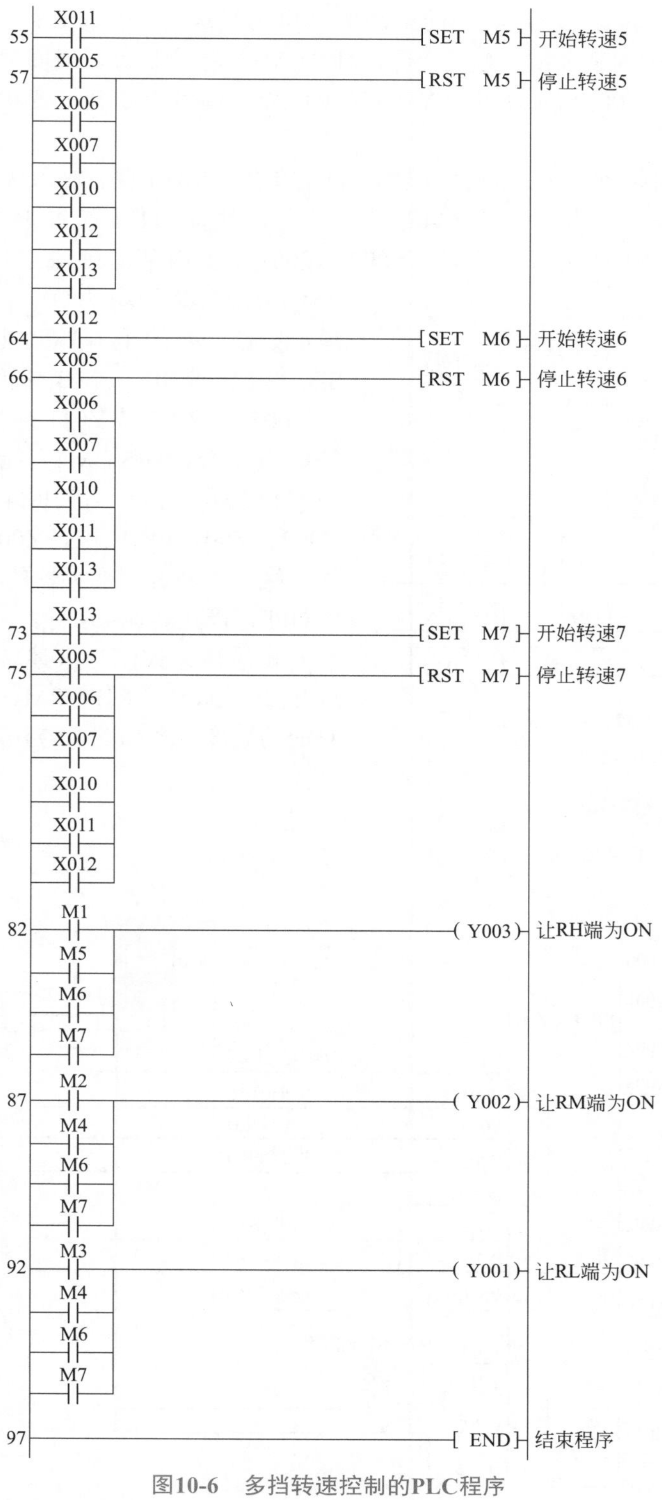

55　X011　　　　　　　　　　　　　　　　　　　　　[SET　M5]　开始转速5
57　X005　　　　　　　　　　　　　　　　　　　　　[RST　M5]　停止转速5
　　X006
　　X007
　　X010
　　X012
　　X013

64　X012　　　　　　　　　　　　　　　　　　　　　[SET　M6]　开始转速6
66　X005　　　　　　　　　　　　　　　　　　　　　[RST　M6]　停止转速6
　　X006
　　X007
　　X010
　　X011
　　X013

73　X013　　　　　　　　　　　　　　　　　　　　　[SET　M7]　开始转速7
75　X005　　　　　　　　　　　　　　　　　　　　　[RST　M7]　停止转速7
　　X006
　　X007
　　X010
　　X011
　　X012

82　M1　　　　　　　　　　　　　　　　　　　　　　(Y003)　让RH端为ON
　　M5
　　M6
　　M7

87　M2　　　　　　　　　　　　　　　　　　　　　　(Y002)　让RM端为ON
　　M4
　　M6
　　M7

92　M3　　　　　　　　　　　　　　　　　　　　　　(Y001)　让RL端为ON
　　M4
　　M6
　　M7

97　　　　　　　　　　　　　　　　　　　　　　　　[END]　结束程序

图10-6　多挡转速控制的PLC程序

（6）转速1控制　变频器启动运行后，按下按钮SB₁（转速1），PLC的X005端子输入为ON，它使程序中的[19]X005常开触点闭合，"SET N1"指令执行，线圈M1被置1，[82]M1常开触点闭合，Y003线圈得电，Y003端子内部的硬触点闭合，变频器的RH端输入为

385

ON，让变频器输出转速1设定频率的电源驱动电动机运转。按下SB₂～SB₇的某个按钮，会使X006～X013中的某个常开触点闭合，"RST M1"指令执行，线圈M1被复位失电，[82]M1常开触点断开，Y003线圈失电，Y003端子内部的硬触点断开，变频器的RH端输入为OFF，停止转速1运行。

（7）转速4控制　按下按钮SB₄（转速4），PLC的X010端子输入为ON，它使程序中的[46]X010常开触点闭合，"SET M4"指令执行，线圈M4被置1，[87]、[92]M4常开触点均闭合，Y002、Y001线圈均得电，Y002、Y001端子内部的硬触点均闭合，变频器的RM、RL端输入均为ON，让变频器输出转速4设定频率的电源驱动电动机运转。按下SB₁～SB₃或SB₅～SB₇中的某个按钮，会使Y005～Y007或Y011～Y013中的某个常开触点闭合，"RST M4"指令执行，线圈M4被复位失电，[87]、[92]M4常开触点均断开，Y002、Y001线圈失电，Y002、Y001端子内部的硬触点均断开，变频器的RM、RL端输入均为OFF，停止转速4运行。

其他转速控制与上述转速控制过程类似，这里不再叙述。RH、RM、RL端输入状态与对应的速度关系如图10-7所示。

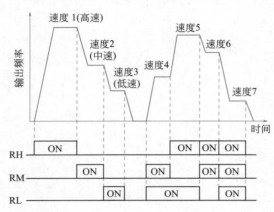

图10-7　RH、RM、RL端输入状态与对应的速度关系

10.2.4　接线组装

接线组装如图10-8所示。

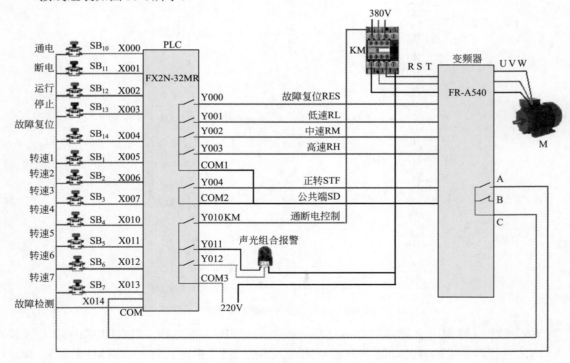

图10-8　接线组装

10.2.5　调试与检修

在这个电路当中，PLC通过外接开关实现电动机的多挡速旋转，出现故障后，直接用万用表去检查外部的控制开关是否毁坏，连接线是否有断路的故障，如果外部器件毁坏应直接更换。如果PLC的程序没有问题，应该是变频器出现故障。如果PLC没有办法输入程序的话，故障应该是PLC毁坏，更换PLC并重新输入程序。变频器毁坏后，可以更换或维修变频器。

另外在PLC电路当中还设有报警和故障指示灯，当报警和故障指示灯出现故障时，应先检查外围的电铃及指示灯是否毁坏，再查找PLC的程序或PLC是否毁坏。

10.3　家用洗衣机的PLC控制系统

全自动洗衣机就是将洗衣的全过程（浸泡—洗涤—漂洗—脱水）预先设定好 N 个程序，洗衣时选择其中一个程序，打开水龙头和按动洗衣机开关后洗衣的全过程就会自动完成的设备。洗衣完成时由蜂鸣器发出响声。

10.3.1　控制要求

首先按下洗衣机总电源开关按钮 QA_1，通过按钮 QA_2 选择洗涤时间，第一次按下 QA_2 时，洗衣机进行轻柔洗涤，时间为 5min，指示灯 HL_2 点亮，第二次按下 QA_2，进行内衣模式洗涤，时间为 10min，指示灯 HL_3 点亮，第三次按下 QA_2 时，进行外衣模式洗涤，时间为 15min，指示灯 HL_4 点亮，第四次按下 QA_2 时，进行强力洗涤，时间为 20min，指示灯 HL_5 点亮。

开始洗涤时，按下启动按钮 QA_3 后，打开进水电磁阀 SOL_1，开始进水，同时，将进水指示灯 HL_1 点亮。

当洗衣机中的水位上升到水位上限时，将关闭进水电磁阀，同时，进水指示灯 HL_1 熄灭。另外，洗衣机的电动机 M_1 进行搅拌洗涤。洗涤是按照电动机正转6s—停止2s—电动机反转6s—停止2s的顺序循环进行的。

当到达设洗涤时间后，电动机 M_1 停止，打开排水电磁阀 SOL_2，开始排水，同时，指示灯 HL_6 点亮。当洗衣机里的水位到达水位下限后，延时5s，等待洗涤的衣服中存储的水继续依靠重力排出，然后关闭排水电磁阀，HL_6 熄灭。延时2s后，将再次打开进水电磁阀，HL_1 指示灯点亮，开始第二次漂洗，漂洗是按照电动机正转6s—停止2s—电动机反转6s—停止2s的顺序循环进行的，漂洗的时间为5min。然后重复上面所述的排水过程，再进行第二次的漂洗。

甩干过程的实施是在第二次漂洗排空水后进行的，甩干时打开排水电磁阀，同时点亮指示灯 HL_6，启动甩干电动机 M_2，5min后结束甩干操作，关闭排水电磁阀 HL_6，然后，启动蜂鸣器HA进行洗衣结束的提示响声，蜂鸣器的运行时间为10s，达到10s后，还没有按下停止按钮，则程序自动停止蜂鸣器的运行。

10.3.2　电气原理图

交流220V的电源连接到空气开关Q_1的输入侧，洗衣机的电源总开关QA_1连接到PLC的输入端子X0上，电气接线原理图如图10-9所示。

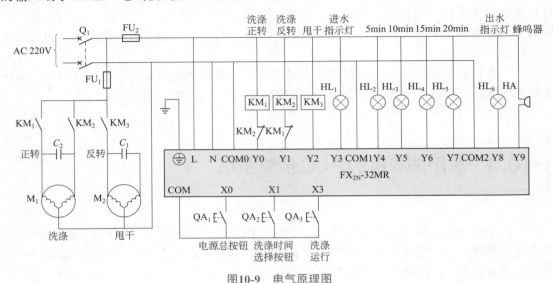

图10-9　电气原理图

10.3.3　程序编写

首先，双击打开GX Developer软件，然后单击"创建新工程"，在弹出的对话框中选择程序类型为梯形图类型，如图10-10所示。

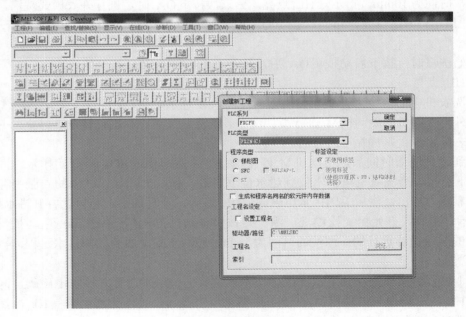

图10-10　选择程序类型为梯形图

在第一段程序中的第一个扫描周期使用ZRST指令对S0 ～ S33进行初始化清零操作，将S0 ～ S33都置位为0。

在第12步开始的程序中，当电源按钮被按下则置位S20，进行洗涤时间的选择。程序编程如图10-11所示。

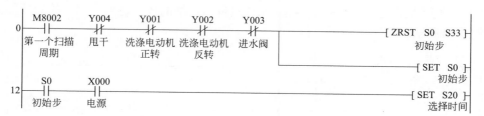

图10-11　程序1～15步图

从第16步开始，程序通过检查X001的按钮按下的次数，来增加D0中的数值，每按一次加1，当D0的数值大于3时，设置D0的值为0，这样就实现了D0字元件中0～3数值的限定。

当字D0=0时，将9000送到D1，洗涤时间为9000×0.1/60=15（min）。

当字D0=1时，将12000送到D1，洗涤时间为12000×0.1/60=20（min）。

当字D0=2时，将15000送到D1，洗涤时间为15000×0.1/60=25（min）。

当字D0=3时，将18000送到D1，洗涤时间为18000×0.1/60=30（min）。

程序如图10-12所示，在用户按下X002按钮时，进入衣服洗涤阶段。

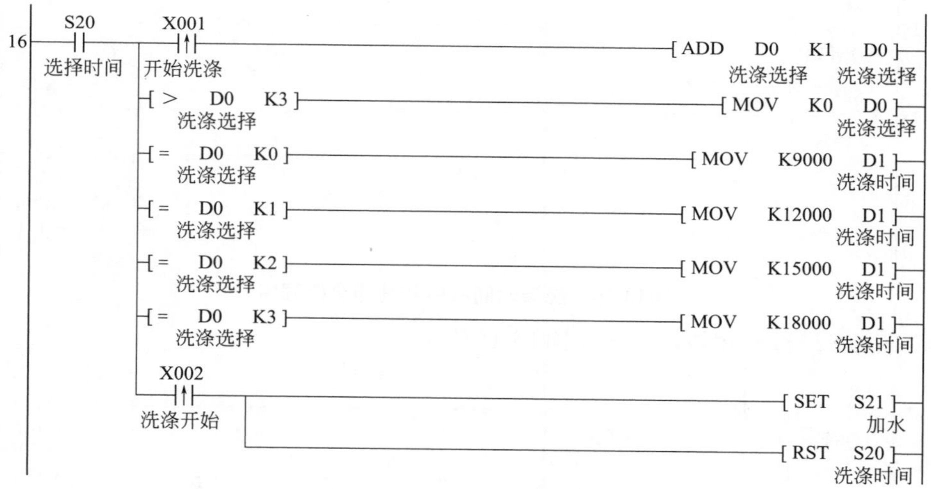

图10-12　选择洗涤时间图

进入衣服洗涤阶段后先打开进水阀门，将洗涤用水加入到高水位。当水位达到后进入衣服的正式洗涤阶段，程序如图10-13所示。

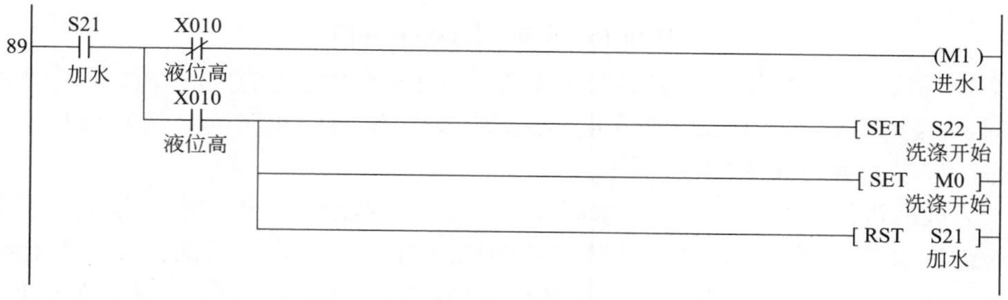

图10-13　正式洗涤阶段

水位达到要求后，开始正转洗涤，持续时间为6s，完成后切换到等待时间。注意程序中的互锁，正转运行的前提是洗涤电动机反转不能运行，为防止多处对正转线圈操作造成资源冲突，所以在此处使用M3辅助控制元件代替。详细的执行逻辑在程序的最后部分。程序如图10-14所示。

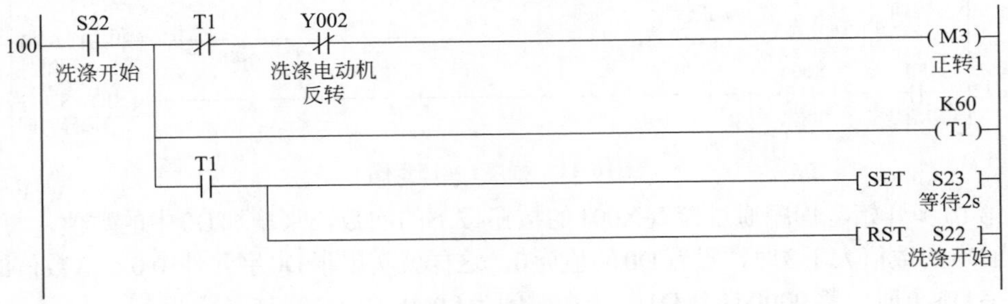

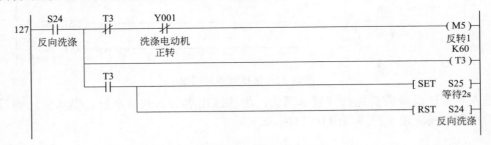

图10-14　洗涤中的6s正转洗涤

程序首先使用M0辅助单元启动洗涤总时间的计时，然后完成洗涤动作逻辑要求的2s等待时间，编程如图10-15所示。

图10-15　洗涤时间程序和洗涤等待程序

反转6s与S22部分相似，程序如图10-16所示。

图10-16　反转工作6s的程序图

等待2s的编程与S23相似，但加入洗涤总时间T5是否到达的判断，如果未到达，程序在等待时间2s到达后跳转到S22进行正转洗涤，如果洗涤的总时间到达则进行下一步S26出水程序，程序的编写如图10-17所示。

洗衣完成后进行漂洗，先打开出水阀放水，到水位低限时停止放水，并使用水位低限的上升沿对漂洗次数进行计数，并将计数值放到D2的字元件中，漂洗的程序如图10-18所示。

放水完成后，执行进水的程序，直到水位达到高水位进入正反转漂洗，程序如图10-19所示。

漂洗时先反转6s，等待2s再正转6s，等待2s。反转漂洗，并等待2s程序如图10-20所示。

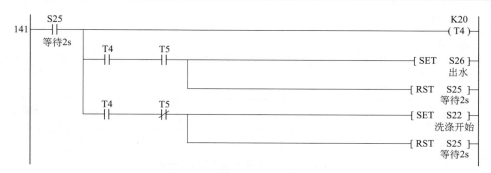

图10-17　洗涤总时间的判断以及等待时间2s的程序图

开始漂洗放水第三次放水甩干

图10-18　漂洗中的放水程序

图10-19　漂洗中的进水程序

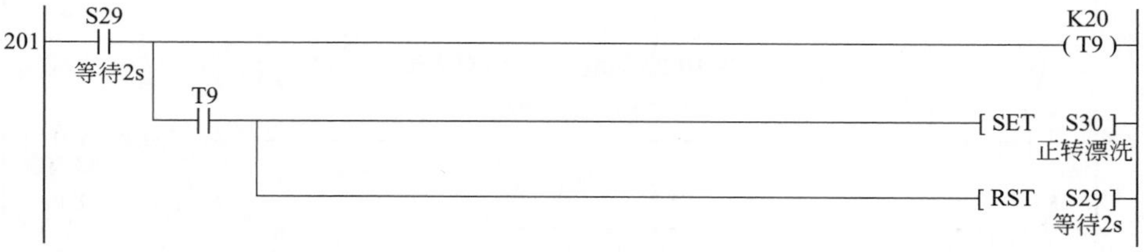

图10-20　等待2s程序的程序图

　　正转漂洗程序，与反转相类似。在漂洗6s后进入等待程序，程序如图10-21所示。

　　等待2s后，系统程序会判断漂洗是否完成，如完成则进行甩干程序，如没有完成则跳转到S27的放水程序，程序如图10-22所示。

　　在甩干的开始阶段，先将水放干，当水位到达低限时开始甩干，时间30s，程序如图10-23所示。

　　甩干后打开蜂鸣器报警，可按X6按钮复位蜂鸣器，如不按复位按钮在10s后，PLC会自动复位蜂鸣器，同时将程序跳转到S20步处，并复位M0、S33，同时将字元件清零，程序如图10-24所示。

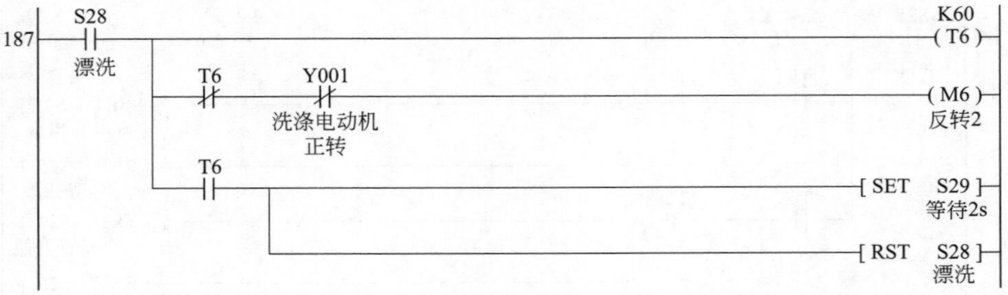

图10-21 正转漂洗程序的程序图

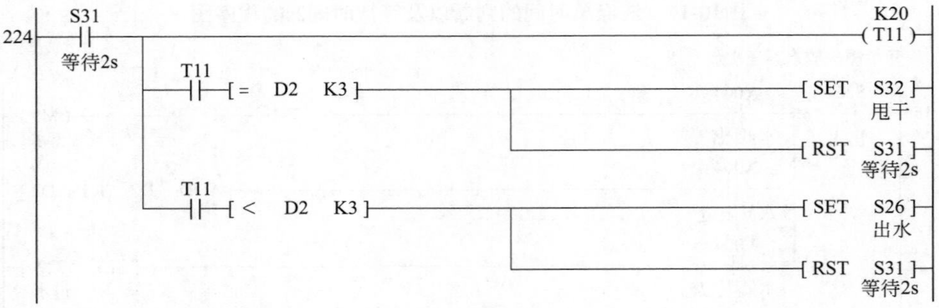

图10-22 漂洗正转等待程序的图示

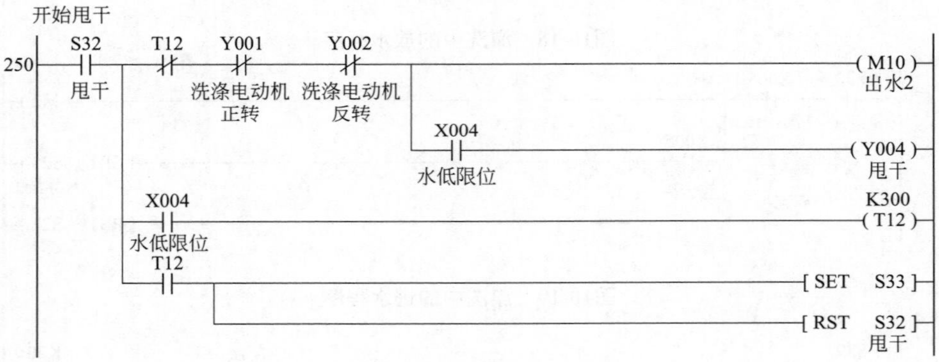

图10-23 甩干的程序图示

图10-24 复位蜂鸣器

前面讲解程序时就说明了辅助位元件的作用是避免在程序中多处使用，例如Y003放水阀的程序。这里先完成逻辑输出的编程，程序如图10-25所示。

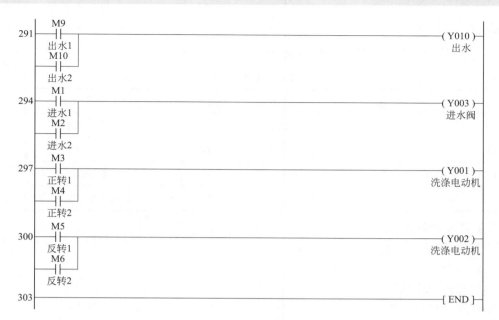

图10-25　逻辑输出的编程

全自动洗衣机按照上述的程序编制运行，就能够完成洗涤、漂洗和甩干了。

10.4　商用洗衣机的PLC控制系统

10.4.1　控制要求

① PLC送电，系统进入初始状态，准备好启动，启动时开始进水。水位到达高水位时停止进水，并开始洗涤正转。洗涤正转15s，暂停3s，洗涤反转15s后，暂停3s，此为一次小循环。若小循环不足3次，则返回洗涤正转；若小循环达3次，则开始排水。水位下降到低水位时开始脱水并继续排水。脱水10s即完成一次大循环。大循环不足3次，则返回进水，进行下一次大循环。若完成3次大循环，则进行洗完报警。报警后10s结束全部过程，自动停机，其控制流程如图10-26所示。

② 洗衣机小循环要求使用FR-A540变频器的程序运行功能实现。

③ 用变频器驱动电动机，洗涤时变频器输出频率为50Hz，其加减时间根据实际情况设定。

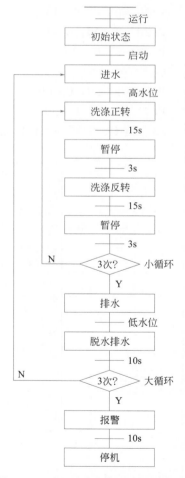

图10-26　工业洗衣机程序控制流程图

10.4.2 操作

（1）I/O接口分配 其接口分配如表10-3所示。

表10-3 I/O接口分配

输入端子	功能	输出端子	功能	输出端子	功能
X0	启动	Y0	进水	Y3	报警
X3	高水位	Y1	排水	Y4	正转STF
X4	低水位	Y2	脱水	Y5	程序运行第一组
				Y6	程序运行第二组用于脱水排水

（2）变频器参数设定

① 系统清零。

② 设定Pr.79=5（程序运行模式）。

③ 设定Pr.200=0/2（电压/时间）。

④ 程序运行第一组。

Pr.201=1、50、0：00

Pr.202=0、0、0：15

Pr.203=2、50、0：18

Pr.204=0、0、0：33

⑤ 程序运行第二组。

Pr.211=1、50、0：00

Pr.212=0、0、0：30

（3）PLC、变频器综合接线 工业洗衣机程序控制综合接线图如图10-27所示。

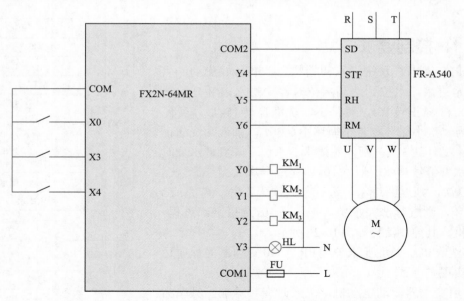

图10-27 工业洗衣机程序控制综合接线图

（4）参考程序　参考程序见图10-28。

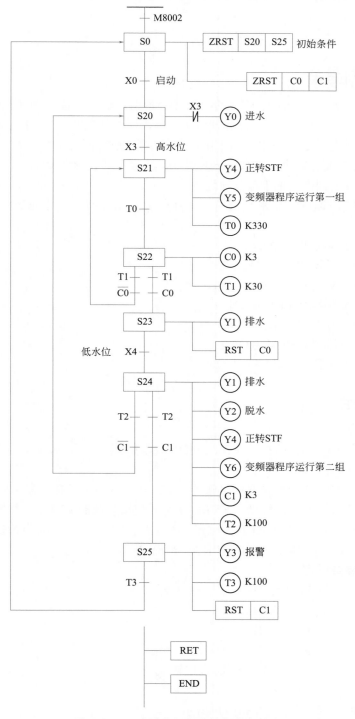

图10-28　工业洗衣机程序控制参考程序

10.5　多段速度恒压PLC控制供水系统

10.5.1　控制要求

① 共有3台水泵，按设计要求2台运行，1台备用，运行与备用每10天轮换1次。

② 用水高峰1台工频运行，1台变频高速运行，用水低谷时，1台变频低速运行。

③ 变频的升速与降速由供水压力上限触点与下限触点控制。

④ 工频水泵投入的条件是在水压下限且变频水泵处于最高速运行，工频水泵切除的条件是在水压上限且工频水泵处于最低速运行。

⑤ 变频器设7段速度控制水泵调速（实际应用为无级调速，此处是变频器的多段速度练习）。

第一速15Hz变频器PH为ON；

第二速20Hz变频器PM为ON；

第三速25Hz变频器PL为ON；

第四速30Hz变频器PM RL为ON；

第五速35Hz变频器PH RL为ON；

第六速40Hz变频器PH PM为ON；

第七速45Hz变频器PH RM RL为ON。

10.5.2　操作

（1）I/O分配

① 输入信号。X0：启动按钮；X1：水压上限触点；X2：水压下限触点；X3：停止按钮。

② 输出信号。Y1：1号水泵变频接触器；Y2：1号水泵工频接触器；Y3：2号水泵变频接触器；Y4：2号水泵工频接触器；Y5：3号水泵变频接触器；Y6：3号水泵工频接触器；Y10：STF变频正转触点；Y11：RH变频器1速触点；Y12：RM变频器2速触点；Y13：RL变频器3速触点；Y14：MRS变频器输出停止MRS触点。

（2）变频器参数设定

Pr79=3　　　　　　Pr24=30Hz

Pr1=50Hz　　　　　Pr25=35Hz

Pr9=50Hz　　　　　Pr26=40Hz

Pr4=15Hz　　　　　Pr27=45Hz

Pr5=20Hz　　　　　Pr78=1 正转（防止逆转）

Pr6=25Hz

（3）参考程序　参考程序如图10-29所示。

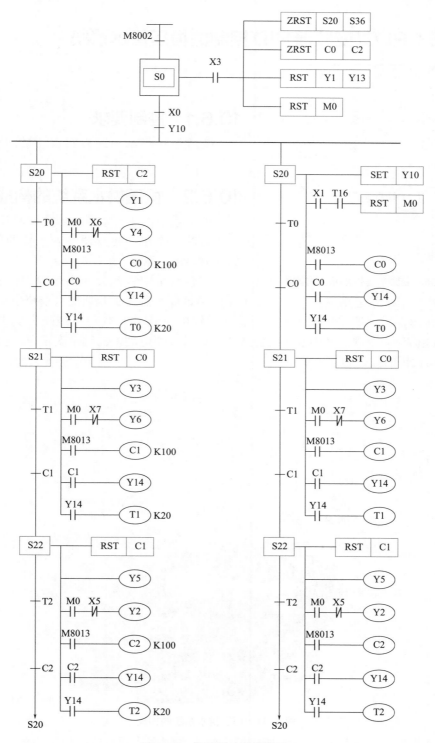

图10-29　恒压供水控制程序

10.6 PLC/变频器PID控制的恒压供水系统

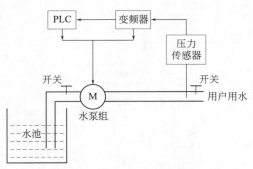

图10-30 变频恒压供水系统方案图

10.6.1 控制要求

变频恒压供水控制方案设计框图如图10-30所示。

10.6.2 恒压供水系统的构成

整个系统由三台水泵、一台变频调速器、一台PLC和一个压力传感器及若干辅助部件构成，如图10-31所示。

三台水泵中每台泵的出水管均装有手动阀，以供维修和调节水量之用，三台泵协调工作以满足供水需要；变频供水系统中检测管路压力的压力传感器，一般采用电阻式传感器（反馈0～5V电压信号）或压力变送器（反馈4～20mA电流）；变频器是供水系统的核心，通过改变电动机的频率实现电动机的无级调速、无波动稳压的效果和各项功能。

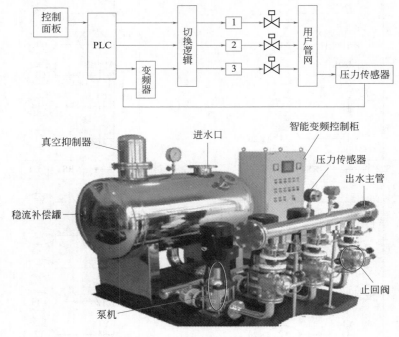

图10-31 恒压供水系统的构成

从原理框图我们可以看出变频调速恒压供水系统由执行机构、信号检测、控制系统、人机界面、通信接口以及报警装置等部分组成。

（1）执行机构 执行机构是由一组水泵组成的，它们用于将水供入用户管网，图10-31中的3个水泵分为两种类型：

调速泵：是由变频调速器控制、可以进行变频调整的水泵，用以根据用水量的变化改变电动机的转速，以维持管网的水压恒定。

恒速泵：水泵运行只在工频状态，速度恒定。它们用于在用水量增大而调速泵的最大供水能力不足时，对供水量进行定量的补充。

（2）信号检测　在系统控制过程中，需要检测的信号包括自来水出水水压信号和报警信号：

① 水压信号：它反映的是用户管网的水压值，它是恒压供水控制的主要反馈信号。

② 报警信号：它反映系统是否正常运行，水泵电机是否过载、变频器是否有异常。该信号为开关量信号。

（3）控制系统　供水控制系统一般安装在供水控制柜中，包括供水控制器（PLC 系统）、变频器和电控设备三个部分。

① 供水控制器：它是整个变频恒压供水控制系统的核心。供水控制器直接对系统中的工况、压力、报警信号进行采集，对来自人机接口和通信接口的数据信息进行分析、实施控制算法，得出对执行机构的控制方案，通过变频调速器和接触器对执行机构（即水泵）进行控制。

② 变频器：它是对水泵进行转速控制的单元。变频器跟踪供水控制器送来的控制信号改变调速泵的运行频率，完成对调速泵的转速控制。

③ 电控设备：它是由一组接触器、保护继电器、转换开关等电气元件组成的，用于在供水控制器的控制下完成对水泵的切换、手/自动切换等。

（4）人机界面　人机界面是人与机器进行信息交流的场所。通过人机界面，使用者可以更改设定压力，修改一些系统设定以满足不同工艺的需求，同时使用者也可以从人机界面上得知系统的一些运行情况及设备的工作状态。人机界面还可以对系统的运行过程进行监视，对报警进行显示。

（5）通信接口　通信接口是本系统的一个重要组成部分，通过该接口，系统可以和组态软件以及其他的工业监控系统进行数据交换，同时通过通信接口，还可以将现代先进的网络技术应用到本系统中来，例如可以对系统进行远程的诊断和维护等。

（6）报警装置　作为一个控制系统，报警是必不可少的重要组成部分。由于本系统能适用于不同的供水领域，所以为了保证系统安全、可靠、平稳地运行，防止因电动机过载、变频器报警、电网过大波动、供水水源中断、出水超压、泵站内溢水等等造成的故障，因此系统必须要对各种报警量进行监测，由 PLC 判断报警类别，进行显示和保护动作控制，以免造成不必要的损失。

10.6.3　工作原理设计

合上空气开关，供水系统投入运行。将手动/自动开关打到自动上，系统进入全自动运行状态，PLC 中程序首先接通 KM_6，并启动变频器。根据压力设定值（根据管网压力要求设定）与压力实际值（来自于压力传感器）的偏差进行 PID 调节，并输出频率给定信号给变频器。变频器根据频率给定信号及预先设定好的加速时间控制水泵的转速以保证水压保持在压力设定值的上、下限范围之内，实现恒压控制。同时变频器在运行频率到达上限时，会将频率到达信号送给 PLC，PLC 则根据管网压力的上、下限信号和变频器的运行频率是否到达上限的信号，由程序判断是否要启动第二台泵（或第三台泵）。当变频器运行频率达到频率上限值，并保持一段时间后，PLC会将当前变频运行泵切换为工频运行，并迅速启动下一台泵变频运行。此时PID会继续通过由远端压力表送来的检测信号进行分析、计算、判断，进一步控制变频器的运行频率，使管压保持在压力设定值的上、下限偏差范围之内。

增泵工作过程：假定增泵顺序依次为1、2、3泵。开始时，1泵电动机在PLC控制下先投入调速运行，其运行速度由变频器调节。当供水压力小于压力预置值时变频器输出频率升高，水泵转速上升，反之下降。当变频器的输出频率达到上限，并稳定运行后，如果供水压力仍没达到预置值，则需进入增泵过程。在PLC的逻辑控制下将1泵电动机与变频器连接的电磁开关断开，1泵电动机切换到工频运行，同时变频器与2泵电动机连接，控制2泵投入调速运行。如果还没到达设定值，则继续按照以上步骤将2泵切换到工频运行，控制3泵投入变频运行。

减泵工作过程：假定减泵顺序依次为3、2、1泵。当供水压力大于预置值时，变频器输出频率降低，水泵速度下降，当变频器的输出频率达到下限，并稳定运行一段时间后，把变频器控制的水泵停机，如果供水压力仍大于预置值，则将下一台水泵由工频运行切换到变频器调速运行，并继续减泵工作过程。如果在晚间用水不多时，当最后一台正在运行的主泵处于低速运行时，如果供水压力仍大于设定值，则停机并启动辅泵投入调速运行，从而达到节能效果。

10.6.4 PLC控制变频器恒压供水系统相关电路设计

（1）主电路设计 主电路接线图如图10-32所示。

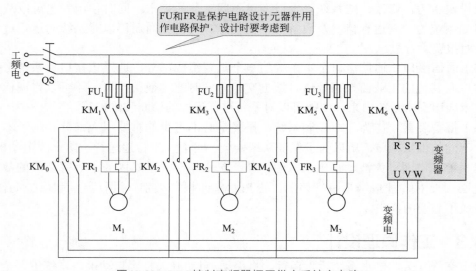

图10-32 PLC控制变频器恒压供水系统主电路

主电路分别为电动机M_1、M_2、M_3工频运行时接通电源的控制接触器KM_1、KM_3、KM_5，另外KM_0、KM_2、KM_4分别为电动机M_1、M_2、M_3变频运行时接通电源的控制接触器。

热继电器FR是利用电流的热效应原理工作的器件，它在电路中用作电动机的过载保护。

熔断器FU是电路中的一种简单的短路保护装置。使用中，由于电流超过允许值产生的热量使串接于主电路中的熔体熔化而切断电路，防止电气设备短路和严重过载。

（2）PLC的选型和接线　水泵 M_1、M_2、M_3 可变频运行，也可工频运行，需PLC的6个输出点，变频器的运行与关断由PLC的1个输出点控制，变频器使电动机正转需1个输出信号控制，报警器的控制需要1个输出点，输出点数量一共9个。控制启动和停止需要2个输入点，变频器极限频率的检测信号占用PLC的2个输入点，系统自动/手动启动需1个输入点，手动控制电动机的工频/变频运行需6个输入点，控制系统停止运行需1个输入点，检测电动机是否过载需3个输入点，共需15个输入点。系统所需的输入/输出点数量共为24个点。本系统选用FXOS-30MR-D型PLC。接线如图10-33所示。

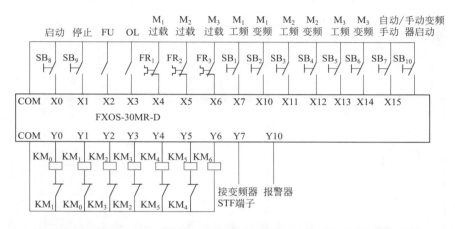

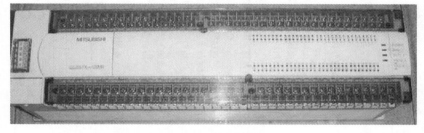

图10-33　PLC的接线

Y0接 KM_0 控制 M_1 的变频运行，Y1接 KM_1 控制 M_1 的工频运行；Y2接 KM_2，Y0、Y2、Y4分别接 KM_1、KM_3、KM_5 工频运行，Y1、Y3、Y5分别接 KM_0、KM_2、KM_4 变频运行；X0接启动按钮，X1接停止按钮，X2接变频器的FU接口，X3接变频器的OL接口，X4接 M_1 的热继电器，X5接 M_2 的热继电器，X6接 M_3 的热继电器。

为了防止出现某台电动机既接工频电又接变频电设计了电气互锁。在同时控制 M_1 电动机的两个接触器 KM_1、KM_0 线圈中分别串入了对方的常闭触点形成电气互锁。

（3）变频器的选型和接线

① 变频器的选型。根据设计的要求，本系统选用三菱公司FR-A500变频器，如图10-34所示。

② 变频器的接线。引脚STF接PLC的Y7引脚，控制电动机的正转。X2接变频器的FU接口，X3接变频器的OL接口。频率检测的上/下限信号分别通过OL和FU输出至PLC的X2与X3输入端，并将其作为PLC增泵减泵的控制信号。如图10-35所示。

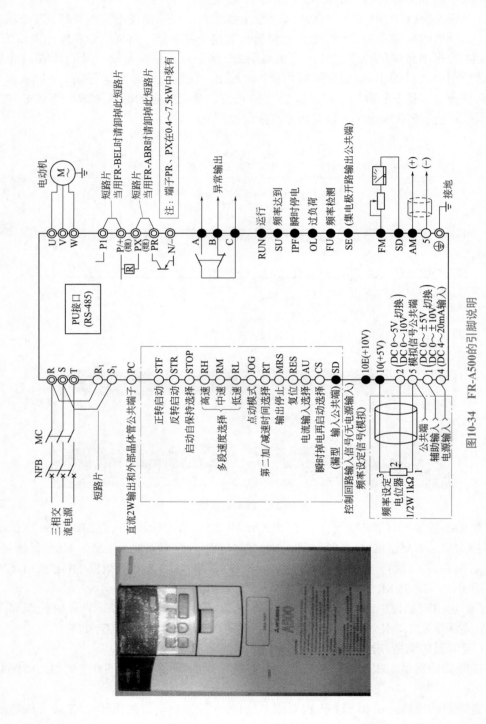

图10-34 FR-A500的引脚说明

10.6.5　PID调节器原理

PID是比例、积分、微分的简称，PID控制主要是控制器的参数整定。

在应用中仅用P动作控制，不能完全消除偏差。为了消除残留偏差，一般采用增加I动作的PI控制。用PI控制时，能消除由改变目标值和经常的外来扰动等引起的偏差。但是，I动作过强时，对快速变化偏差响应迟缓。对有积分元件的负载系统可以单独使用P动作控制。

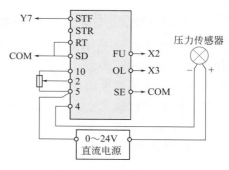

图10-35　变频器接线图

对于PD控制，发生偏差时，很快产生比单独D动作还要大的操作量，以此来抑制偏差的增加。偏差小时，P动作的作用减小。控制对象含有积分元件的负载场合，仅P动作控制，有时由于此积分元件的作用，系统发生振荡。在该场合，为使P动作的振荡衰减和系统稳定，可用PD控制。换言之，该种控制方式适用于过程本身没有制动作用的负载。

利用I动作消除偏差作用和用D动作抑制振荡作用，再结合P动作就构成了PID控制，本系统就是采用了这种方式。采用PID控制较其他组合控制效果要好，基本上能获得无偏差、精度高和系统稳定的控制过程。这种控制方式用于从产生偏差到出现响应需要一定时间的负载系统（即实时性要求不高的系统，工业上的过程控制系统一般都是此类系统，本系统也比较适合PID调节）效果比较好，如图10-36所示。

通过对被控制对象的传感器等检测控制量（反馈量），将其与目标值（温度、流量、压力等设定值）进行比较。若有偏差，则通过此功能的控制动作使偏差为零，也就是使反馈量与目标值相一致的一种通用控制方式。它比较适用于流量控制、压力控制、温度控制等过程量的控制。在恒压供水中常见的PID控制器的控制形式主要有两种：

① 硬件型：即通用PID控制器，在使用时只需要进行线路的连接和P、I、D参数及目标值的设定。

② 软件型：使用离散形式的PID控制算法在可编程序控制器（或单片机）上做PID控制器。此次设计使用硬件型控制形式。

根据设计的要求，本系统的PID调节器内置于变频器中，如图10-37所示。

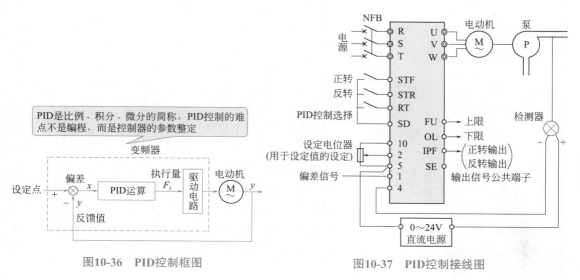

图10-36　PID控制框图

图10-37　PID控制接线图

10.6.6 压力传感器的接线图

压力传感器使用MKS-1型绝对压力传感器。该传感器采用硅压阻效应原理实现压力测量的力—电转换。传感器由敏感芯体和信号调理电路组成，当压力作用于传感器时，敏感芯体内硅片上的惠斯通电桥的输出电压发生变化，信号调理电路将输出的电压信号作放大处理，同时进行温度补偿、非线性补偿，使传感器的电性能满足技术指标的要求。

该传感器的量程为0～2.5MPa，工作温度为5～60℃，供电电源为（28±3）V（DC），如图10-38所示。

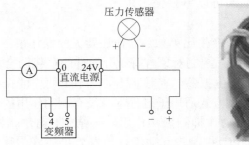

图10-38 压力传感器的接线图和实物图

10.6.7 软件设计

PLC在系统中的作用是控制交流接触器组进行工频—变频的切换和水泵工作数量的调整。工作流程如图10-39所示。

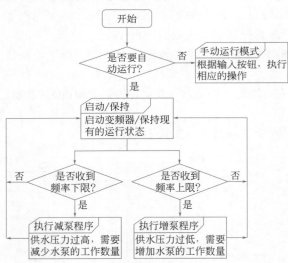

图10-39 工作流程

系统启动之后，检测是自动运行模式还是手动运行模式。如果是手动运行模式则进行手动操作，人们根据自己的需要操作相应的按钮，系统根据按钮执行相应操作。如果是自动运行模式，则系统根据程序及相关的输入信号执行相应的操作。

手动模式主要是解决系统出错或器件问题。

在自动运行模式中，如果PLC接到频率上限信号，则执行增泵程序，增加水泵的工作数量。如果PLC接到频率下限信号，则执行减泵程序，减少水泵的工作数量。没接到信号就保持现有的运行状态。

（1）手动运行 按SB$_7$按钮切换为手动方式。按下SB$_{10}$手动启动变频器。当系统压力不够需要增加泵时，按下SB$_n$（n=1，3，5）按钮，此时切断电动机变频，同时启动电动机工频运行，再启动下一台电动机。为了变频向工频切换时保护变频器免受工频电压的反向冲击，在切换时，用时间继电器作了时间延迟，当压力过大时，可以手动按下SB$_i$（i=2，4，6）按钮，切断工频运行的电动机，同时启动电动机变频运行。可根据需要，停按不同电动机对应的启停按钮，可以依次实现手动启动和手动停止三台水泵。该方式仅供自动故障时使用。

（2）自动运行　由 PLC 分别控制某台电动机工频和变频运行，在条件成立时，进行增泵升压和减泵降压控制。

升压控制：系统工作时，每台水泵处于三种状态之一，即工频电网拖动状态、变频器拖动调速状态和停止状态。系统开始工作时，供水管道内水压力为零，在控制系统作用下，变频器开始运行，第一台水泵 M_1 启动且转速逐渐升高，当输出压力达到设定值，其供水量与用水量相平衡时，转速才稳定到某一定值，这期间 M_1 处在调速运行状态。当用水量增加水压减小时，通过压力闭环调节水泵按设定速率加速到另一个稳定转速；反之用水量减少水压增加时，水泵按设定的速率减速到新的稳定转速。当用水量继续增加，变频器输出频率增加至工频时，水压仍低于设定值，由 PLC 控制切换至工频电网后恒速运行；同时，使第二台水泵 M_2 投入变频器并变速运行，系统恢复对水压的闭环调节，直到水压达到设定值为止。如果用水量继续增加，每当加速运行的变频器输出频率达到工频时，将继续发生如上转换，并有新的水泵投入并联运行。当最后一台水泵 M_3 投入运行，变频器输出频率达到工频，压力仍未达到设定值时，控制系统就会发出故障报警。

降压控制：当用水量下降水压升高，变频器输出频率降至启动频率时，水压仍高于设定值，系统将工频运行时间最长的一台水泵关掉，恢复对水压的闭环调节，使压力重新达到设定值。当用水量继续下降，每当减速运行的变频器输出频率降至启动频率时，将继续发生如上转换，直到剩下最后一台变频泵运行为止。

10.7　通过 RS-485 通信实现单台电动机的变频运行

10.7.1　控制要求

① 利用变频器的指令代码表进行 PLC 与变频器的通信。

② 使用 PLC 输入信号，控制变频器正转、反转、停止。

③ 使用 PLC 输入信号，控制变频器运行频率。

④ 使用 PLC 读取变频器的运行频率。

⑤ 使用触摸屏，通过 PLC 的 RS-485 总线实现上述功能。

10.7.2　I/O 分配表

I/O 分配表如表 10-4 所示。

表 10-4　I/O 分配表

输入端		输出端	
启动	X000	正转运行指示	Y000
停止	X001	反转运行指示	Y001
		停止运行指示	Y002

10.7.3 工作流程图

工作流程图如图10-40所示。

图10-40 工作流程图

10.7.4 硬件接线图

系统接线原理图、RS-485通信板接线图如图10-41、图10-42所示。

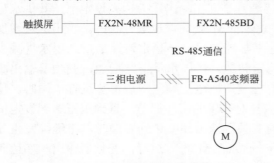

图10-41 系统接线原理图

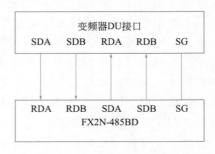

图10-42 RS-485通信板的接线图

10.7.5 触摸屏控制图

触摸屏控制图如图10-43所示。

10.7.6 变频器参数设置步骤

（1）通信格式设置

① 设数据长度为8位，即D8120的b0=1

② 奇偶性设为偶数，即D8120的b1=1，b2=1。

③ 停止位设为2位，即D8120的b3=1。

④ 通信速率设为19200，即D8120的b4=b7=1，b5=b6=0。

⑤ D1820的其他均设置为0。

因此通信格式设为D1820=9FH

（2）变频器参数设置

① 操作模式选择（PU运行）Pr.79=1。

② 站号设定Pr.117=0。

③ 通信速率Pr.118=192。

④ 数据长度及停止位长Pr.119=1。

⑤ 奇偶性设定Pr.120=2。

⑥ 通信再试次数Pr.121=1。

⑦ 通信校验时间间隔Pr.122=9999。

⑧ 等待时间设定Pr.123=10。

⑨ 换行有无选择Pr.124=0。

⑩ 其他参数按出厂值设置。

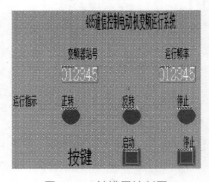

图10-43 触摸屏控制图

10.7.7 程序设计

程序设计如图10-44所示。

```
      M8002
  0 ──┤├──────────────────────────────────────────[ ZRST D0 D900 ]

      X000
  6 ──┤├──────────────────────────────────────────────[ SET M1 ]

      X001
  8 ──┤├──────────────────────────────────────────────[ RST M1 ]

      M8000
 10 ──┤├──────────────────────────────────────────────( M8161 )

      X000
 13 ──┤├──────────────────────────────────────────[ MOV H9F D8120 ]
      │
      └───────────────────────────────────────────────[ RST C0 ]

      M1   C0   T3                                    K100
 21 ──┤├──┤╱├──┤╱├──────────────────────────────────────( T0 )
                │                                      K200
                ├──────────────────────────────────────( T1 )
                │                                      K250
                ├──────────────────────────────────────( T2 )
                │                                      K350
                ├──────────────────────────────────────( T3 )
                │
                ├──────────────────────────────────────( M0 )
                │   T3                                  K3
                └──┤├───────────────────────────────────( C0 )

      T1   M0
 41 ──┤╱├──┤├───────────────────────────────────[ MOV H2 D10 ]
           │
           ├──────────────────────────────────────[ CALL P0 ]
           │
           └──────────────────────────────────────[ SET Y000 ]

      T2   T1
 52 ──┤╱├──┤├───────────────────────────────────[ MOV H0 D10 ]
      C0   │
    ──┤├───┤
      X001 │
    ──┤├───┤──────────────────────────────────────[ CALL P0 ]
           │
           └──────────────────────────────────────[ SET Y002 ]

      T3   T2
 65 ──┤╱├──┤├───────────────────────────────────[ MOV H4 D10 ]
           │
           ├──────────────────────────────────────[ CALL P0 ]
           │
           └──────────────────────────────────────[ SET Y001 ]

      M0   T0
 76 ──┤├──┤╱├──────────────────────────────[ MOV K1000 D100 ]

      T0   T1
 83 ──┤├──┤╱├──────────────────────────────[ MOV K2000 D100 ]

      T2   T3
 90 ──┤├──┤╱├──────────────────────────────[ MOV K3000 D100 ]
```

图10-44

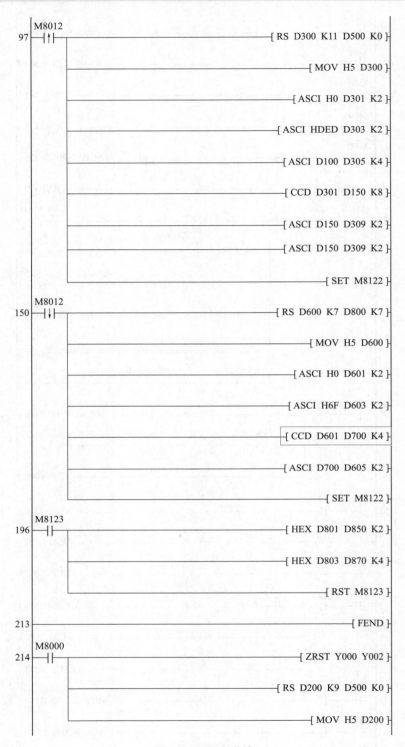

图10-44　程序设计

10.8　PLC与变频器的RS-485通信控制

10.8.1　控制要求

利用变频器的数据代码表进行以下通信操作，各部分连接如图10-45所示。

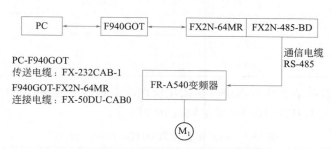

图10-45　PLC与变频器的RS-485通信控制连接图

① 使用PLC，通过RS-485总线，控制变频器正转、反转、停止。

② 使用PLC，通过RS-485总线，在运行中直接修改变频器运行频率，例如10Hz、20Hz、30Hz、40Hz、50Hz或根据考评员要求修改。

③ 能用触摸屏画面进行以上的控制和操作。

④ 三菱FR-A540变频器数据代码表（部分）如表10-5所示。

表10-5　三菱FR-A540变频器数据代码表

操作指令	指令代码	数据内容
正转	HFA	H02
反转	HFA	H04
停止	HFA	H00
运行频率写入	HED	H0000～H2EE0

注：频率数据内容 H0000 ～ H2EE0 为 0 ～ 120.00Hz，最小单位为 0.01Hz。

10.8.2　接线分析与参数设定

① FX2N-485-BD 与 FR-A540 变频器的通信接线见图10-46。

图10-46　FX2N-485-BD与FR-A540变频器的通信接线图

② 变频器与通信有关的参数设定见表10-6。

表 10-6　变频器与通信有关的参数设定

PU 接口	通信参数	设定值	备注
Pr.117	变频器站号	0	0 站变频器
Pr.118	通信速度	192	通信波特率为 19.2K
Pr.119	停止位长度	1	停止位为 2 位
Pr.120	奇偶校验是/否	2	偶校验
Pr.121	通信重试次数	9999	通信再试次数
Pr.122	通信检查时间间隔	9999	
Pr.123	等待时间设置	20	变频器设定
Pr.124	CRLF 是/否选择	0	无 CR，无 LF
Pr.79	操作模式	1	计算机通信模式

设定变频器参数前请将变频器进行初始化操作，变频器其他参数自行设定。

③ PLC 通信格式 D8120=H009F 设定如表 10-7 所示。

表 10-7　PLC 通信格式 D8120=H009F 设定

B15	B14	B13	B12	B11	B10	B9	B8	B7	B6	B5	B4	B3	B2	B1	B0
0	0	0	0	0	0	0	0	1	0	0	1	1	1	1	1
使用 RS 指令		保留	发送和接收		保留	无起始位无停止位		波特率为 19.2k			2 位停止位		偶数		8 位数据

④ PLC 命令数据码如表 10-8 所示。

表 10-8　PLC 命令数据码

名称	正转 H02 数据 ASCII 码	反转 H04 数据 ASCII 码	停止 H00 数据 ASCII 码
变频器操作命令代码	H30	H30	H30
	H32	H34	H30
变频器校验数据代码	H34	H34	H34
	H39	H42	H37

⑤ 变频器运行频率 10 ～ 50Hz 数据的 ASCII 码表如表 10-9 所示。

表 10-9　变频器运行频率 10 ～ 50Hz 数据的 ASCII 码表

项目	10Hz	20Hz	30Hz	40Hz	50Hz
变频器运行频率 ASCII 码	H30	H30	H30	H30	H31
	H33	H37	H42	H46	H33
	H45	H44	H42	H41	H38
	H38	H30	H38	H30	H38

10.8.3　程序设计

程序设计见图 10-47。

10.8.4　触摸屏通信信号画面制作

PLC 与变频器的 RS-485 通信控制触摸画面如图 10-48 所示。

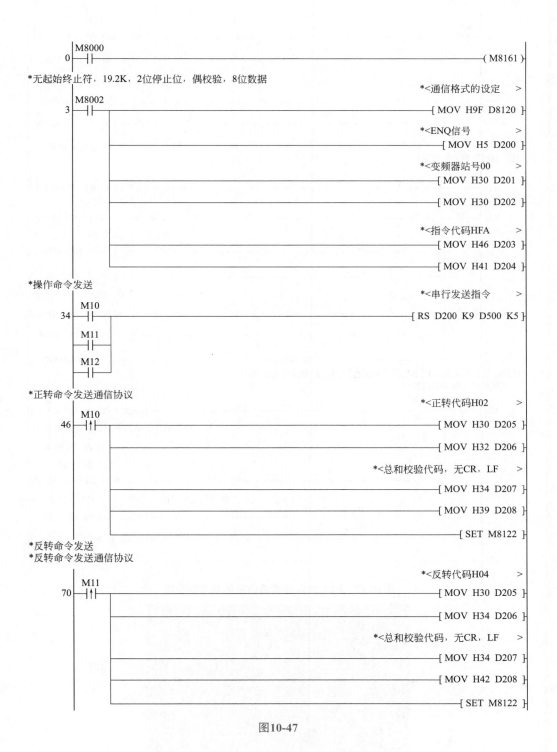

图10-47

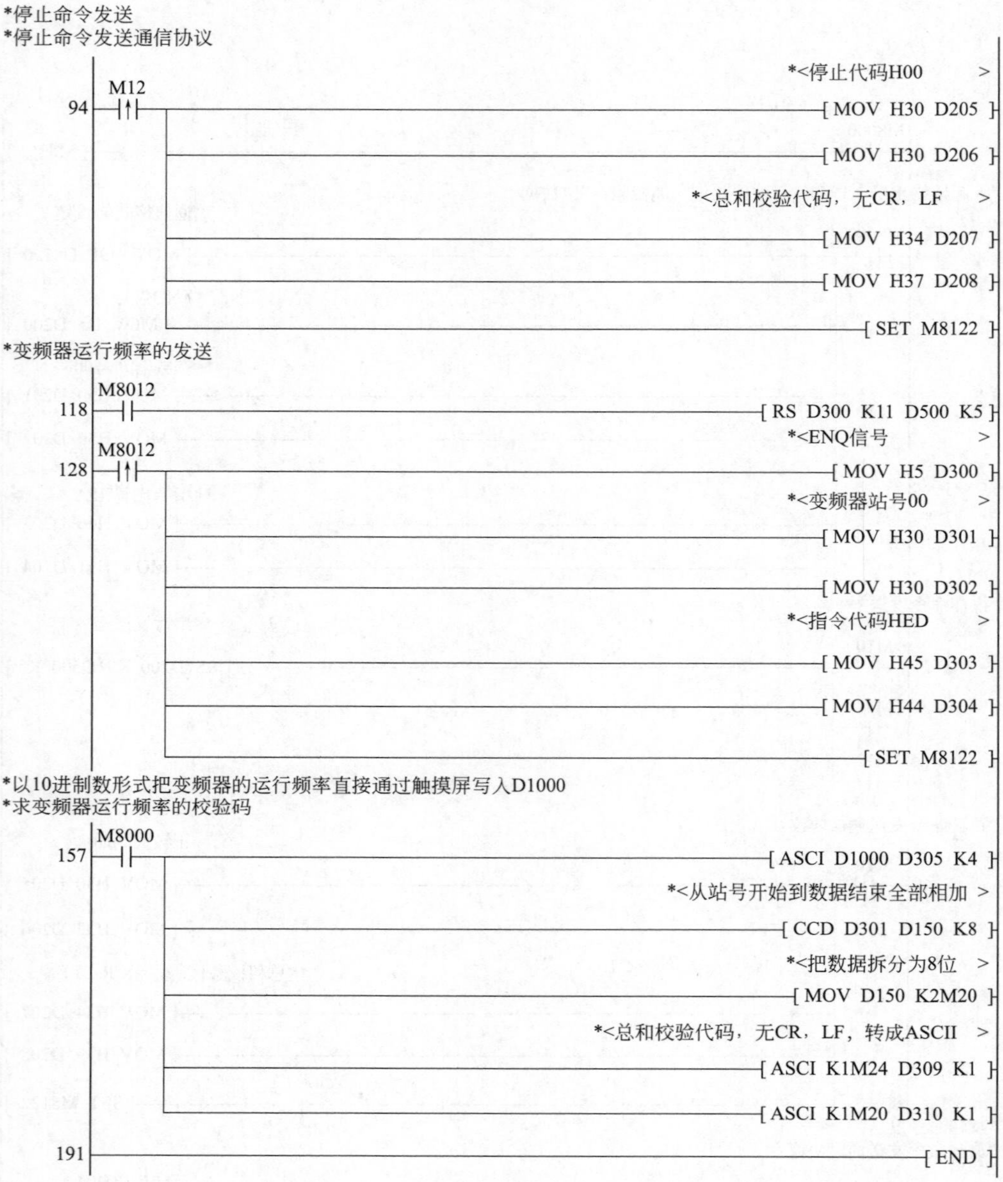

*停止命令发送
*停止命令发送通信协议
*<停止代码H00 >
94 M12
[MOV H30 D205]
[MOV H30 D206]
*<总和校验代码，无CR，LF >
[MOV H34 D207]
[MOV H37 D208]
[SET M8122]
*变频器运行频率的发送
118 M8012
[RS D300 K11 D500 K5]
*<ENQ信号 >
128 M8012
[MOV H5 D300]
*<变频器站号00 >
[MOV H30 D301]
[MOV H30 D302]
*<指令代码HED >
[MOV H45 D303]
[MOV H44 D304]
[SET M8122]
*以10进制数形式把变频器的运行频率直接通过触摸屏写入D1000
*求变频器运行频率的校验码
157 M8000
[ASCI D1000 D305 K4]
*<从站号开始到数据结束全部相加 >
[CCD D301 D150 K8]
*<把数据拆分为8位 >
[MOV D150 K2M20]
*<总和校验代码，无CR，LF，转成ASCII >
[ASCI K1M24 D309 K1]
[ASCI K1M20 D310 K1]
191
[END]

图10-47　PLC与变频器通信控制参考梯形图

PLC与变频器的RS-485通信控制
变频器运行频率写入
01 。 30 HZ
切换其他
正转控制
反转控制
停止

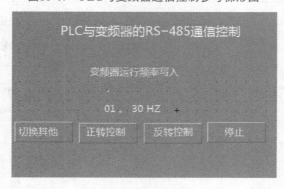

图10-48　PLC与变频器的RS-485通信控制触摸画面

10.9　PLC控制的电梯系统

10.9.1　控制要求

① 电梯停在一层或二层，三层呼叫时，则电梯上行至三层停止。

② 电梯停在三层或二层，一层呼叫时，则电梯下行至一层停止。

③ 电梯停在一层，二层呼叫时，则电梯上行至二层停止。

④ 电梯停在三层，二层呼叫时，则电梯下行至二层停止。

⑤ 电梯停在一层，二层和三层同时呼叫时，则电梯上行至二层停止 T 秒，然后继续自动上行至三层停止。

⑥ 电梯停在三层，二层和一层同时呼叫时，则电梯下行至二层停止 T 秒，然后继续自动下行至一层停止。

⑦ 电梯上行途中，下降招呼无效；电梯下降途中，上行招呼无效。

⑧ 轿厢所停位置层召唤时，电梯不响应召唤。

⑨ 电梯楼层定位采用旋转编码器脉冲定位（采用型号为0VW2-06-2MHC的旋转编码器，脉冲为600脉冲/r，DC 24V 电源），不设磁感应位置开关。

⑩ 具有上行、下行定向指示，上行或下行延时启动。

⑪ 电梯到达目的层站时，先减速后平层，减速脉冲个数根据现场确定。

⑫ 电梯具有快车速度50Hz、爬行速度6Hz，当平层信号到来时，电梯从6Hz减速到0Hz。

⑬ 电梯启动加速时间、减速时间由考评员定。

⑭ 具有轿厢所停位置楼层数码管显示。

10.9.2　分析操作

（1）I/O接口分配　I/O接口分配如表10-10所示。

表10-10　I/O接口分配

输入	功能	输出	功能
X0	C235计数端	Y1	1层呼叫指示
X7	计数在一层时强迫复位	Y2	2层呼叫指示
		Y3	3层呼叫指示
X1	1层呼叫	Y6	电梯上升箭头
X2	2层呼叫	Y7	电梯下降箭头
X3	3层呼叫	Y10	电梯上升
		Y11	电梯下降
		Y12	RH减速运行至6Hz
		Y20～Y26	电梯轿厢位置数码显示

（2）变频器参数设定　PU运行频率先50Hz，Pr.79=3，Pr.4=6Hz（电梯爬行速度），Pr.7=5，Pr.8=1。

（3）电梯编码器相关问题　采用600P的电梯编码器，4极电动机的转速按1500r/min，则50Hz时的每秒脉冲个数：

$$1500r/min \div 60s \times 600 脉冲 = 15000 脉冲/s$$

设电梯每层相隔75000个脉冲，在60000个脉冲时减速为6Hz，电梯运行前必须先操作X7强制单位。

三层电梯脉冲个数的计算，每层运行5s，提前1s减速，具体计算如下。

10.9.3　PLC、变频器综合接线

带编码器的三层电梯控制综合接线图如图10-49所示。

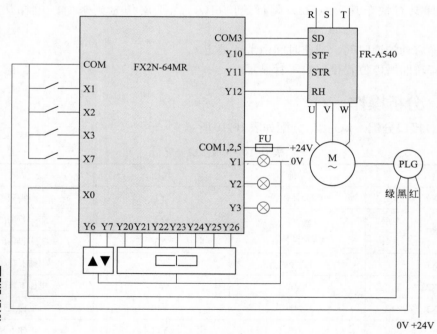

程序设计
（10.9.4）

图10-49　带编码器的三层电梯控制综合接线图

10.9.4　程序设计（扫二维码学习）

10.10　PLC、变频器、触摸屏用于中央空调电路

10.10.1　控制要求

某中央空调有 3 台冷却水泵，采用 1 台变频器的方案进行节能控制，控制要求如下：

① 先闭合 KM_1 启动 1 号泵，单台变频运行。

② 当 1 号泵的工作频率上升到 48Hz 上限切换频率时，1 号泵将切换到 KM_2 工频运行，然后再闭合 KM_3 将变频器与 2 号泵相接，并进行软启动，此时 1 号泵工频运行，2 号泵变频运行。

③ 当 2 号泵的工作频率下降到设定的下限切换频率 15Hz 时，则将 KM_2 断开，1 号泵停机，此时由 2 号泵单台变频运行。

④ 当 2 号泵的工作频率上升到 48Hz 上限切换频率时，2 号泵将切换到 KM_4 工频运行，然后再闭合 KM_5 将变频器与 3 号泵相接，并进行软启动，此时 2 号泵工频运行，3 号泵变频运行。

⑤ 当 2 号泵的工作频率下降到设定的下限切换频率 15Hz 时，将 KM_4 断开，2 号泵停止，此时由 3 号泵单台变频运行。

⑥ 当 3 号泵的工作频率上升到 48Hz 上限切换频率时，3 号泵将切换到 KM_6 工频运行，然后再闭合 KM_1 将变频器与 1 号泵相接，并进行软启动，此时 3 号泵工频运行，1 号泵变频运行。

⑦ 当 1 号泵的工作频率下降到设定的下限切换频率 15Hz 时，将 KM_6 断开，3 号泵停机，此时由 1 号泵单台变频运行，如此循环运行。

⑧ 水泵投入工频运行时，电动机的过载由热继电器保护，并有报警信号指示。

⑨ 每台泵的变频接触器和工频接触器外部电气互锁及机械联锁。

⑩ 切换过程：首先 MRS 接通（变频器输出停止），延时 0.2s 后，断开变频接触器，延时 0.5s 后，闭合工频接触器，再延时闭合下一台变频接触器并断开 MRS 接点，实现变频与工频的切换。

⑪ 变频与工频的切换，是由冷却水的温度上限、下限控制的，或由变频器的上限切换频率（FU）和下限切换频率（SU）控制，可以用外部电位器调速方式模拟以上频率进行自动切换。

⑫ 变频器的其余参数自行设定。

⑬ 操作时，KM_1、KM_3、KM_5 可并联变频器与电动机，KM_2、KM_4、KM_6 不接入，用指示灯代替，其主电路接线如图 10-50 所示。

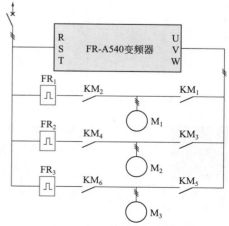

图10-50　冷却水泵节能循环运行控制
主电路接线图

10.10.2　分析操作

（1）I/O 接口分配　其接口分配如表 10-11 所示。

表10-11 I/O接口分配

输入端子	功能	输出端子	功能
X0	启动	Y0	热保护报警灯
X1	FU信号，48Hz	Y1	KM₁
X2	SU信号，15Hz	Y2	KM₂
X3	停止	Y3	KM₃
X5	FR₁	Y4	KM₄
X6	FR₂	Y5	KM₅
X7	FR₃	Y6	KM₆
X10	KM₁常开辅助触点	Y10	STF
X11	KM₃常开辅助触点	Y11	MRS信号
X12	KM₅常开辅助触点		

（2）变频器参数设置

Pr.42=48Hz	上限切换频率FU信号
Pr.50=15Hz	下限切换频率FU2信号（标记为SU端子）
Pr.191=5	标记为SU端子的功能为FU2信号
Pr.79=2	操作模式为外部操作，需外接电位器

10.10.3 PLC、变频器综合接线

综合接线见图10-51。

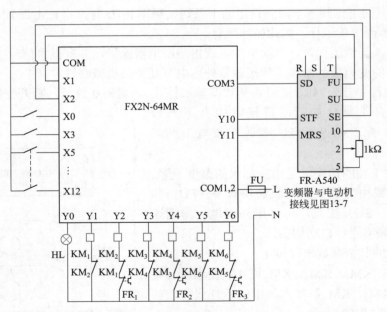

程序设计
（10.10.4）

图10-51 冷却水泵节能循环运行控制综合接线图

10.10.4 程序设计（扫二维码学习）

10.11　普通车床的 PLC 改造

10.11.1　控制要求

在我国现有的机床中，其中一部分仍采用传统的接触器 - 继电器控制方式，如 CA6140 车床、X62W 铣床、T68 镗床等。这些机床采用继电器控制，触点多、线路复杂，使用多年后，故障多、维护不便、可靠性差，影响了正常的生产。还有一些机床是早期从国外进口的数控机床，有的已到了使用期限，即将或已经出现一定程度的故障。出现故障后，由于原生产厂家已不再提供旧产品的电路板或其他配件，配件供给的缺少使得机床得不到及时修复，处于停产闲置状态，严重影响了生产。另外，还有部分旧机床虽然还能正常工作，但其精度、效率、自动化程度已不能满足当前生产工艺的需求。对这些机床进行改造势在必行。改造既是企业资源的再利用、走持续化发展的需要，也是满足企业新生产工艺、提高经济效益的需要。利用 PLC 对旧机床控制系统进行改造是一种有效的手段，图 10-52 所示是普通 CA6140 型车床示意图。

图10-52　CA6140型车床

CA6140 型车床是一种应用广泛的金属切削机床，能够车削外圆、内圆、螺纹、螺杆、端面以及定型表面等，其原控制电路为接触器 - 继电器控制系统，触点多，故障多，操作人员维修任务较大，而 PLC 是专为工业环境下应用而设计的控制装置，其显著的特点之一就是可靠性高，抗干扰能力强。针对这种情况，用 PLC 控制改造其接触器 - 继电器控制电路，能克服以上缺点，降低设备的故障率，提高设备使用效率，运行效果良好。

在仔细阅读与分析 CA6140 型普通车床电气原理图的基础上，可以确定各电动机及指示灯的控制要求如下（电气原理图如图 10-53 所示）。

（1）**主轴电动机控制**　主电路中的 M_1 为主轴电动机，按下启动按钮 SB_2，KM_1 得电吸合，辅助触点 KM_1 闭合自锁，KM_1 主触点闭合，主轴电动机 M_1 启动，同时辅助触点 KM_1 闭合，为冷却泵启动做好准备。

（2）**冷却泵电动机控制**　主电路中的 M_2 为冷却泵电动机，在主轴电动机启动后，KM_1 闭合，将开关 SA_2 闭合，KM_2 吸合，冷却泵电动机启动，将 SA_2 断开，冷却泵停止，将主轴电动机停止，冷却泵也自动停止。

（3）**刀架快速移位控制**　刀架快速移位电动机 M_3 采用点动控制，按下 SB_3，KM_3 吸合，其主触点闭合，快速移动电动机 M_3 启动，松开 SB_3，KM_3 释放，电动机 M_3 停止。

（4）**照明和信号灯电路**　接通电源，控制变压器输出电压，HL 直接得电发光，作为电源信号灯。

EL 为照明灯，将开关 SA_1 闭合，EL 亮，将开关 SA_1 断开，EL 熄灭。

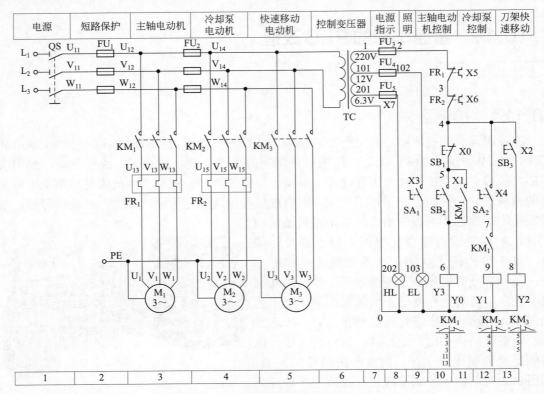

图10-53　CA6140型普通车床电气原理图

10.11.2　相关指令

可编程控制技术是一种工程实际应用技术，虽然PLC具有极高的可靠性，但如果使用不当，系统设计不合理，将直接影响到控制系统运行的安全性和可靠性，因此，如何按控制要求设计出安全可靠、运行稳定、操作简便、维护容易、性价比高的控制系统，是技术人员学习PLC的一个重要目标。

（1）PLC控制系统设计的基本原则　任何一种控制系统都是为了实现被控对象的工艺要求，以提高生产效率和产品质量。因此，在设计PLC控制系统时，应遵循以下基本原则。

① 最大限度地满足被控制对象的控制要求。

② 保证控制系统的高可靠性、安全性。

③ 满足上面条件的前提下，力求使控制系统简单、实用和维修方便。

④ 选择PLC时，要考虑生产和工艺改进所需的余量。

（2）PLC控制系统设计的一般步骤　PLC控制系统设计的一般步骤如图10-54所示。

① 分析被控制对象并提出控制要求。详细分析被控制对象的工艺过程及工作特点，了解被控对象机电液之间的配合，提出被控对象对PLC控制系统的控制动作和要求，确定控制方案，拟订设计任务书。

② 确定I/O设备。根据系统的控制要求，确定所需的输入设备和输出设备，从而确定PLC的I/O点数。

③ 选择PLC。PLC的选择包括对PLC的机型、I/O模块、电源等的选择。

④ 分配I/O点并设计PLC的外围硬件电路。画出PLC的I/O点与输入/输出设备的连接

图或对应关系表；画出系统其他部分的电气电路图，包括主电路和未进入 PLC 的控制电路等。至此，系统的硬件电气电路已经确定。

⑤ 程序设计。根据系统的控制要求，采用合适的设计方法来设计 PLC 程序。对于复杂的控制系统，需绘制系统控制流程图，用以清楚地表明动作的顺序和条件。对于简单的控制系统，也可省去这一步。

程序要以满足系统控制要求为主线，逐一编写实现各控制功能或各子任务的程序，逐步完善系统指定的功能。除此之外通常还应包括以下内容。

a．初始化程序。在 PLC 上电后，一般都要做一些初始化的操作，为启动做必要的准备，避免系统发生误动作，初始化程序的主要内容有：对某些数据区、计数器等进行清零；对某些数据区所需数据进行恢复；对某些继电器进行置位或复位；对某些初始状态进行显示等。

b．检测、故障诊断和显示等程序。这些程序相对独立，一般在程序设计基本完成时再添加。

c．保护和联锁程序。保护和联锁是程序中不可缺少的部分，必须认真加以考虑，它可以避免由于非法操作而引起的控制逻辑混乱。

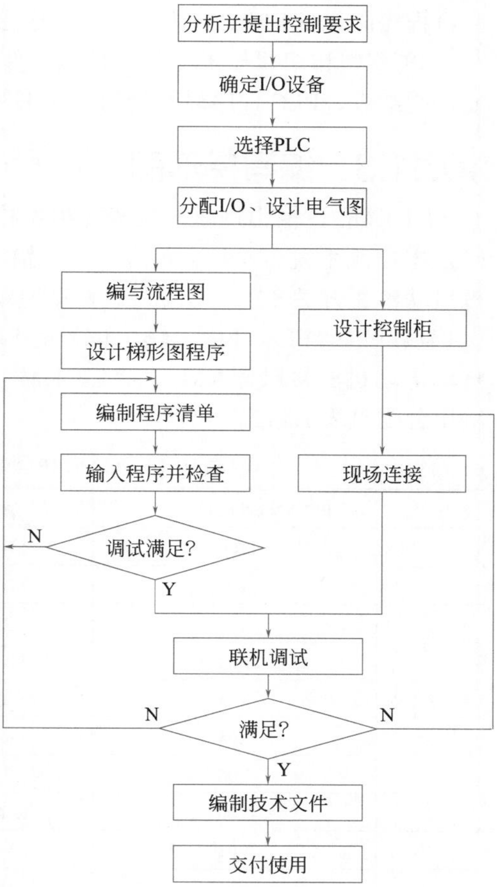

⑥ 程序模拟调试。程序模拟调试的基本思想是：以方便的形式模拟产生现场实际状态，为程序的运行创造必要的环境条件。根据生产现场信号方式的不同，模拟调试有硬件模拟法和软件模拟法两种形式。

图10-54　PLC控制系统设计的一般步骤

a．硬件模拟法是使用一些硬件设备（如用另一台 PLC 或一些输入器件等）模拟产生现场的信号，并将这些信号以硬件接线的方式连到 PLC 系统的输入端，其时效性较强。

b．软件模拟法是在 PLC 中另外编写一套模拟程序，模拟提供现场信号，其简单易行，但时效性不易保证。模拟调试过程中，可采用分段调试的方法，并利用编程器的监控功能。

⑦ 硬件实施。硬件实施方面主要是进行控制柜（台）等硬件的设计及现场施工，主要内容如下：

a．设计控制柜和操作台等部分的电气分布图及安装接线图。

b．设计系统各部分之间的电气互连图。

c．根据施工图纸进行现场接线，并进行详细检查。

由于程序设计与硬件实施可同时进行，因此 PLC 控制系统的设计周期可大大缩短。

⑧ 联机调试。联机调试是将通过模拟调试的程序进一步进行在线统调的过程。联机调试应循序渐进，从 PLC 只连接输入设备，再连接输出设备，再接上实际负载等，逐步进行调试。如果不符合要求，则对硬件和程序作调整。通常只修改部分程序即可。

全部调试完毕后，交付试运行。经过一段时间运行，如果工作正常，程序不需要修改，应将程序固化到EPROM中，以防程序丢失。

⑨ 整理和编写技术文件。技术文件包括设计说明书、硬件原理图、安装接线图、电气元件明细表、PLC程序以及使用说明书等。

10.11.3 编写梯形图

（1）输入/输出地址分配表　根据控制要求分析CA6140型普通车床电气原理图，可以确定本控制系统有6个输入信号，即轴主电动机启动按钮SB_2、停止按钮SB_1，冷却泵电动机启动停止开关SA_2，刀架快速移动电动机点动按钮SB_3，主轴电动机和冷却泵电动机过载保护热继电器FR_1、FR_2；输出信号有5个，即控制主轴电动机、冷却泵电动机、刀架快速移动电动机的接触器KM_1、KM_2、KM_3，电源信号灯HL、照明灯EL；其控制电路的输入/输出分配见表10-12。

表10-12　CA6140型普通机床PLC改造输入/输出分配表

序号	PLC地址（PLC端子）	电气符号	功能说明
1	X00	SB_1	电动机M_1停止按钮
2	X01	SB_2	电动机M_1启动按钮
3	X02	SB_3	电动机M_3点动
4	X03	SA_1	照明开关
5	X04	SA_2	电动机M_2开关
6	X05	FR_1	电动机M_1过热保护
7	X06	FR_2	电动机M_2过热保护
8	Y00	KM_1	接触器KM_1
9	Y01	KM_2	接触器KM_2
10	Y02	KM_3	接触器KM_3
11	Y04	EL	照明指示灯EL
12	Y05	HL	电源指示灯HL

（2）输入/输出接线图　用三菱FX2N型可编程控制器实现的CA6140型普通车床PLC改造输入/输出接线如图10-55所示。

（3）编写梯形图程序　根据CA6140型普通车床电气控制要求，在原有接触器-继电器的基础上，通过相应的转换，编写的梯形图程序如图10-56所示。

10.11.4 系统调试

① 在断电状态下，连接好PC/PPI电缆。

② 将PLC运行模式选择开关拨到"STOP"位置，此时PLC处于停止状态，可以进行程序编写。

③ 在作为编程器的计算机上，运行GX Developer编程软件。

④ 将图10-59所示的梯形图程序输入到计算机中。

⑤ 将程序文件下载到PLC中。

⑥ 将PLC运行模式的选择开关拨到"RUN"位置，使PLC进入运行方式。

⑦ 进行通电测试，验证系统功能是否符合控制要求。

a. 启动总电源，电源指示灯HL亮。

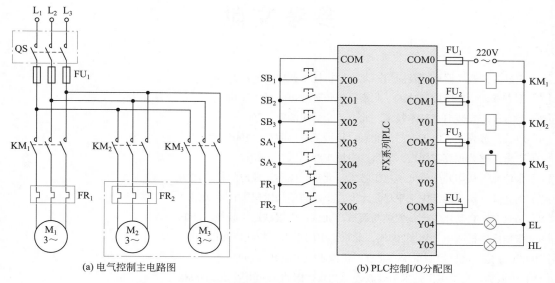

(a) 电气控制主电路图　　　　　　　　(b) PLC控制I/O分配图

图10-55　CA6140型普通车床PLC改造输入/输出接线图

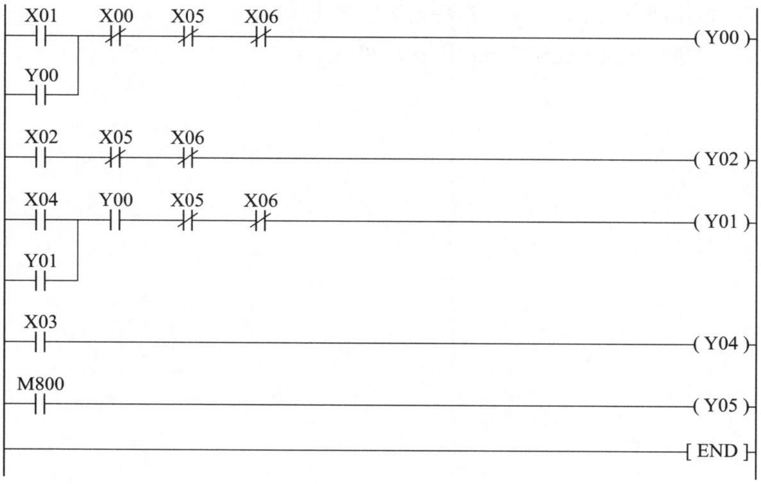

图10-56　CA6140普通车床PLC改造梯形图程序

　　b. 将照明开关SA$_1$拨到"开"的位置，照明指示灯EL亮，将SA$_1$旋到"关"，照明指示灯EL灭。

　　c. 按下主轴电动机启动按钮SB$_2$，KM$_1$吸合，主轴电动机转动，按下主轴电动机停止按钮SB$_1$，KM$_1$释放，主轴电动机停止转动。

　　d. 冷却泵控制：按下SB$_2$将主轴启动；将冷却泵开关SA$_2$旋到"开"位置，KM$_2$吸合，冷却泵电动机转动；将SA$_2$旋到"关"位置，KM$_2$释放，冷却泵电动机停止转动。

　　e. 快速移动电动机控制：按下SB$_3$，KM$_3$吸合，快速移动电动机转动；松开SB$_3$，KM$_3$释放，快速移动电动机停止。

　　⑧ 调试过程中如果出现故障，应分别检查硬件接线盒梯形图程序是否有误，修改完成后应重新调试，直至系统能够正常工作。

　　⑨ 记录程序调试的结果。

参 考 文 献

[1] 王延才. 变频器原理及应用. 北京：机械工业出版社，2011.

[2] 李方圆. 变频器控制技术. 北京：电子工业出版社，2010.

[3] 徐第等. 安装电工基本技术. 北京：金盾出版社，2001.

[4] 白公，苏秀龙. 电工入门. 北京：机械工业出版社，2005.

[5] 王勇. 家装预算我知道. 北京：机械工业出版社，2012.

[6] 张伯龙. 从零开始学低压电工技术. 北京：国防工业出版社，2010.

[7] 刘光源. 实用维修电工手册. 上海：上海科学技术出版社，2004.

[8] 吕景全. 自动化生产线安装与调试. 北京：中国铁路出版社，2008.

[9] 张伯虎. 机床电气识图200例. 北京：中国电力出版社，2012.

[10] 王鉴光. 电机控制系统. 北京：机械工业出版社，1994.

[11] 曹振华. 实用电工技术基础教程. 北京：国防工业出版社，2008.

[12] 曹祥. 工业维修电工通用培训教材. 北京：中国电力出版社，2008.

[13] 徐海等. 变频器原理及应用. 北京：清华大学出版社，2010.

[14] 张振文. 电工手册. 北京：化学工业出版社，2018.